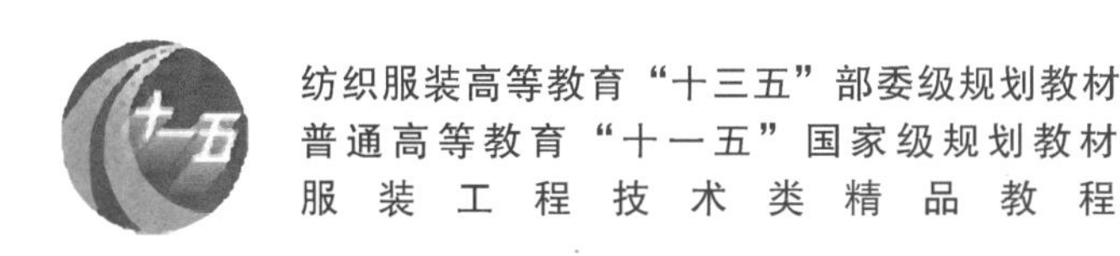

纺织服装高等教育“十三五”部委级规划教材
普通高等教育“十一五”国家级规划教材
服装工程技术类精品教程

女装结构设计 下（第三版）

衣身·衣领·衣袖·衬衣·套装·连衣裙·大衣

WOMEN’S WEAR PATTERN MAKING

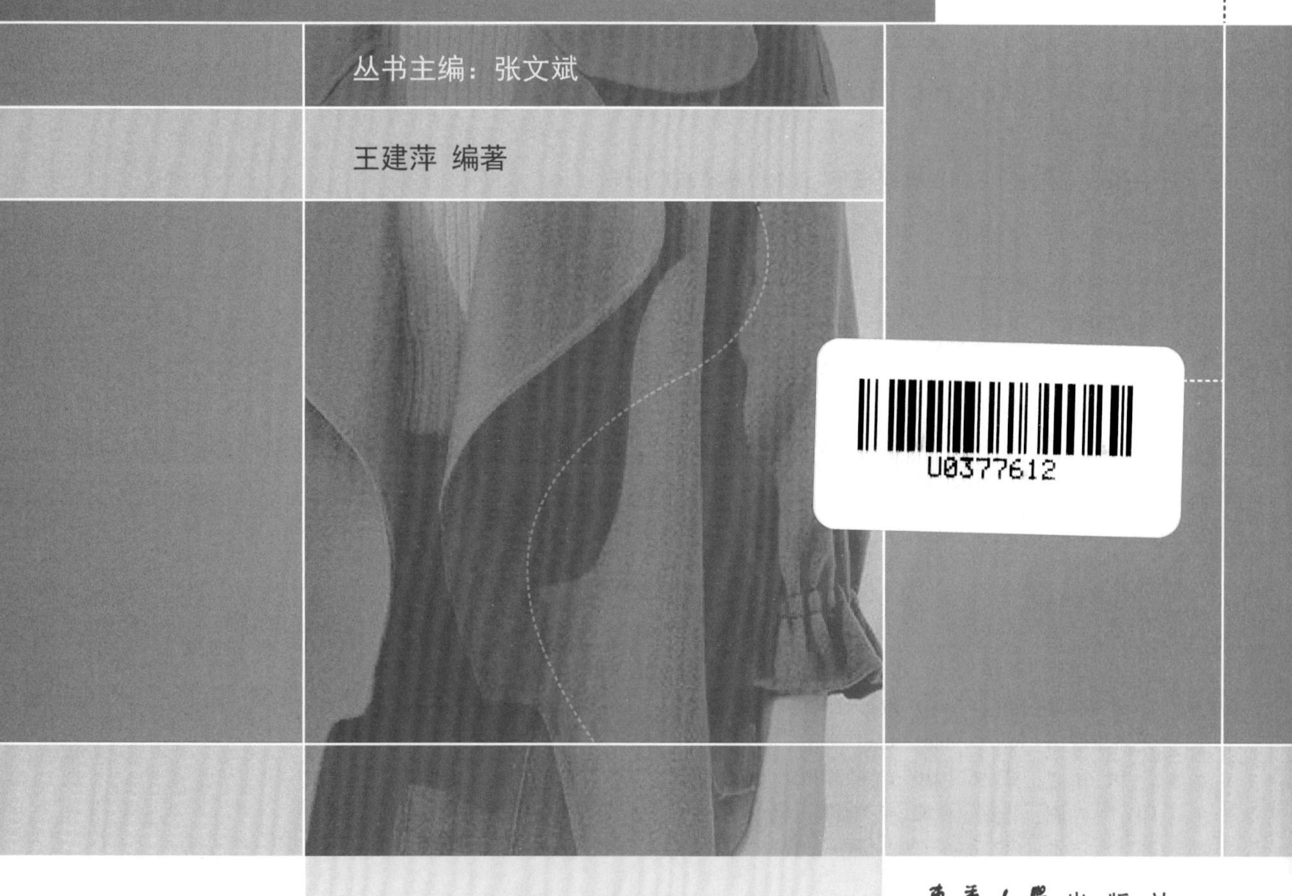

丛书主编：张文斌

王建萍 编著

東華大學出版社
·上海·

内 容 提 要

本书主要内容包含女装基础纸样、衣身结构平衡及结构设计原理，分别以衣身、衣领、衣袖结构分类为线索，详细阐述各类部件结构设计原理与方法，同时综合了整装结构设计要素和各类结构设计案例。本书为适应时代需求，内容和形式力求新颖，理论与实际相结合，阐述清晰，分析透彻，可适用于服装院校相关专业的教材，或服装相关技术人员的参考资料。

图书在版编目(CIP)数据

女装结构设计. 下/王建萍编著. —3 版. —上海：东华大学出版社，2019.1

ISBN 978-7-5669-1515-3

Ⅰ. ①女…　Ⅱ. ①王…　Ⅲ. ①女服—服装设计
Ⅳ. ①TS941.717

中国版本图书馆 CIP 数据核字(2018)第 295156 号

责任编辑　徐建红

封面制作　Callen

女装结构设计(下)(第三版)

NÜZHUANG JIEGOU SHEJI(XIA)

王建萍　编著

出　　版：东华大学出版社(地址：上海市延安西路 1882 号　邮政编码：200051)
本 社 网 址：http://www.dhupress.dhu.edu.cn
天猫旗舰店：http://dhdx.tmall.com
营 销 中 心：021-62193056　62373056　62379558
印　　刷：上海锦良印刷厂有限公司
开　　本：787 mm × 1092 mm　1/16
印　　张：17
字　　数：480 千字
版　　次：2019 年 1 月第 3 版
印　　次：2021 年 8 月第 3 次印刷
书　　号：ISBN 978 - 7 - 5669 - 1515 - 3
定　　价：48.00 元

目录

第 1 章　女上装结构设计基础知识

1.1　人体构成

现代服装业对服装制板师的要求越来越高，其职业素质应是全方位的，因此了解与服装相关的各门学科的知识，如人体解剖学、服装卫生学、面料学等就显得极其重要。而首当其冲的应是人体构成学，包括人体点、线、面、立体构成等，因为它是人体测量的基础，是服装制板前极其重要的准备工作。

1.1.1　人体主要基准点的构成

1）颈窝点

又称前颈点，位于人体前中央颈、胸的交界处，即在胸骨的上端，颈根下凹陷处，如图 1-1 中的 1 所示。它是服装颈窝点定位的参考点。

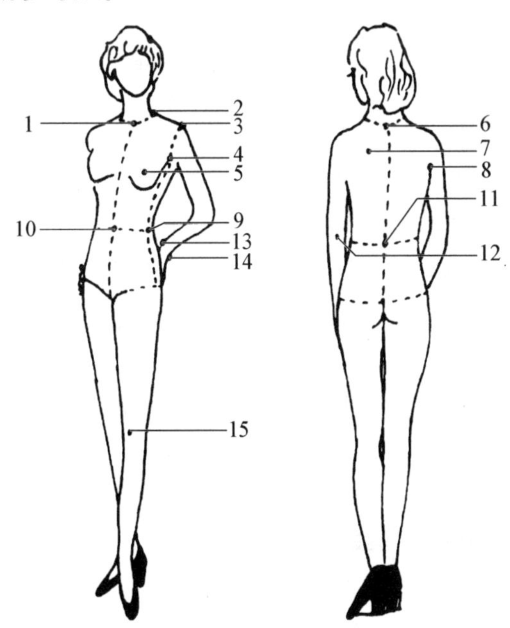

图 1-1　人体主要基准点

2）肩颈点

又称颈侧点，在颈围线上，位于颈侧部中央稍后（颈后 3/4 处）与肩部中央的交界处，如图 1-1 中的 2 所示。它是测量人体前后腰节长、服装衣长的起始点，也是服装领肩定位的参考依据。

3）肩端点

也称外肩点，位于人体肩关节的峰点稍侧移处，如图 1-1 中的 3 所示。它是测量人体总肩宽的基准点和测量袖长的基点，也是服装袖肩点定位的参考依据。

4）前腋点

手臂自然下垂时，臂根与胸的交界处，如图 1-1 中的 4 所示。它是测量前胸宽的基准点。

5）胸高点

也称乳点，即 BP 点，位于人体胸部左右两边的最高处，如图 1-1 中的 5 所示。它是决定胸围的基点，也是确定女装胸省的省尖方向的参考点，同时也是前公主线的定位点。

6）颈椎点

又称后颈点，位于人体后背中央第七颈椎骨凸起处，是颈和背的交界处，如图 1-1 中的 6 所示。它是测量人体背长的起始点，与左右肩颈点构成后领窝。

7）背高点

也称肩胛点，位于人体背部左右两边的最高处（肩胛骨凸点），如图 1-1 中的 7 所示。它是确定上装后肩省省尖方向的参考点。

8）后腋点

手臂自然下垂时，位于人体后部的臂与

背的交界处，如图 1-1 中的 8 所示。它是测量人体后背宽的基准点。

9）腰侧点

位于人体侧腰部正中央处，如图 1-1 中的 9 所示。它是前后腰的分界点，也是测量裤装与裙长度的起始点。

10）前腰节点

位于人体前腰正中央的脐孔位置，如图 1-1 中的 10 所示。它是决定腰围的基点。

11）后腰节点

位于人体后腰部正中央，如图 1-1 中的 11 所示。它与前腰节对应构成腰围线。

12）后肘点

位于人体上肢肘关节后端处，如图 1-1 中的 12 所示。它是服装后袖弯线凸势及袖肘省省尖方向的参考点。

13）前手腕点

位于人体手腕部的前端处，如图 1-1 中的 13 所示。它是测量服装袖口大的基准点。

14）后手腕点

位于人体手腕部的后端处，即小拇指一侧的手腕部的凸出点处，如图 1-1 中的 14 所示。它是测量人体臂长的终止点。

15）髌骨点

位于人体膝关节的髌骨（膝盖骨）上，如图 1-1 中的 15 所示。它是确定胸高纵线的依据。

1.1.2 人体主要基准线的构成

1）颈围线

前经颈窝点，侧经肩颈点，后经颈椎点的一条颈部围线，如图 1-2 中的 1 所示。它是测量人体颈围长度的基准线，也是服装领围线定位及衣身与衣领分界的参考依据。

2）胸围线

经过胸高点的一条水平围线，如图 1-2 中的 2 所示。它是测量人体胸围线的基准线，也是服装胸围定位的参考依据。

3）腰围线

在腰部最细处，经前腰节点、侧腰点、后腰节点的水平围线，如图 1-2 中的 3 所示。它是测量人体腰围的基准线，也是确定前后腰节长及腰围线定位的参考依据。

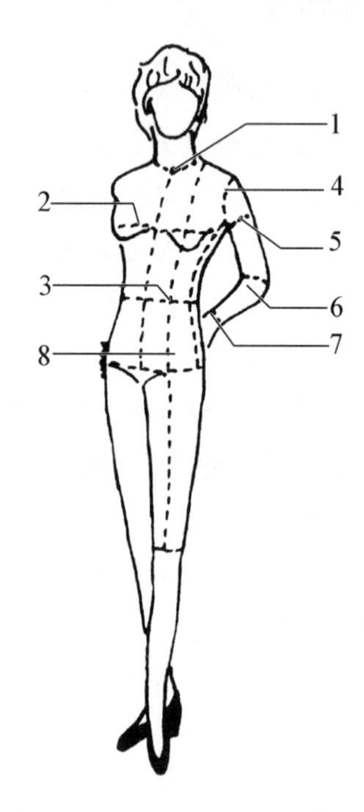

图 1-2 人体主要基准线

4）臂根围线

沿臂根底部，经前腋点、肩端点、后腋点的圆围线，如图 1-2 中的 4 所示。它是测量人体臂根围的基准线，也是服装中衣身和衣袖分界及袖窿线定位的参考依据。

5）臂围线

上臂围最丰满处的水平围线，如图 1-2 中的 5 所示。它是测量人体臂围的基准线，也是服装袖肥线定位的依据。

6）肘围线

经前后肘点的肘部水平围线，如图 1-2 中的 6 所示。它是测量人体上臂长及服装袖肘线定位的参考依据。

7）手腕围线

经前后手腕点的腕部水平围线，如图1–2中的7所示。它是测量人体手腕围的基准线及臂长的终止线，也是长袖袖口定位的参考依据。

8）胸高纵线

经过胸高点、髌骨点的人体前纵向顺直线，如图1–2中的8所示。它是服装公主线定位的参考依据。

1.2 量体

要使服装尤其是合体服装在穿着者身上达到合体、舒适、美观的效果，必须对人体的主要部位进行测量，然后根据所得到的测量数据，结合经验进行制板。所以测量数据的准确与否直接影响到服装的规格、质量。它是服装行业的重要技术之一，因此掌握规范的测量方法，做好测量前的系列准备工作就显得至关重要。下面就测量前的准备工作、量体的要求及量体方法等作简单介绍。

1.2.1 量体前的准备

① 熟悉人体各部位的结构特点，准确把握测量的基准点，基准线等。

② 熟悉不同性别、不同年龄的体型特征，对人体的高矮、胖瘦、标准体、特体等做到合理的判断。

③ 了解被测者的衣着喜好及各种具体要求等。

④ 掌握面料的厚薄、弹性、强度、延伸性等性能。

⑤ 掌握不同款式、不同季节的服装放松度。

1.2.2 量体的注意事项

① 要求被测量者立正站直，头放正，两手自然下垂，置于身体两侧，体态自然，呼吸正常。同时为了获得准确、客观的设计参数，被测者最好穿较紧身的服装。

② 一般测量人站在被测人的右前方。

③ 测量时软尺松度应适当。测量长度时，软尺要垂直；测量围度时，软尺应保持水平，松度可以插入1~2指，软尺可左右滑动为度。

④ 测量腰围时最好放松裤扣，以免尺寸量小。

⑤ 测量者应按顺序从前到后，自上而下测量，以免疏漏某些部位的测量。

1.2.3 上装主要部位测量方法

1）衣长

肩颈点向前经胸部，向下量至所需长度，主要考虑服装种类、个人习惯爱好、流行时尚等因素，如图1–3中的1所示。

2）背长

第七颈椎点向下量至腰围线的长度，如图1–3中2所示。制板时的实际尺寸可根据款式自行调节。

3）袖长

手臂自然下垂，从肩骨外端（肩端点）沿手臂，经后肘点，向下量至所需的长度，若为长袖则量至后手腕点，如图1–3中3所示。从后颈点经肩端点和肘点到后手腕点为基本的连身袖长，也可根据需要上下调节。

4）胸围

从前胸开始，以胸高点作为测量点，软尺经腋下在胸部最丰满处水平围量一周，如图1–3中4所示。测量时应保证软尺在前后左右都成水平状态。

5）腰围

在腰部最细处，水平围量一周，如图1–3中5所示。

6）臀围

在臀部最丰满处，水平围量一周，如图1–3中6所示。

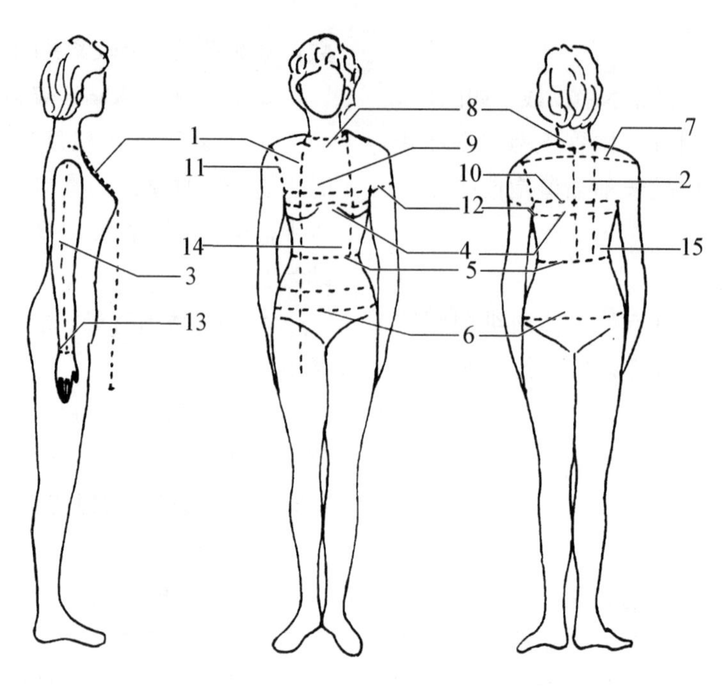

图 1-3　上装测量部位示意图

7）肩宽

又称总肩宽。从人体背后，将软尺从左肩骨外端（左肩端点）经第七颈椎骨量至右肩骨外端（右肩端点）的长度，如图 1-3 中 7 所示。

8）领围

在颈根部过前、后和颈侧点围量一周为颈部基础尺寸。领围应根据服装款式需要加放松量，如图 1-3 中 8 所示。

1.2.4　上装其他部位测量方法

1）前胸宽

在前部，从左前腋点水平量至右前腋点的宽度，如图 1-3 中 9 所示。

2）后背宽

在后背，自左后腋点水平量至右后腋点的宽度，如图 1-3 中 10 所示。

3）腋围

以肩端点为测量点，经前后腋点，沿腋窝一周测量，如图 1-3 中 11 所示，主要作为理论参数和用于紧身礼服的设计。

4）臂根围

软尺紧贴腋下，在臂根部水平围量一周，如图 1-3 中 12 所示。可根据款式加放松量，该尺寸主要作为理论和合体袖服装设计的参数。

5）手腕围

以腕部的尺骨点为测量点，沿腕部测量一周，如图 1-3 中 13 所示。一般为紧身袖口服装设计的参数，可根据款式加放松量。

6）前腰节长

在前身，从肩颈点过胸高点到前腰节线之间的距离，如图 1-3 中 14 所示。

7）后腰节长

在后身，从肩颈点到后腰节线之间的距离，如图 1-3 中 15 所示。

1.3　服装制图符号与部位代码

1.3.1　服装制图符号

制图符号是为使结构图统一与规范，便于识别，避免识图差错而统一规定的标记，各自代表约定含义。本书服装结构设计所采用的基本制图符号见表1-1。

表1-1 服装结构制图基本符号表

序号	名称	标识符号	使用说明
1	细实线		表示制图的基础线，线条粗0.3mm
2	粗实线		表示制图的轮廓线，线条粗0.9mm
3	虚线		表示看不见的轮廓线和部位缉缝，宽度与细实线同
4	点画线		表示对称折叠不可裁开的线，线条粗0.6mm
5	等分线		表示某部位线条的等分，虚线宽度与细实线相同
6	注寸线		表示某部位尺寸数值或计算公式
7	断续线		表示图形断折省略线，一般用粗实线表示
8	省道线		表示缝纫的省位部分，一般表示出省道的形状，多采用粗实线，但在裁片内部的省道用细实线
9	抽褶符号		表示裁片应抽褶的工艺要求
10	等长符号		表示两条线条长度相等
11	交叉符号		表示裁片在该部位重合
12	折裥符号		表示裁片应折叠缝纫的工艺要求

1.3.2 服装部位代号

为方便制图标注、制图过程表达及总体规格设计等，可约定部位代号来表示人体各主要测量部位，国际上以该部位的英文单词的第一个字母为代号，以便于统一、规范。服装制图中的基本部位代号见表1-2。

表1-2 部位代号表

序号	部位	代号	序号	部位	代号
1	衣长	L	15	臀围线	HL
2	裙长	SKL	16	腰围线	WL
3	袖长	SL	17	胸围线	BL
4	前腰节长	FWL	18	领围线	NL
5	后腰节长	BWL	19	肘线	EL
6	胸围	B	20	胸点	BP
7	腰围	W	21	肩点	SP
8	臀围	H	22	肘点	EP
9	领围	N	23	前颈点	FNP
10	肩宽	S	24	后颈点	BNP
11	前胸宽	FBW	25	颈侧点	SNP
12	后背宽	BBW	26	前片	F
13	袖口	CW	27	后片	B
14	总体高	G			

注：字母右上角附星号时，表示净体尺寸，如W*表示净腰围。

1.3.3 常用服装结构线

上装结构设计中常用的结构线如图 1-4 所示。

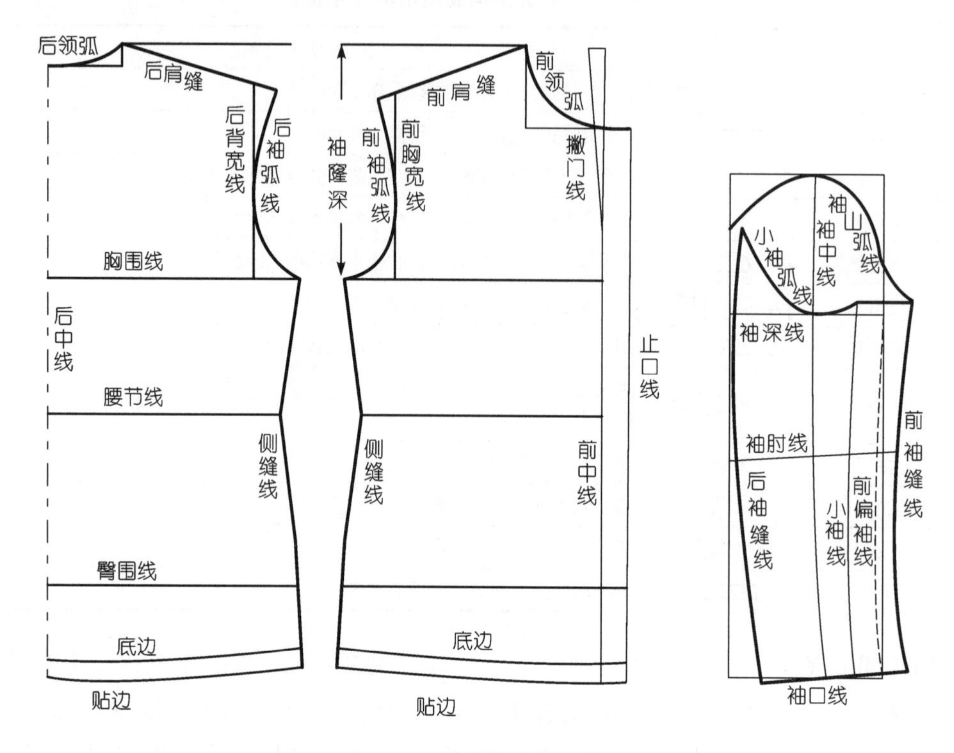

图 1-4　常用服装结构线

第 2 章　女装衣身基础纸样

女上装结构种类繁复，但遵循着固有规律，即品类浩瀚的女上装都是由衣身、衣领和衣袖组成。根据分类学理论，可将一组复杂的现象安排成有序的结果，使得各类服装结构纸样，有充分顺序展现的机会。本书教学方法将女上装编排为多层次树目录结构，像一棵倒挂的树，由一个根目录的女上装和多层子目录的衣身、衣领和衣袖组成，它从根向下，每一结点是一个子目录(枝)，每一个末结点是一个文件(叶)，如此再对衣身、衣领和衣袖细分下去，利用树型目录结构分类的特点，由数学排列组合理论可知，要想掌握女上装结构设计原理，只需分别学习衣身、衣领和衣袖的结构设计原理、方法及累加关系，即数学中的“和”关系和人体工学原理，综合应用时，是排列组合的“乘积”关系，只要分别在这三大类部件中分别选取一种造型，进行组合形成服装，使学习女上装结构设计原理变得大为轻松。

2.1　女装衣身基础纸样

衣身平面基础纸样是上装整装结构设计的基础，也是服装设计师把握和设计服装造型和结构的过渡媒介和基本手段，但并非服装功能结构图的最终形式。因此，狭义上，基础纸样也特指原型结构图，是最简单的纸样；广义上讲，基础纸样还包含所欲设计的服装种类中款式最简单的服装纸样。尽管其构成分有直接和间接等多种构成方法，本书教学将以结构最简单，又能充分表达人体最重要部位信息，具有最大覆盖面的原型纸样为蓝本。经由衣身原型，通过加放衣长、增减胸围、胸背宽、领围、袖窿等细部尺寸，然后剪切、旋转、折叠、拉展等变形技法，设置省道、折裥、抽褶、分割、连省成缝等各种结构形式，最终能快速形成符合造型的服装结构图。

2.1.1　衣身基础纸样种类与满足条件

基础纸样必须具备以下四个条件：①采寸部位尽可能少，以适应工业生产中批量生产需求；②制图过程简洁，运算方便；③适用覆盖率高，在适合静态美观和动态舒适的基础上，适穿范围广泛；④变化应用容易，能快速产生符合款式要求的工业生产纸样。

按衣身构成的立体形态可将衣身原型分成箱形和梯形原型两类。

1）梯形原型

将前后衣身的标志线与人台标志线对合一致后，将前衣身 BL 以上浮余量全部向下捋至袖窿以下部位，并使之与 BL 以下的腰部浮余量合成一体；后衣身浮余量用后肩省的方式消除，展开后形成的原型纸样如图 2-2 所示。日本第六版文化原型和登丽美原型形态皆为此类原型。

2）箱形原型

将前后衣身的标志线与人台标志线对合一致后，前衣身 BL 以上浮余量捋至袖窿处或肩缝，形成袖窿省或肩省；后衣身浮余量捋至肩缝或袖窿处形成后肩省或袖窿省。展开后形成的原型纸样如图 2-4、图 2-6 及图 2-8 所示。图 2-4 为日本新文化原型，前浮余量用袖窿省的方法消除，后浮余量用肩省的方法消除；图2-6为英式原型，其前后浮余量都用肩省的方法平衡；图2-8为东华原型，其前后浮余量都用袖窿省的方法平衡。我国的东华原型、日本的新文化原型和英式原型形态本质上都为箱形原型。

目前两类原型并存使用，但由于梯形展开原型的前、后腰节线不处在同一水平线上，与人体前后腰节线表现形式上不一致，浮余量表现形式不太直观，因此，世界各国的衣身原型目前往箱形原型发展，这逐渐将成为主流。

2.1.2 衣身原型结构设计方法

1）梯形原型

第六版日本文化原型是典型的梯形原型，制图过程简洁，原型采寸仅需净胸围和背长，采用净胸围比例分配和固定松量加放法，合理布局前后衣片框架，前衣片采用集中腰省形式，后衣片由肩省和腰省构成立体形态，其前浮余量用下方形式消除，后浮余量用肩省和肩缝的缝缩形式消除，款型变化设计应用便利。具体结构设计方法如图2-1、图2-2所示。

2）箱形原型

（1）日本新文化原型

为使平面原型的前后腰节线表现形式与人体腰节线表观一致，在梯形日本文化原型基础上，提出了更新的箱形新文化原型。其前浮余量用袖窿省形式消除，后浮余量用后肩省形式表示。结构设计方法如图2-3、图2-4所示。

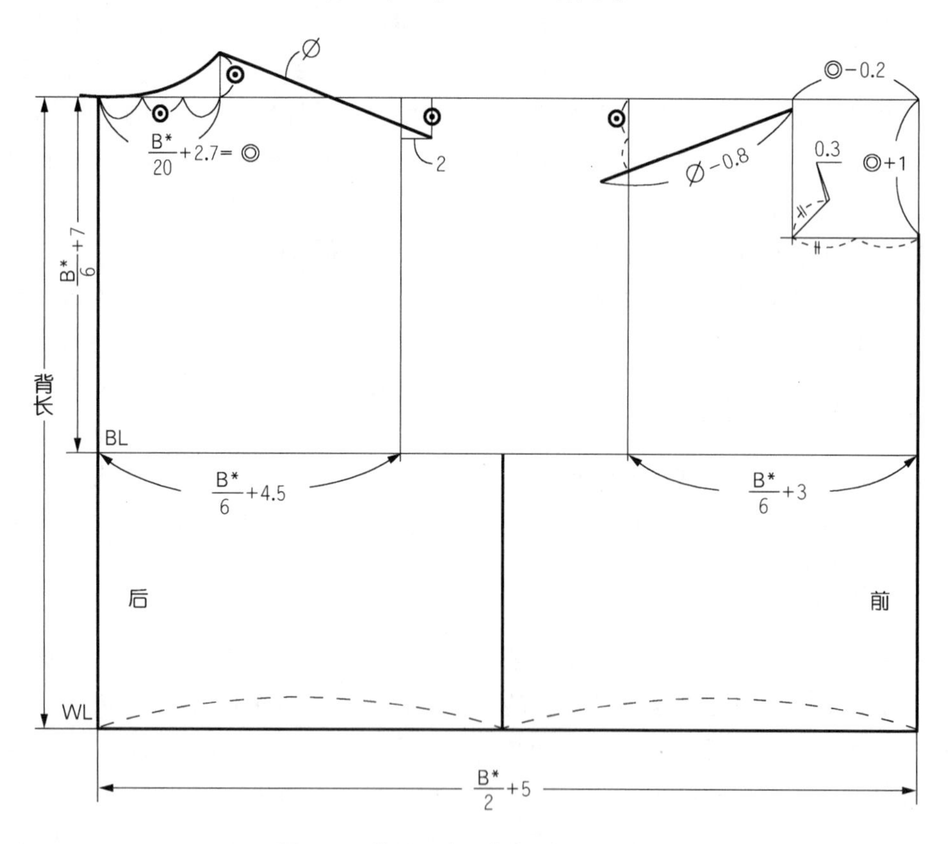

图2-1 梯形日本文化原型纸样基础线

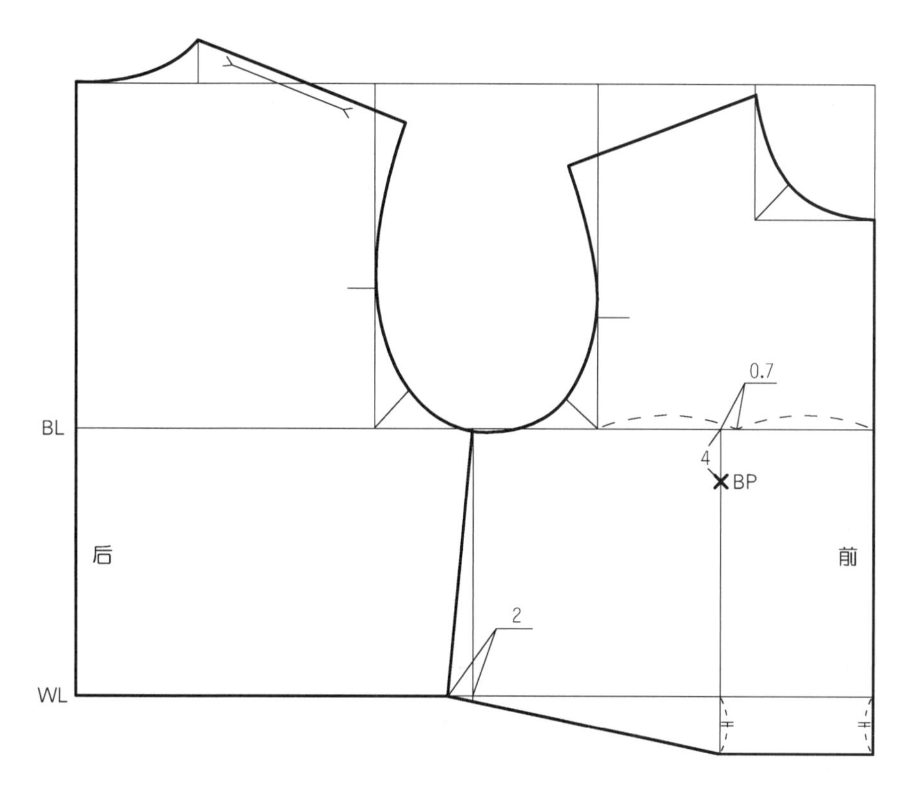

图 2-2 梯形日本文化原型完成线

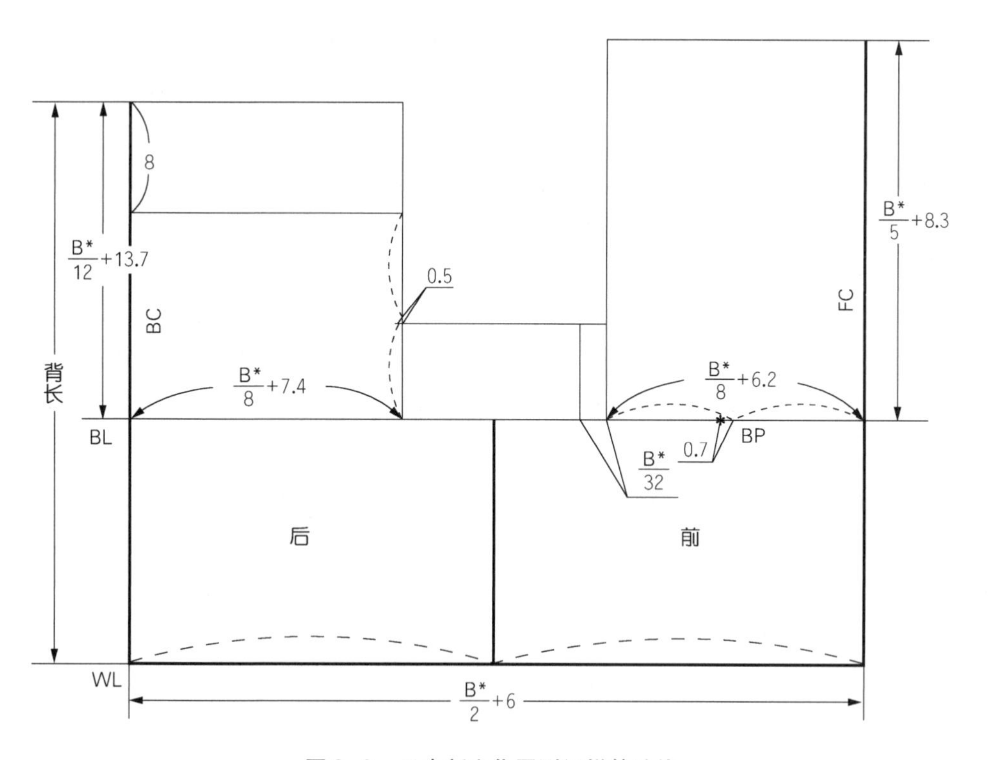

图 2-3 日本新文化原型纸样基础线

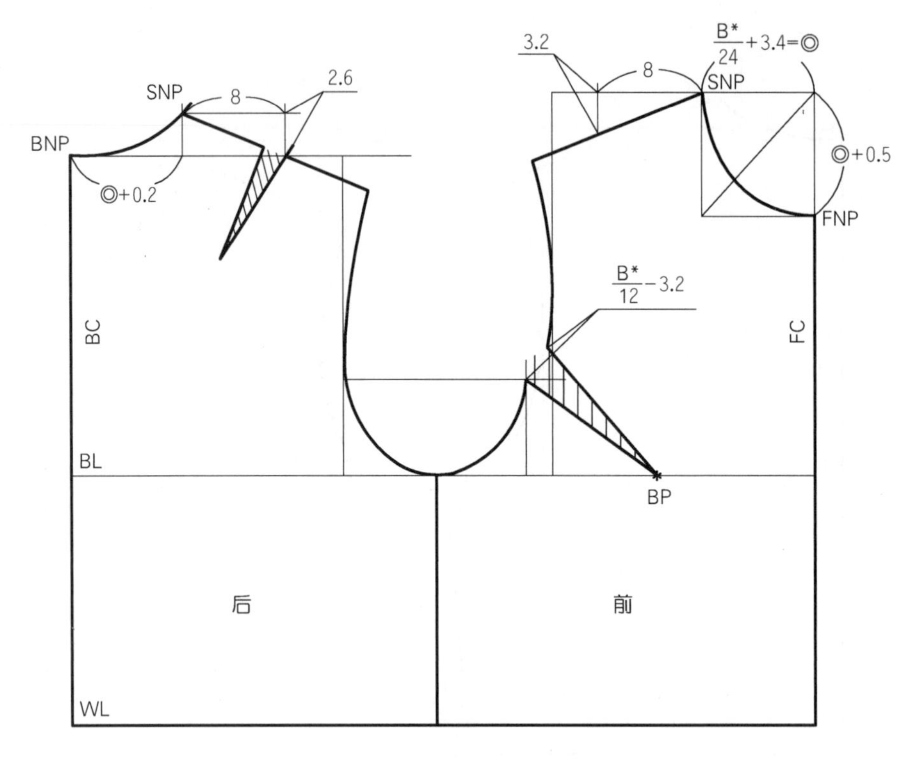

图 2-4 日本新文化原型完成线

（2）英式原型

箱形英式原型是欧洲地区具有一定代表性的原型。纸样制作采用充分测量定位的平面绘制方法，测量数据较多，如胸围、背长、袖窿深、领宽、肩宽、背宽、胸宽、乳凸量等，适体性较强；衣身前后浮余量均采用肩省和腰省的分散形式。结构设计方法如图 2-5、图 2-6 所示。

（3）东华原型

东华原型是东华大学服装学院通过大量女子计测，得到女子体型各计测部位数据均值及人体细部与身高、净胸围的回归关系，在此基础上建立标准人台，基于标准人台按箱形原型制图方法制作出原型布样，最后将人体细部与身高、净胸围的回归关系简化，作为平面结构设计公式制定而成的适合中国女子的箱形原型。其前后浮余量都用袖窿省的方法消除，具体结构设计步骤及公式如下。结构设计方法如图 2-7、图 2-8 所示。

后衣身：

① 画水平线 WL 线，在 WL 上取 $B^*/2+6cm$（松量），量取背长画背长线，取 $0.05B^*+2.5cm=$◎为后领窝宽，自背长线上端向上量取◎/3 为后领深。

② 在后水平线上向上取 $B^*/60$ 画前水平线，自前水平线向下取 $0.1h+8cm$ 画袖窿弧线（BL 线）。

③ 将水平 WL 线 2 等分作为前、后胸围大的侧缝线，在袖窿线上取 $0.13B^*+7cm$ 为后背宽。

④ 画后肩斜为 18°，在后背宽处取 1.5cm，连接 SNP 画成后肩斜线。

⑤ 在 BL 线至 BNP 间 2/5 处画水平线，在袖窿处取 $B^*/40-0.5cm$ 为后浮余量，并画顺袖窿线。

前衣身：

⑥ 取 ◎ $+0.5cm$ 画前领窝深，取 ◎ $-0.2cm$ 为前领窝宽。

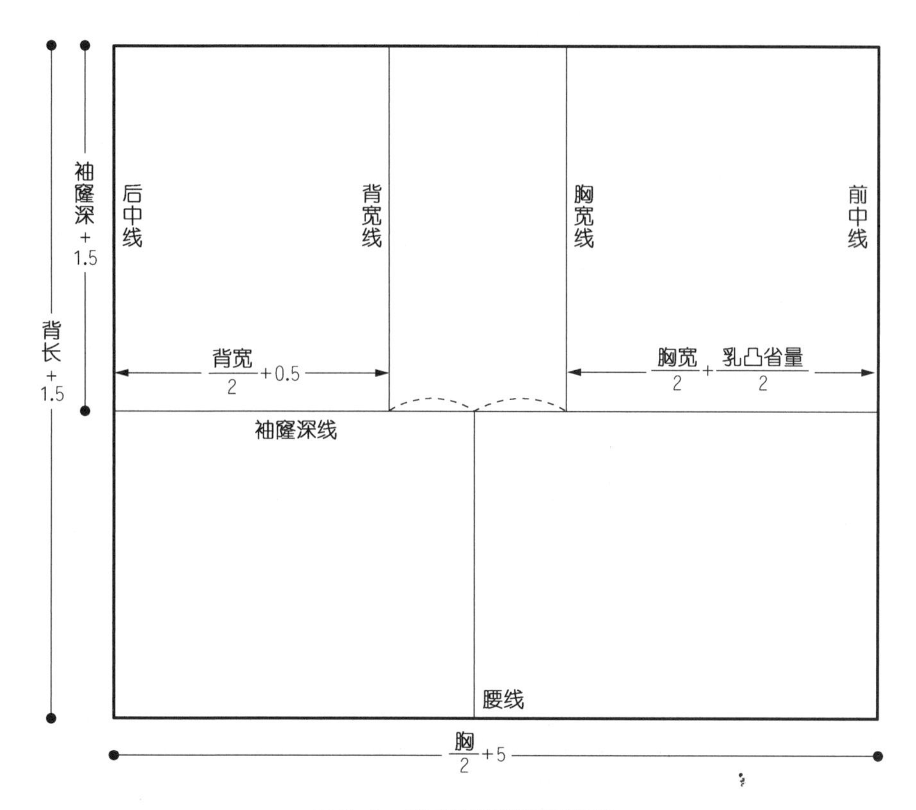

图2-5 英式原型纸样基础线

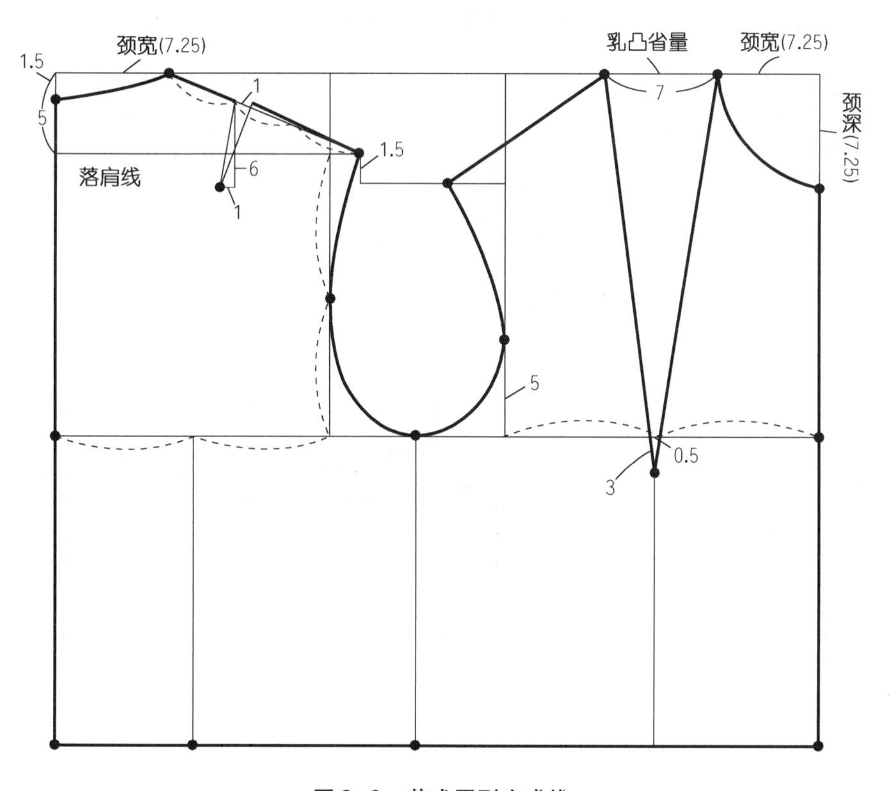

图2-6 英式原型完成线

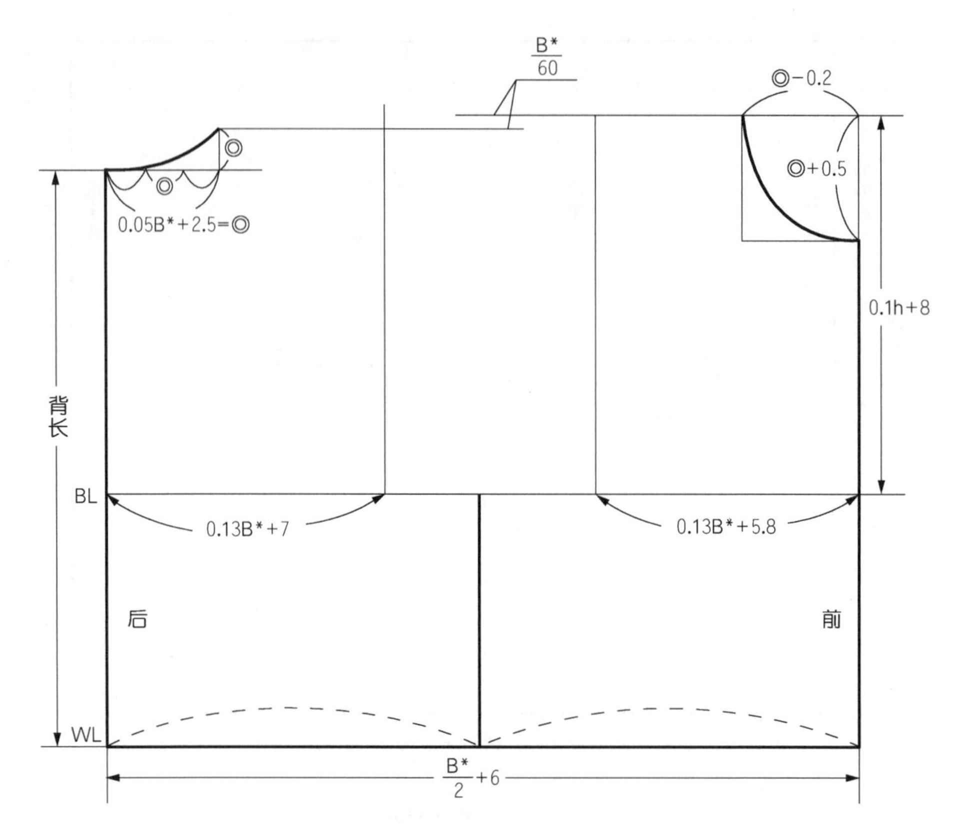

图 2-7　东华原型纸样基础线

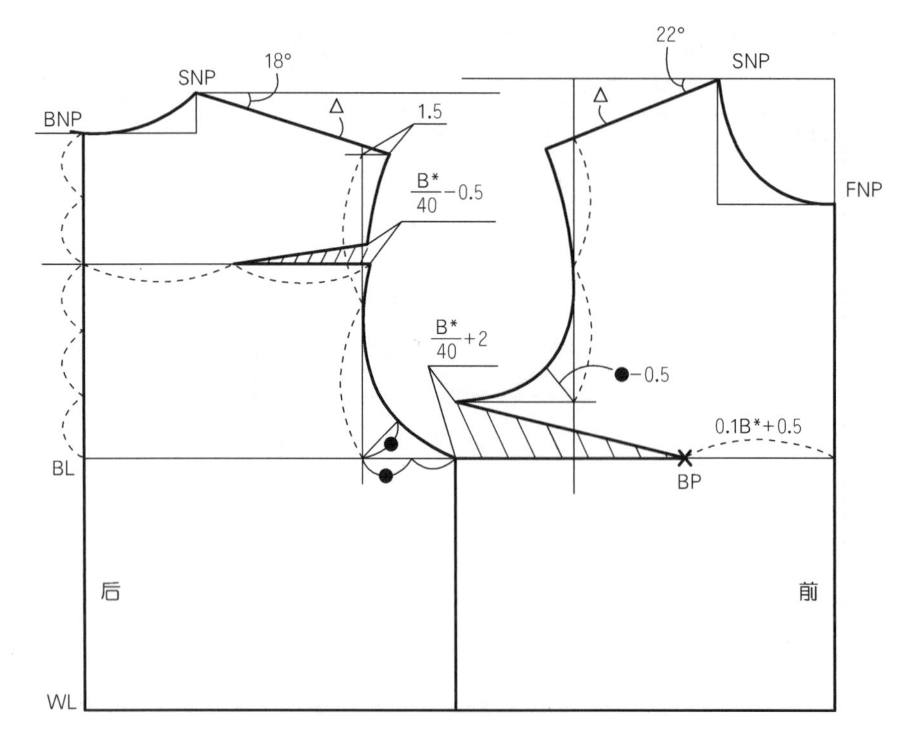

图 2-8　东华原型完成线

⑦ 在袖窿线上取 $0.13B^{*}+5.8cm$ 画前胸宽线，画前肩斜为 22°，与后肩斜线等长。

⑧ 过前中线在 BL 线上取 $0.1B^{*}+0.5cm$ 为 BP 点，取前浮余量为 $B^{*}/40+2cm$，然后向 BP 点画线，最后画顺前袖窿。

2.2 女装衣身结构平衡

2.2.1 衣身浮余量

由于三维人体凹凸不平前后衣身出现浮余，衣身浮余量是指衣身布片覆合在人体上，将衣身布片纵向 CFL、CBL 及纬向 BL、WL 分别与人体（人台）覆合一致后，前衣身在 BL 以上（肩缝、袖窿处）出现的多余量，称前浮余量，也可称之为胸凸量（从人体的角度）；后衣身在背宽线以上（肩缝、袖窿处）出现的多余量称为后浮余量，也可以称为背凸量（从人体的角度），如图 2-9 所示。

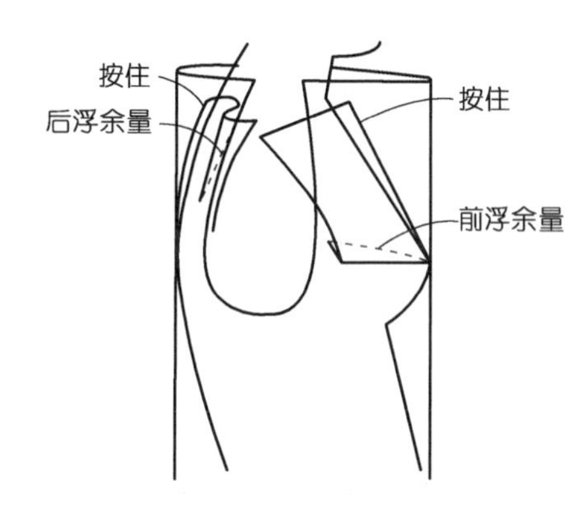

图 2-9 浮余量

2.2.2 衣身结构平衡形式和组配方式

衣身结构平衡是指衣服在穿着状态中前后衣身在腰节线以上部位能保持合体、平整，表面无造型因素所产生的皱褶。衣身结构平衡是上装结构设计的前提，其关键是如何消除衣身前后浮起余量。

1）衣身结构平衡

前浮余量的消除是使衣身能很好地覆合人体，即衣身的结构达到平衡。其消除方法可以从结构和工艺两个方面考虑。结构处理方法又可以分为收省（包括省道、抽褶、折裥等形式）和下放两种。

后浮余量的消除是将后衣身因背骨隆起而产生的不平整部位进行消除。其消除方法也可以用省道和下放两种形式。但一般用后肩省的结构形式或肩缝缝缩的工艺形式。

（1）浮余量结构处理形式

① 省道处理

将前衣片浮余量用省道形式消除。图 2-10(a)、(b) 所示的是将前浮余量用对准 BP 点的肩省或袖窿省的结构形式进行消除的立体表现形式，此时，前中心线呈垂直状，WL 腰线呈水平状。其平面结构形式如图 2-11 所示，对准 BP 点的省位可围绕 BP 点 360° 方位变换，前衣片浮余量结构处理形式也可以用分割、抽褶结构代替省道功能，或用不通过 BP 点的省道形式包含撇门结构；图 2-12 呈现的是后浮余量用肩省消除的形式。

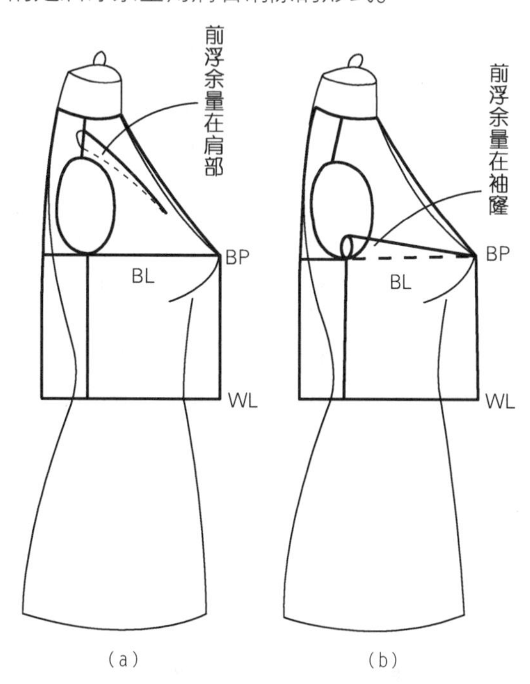

图 2-10 前浮余量结构处理形式

② 下放处理

将前衣片浮余量用下放形式消除。图2-13 所示将前浮余量捋向下方至衣身自然平整，形成前中心线外倾，此时 WL 与基础线间形成的量为下放量，其平面结构形式如图2-14 所示，即腰节线起翘平衡。

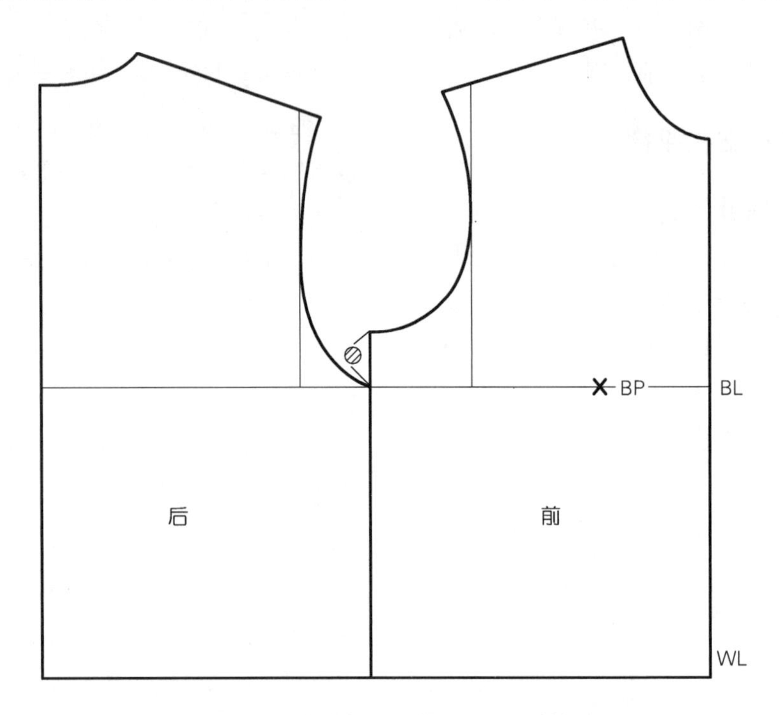

图 2-11　前浮余量结构处理平面结构图

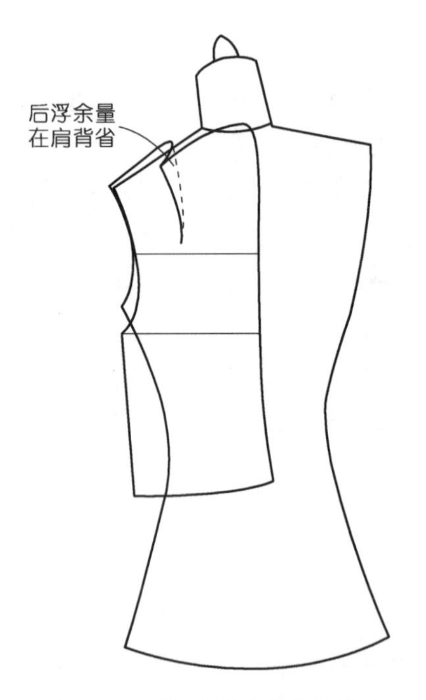

图 2-12　后浮余量结构处理形式

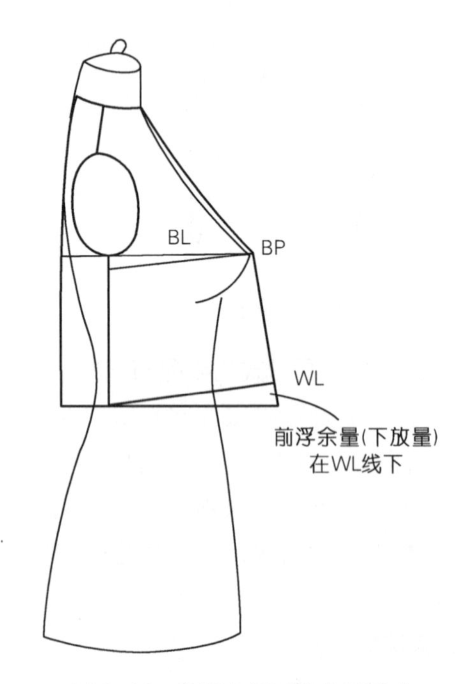

图 2-13　前浮余量下放处理形式

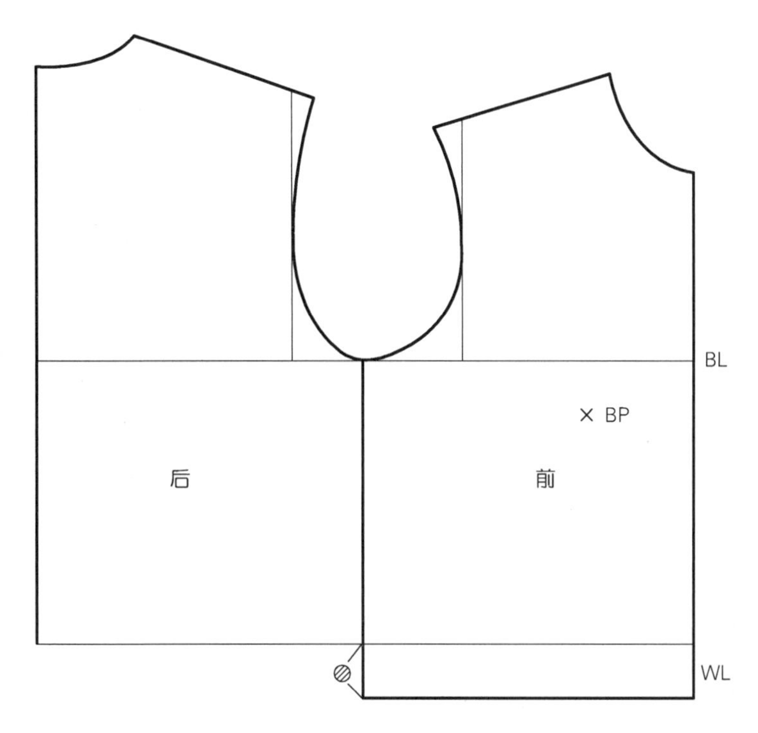

图 2-14　前浮余量下放处理平面结构图

③ 袖窿松量处理

将前衣片浮余量用袖窿松量形式平衡。即浮余量浮于袖窿，通过增大袖窿的纵向松量平衡，如图 2-15 所示。

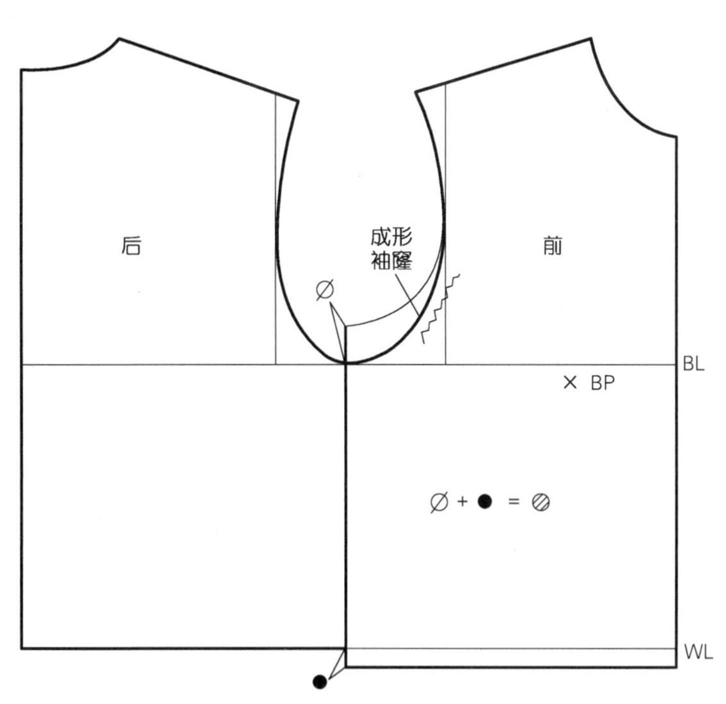

图 2-15　前浮余量袖窿松量处理平面结构图

（2）浮余量工艺处理形式

前后衣片浮余量也可用归拢、缝缩的形式将袖窿、肩缝、门襟等部位的浮余量消除。从某种意义上说，用工艺形式消除的浮余量也是省量，只不过是分散式省的形式。

2）浮余量消除分解方法

（1）前浮余量消除方法

在实际使用中，前浮余量的表达往往先在前衣片袖窿或胁下作前后侧缝差的省量，然后通过贴体型结构，在不同部位进行全省量使用，或较贴体型的省量分解和转移，达到衣身整体的立体结构平衡。在一个部位全省量集中使用，易产生外观造型的呆板和生硬。因而省量常需分解，其分解方法是解决衣身整体立体结构平衡的关键。

前衣片浮余量一般可分解为三部分，即撇门量、袖窿松量和腰省量或起翘量。

① 前浮余量转化为撇门量

在前衣身原型上，过 BP 点作前中线垂线，折叠胁下省量的一部分，如将小于等于 1.5cm 左右的量转移至前中线，则领口上平线产生撇门量，即将部分前浮余量转化为撇门量。

② 前浮余量转化为袖窿松量或省量

降低前袖窿点以增大前袖窿的纵向松量如图 2-15 所示，可将前浮余量全部转移为袖窿松量使成为宽松式服装，或部分转移为袖窿松量，部分转化为省量。

③ 前浮余量转化为腰省量或起翘量

前浮余量用下放形式处理，即前衣片下放，腰节线和底边线产生起翘量，如图 2-15 所示。

（2）后浮余量消除方法

后浮余量的消除与衣身整体结构平衡无关，只关系到后衣片的局部平衡。消除方法有省道和肩缝缝缩。

① 后浮余量转化为省道

以肩胛骨为省尖中心的全方位省道平衡后浮余量，常用有肩省、袖窿育克省等，如图 2-16(a)。

② 后浮余量转化为肩缝缝缩

后浮余量处于肩缝成分散式省的形式，然后用缝缩的方法解决，如图 2-16(b)。

收省

后

(a)

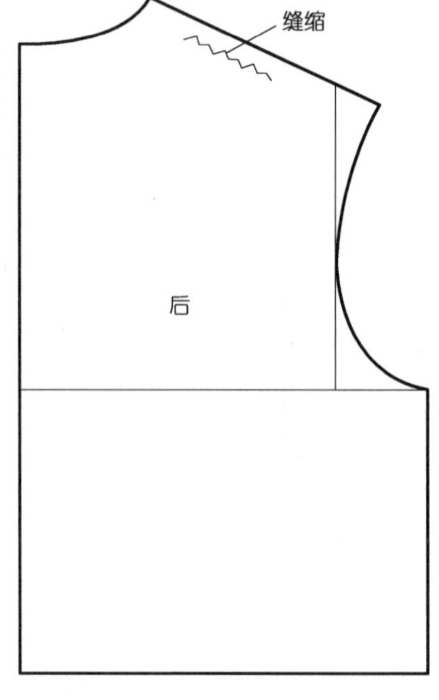

(b)

图 2-16　后浮余量消除方法

3）前、后侧缝差量衣身平衡表现组配方式

为达到衣身平衡，前浮余量的分解在具体应用时，体现为前、后侧缝差的处理，处理表现方式可以将上述三种方法同时一起处理，也可以只采用其中一种或两种方法。

常用的前浮余量分解组配方式有：

（1）省功能全省分解方式

① 将侧缝差量以全省方式全部转移至衣身其他部位省量处。

② 将侧缝差量以全省方式全部转移至衣身分割缝处。

③ 将侧缝差量以全省方式全部转移至衣身分割缝后，成为衣片抽褶量。

（2）消省方式

① 将侧缝差量一半转化为袖窿松量，一半转化为浮余量下放产生的起翘量。

② 将侧缝差量同时转化为撇胸量、袖窿松量和浮余量下放产生的起翘量。

③ 在宽松服装中，可将少量侧缝差量转化为撇门量，余下的转化为袖窿松量，或全部转化为袖窿松量。

④ 在宽松服装中，也可将少量侧缝差量转化为撇门量，余下的转化为起翘量，或全部转化为浮余量下放产生的起翘量。

（3）综合处理方式

① 将侧缝差量部分转化为衣身其他部位省量，部分转化为撇门量。

② 将侧缝差量部分转化为衣身其他部位省量，部分转化为浮余量下放产生的起翘量。

③ 将侧缝差量部分转化为衣身其他部位省量，部分转化为袖窿松量。

研究服装整体立体结构平衡，是服装整体结构设计的前提。

4）衣身结构平衡方法与衣身廓形造型关系

衣身结构平衡方法与衣身廓形造型有密切关系。

（1）A 形衣身廓形

即宽腰的衣身造型，可采用前浮余量下放的形式处理，或大部分前浮余量下放，少量前浮余量转化为袖窿松量。

（2）H 形衣身廓形

即胸、腰围度相同的衣身造型，可采用部分前浮余量下放，部分前浮余量收省的形式。

（3）X 形衣身廓形

即贴体卡腰的衣身造型，应采用前浮余量收省的形式处理。

第3章　衣身结构设计

衣身是衣服覆盖人体的主要部位，其形态既要与人体曲面相符，又要与款式造型相一致，同时衣身又是衣领、衣袖结构设计的基础，因而衣身结构是最重要的上装结构部分。掌握衣身的原型结构设计方法及其省、褶、裥的结构变化，对于服装结构设计至关重要。

3.1　衣身廓体与衣身结构比例

衣身廓体是由衣身外轮廓线构成决定，结合服装细部结构线、省道等各种结构处理后形成的主体外部形态；衣身结构比例指前后衣身的胸围分配量各占衣服胸围总量的比例数。两者是衣身结构设计中的重要指标。

3.1.1　衣身廓体分类

在服装发展史上，廓体以其独特魅力，穿越于时尚舞台。优美的服装廓体，不但造就服装的风格和品位，引人注目，显露着装者个性，还能展示人体美、弥补人体缺陷和不足，增加着装者的自信心。廓体的特点和变化，还起着传递信息、指导潮流方向的作用。

1）按衣身造型分

衣身廓体分类方式很多，从衣身整体外观造型分主要有五种基本类型，可用字母表示。

（1）H形：指宽腰式服装造型，弱化了肩、腰、臀之间的宽度差异，或偏于修长、纤细；或倾向宽大、舒展。外轮廓类似矩形，又常突显腰线位置，使整体类似H字母。具有线条流畅、简洁、安详、端庄特点。

（2）A形：指上窄下宽服装造型、上贴下松，如字母A。其肩至胸部为贴身线条，自腰部向下散开，廓体活泼、潇洒，充满青春活力。

（3）T形：指上宽下窄服装造型，夸张肩宽，然后经腰线、臀线渐渐收拢，上身呈宽松型，下身取贴身线条。为了强调肩宽，一般装有垫肩。颇有男性化特征，洒脱、大方，多了一份坚定感和自信心。

（4）X形：指宽肩、细腰、大臀围和宽下摆的服装造型，接近人体体型的自然线条，具有窈窕、优美、生动的情调。

（5）O形：又称气球型。下摆收拢，中间膨胀，一般在肩、腰、下摆等处无明显棱角和大幅度的变化。丰满、圆润、休闲，给人以亲切柔和的自然感觉，多用于居家或休闲装。

2）按衣身松量分

衣身廓形从宽松趋于贴体的松量分类有：宽身型、较宽身型、卡腰型、较卡腰型、极卡腰型。其立体几何形态如图3-1所示。该图将衣身廓体抽象概括为若干个几何体，其主要由胸围、腰围、臀围三个围度所构成。即衣身除袖窿外被抽象为五种形态，其形态的界定是由胸腰差、臀胸差的大小及结构所决定。

（1）胸腰差、臀胸差的数值界定

衣身廓体分类的主要依据是胸腰差的数值，具体范围如下：

宽身型胸腰差为 $B-W=0\sim6$cm；

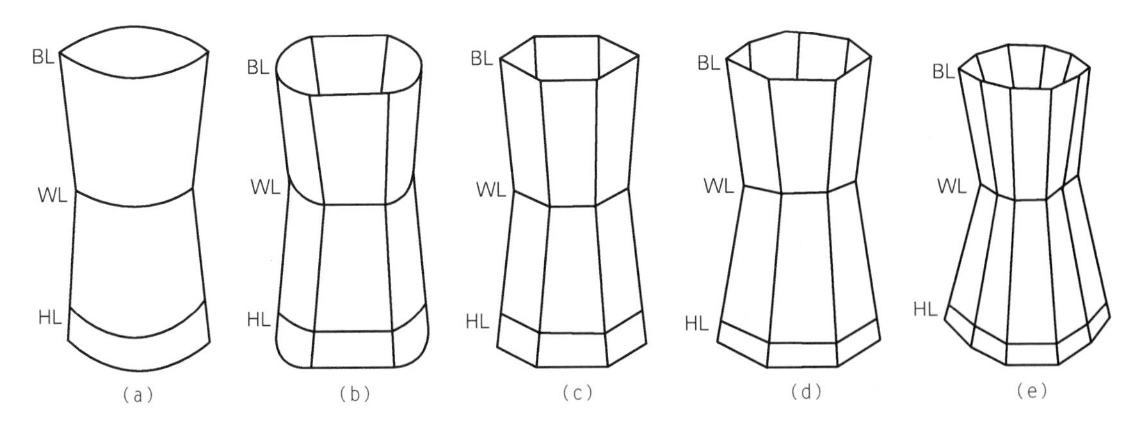

图 3-1　衣身廓体几何形态

较宽身型胸腰差为 B - W = 6 ~ 12cm;

较卡腰型胸腰差为 B - W = 12 ~ 18cm;

卡腰型胸腰差为 B - W = 18 ~ 24cm;

极卡腰型胸腰差为 B - W > 24cm。

臀胸差的数值根据造型常分为合体型、小波浪型、波浪型，常界定范围如下:

合体型的臀胸差为 H - B = 0 ~ 2cm;

小波浪型的臀胸差为 H - B = 2 ~ 4cm;

波浪型的臀胸差为 H - B > 4cm。

(2) 胸腰差、臀胸差的结构应对

衣身的胸腰差、臀胸差的数值平衡可以用省道和分割线的结构处理加以表现。用省道的形式往往只能单独解决局部差量如胸腰差或臀胸差，用分割线的方法可同时解决胸腰差和臀胸差，故合体卡腰型的服装一般多用分割线的结构形式。

在图 3-1 (a) 中，胸腰差、臀胸差的处理用侧缝的形式解决，其本质即为分割线;

在图 3-1(b) 中，两差处理用前后省道(分割线) 的形式解决;

在图 3-1(c) 中，两差处理用侧缝 + 前后省道 (分割线) 的形式解决;

在图 3-1(d) 中，两差处理用侧缝 + 前后省道 + 腋下省 (分割线) + 背缝的形式解决;

在图 3-1(e) 中，两差处理用侧缝 + 前后分别有两条分割线的形式解决。

3.1.2　衣身比例

按上述五种立体形态展开的平面纸样，在服装领域中其衣身结构比例，即前后衣身胸围分配量可分为四分比例、三分比例和多分比例。

1) 四分比例

四分比例又称四开身，即以人体前后中心线为基准，将人体围度基本均分为四份，左右两边出现侧缝，前后衣身的胸围分配基本上以 B/4 的形式出现。其展开图如图 3-2 所示。

2) 三分比例

三分比例又称三开身，以人体前后中心线为基准，前后衣身的胸围分配以 B/3 和 B/6的形式出现，即由四分比例的左右两边侧缝位移至后衣片的背宽线附近。其展开图如图 3-3 所示。

3) 多分比例

衣身为多片形式，即衣身可以任意分割，形成任意胸围比例的形式。

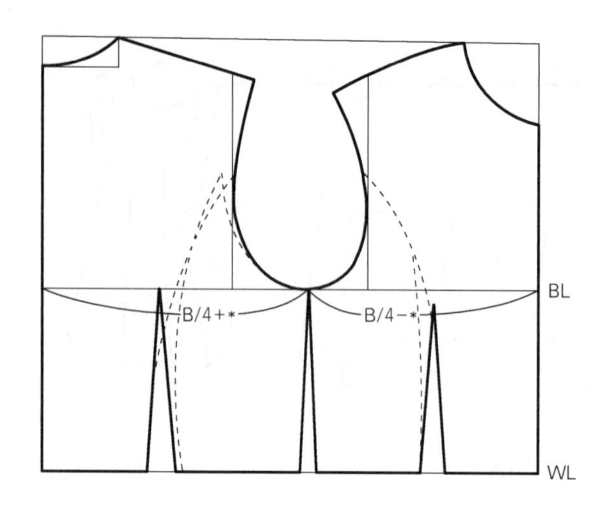

图 3-2 衣身四分比例结构

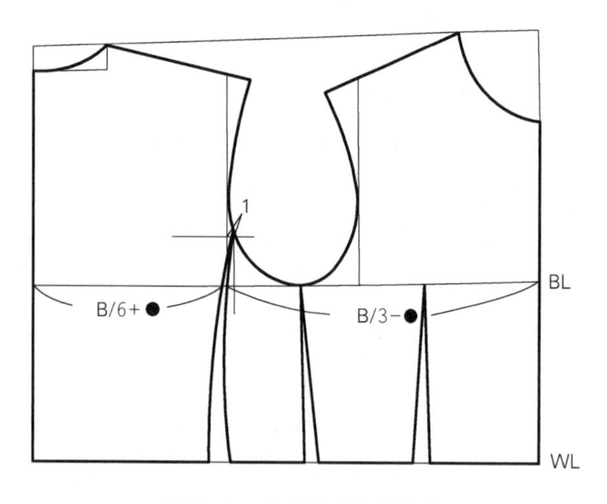

图 3-3 衣身三分比例结构

3.1.3 衣身规格设计

衣身规格设计涉及有总体规格设计和细部规格设计。总体规格设计指衣身结构设计时起主导作用的服装成品主要部位规格，是以国家服装号型规格系列标准为依据，由社会流行背景、穿着者形体差异的客观比例、款式特征等综合因素决定的。此方法既适应于量体裁衣式的单件服装设计，更适用于企业批量生产服装；细部规格设计指衣身结构设计时实现关键细部结构所需确定的细节规格，如前胸宽、后背宽、袖窿深等。

1）衣身总体规格设计

当已知穿着对象号型为 h/B^*-A 体型时，根据国家服装号型规格标准及人体工学原理，衣身总体规格设计遵循如下规律：

短上装衣长 $DL = 0.4h + x$

中长类衣长 $DL = 0.5h + x$（如短大衣、短风衣等）

长型类衣长 $DL = 0.6h + x$（如长大衣、长风衣、连衣裙等）

前腰节长 $FWL = 0.25h + y$

胸围 $B = B^* + q + z$

领大 $N = 0.25(B^* + q) + k$

肩宽 $S = 0.3B + m$

上述系列规格设计中：

x 为衣长调整系数，根据不同造型可取正值、负值或零；

y 为腰节调整系数，正常体型女性的自然腰节调整量约为 0.5cm；

z 为胸围的宽松量，贴体型取 0 ~ 10cm；较贴体型取 10 ~ 15cm；较宽松型取 15 ~ 20cm；宽松型取 20cm 以上；

q 为内衣厚；

k 为领大调整系数，取值约为 16 ~ 20cm，关门领取较小值，开门领取较大值；

m 为肩宽的调整系数，取值约为 12 ~ 13cm。

2）衣身细部规格设计

根据第二章阐述的东华原型结构设计方法，涉及的衣身细部设计规格如下：

前胸围 $FB = B^*/4 + 3$

后胸围 $BB = B^*/4 - 3$

前胸宽 $FBW = 0.13B^* + 5.8$

后背宽 $BBW = 0.13B^* + 7$

袖窿深 $AHL = 0.1h + 8$

前直开领 $FNL = 0.05B^* + 3$

前横开领 FNW = $0.05B^{*} + 2.3$

后横开领 BNW = $0.05B^{*} + 2.5$

后直开领 BNL = $(0.05B^{*} + 2.5)/3$

当然还有更多的细节设计需在原型基础上，根据具体服装款式通过省道转移、剪切变化而实现。

3.2 省道分类设计与变形

女子上体截面形态表明，它并非单纯圆筒形或球形，而是一个复杂的三维立体，其胸腰差决定了衣身结构的繁复变化。为使平面状的布料与复杂的人体曲面相吻合，必须研究服装结构的处理方法，通常可以用省、褶、裥等服装结构的主要处理形式来解决，以消去平面布料复合在人体曲面上所引起的各种折皱、斜裂、重叠等现象，能从各个方向改变衣片块面的大小和形状，塑造出各种美观贴体的造型，达到美化人体的作用。

3.2.1 省道分类

省道顾名思义指省略人体上多余的服装面料，即多余服装面料被缝合的处理手法。经过省道缝合的平面布料会呈现出圆锥形或圆台形等立体效果，其功能是使衣片或服装与人体的曲面吻合，如上装的胸省和腰省缝合所形成的曲面是圆锥形曲面，在纸样中通常表现为 V 字形状及上下 V 形状。省道可以遍布服装各个部位，不同部位的服装省道，其所在位置和外观形态是不同的。分类方法有两种：

1）按省道所在服装部位分

省道的名称依据省道在衣身上的位置而命名，如图 3-4 所示：

① 肩省：省底在肩缝部位的省道，常作成钉子形，但左右两侧形态不同。前衣身的肩省是作出胸部形态，后衣身的肩省作出肩胛骨形态。

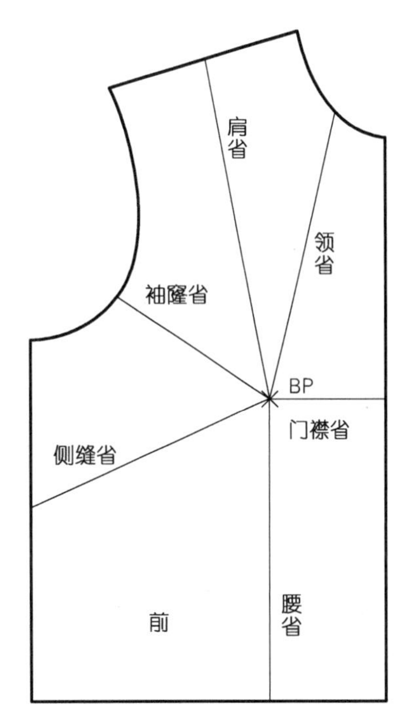

图 3-4 典型省位

② 领省：省底在领口部位的省道，常作成上大下小均匀变化的锥形。主要作用是作出胸部和背部的隆起形态，及使用于要作出颈部形态的衣领与衣身相连的衣领设计，常代替肩省，并且领省有较隐蔽的优点。

③ 袖窿省：省底在袖窿部位的省道，常作成锥形。前衣身的袖窿省作出胸部形态，后衣身的袖窿省作出背部形态，常以连省成缝形式出现。

④ 腰省：省底在腰节部位的省道，常作成锥形，起吸腰作用。

⑤ 胁下省：省底在衣身侧缝线上，常用于作出胸部隆起的横胸省。

⑥ 门襟省：省底在前中心线上，由于省道较短，常以抽褶形式取代。

2）按省道的形态分

① 钉子省：省形类似钉子形状的省道，上部较平行，下部成尖形。常用于表达肩部

和胸部复杂形态的曲面，如肩省、领口省等。

② 锥子省：省形类似锥形。常用于制作圆锥形曲面，如腰省、袖肘省等。

③ 开花省：省道一端为尖形，另一端为非固定形，或两端都是非固定的平头开花省。收省布料正面呈镂空状，是一种具有装饰性与功能性的省道。

④ 橄榄省：省的形状两端尖，中间宽，常用于上装的腰省。

⑤ 弧形省：省形为弧形状，省道有从上部至下部均匀变小及上部较平行、下部成尖形等形状，也是一种兼备装饰与功能的省道。

3.2.2 省道设计

1）省道个数、形态、部位的设计

由省道分类可知，省道可以围绕省尖端点多方位设置。省道设计时，其形式可以是单个而集中的，也可以是多个而分散的，可以是直线形，也可以是曲线形、弧线形的。

单个集中的省道由于省道缝去量大，往往形成尖点，而在外观上造型较差，多方位的省道由于各方位缝去量小，可使省尖处的造型较为柔和而平缓，在实际使用时，还需根据造型和面料特性而定。

省道形态的选择，主要视衣身与人体贴近程度的需要而定，不能将所有省道的两边都机械地缝成两道直形缝线，而必须根据人的体型情况将它缝成略带弧形、有宽窄变化的省道。不同的曲面形态，不同的贴体程度可选择相应的省道形态。

从理论上讲，只要省角量相等，不同部位的省道能起到同样的合体效果，而实际上不同部位的省道却影响着服装外观造型形态，这取决于不同的体型和不同的服装面料。如肩省更适合用于胸围较大及肩宽较窄的体型，而胸省或胁省则更适合于胸部较扁平的体型。从结构功能讲，肩省兼有肩部造型和胸部造型两种功能，而胸省和胁省只具有一种功能。

2）省道量的设计

如以人体各截面围度量的差数和体型为依据，差数越大，人体曲面形成角度越大，面料覆盖于人体时的余褶就越多，即省道量越大，反之省道量越小。由人体工学测量换算得知，满足东方女子完全贴体的前衣片省道量约为30°，作为外衣穿着的服装，前衣片的省道量：贴体型可取20°~25°；较贴体型可取15°~20°；较宽松型可取10°~15°；宽松型可取0°~10°。

3）省端点的设计

一般省端点与人体隆起部位相吻合，但由于人体曲面变化是平缓而不是突变的，故实际缝制的省端点只能对准某一曲率变化最大的部位，而不能完全缝制于曲率变化最大点上。如前衣身的省道，尽管省端点都对准胸高点，在省道转移时，也以胸点为中心进行转移，而实际缝制省道时，省端点应距离胸点一段量。具体设计时，肩省距BP点为5~7cm；袖窿省距BP点为3~4cm；胁下省距BP点为4~6cm；腰省距BP点为2~3cm等。

4）胸省的风格设计

女装的风格在一定程度上是以乳房形态显示的程度和造型决定的，是决定整件服装造型的因素之一。

① 高胸细腰造型：胸点位置偏低，省道量大，形状符合乳房形态的弧形，强调乳房体积，要进一步加强收腰的效果。

② 少女型造型：胸点的间隔狭长，位置偏高，表现女性成长期少女胸部的造型，省道尖位置偏高，省道量较小，形状成锥形。

③ 优雅型造型：胸部造型较扁平而带稳重感，胸高位置是一个近似圆形的区域，不

强调体现出腰部的凹进和臀部的隆起形态，省道量小且较分散。

④ 平面型造型：不表现出女性胸部隆起形态，腰部和臀部造型也较平直，不收省或省道量很小。

3.2.3 省道变形原理与方法

省道变化是女装结构设计的灵魂，不同部位的转位变形使设计效果更为丰富。

1）省道等效变位变形原则

① 在服装合体效应一定的前提下，尽管服装纸样是不规则的几何图形，围绕省尖旋转的半径不同，省道经转移后，新省道的长度与原省道的长度也不同，但省道转移的角度不变，即每一方位的省道张角必须相等。

② 当新省道不通过省尖端点时，如前衣身的 BP 点，应尽量作通过 BP 点的辅助线使两者相连，便于省道的转移。

③ 无论服装款式造型怎样复杂，省道的转移要保证衣体的整体平衡，一定要使前、后衣身的原型在腰节线处保持在同一水平线上，或基本在同一水平线上，否则会影响制成样板的整体平衡和尺寸的准确性；还应注意在将样板覆于衣料上剪切时，要考虑到对织物经纬的要求。

2）省道等效变位变形方法

省道等效变位变形是指在不影响服装合体度的情形下，省道在衣片布局中位置和形态的改变。通常采用省道转移方法，即将一个省转移到同一衣片上的任何其他一个或多个部位，有时省道形态也会稍加变化，而不影响服装的尺寸和适体性。常用省道转移的方法有三种，下面以女装的前衣片东华原型为基础，阐述省道转移方法。

① 量取法：将前后片侧缝线的差量即浮余量作为省量，用该量在胁下任意部位截取，省尖对准胸高点 BP，如图 3-5 所示。在作图时要使省道两边长度相等。

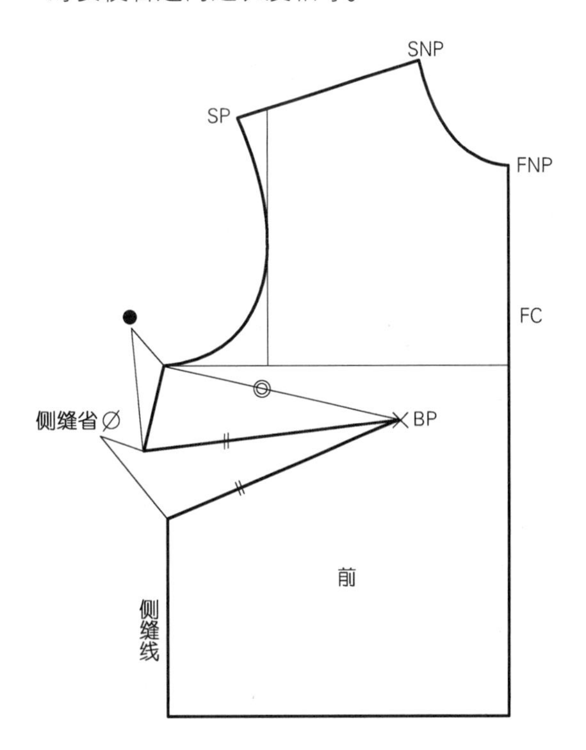

图 3-5　量取法

② 旋转法：以省尖端点为旋转中心，衣身旋转一个省角量，将省道转移到其他部位。如图3-6所示，将胸省转移到肩省，先在原型上作胸省线交于B点，将复制的原型放在另一张纸上，以BP为旋转中心旋转复制原型，使A点转到A′点上，即逆时针转过一个省角α，使B点转到B′点。B与B′两点之间的差即为胸省量。旋转后得到的粗轮廓线即为新的轮廓线。

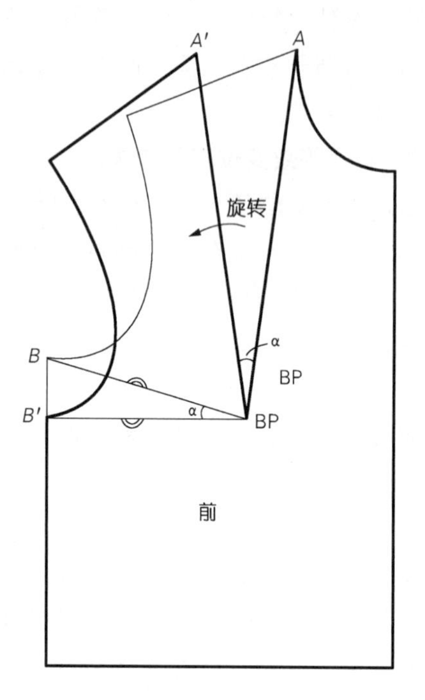

图3-6　旋转法

③ 剪开法：在复制的基样上确定新的省道位置，然后在新的省位处剪开，将原省道折叠，使剪开的部位张开，张开量的多少即是新省道的量。新省道的剪开形式可以是直线的或曲线的；可以是一次剪开或多次剪开，如图3-7所示。

上述省道变位变形转移方法表明，量取法只近似适用于胁下省的转移；旋转法和剪开法都为精确转移法，然而，旋转法因无法留下中间图形的旋转轨迹，更适合单个或简单款型的省道转移，剪开法则适用繁简各种情况的省道转移。

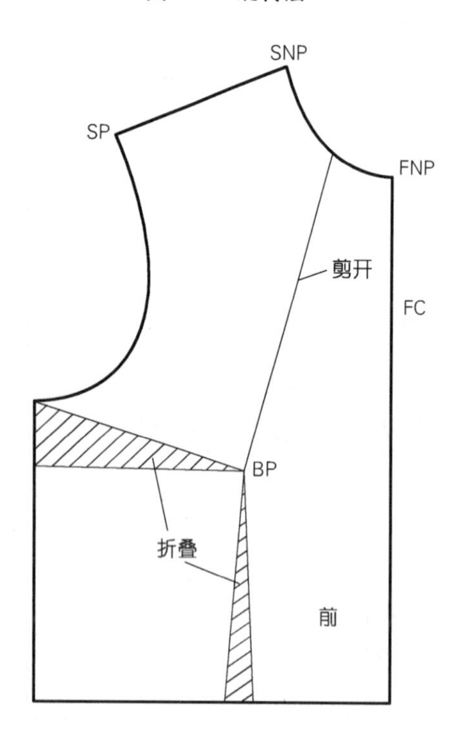

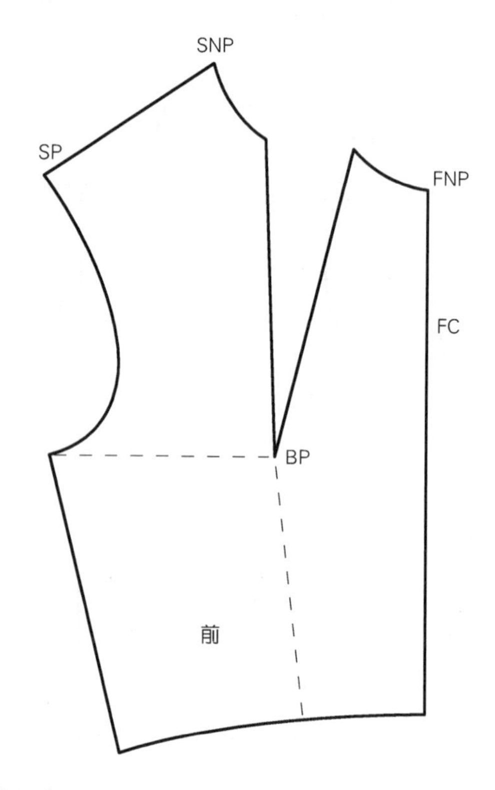

图3-7　剪开法

3.2.4 省道变位变形应用

1）单个集中省道的转移

（1）肋下省转移

图3-8效果图为腰部合体的单个集中肋下省设计，利用衣身前片原型，作出腰部贴体的侧缝线、原型肋下浮余省道和腰省，在肋下距腰节6cm处设计新省位线，如图3-8（a），运用上述省道转移方法（旋转法或剪开法），将原型的肋下浮余省道和腰省全部转移至新省处，如图3-8(b)。

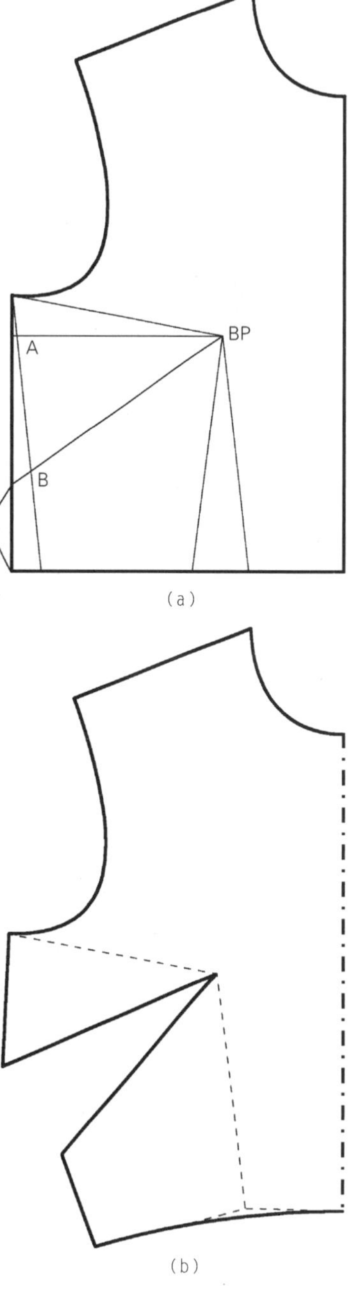

图3-8 肋下省转移

(2) 门襟省转移

图 3-9 款式，省位下方前中线分割，形成 Y 形门襟省。复制前片衣身原型，作出腰部贴体的侧缝线、原型原有省道和门襟新省位线，如图 3-9(a)，将原型的胁下浮余省和腰省全部转移至门襟新省处，得到图 3-9(b)，完成省位变形。

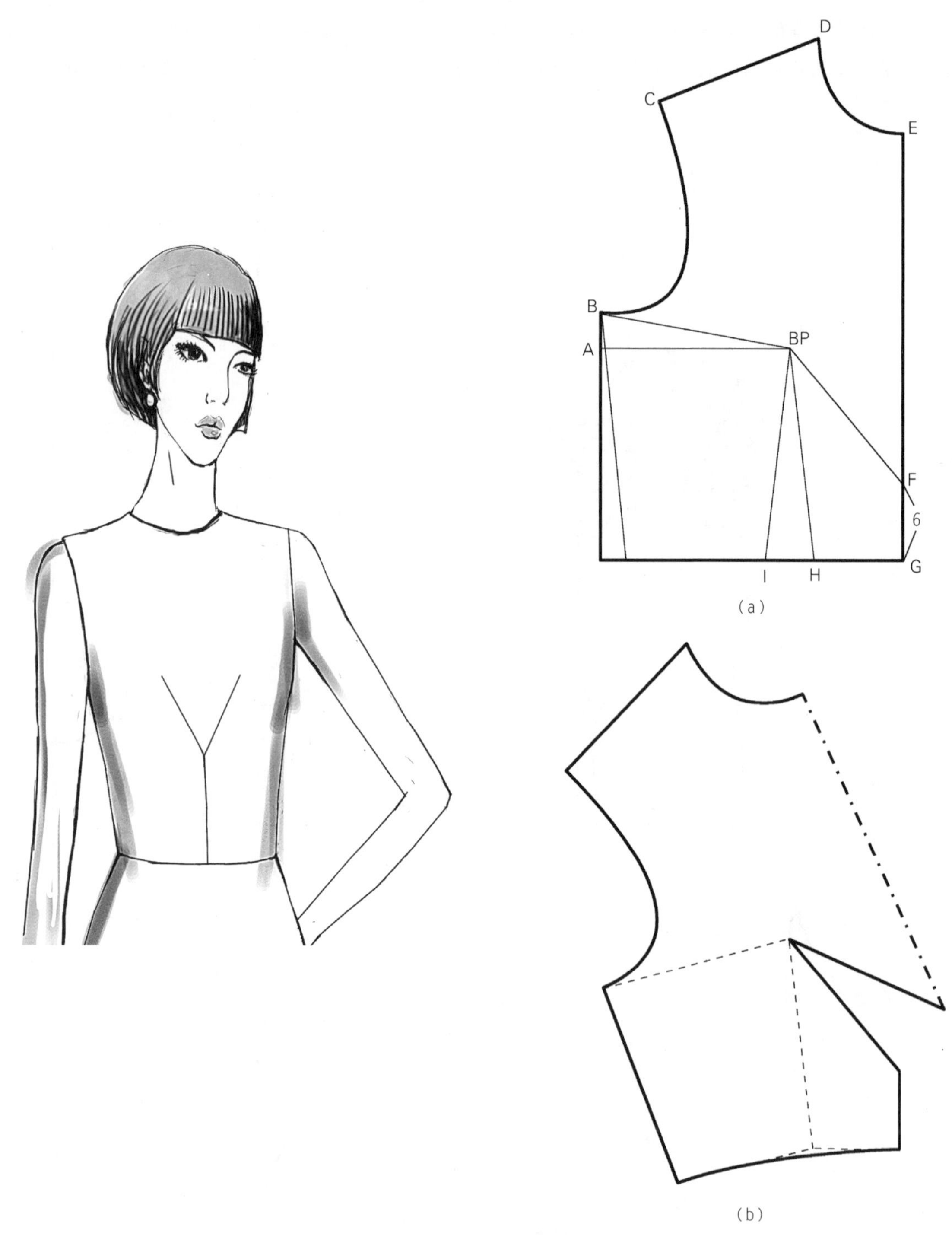

图 3-9　门襟省转移

(3) 肩端省转移

图 3-10 效果图为腰部合体的单个集中肩端省设计，选用衣身前衣片原型，作出腰部贴体的侧缝线、原型原有省道和肩端新省位线。运用省道转移方法，将原型的胁下浮余省和腰省全部转移至新省处。

图 3-10 肩端省转移

2）多个分散省道的转移

(1) 领中省与腰中省转移

运用衣身原型前衣片，按效果图作出腰部贴体的侧缝线、原型原有省道和领口中点、腰围中点新省位，如图 3-11(a)。运用省道转移方法，分别将胁下省转移至领中省，腰省转移至腰中省处，如图 3-11(b)。

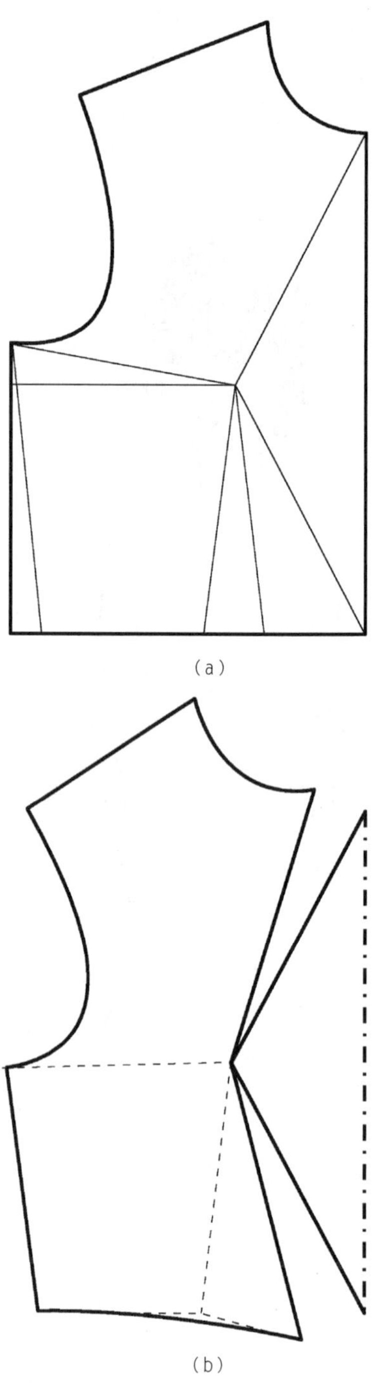

图 3-11　领中省与腰中省转移

（2）袖窿省与腰省转移

调用衣身原型前衣片，按效果图作出腰部贴体的侧缝线、原型原有省道和袖窿新省位，如图 3-12(a)；选择省道转移方法，将胁下省转移至袖窿，腰省保持不变，如图3-12(b)。

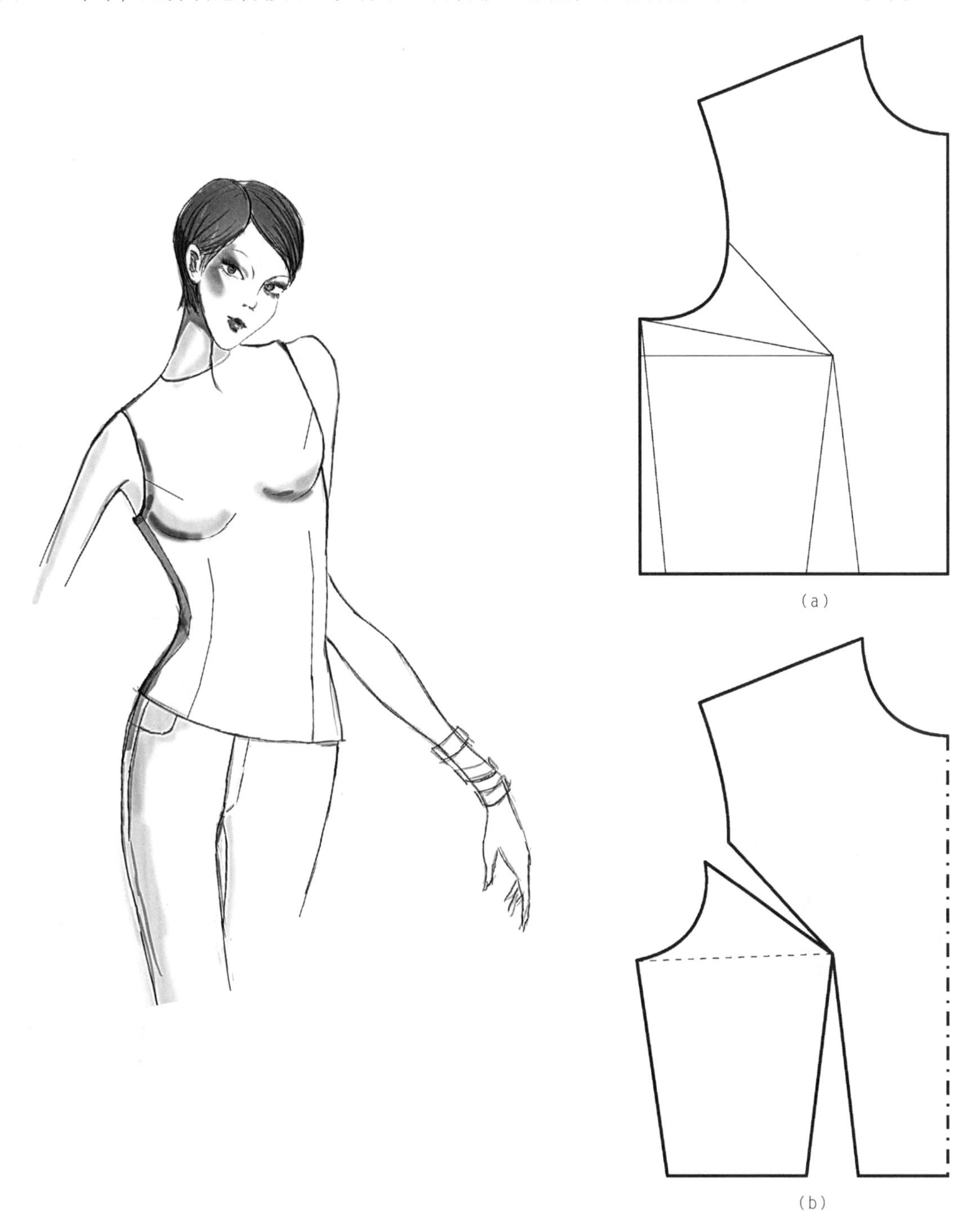

图 3-12　袖窿省与腰省转移

（3）领省与腰省转移

复制衣身原型前衣片，按效果图作出腰部贴体的侧缝线、原型原有省道和领圈中点新省位，如图 3-13(a)；选择省道转移方法，将胁下省转移至领省，腰省保持不变，如图 3-13(b)。

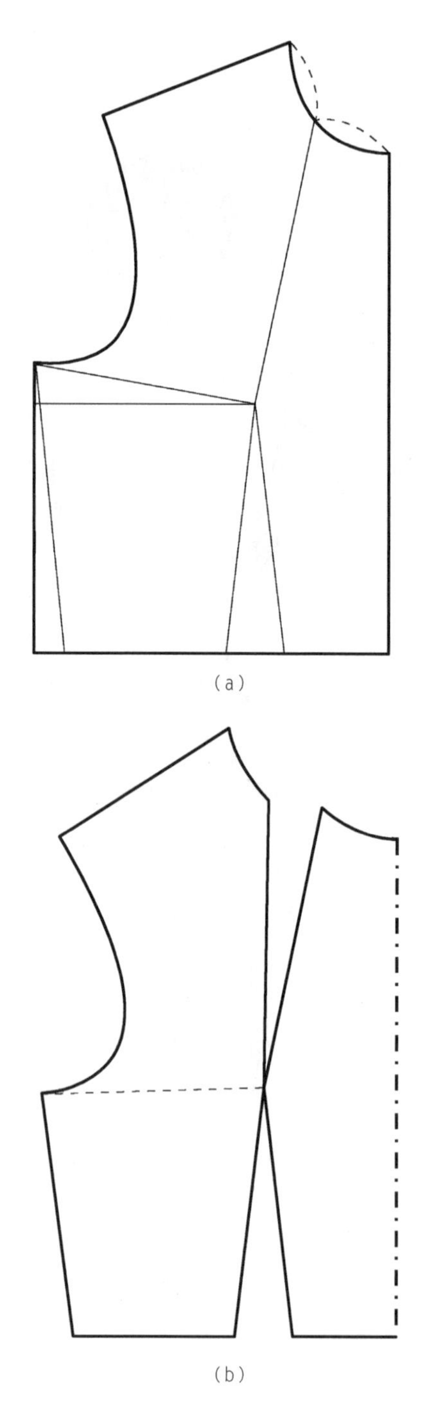

(a)

(b)

图3-13　领省与腰省转移

(4) 领部不等量多省转移

图 3-14 效果图为腰部合体的位于领部不等量多省设计。选用衣身原型前衣片，按效果图作出腰部贴体的侧缝线、原型原有省道和确定新省位线，并作辅助线，将省端点与胸点 BP 连接，如图 3-14(a)；运用省道转移方法，将总的腰省量分为不等量的 3 份，并转移至 3 个新省位中，使总省量不变。根据效果图修正领部新省形态，忽略不必要的省量如图 3-14(b) 虚线所示。

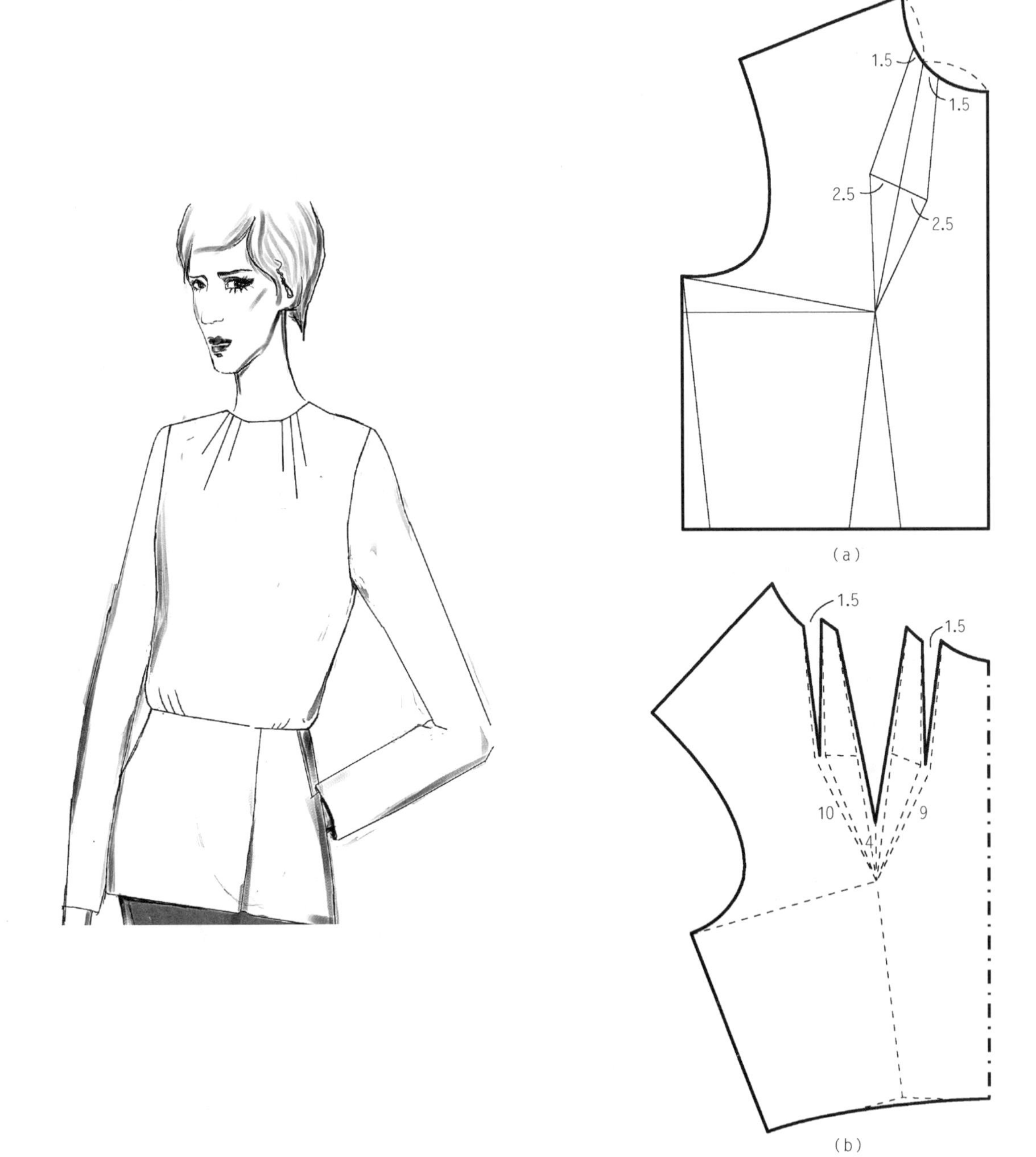

图 3-14　领部不等量多省转移

(5) 胁下平行双省转移

图3-15效果图，为腰部合体的胁下弧线平行双省设计。复制衣身原型前衣片，按效果图作出腰部贴体的侧缝线、原型原有省道和胁下平行新省位，并设法使原省道与新省端点相交，如图3-15(a)。

选择移省方法，分别将胁下省与腰省转移至平行新省位A、B中，并适当调整，使两省量基本匀称，如图3-15(b)。

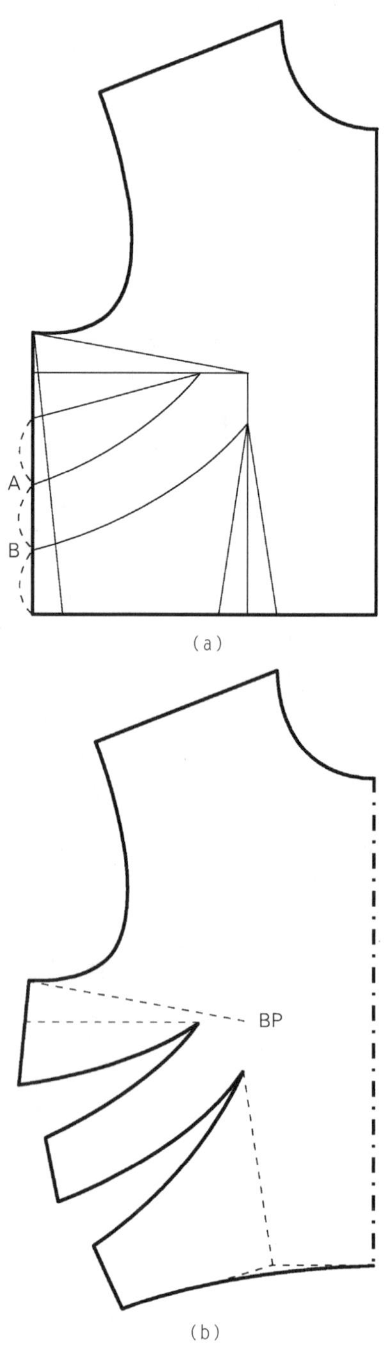

图3-15　胁下平行双省转移

3.3 褶、裥、塔克分类与变化

为了赋予服装款式造型的变化，增添服装艺术情趣，不但可以将一个省道分解为诸多个省道，也可以用服装结构中的抽褶、打裥、塔克及其他形式的组合来替代。

抽褶、打裥、塔克是服装艺术造型中的主要手段，它既能把服装面料较长或较宽的部分缩短或减小，使衣片适合于人体，并给人体以较大的宽松量，增加运动功能，又能作更多的附加装饰性造型，增强服装的艺术效果。

3.3.1 褶、裥、塔克分类

1）折裥分类

一个折裥一般由三层面料组成，外层、中层和里层，外层是衣片上的一部分。折裥的两条折边分别称为明折边和暗折边。一个折裥可以由三层同样大小的面料组成，也可以由外层、中层与里层不同量面料组成，前者称为深折裥，后者称为浅折裥。

（1）按形成折裥的线条类型分

① 直线裥：折裥两端折叠量相同，其外观形成一条条平行的直线。常用于衣身、裙片的设计。

② 曲线裥：同一折裥所折叠的量至上而下渐渐变化，在外观上形成一条条连续渐变的弧线。这种裥合体性好，常用于衣身、裙片的设计，满足人体胸部与腰部、腰部与臀部之间变化的曲线，但缝制、熨烫工艺比较复杂。

③ 斜线裥：指折裥两端折叠量不同，但其变化均匀，外观形成一条条互不平行的直线。常用于裙片的设计。

（2）按形成折裥的形态类型分

① 顺裥：是指向同一方向打折的折裥，既可向左折倒，也可向右折倒。

② 箱形裥：是指同时向两个方向折叠的折裥。

③ 阴裥：是指当箱形裥的两条明折边与邻近裥的明折边相重合时，就形成了阴裥。

④ 风琴裥：面料之间没有折叠，仅仅通过熨烫定型，形成折裥效应。

2）塔克分类

塔克只是将折倒的折裥部分或全部用缝迹固定，按缝迹固定的方式不同，塔克分为：

① 普通塔克：将折倒的折裥沿其明折边用缝迹固定。

② 立式塔克：指沿折裥的暗折边用缝迹固定。

3）抽褶

抽褶是由许多非常细小且无规则的折裥组合而成，外观形态宽松、自如、活泼。

抽褶可以在指定的部位以水平或垂直的形式出现，也可以上下两端都抽褶来控制某部位的造型，使此部位有足够的宽松量满足人体运动的需要。服装抽褶量的多少，抽褶部位及抽褶后控制的尺寸量，由服装款式造型和面料的特性决定。当抽褶量替代省量时，为合体功能性抽褶，否则为装饰性抽褶。

3.3.2 褶、裥、塔克变位变形应用

1）折裥、塔克变化应用

图 3-16 为后衣身的塔克造型，塔克与折裥的纸样处理方法一样，区别仅仅是工艺处理方法不同，只要在打裥部位用缝迹固定即可。

选取调用后衣片原型，在原型上作出后背育克线和折裥或塔克线。

当背部宽松时，因后衣片原型不含肩省，无需考虑省道，直接处理折裥或塔克量；当背部较合体时，可在袖窿处直接去掉省量约 0.7～1cm，以满足肩胛骨的形态，如图 3-16(a)；在裥位或塔克位剪切平移拉开所需阴影量，如图 3-16(b)。

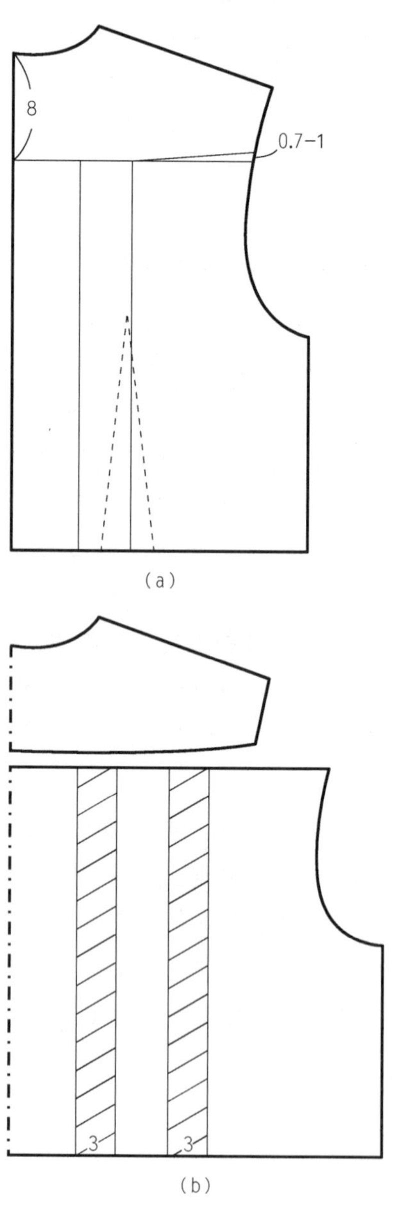

图 3-16 折裥、塔克变化应用

2）抽褶变化应用

(1) 代替省道的功能抽褶

衣身育克造型，是分割线设置在胸围线以上部位，为使肩部合体的衣身上半部分。通过缝合，育克线可控制抽褶、折裥或普通的下半部分衣身，育克线可以水平或各种造型形式出现，在衣身的前、后衣片上均可设计。

图3-17为水平育克、抽褶、前开襟衣身造型。选取前衣片原型，在前中心作2.5cm叠门线；距领口6cm作育克线，分离上半部分育克；在下半部分衣身中，过BP点作辅助线与育克分割线相交，如图3-17(a)，将胁下省转移至辅助线中成为抽褶量，见图3-17(b)。

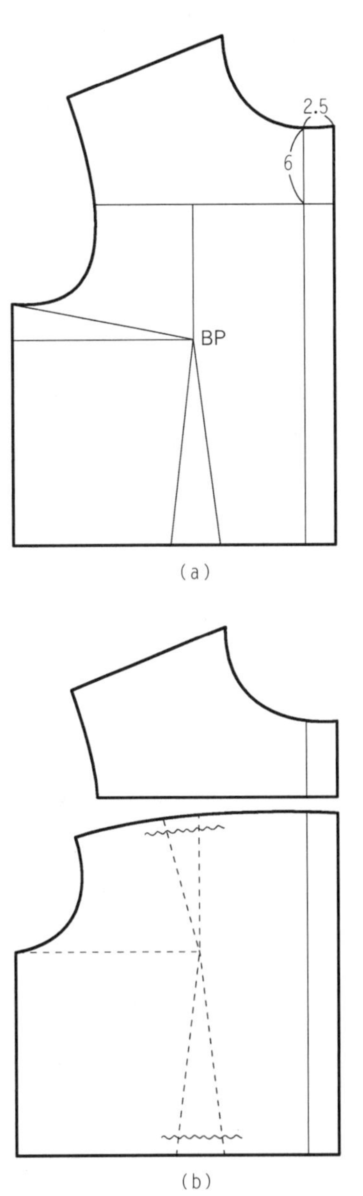

图3-17 代替省道的功能抽褶

(2) 装饰抽褶

装饰抽褶，指抽褶量不代替省量，仅起装饰作用的抽褶，一般通过添加一组平行的辅助线剪切展开完成。

图 3-18 效果图可选取前衣片原型来处理。如图 3-18(a)利用腰省线作为腰部抽褶分割线，折叠胁下省旋转结构图 ABCBP，转移胁下省至腰省处，总的省量在腰部抽褶分割线处剪去。

如图 3-18(b)所示，在结构图 ABCBP 中作一组平行等分线，逐一剪切展开均匀的 3cm 抽褶量，得图 3-18(c)。

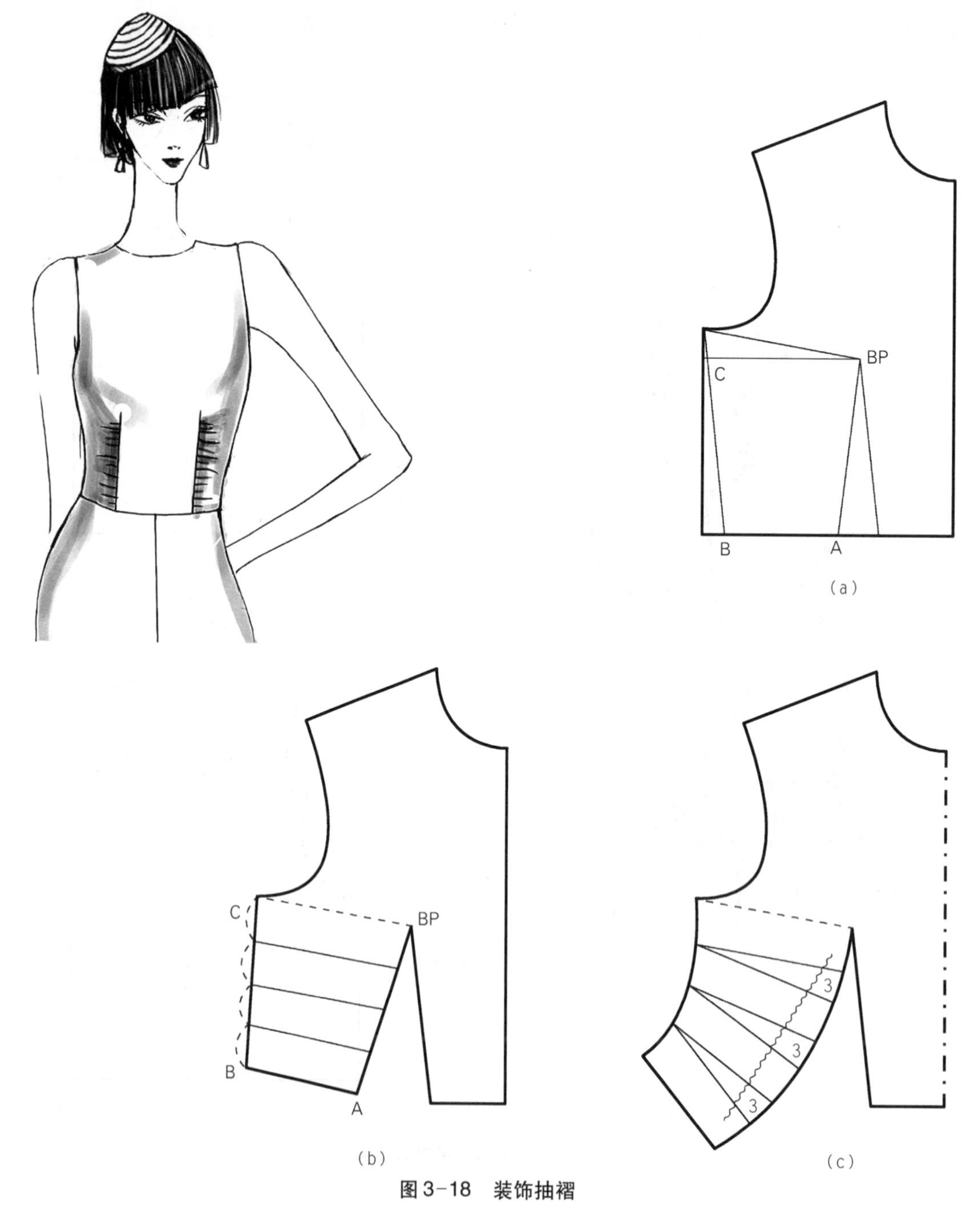

图 3-18 装饰抽褶

(3) 连续抽褶

有抽褶必定有分割线，当分割线贯通衣身某部位时形成的抽褶，我们定义为连续抽褶；当分割线在某部位突然中断而形成的抽褶，我们定义为非连续抽褶。

图 3-19 款式，腰部贴体，平行领圈有连续抽褶分割线。选取前衣片原型，作出腰部贴体的侧缝线和平行领圈的分割线，如图3-19(a)。

分离领部分割片 ABCD 后，先将胁下省转移至腰省处；为了均匀增大分割线 AB 的抽褶量，按图 3-19(b) 等分 AB 弧线，并较均匀地作放射展切辅助线；将腰省转移为 AB 抽褶量后，再借助袖窿、胁下、腰节线，均匀展切 AB 线所需抽褶量，如图 3-19(c)。

图 3-19 连续抽褶

（4）非连续抽褶

非连续抽褶特点，在于分割线在衣片某部位突然中断，使衣片仍然为一整体，剪切变化后，必须考虑分割线间满足缝份的充分余量。

图3-20款式可选取前衣片原型。按效果图要求，作图3-20(a)的非连续抽褶分割线，并将端点与BP点连接作辅助线。

将胁下省和腰省转移至分割线中，如图3-20(b)所示。

如还需加装饰抽褶量，可作一组平行线，如图3-20(c)所示，利用腰节线旋转展切完成。

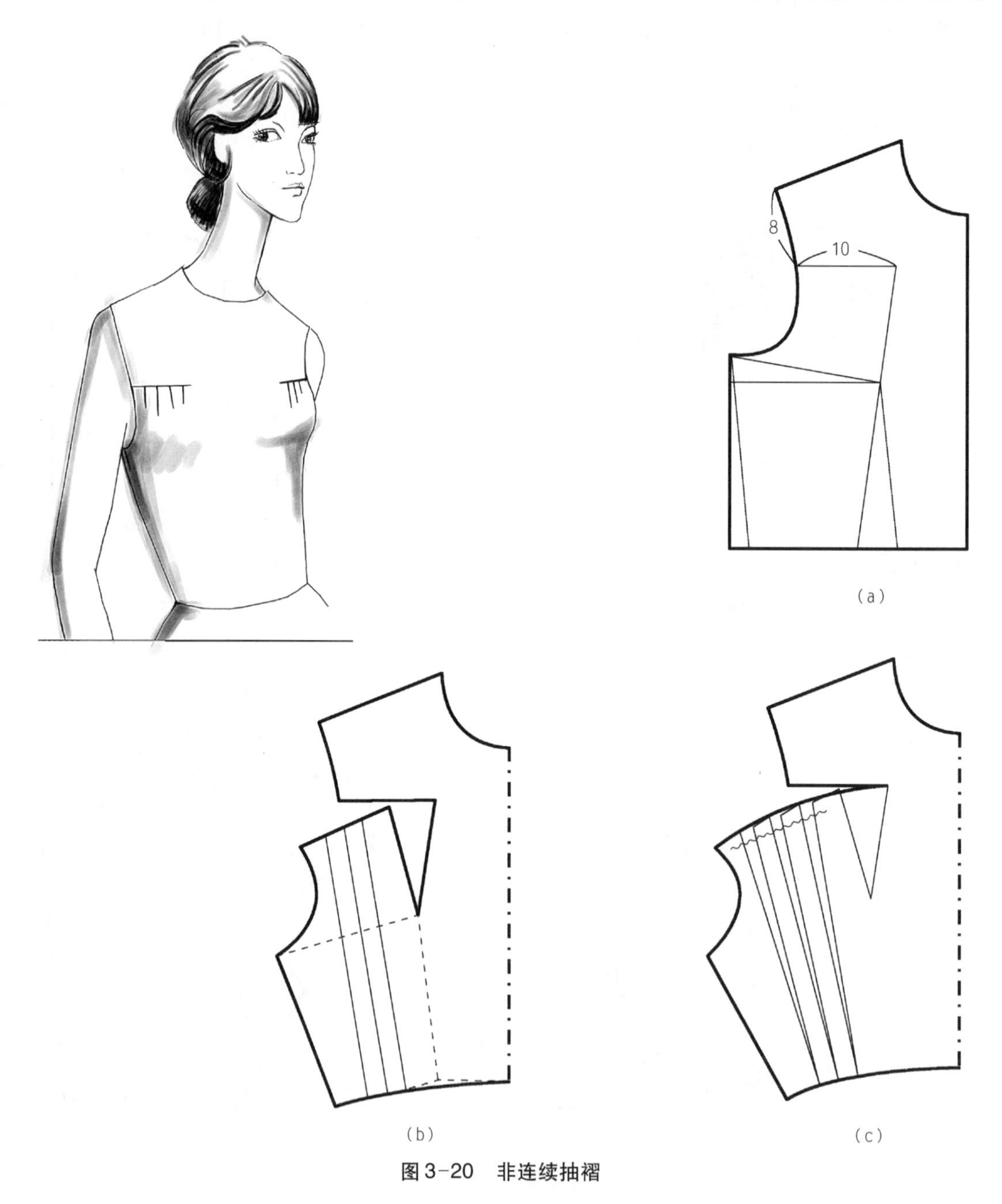

图3-20　非连续抽褶

3.4 分割线分类与变化

服装造型设计是通过线条的组合而形成的，服装分割线特有的方向性和运动性，赋予了它具有丰富的内涵和表现力。

3.4.1 分割线分类

服装分割线形态各异，有纵向分割线、横向分割线、斜向分割线、自由分割线等，此外还常采用具有节奏旋律的螺旋线、放射线、辐射线。它既能构成多种形态，又能起装饰和分割形态的功能，对服装造型与合体起着主导作用。常将分割线分为装饰分割线和功能分割线。

1）装饰分割线

装饰分割线指为了造型的需要，附加在服装上起修饰作用的分割线，分割线所处部位、形态、数量的改变，会引起服装造型艺术效果的变化。

分割线数量的改变，会因人们的视错效应而改变服装风格，如后衣身的纵向分割线，两条比一条更能体现服装的修长、贴体。但数量的增加必须保持分割线的整体平衡，特别对于水平分割线，尽可能符合黄金分割比，使其伴有节奏感和韵律感。

在排斥其他造型因素的情况下，服装韵律的阴柔美，是通过线条的横、弧、曲、斜与力度的起、伏、转、折及节奏的轻、巧、活、柔来表现的，女式服装大体上采用这种曲线形的分割线，外形轮廓线以卡腰式为多，显示出活泼、秀丽、苗条的韵味。

2）功能分割线

功能分割线指分割线具有适合人体体型及加工方便性的工艺特征。服装分割线的设计不仅要设计出款式新颖的服装造型，而且要具有多种实用的功能性，如突出臀部、收紧腰部、使服装显示出人体曲线之美。并且要求在保持前者的条件下，最大限度地减少成衣加工的复杂程度。

功能分割线的特征之一，是为了适合人体体型，以简单的分割线形式，最大限度地显示出人体廓线的重要曲面形态。如为了显示人体的侧面体型，设立了背缝线和公主线；为了显示人体的正面体型，设立了肩缝线、公主线和侧缝线等。

功能分割线的特征之二，是以简单的分割线形式，取代复杂的湿热塑型工艺，兼有或取代省道的作用。如公主分割线的设置，其分割线位于胸部曲率变化最大的部位，上与肩省相连，下与腰省相连，则可用简单的分割线就把人体复杂的胸、腰、臀部形态描绘出来，不仅装饰美化了服装造型，而且不需用复杂的湿热塑型工艺，这种分割线实际上起到了收省道的作用，通常它是由连省成缝形成的。

3.4.2 分割线变化方法

1）连省成缝

贴体服装要与复杂的人体曲面相吻合，往往需要在服装的纵向、横向或斜向作出各种形状的省道，但是在一片衣片上作过多的省，会影响制品的外观、缝制效率和穿着牢度。服装结构设计中，在不影响款式造型的基础上，常将相关联的省道用衣缝来代替，即称连省成缝。连省成缝其形式主要有衣缝和分割线两种，尤其以分割线形式占多数。衣缝的形式主要有侧缝、背缝等；分割线形式主要有公主分割线、刀背分割线等。

(1) 连省成缝的基本原则

① 省道在连接时，应尽量考虑连接线要

通过或接近该部位曲率最大的工艺点，以充分发挥省道的合体作用。

② 经向和纬向的省道连接时，从工艺角度考虑，应以最短路径连接，使其具有良好的可加工性、贴体功能性和美观的艺术造型；从艺术角度考虑造型时，省道相连的路径要服从于造型的整体协调和统一。

③ 如按原来方位进行连省成缝不理想时，应先对省道进行转移再连接，注意转移后的省道应指向原先的工艺点。

④ 连省成缝时，应对连接线进行细部修正，使分割线光滑美观，而不必拘泥于省道的原来形状。

(2) 公主分割线

图3-21款式为前、后衣片连省成缝形成的公主分割线。

选取前、后衣片原型，如图作肩省线和侧缝线，前片将胁下省转移至肩部，后片用省道逆向转移原理，追加肩省；不必拘泥原省位，以美观的造型连省、画顺公主分割线，要求前、后分割线位置在肩部相对，如图3-21(b)、(d)所示。

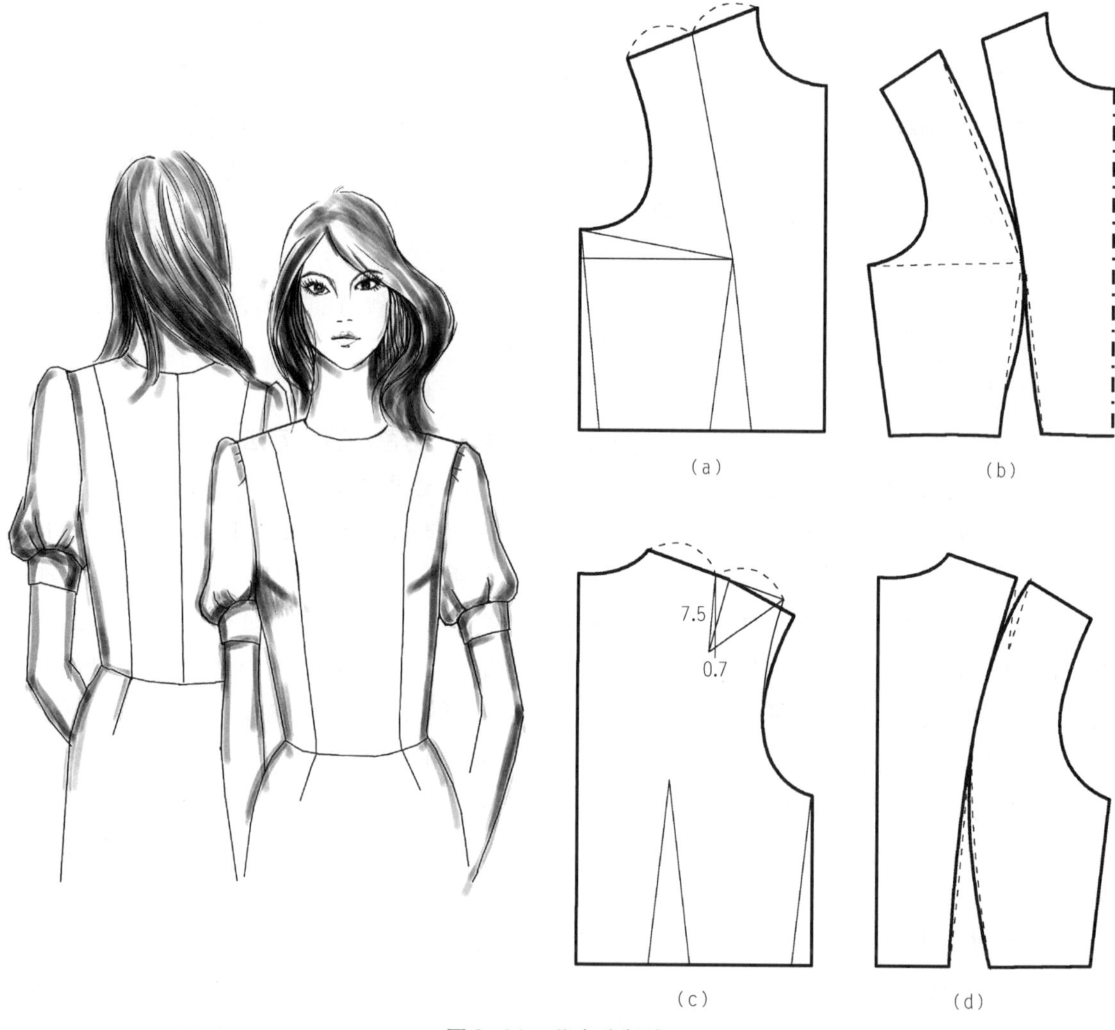

图3-21　公主分割线

（3）刀背分割线

图 3-22 款式为前、后衣片连省成缝形成的刀背分割线。

选取前、后衣片原型，选择前、后袖窿切点，如图作袖窿省线和侧缝线，前片将胁下省转移至袖窿省，后片直接收取袖窿省1cm 左右；不必拘泥原省位与原省形，以美观的造型连省、画顺刀背分割线，如图 3-22（b）、（d）。

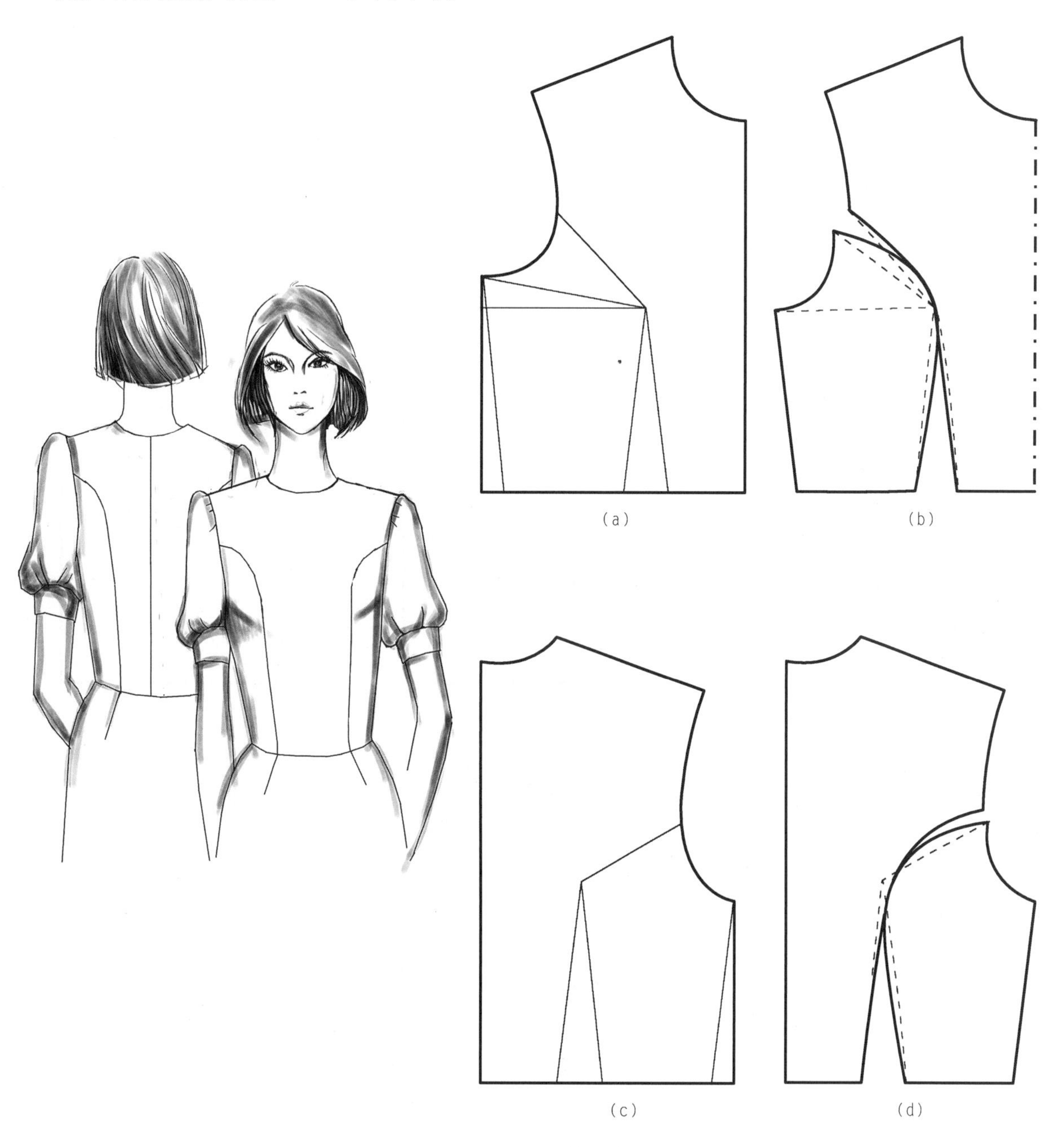

图 3-22　刀背分割线

2）不通过省端点的分割线

通过省端点的分割线，一般可通过连省成缝完成。然而在服装款式设计中，经常会碰到不通过省端点的分割线如图 3-23 所示，此时当分割线与省端点相距较近时，可近似用平移原理将原省量平移至分割线处；当分割线与省端点相距较远时，应设辅助线，设法使分割线与省端点相连，如图 3-23(b)。

选取前衣片原型，如图 3-23(a)作袖窿省线和侧缝线，将胁下省转移至袖窿省；如图 3-23(b)作不通过省端点的分割线，并添加辅助线 ABP，使之与省端点相连。

将腰省与袖窿省量转移至分割线与辅助线中，当分割线与省端点相距较近时，辅助线处的省道量较小，可将此省道忽略不计，即用平移原理可近似完成，缝制时借助归烫工艺。

当分割线与省端点相距较远时，辅助线处的省道量较大，不能忽略不计，必须保留此省道，如图 3-23(c)，修正省道，圆顺弧线，如图 3-23(d)所示。

图 3-23　不通过省端点的分割线

3）左右非对称的分割线

(1) 不穿越原省道的分割线

选用前衣片原型，当分割线左右非对称时，必须展开左右衣片，再按效果图作分割线；分别将胁下省和腰省转移至分割线处，如图 3-24(b) 所示。

图 3-24 不穿越原省道的分割线

（2）穿越原省道的分割线

图 3-25 为前衣身非对称分割造型。选用前衣片原型，展开左右前衣身为设计非对称分割线作准备，如图 3-25(a)。

为使新设计的分割线不与原省相冲突，需将腰省先临时转移至胁下省处，再根据效果图作分割线，如图 3-25(b)，然后将左右胁下省量分别转移至分割线处，圆顺腰节线，如图 3-25(c)。

图 3-25　穿越原省道的分割线

3.5 垂褶结构变形设计

垂褶造型主要是利用面料的悬垂性，展现它轻盈、飘逸、宽松自如、新颖别致的垂浪形态，已广泛应用于现代服装中。利用柔软、正斜轻薄面料，如乔奇纱、雪纺绸或针织面料等能最佳表现垂浪效果。

垂褶造型可分稳定型垂褶和非稳定型垂褶两类，如前领口的稳定型垂褶，可借助于前肩线打折裥固定形成；非稳定型则肩线无需抽褶、打裥，仅增加前中线长度即可。

垂浪可深、可浅，前衣身领口垂浪的深度可由省量转入领口的多少来控制；由于领口垂浪是由领口线和中心线呈直角形成，为便于展切作图，在领口垂褶展开变形前修正领口线时，常用直线代替弧线领口，简称直代弧原理。

1）腰部收省的领口垂褶造型

图3-26为前领口垂褶造型，横开领位于肩部中点，领口高位于胸高与基本领口间。

使用前、后衣片原型，根据效果图如图3-26(a)、(b)确定前、后衣片横开领和直开领，完成后衣片领口造型；运用直代弧原理，将前领口连成直线，并作领口垂褶辅助线。

将胁下省转移至前中心处，以增长前中心线和增大前横开领；逐一展切领口分割辅助线，使领口线与前中线垂直，修正前中线不需要的量，如图3-26(c)。

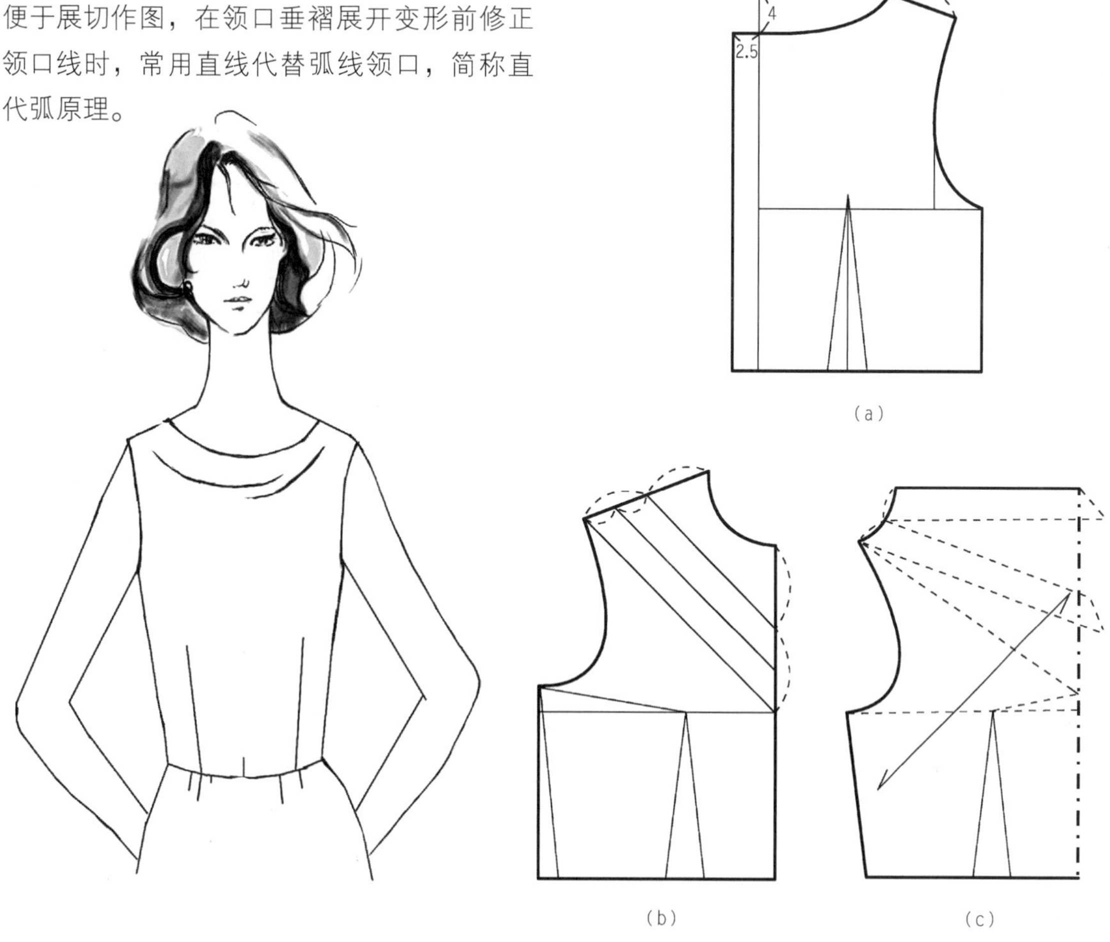

图3-26 腰部收省的领口垂褶造型

2）腰部无省、贴体的领口垂褶造型

基于前衣片原型，根据效果图确定横开领和直开领大小，并作领口垂褶辅助线，如图3-27(a)。

将袖窿省和腰省全部转移至前中心处，以增加前中心线长度和增大前横开领作为垂褶量，并逐一展切领口分割辅助线，使领口线与前中线垂直，如图3-27(b)。

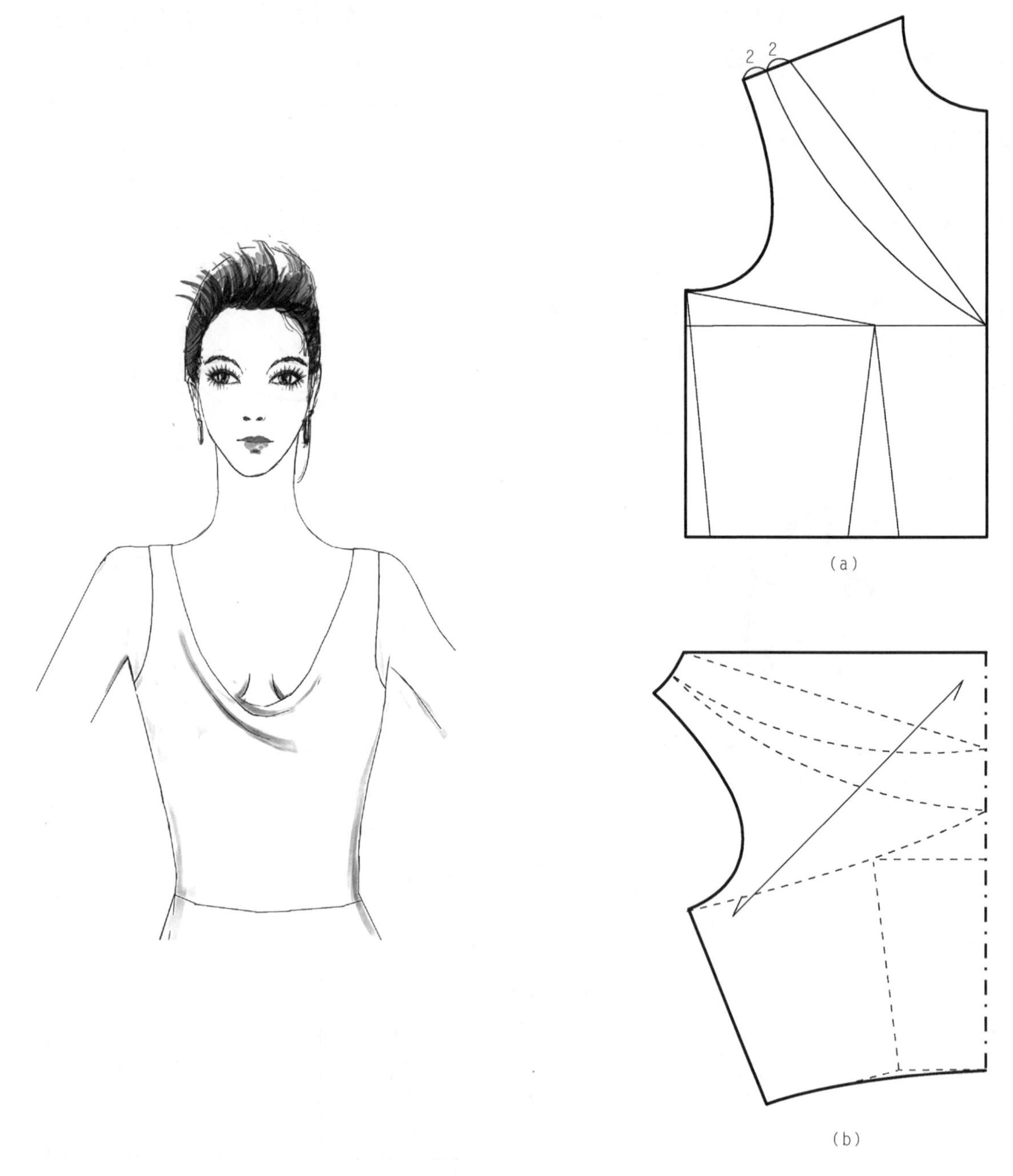

图3-27　腰部无省、贴体的领口垂褶造型

3）腰部无省、贴体的后领口垂褶造型

复制后衣片原型，利用直代弧原理，按图3-28(a)作后衣片领口修正线，在腰节线上，背中直接去除腰省量，展开背中线使之与领口线呈直角，如图3-28(b)。

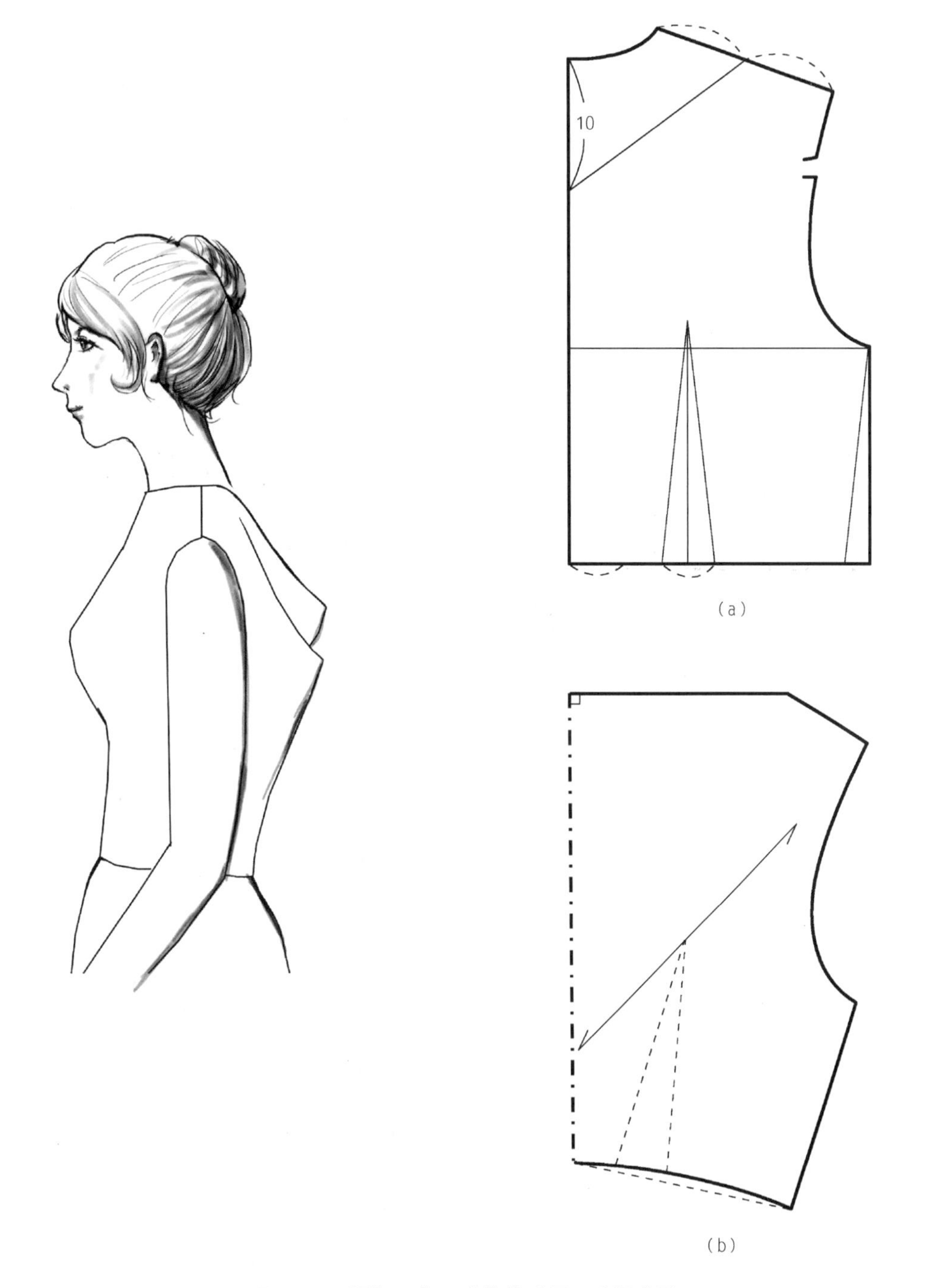

图3-28　腰部无省、贴体的后领口垂褶造型

4）腰部收省、肩部打裥稳定垂褶造型

稳定型垂褶造型是由折裥定位控制的，控制稳定型折裥的部位可以处在肩部、袖窿或侧缝等。

图3-29款式，为肩部打裥、前领口稳定垂褶造型。基于前衣片原型，利用直代弧原理，按图3-29(a)作前衣片领口修正线和展切辅助线。

将胁下省转移至前中心处，以增长前中心线和增大前横开领。以肩线为转动中心，逐一展切领口中心辅助线，使领口线与前中线垂直；再展开肩部折裥量，修正前中线不必要的部分，如图3-29(c)

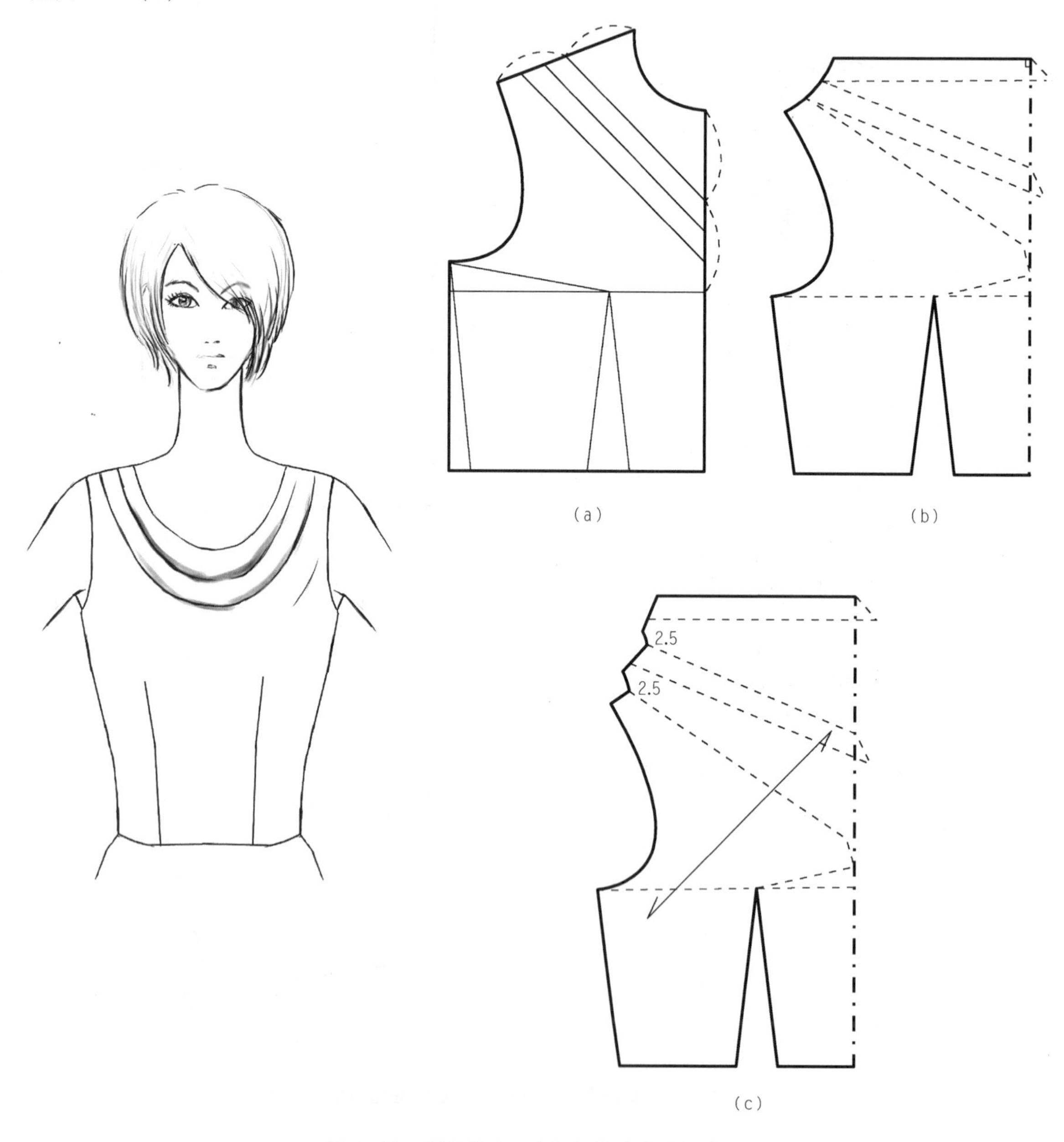

图3-29 腰部收省、肩部打裥稳定垂褶造型

5）侧缝垂褶造型

衣身侧缝垂褶造型，是利用前、后衣身原型，设法增长侧缝展开得到的。

取用前、后衣片原型；将前衣片胁下省转移至袖窿，前、后衣片腰省作为腰部抽褶量；在前、后侧缝腰节点相距2.5cm时，以后衣片腰侧点为旋转中心，根据袖窿深和侧缝垂褶所需量，旋转后衣片不同的角度，使前、后片连为一体，角度越大袖窿弧长越长，图3-30(b)产生的旋转量为90°特例。

利用直代弧原理，连接两肩端点，以直线代替袖窿弧长，侧缝腰节端点至袖窿线的垂线为前、后侧缝线，圆顺腰节线。

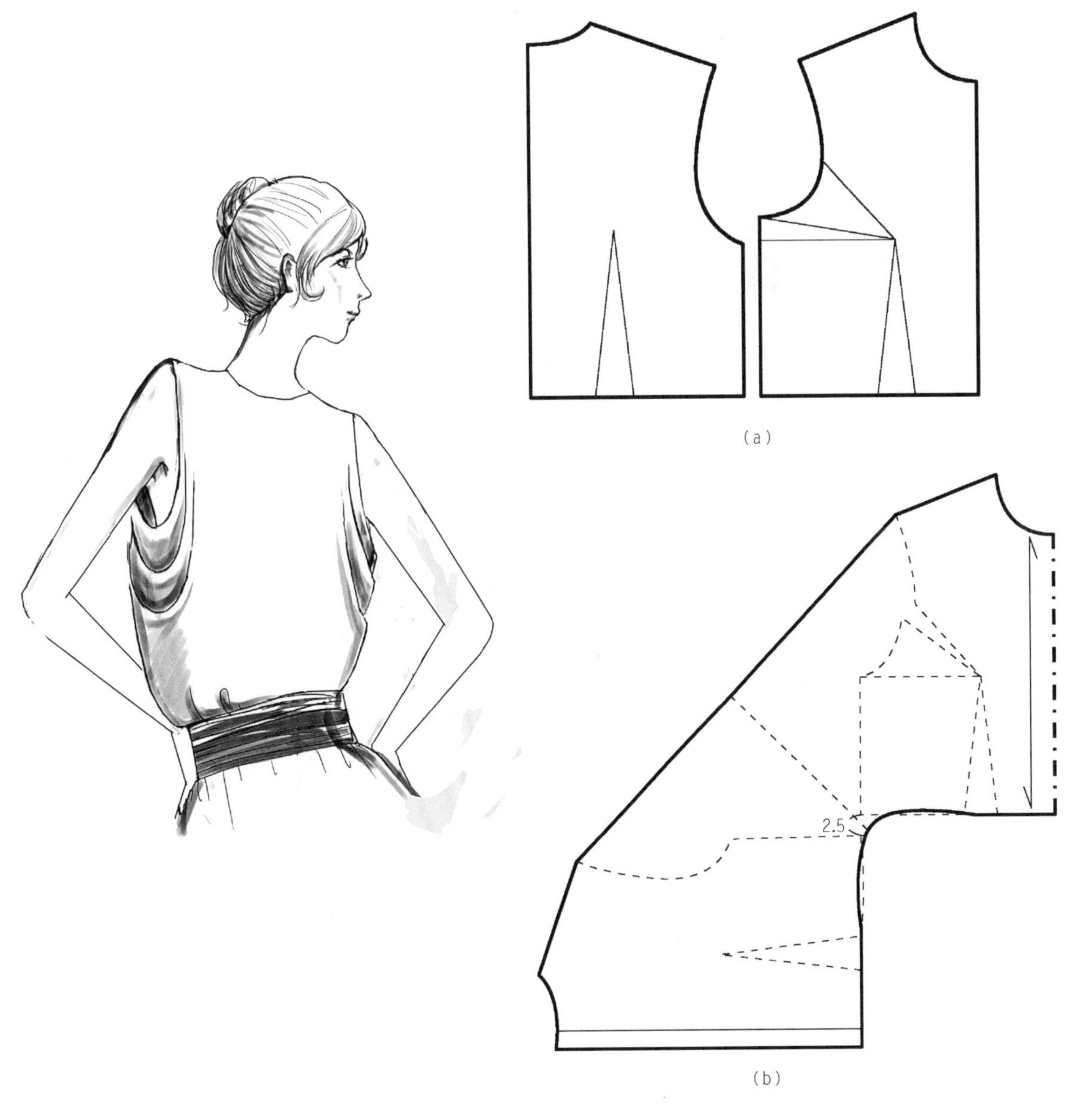

图3-30　侧缝垂褶造型

3.6 衣身综合造型变化结构设计

1）代替省道的抽褶

图 3-31 效果图中前中线设计为抽褶，选取原型前衣片，如图 3-31(a)，在原型上作前中心省位线。

分别转移胁下省和腰省至门襟处，将门襟省量转换为抽褶量，即抽褶担当起收省功能，修正圆顺门襟线和腰线，见图 3-31（b)。

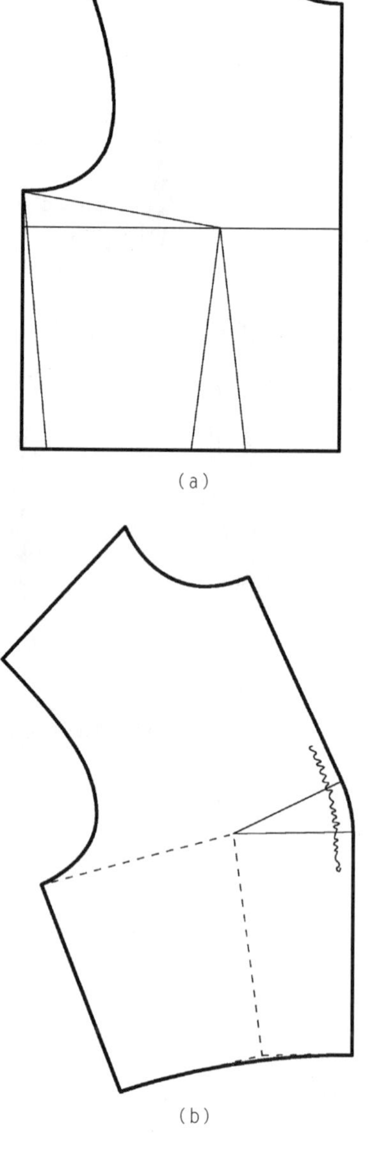

(a)

(b)

图 3-31 代替省道的抽褶

2）肩部匀称多省转移

图 3-32 左侧效果图为腰部合体的位于肩部平行多省设计，右侧效果图是在左侧效果图基础上变化得到的开花省。

选取前衣片原型，如图 3-32(a)作出原型原有省道并确定新省位线，由于新省端点未通过胸点 BP，需作辅助线，将省端点与胸点 BP 连接，使省道相互间能转移。

将胁下省转移合并至腰省处，以便总省量均匀分配，将总的腰省量均分为 3 份，依次转移至 3 个新省位中，如图 3-32(b)，开花省如图 3-32(c)。忽略不必要省量，修正圆顺线条。

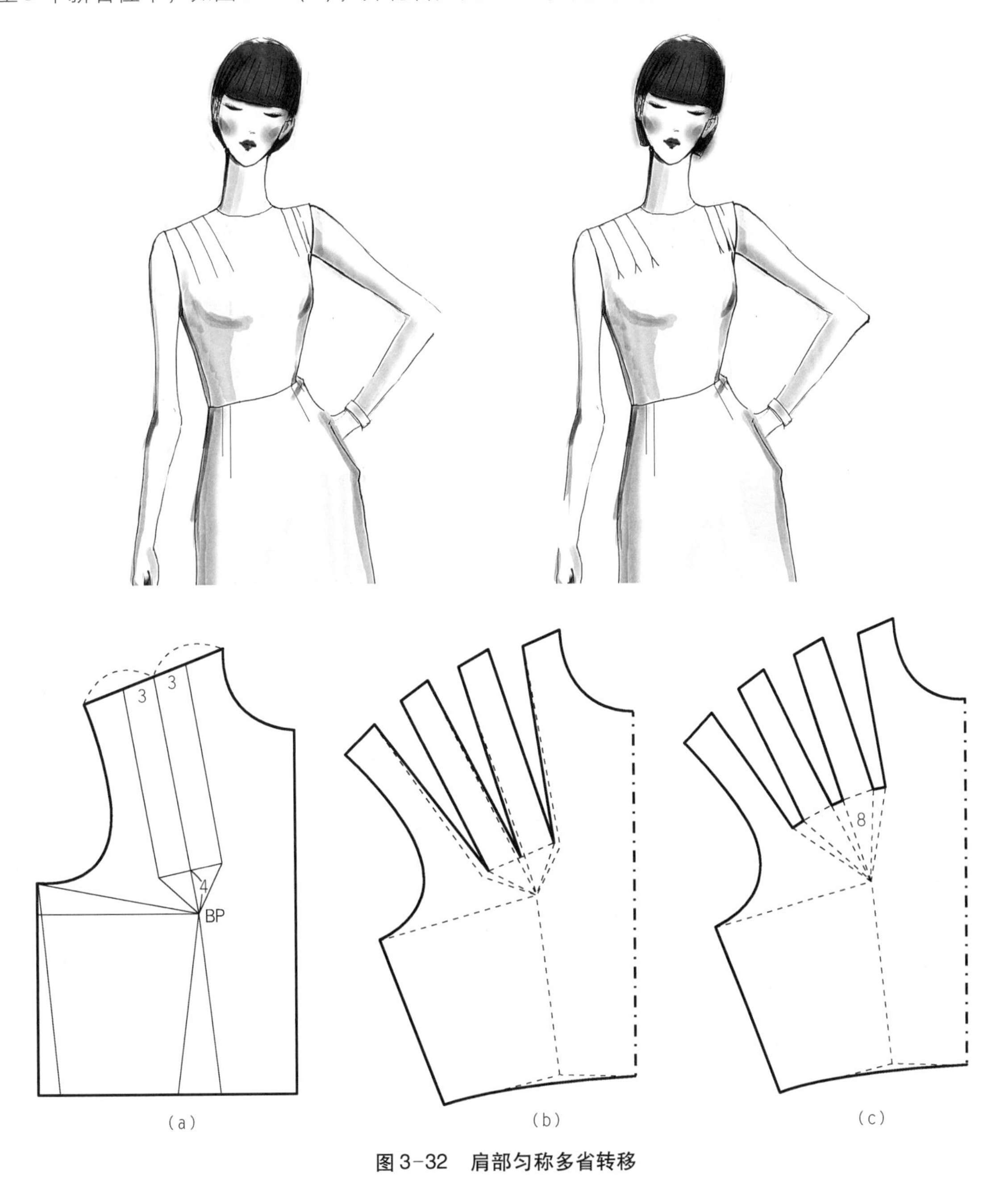

图 3-32　肩部匀称多省转移

3）非对称分割衣身

图 3-33 效果图款式分割线左右非对称，因此取前衣片原型，并展开左右衣片。

由于分割线与原省位相冲突，为不妨碍分割线的设计，需设立临时省位，临时省位直接设置在胁下省，将腰省临时转移至胁下省处，再按效果图设计分割线，如图 3-33(b)；然后分别将两个胁下省转移至不同的分割线处，如图 3-33(c)。

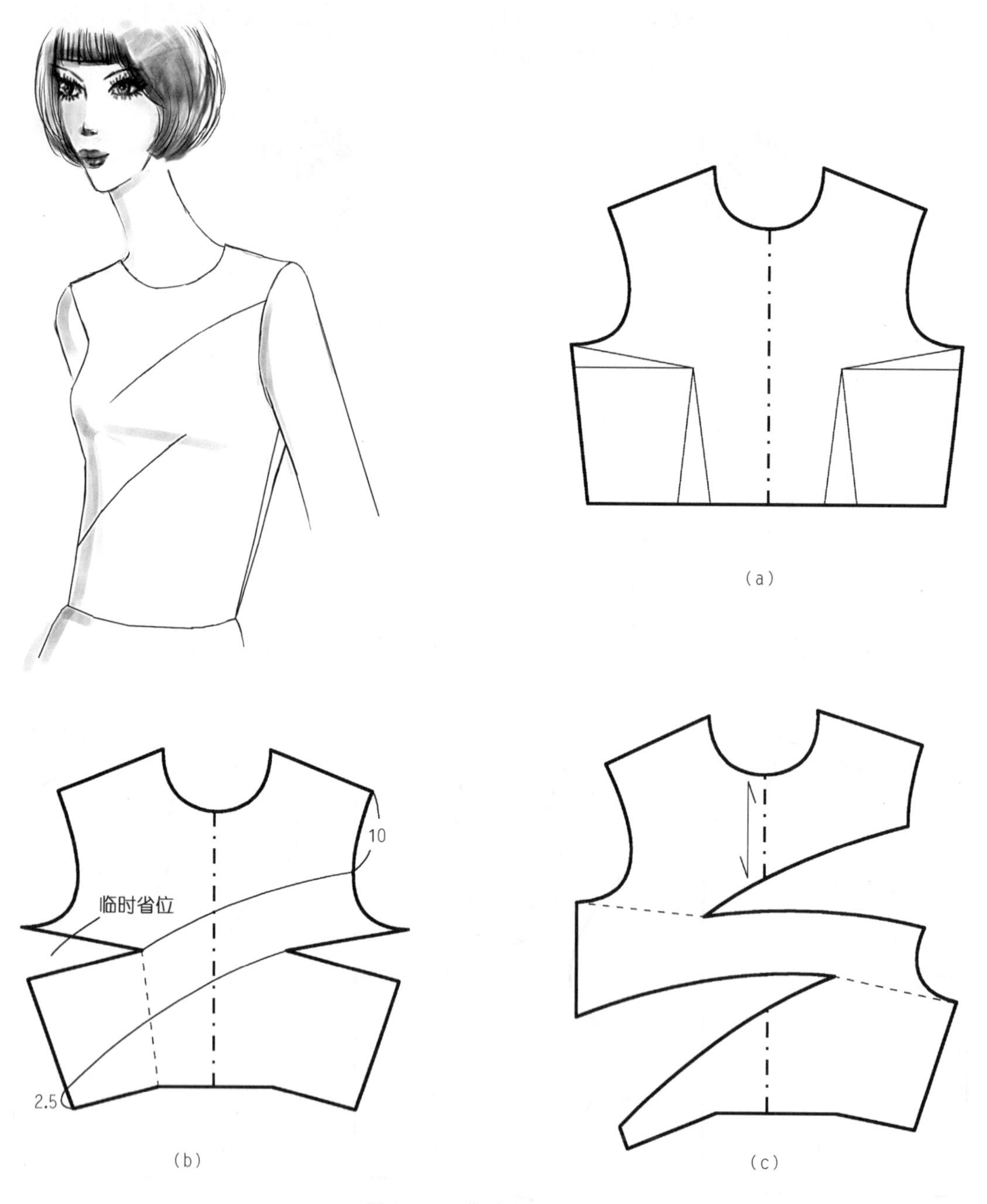

图 3-33　非对称分割衣身

4）冲肩平行双省转移

图 3-34 效果图为腰部合体的冲肩平行双省设计，选取前衣片原型，按效果图修正领口，作出原型原有省道和肩端平行新省位，并设法使原省道与新省端点相交，如图 3-34(a)。

选择省道转移方法，分别将胁下省与腰省转移至平行新省位中，并调整使两省量基本匀称，如图 3-34(b)。

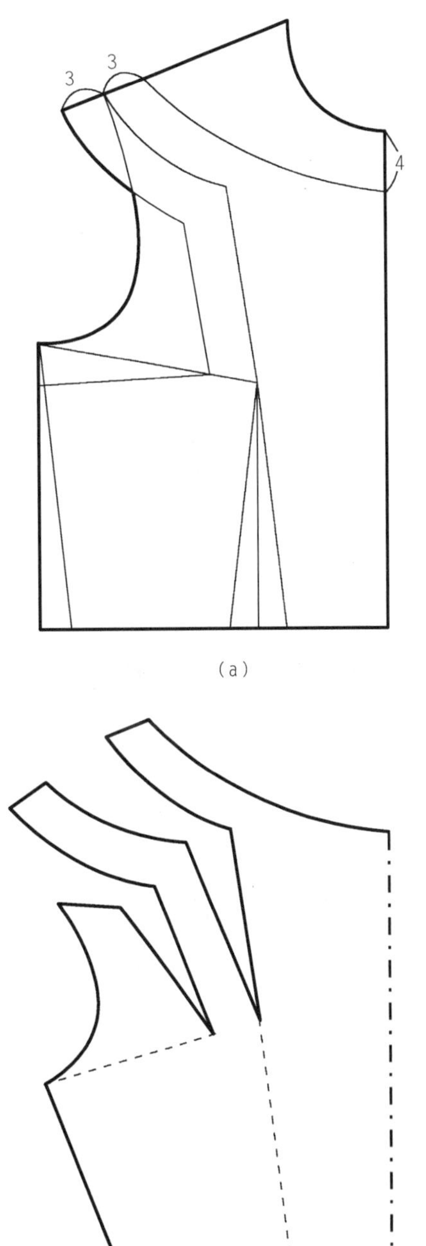

图 3-34　冲肩平行双省转移

5）肩部平行双省转移

图 3-35 效果图，为腰部合体的肩部弧线平行双省设计。选取前衣片原型，按效果图修正领口下落 7cm，作出腰部贴体的侧缝线、原型原有省道和肩部平行新省位，并设法使原省道与新省端点相交，如图 3-35(a)。

分别将胁下省与腰省转移至平行新省位 A、B 中，并调整使两省量基本匀称，如图 3-35(b)。

图 3-35　肩部平行双省转移

6）非对称分割抽褶衣身

图 3-36 为前衣身非对称分割抽褶造型，基于前衣片原型，展开左右衣身，如图 3-36(a)。

为使新设计的分割线不与原省相冲突，将腰省临时转移至胁下省处，根据效果图作分割线和抽褶辅助展切线，如图 3-36(b)。

将右片胁下省量转移至分割线处，左片胁下省量转移至抽褶辅助展切线中，圆顺腰节线，如图3-36(c)。

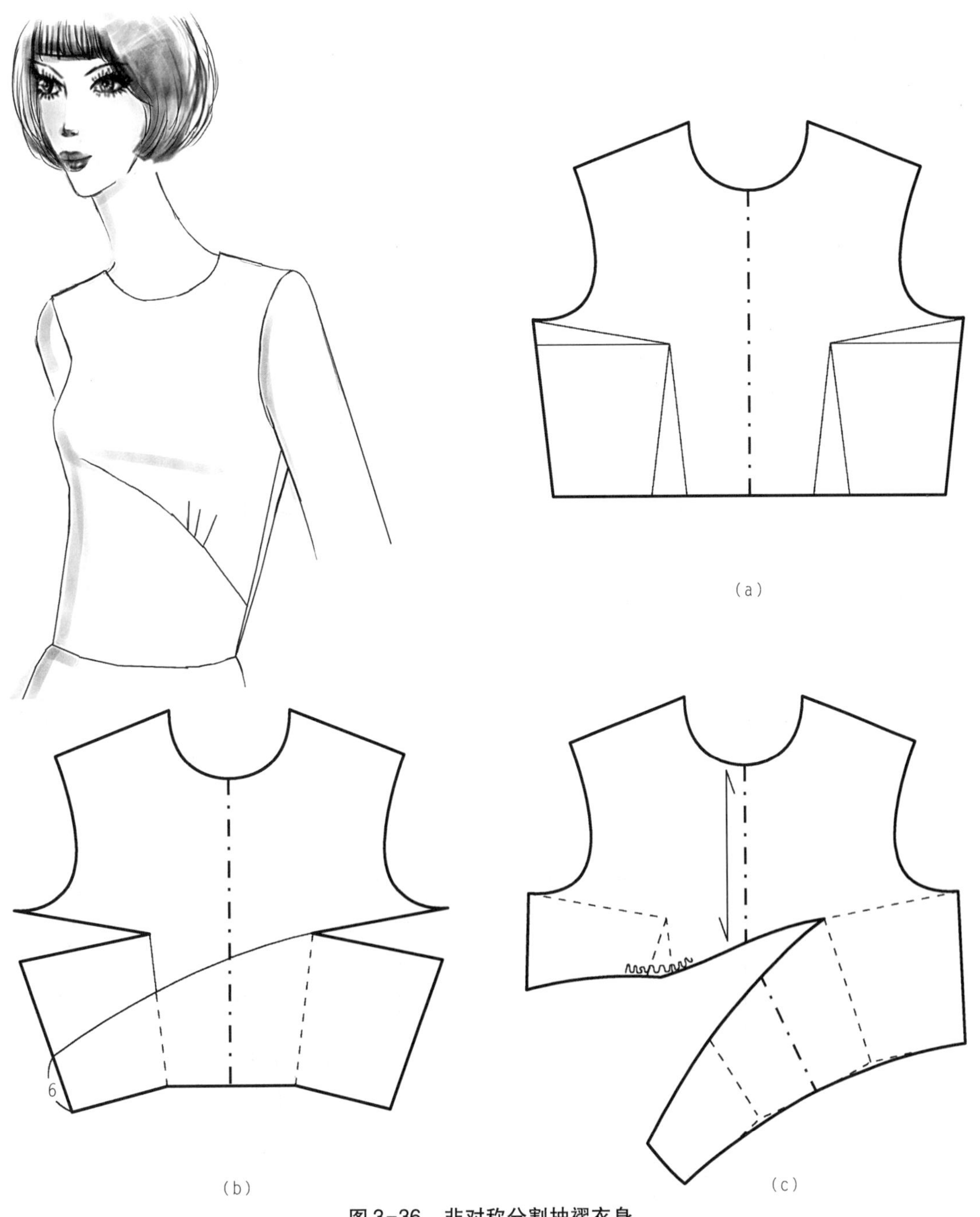

图 3-36　非对称分割抽褶衣身

7）嵌片冒肩衣身

图3-37款式在肩端嵌入冒肩插片。选取前、后衣片原型，将前衣片胁下省转入腰省中，前、后片腰省为腰部抽褶量；修正肩端和袖窿线，并作插片分割线；量取前、后分割线长短，按图3-37，作7.5cm宽的嵌片冒肩。

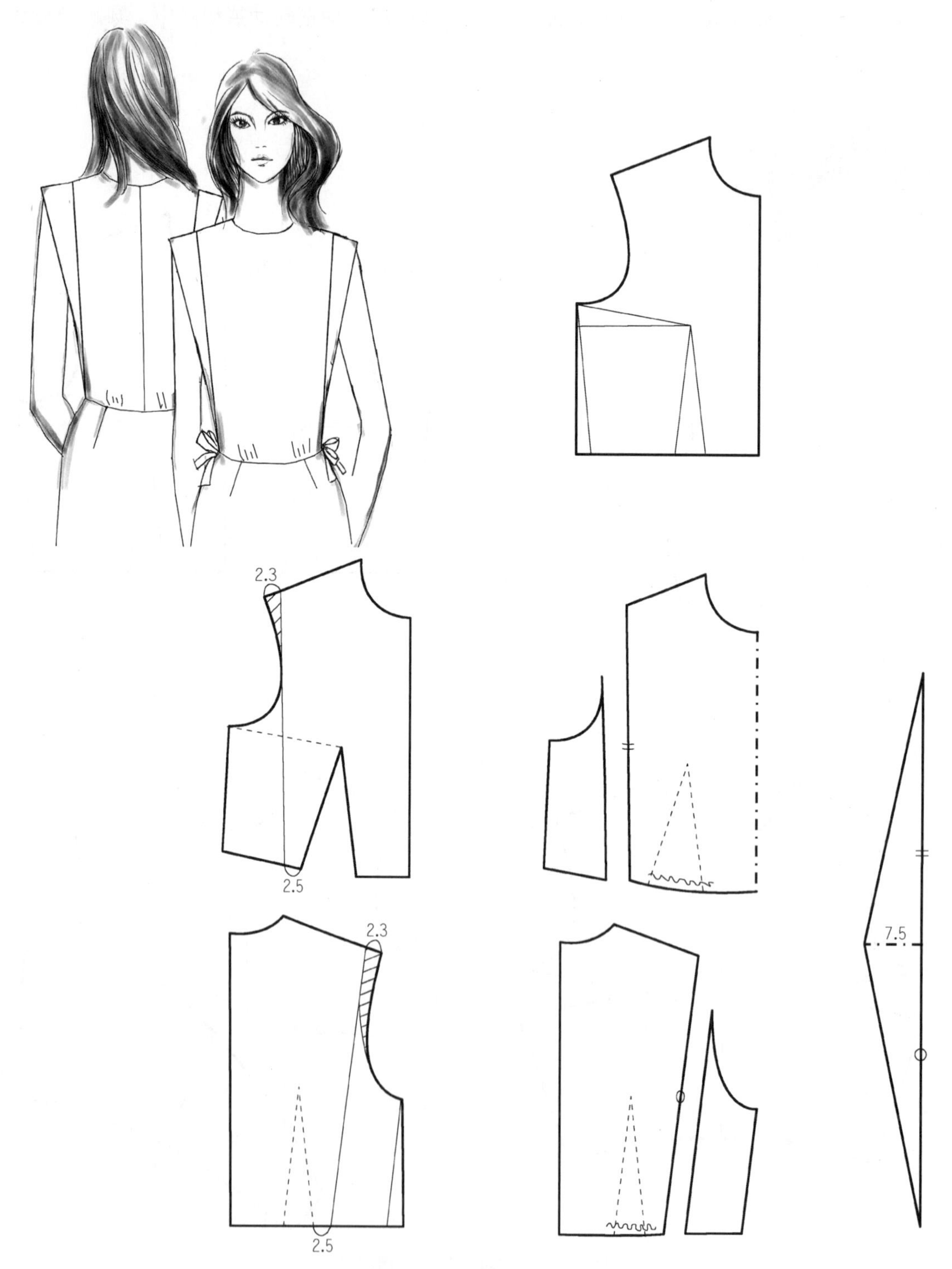

图3-37　嵌片冒肩衣身

8）水平高位考尔领口衣身

图 3-38 款式为水平高位考尔领口造型。选取前、后衣片原型，前、后衣片横开领各开大 2cm。

过前横开领点作前中心线的垂线，增大前中心线长度，使之产生高位非稳定垂褶领口。

将前衣片胁下省转入腰省中，如图 3-38。

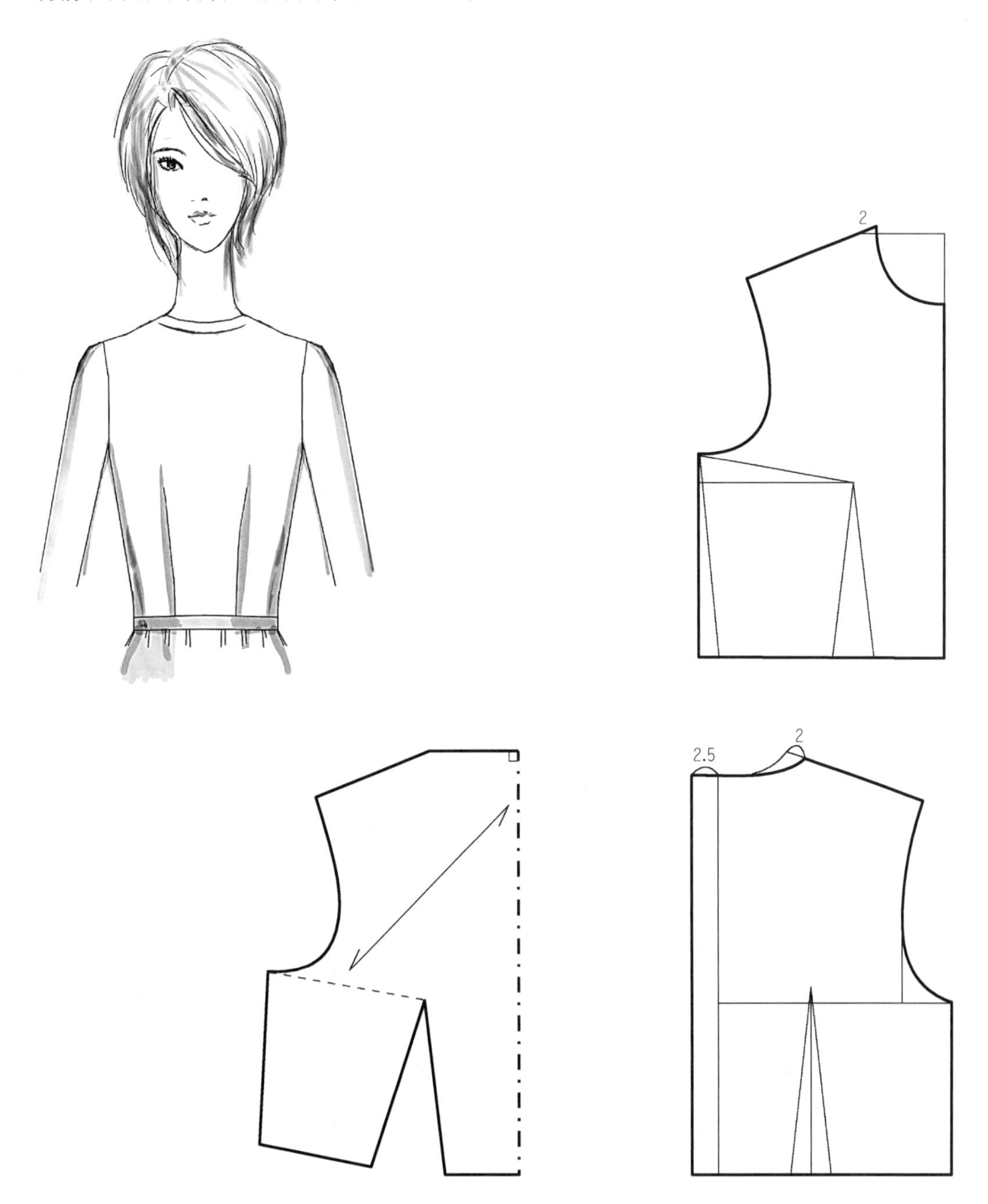

图 3-38 水平高位考尔领口衣身

9）高位松弛考尔领口衣身

图 3-39 款式的领口垂褶量比图 3-38 款式略大，这就需要借助一部分省量转入领口。

选取前、后衣片原型，前、后衣片横开领各开大 2cm；将前衣片胁下省一部分转入门襟省中，一部分转入腰省中；按图 3-39(b) 展切领口，使之与前中心线垂直。

图 3-39　高位松弛考尔领口衣身

10）高位夸张考尔领口衣身

图 3-40 效果图显示的款式是大量非稳定垂褶量，必须借助衣身袖窿、侧缝线展切前中心线获得。

选取前、后衣片原型，按图 3-40(a) 修正前、后衣片领口和肩线；关闭育克腰省，完成腰部育克制图；在前衣片上添加一组平行线，借助衣身袖窿、侧缝线均匀展切前中心线，如图 3-40(b)。

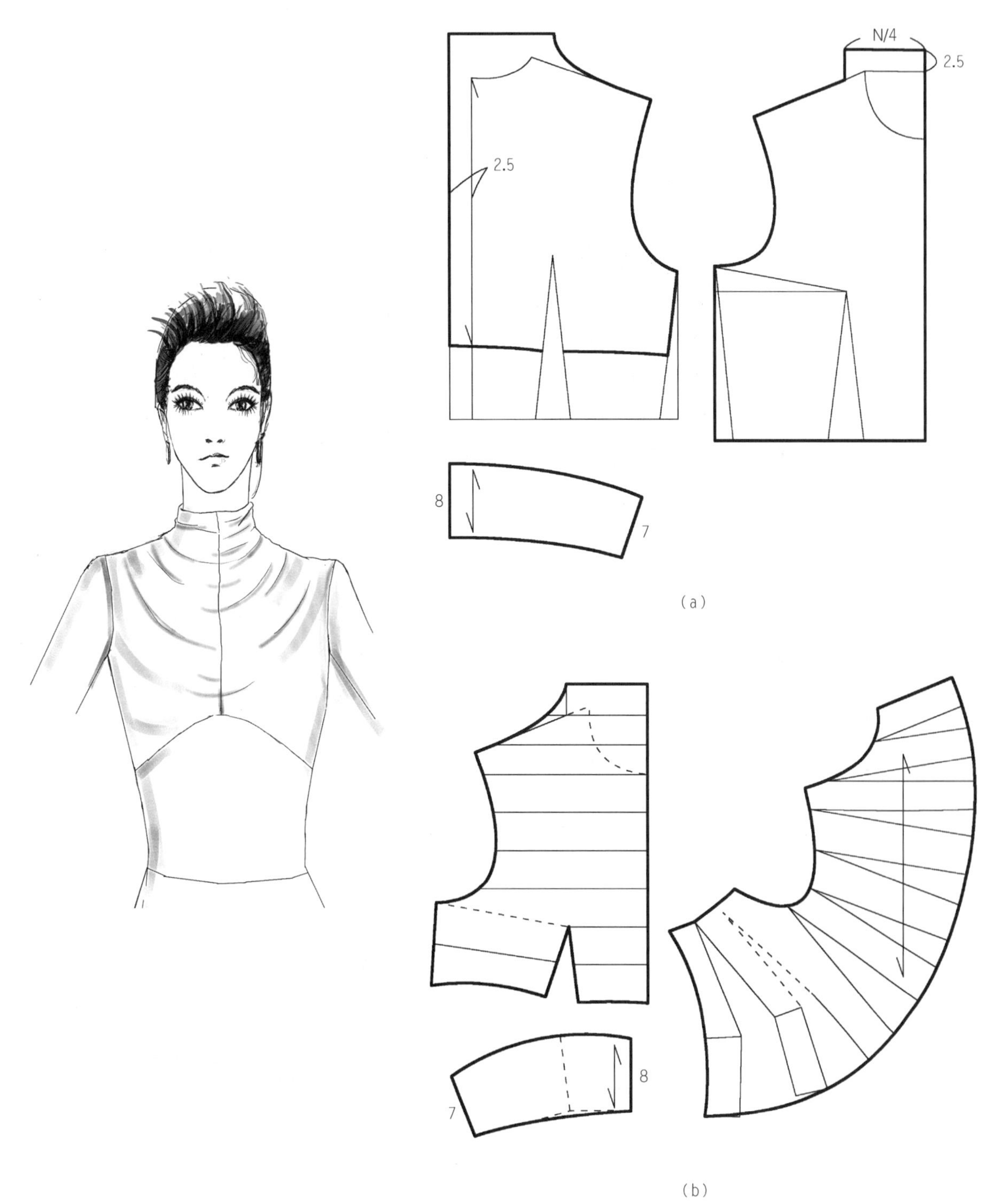

图 3-40　高位夸张考尔领口衣身

11）肩缝折裥省衣身

图 3-41 款式肩端收折裥省。基于前衣片原型，作肩端新省位线，见图 3-41(a)；将胁下省和腰省转移至新省位中，并按图 3-41(b) 作省线和折裥阴影线，圆顺腰节线。

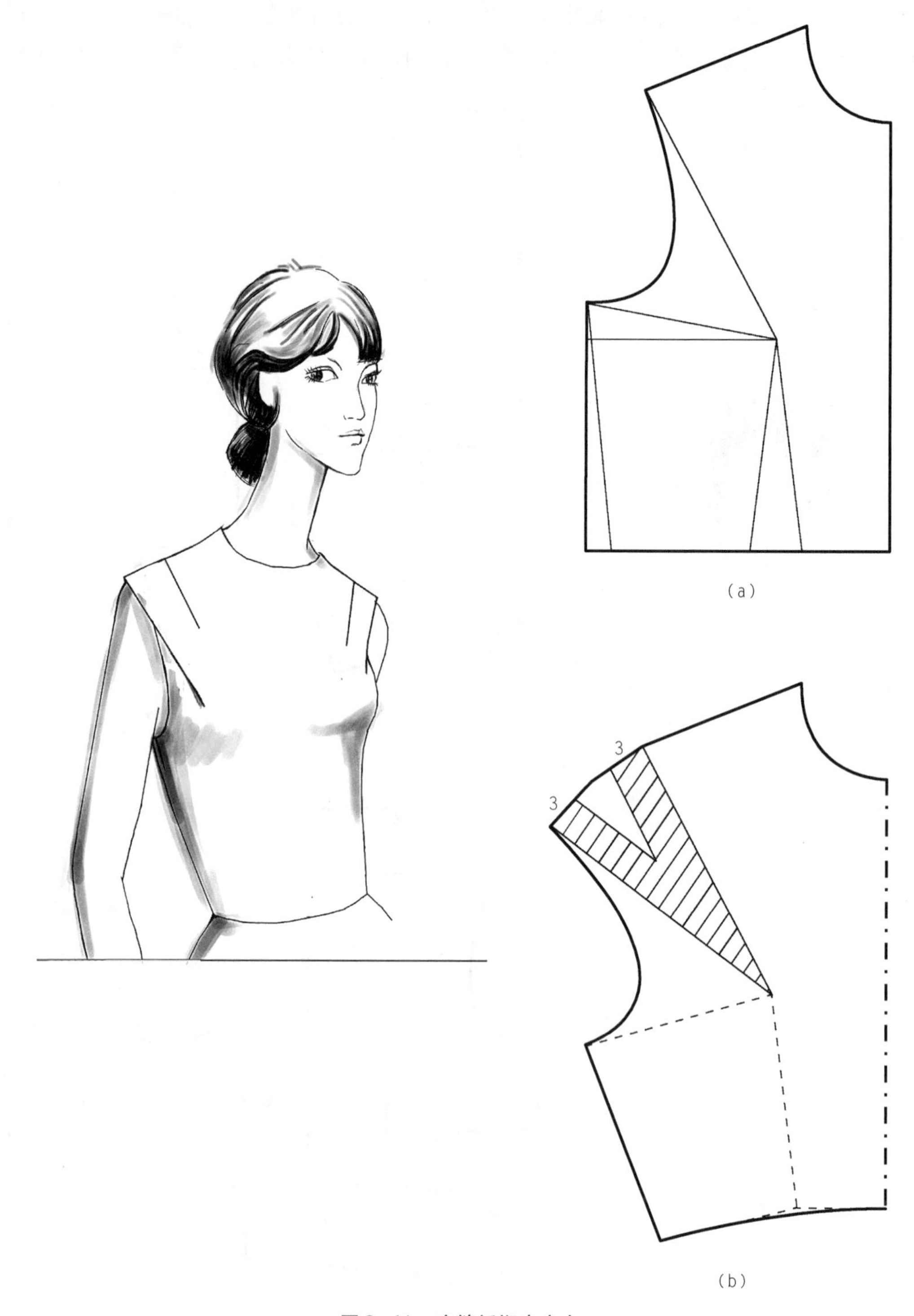

图 3-41　肩缝折裥省衣身

12）非对称变形省衣身

图 3-42 为前衣身非对称开花省造型。选取前衣片原型并左右展开，为使新省位不与原省冲突，将腰省临时转入胁下省，根据效果图修改并设计新省位线，如图 3-42(b)；将左右胁下省量分别转移至新省位处，修正开花省长短，圆顺腰节线，如图 3-42(c)。

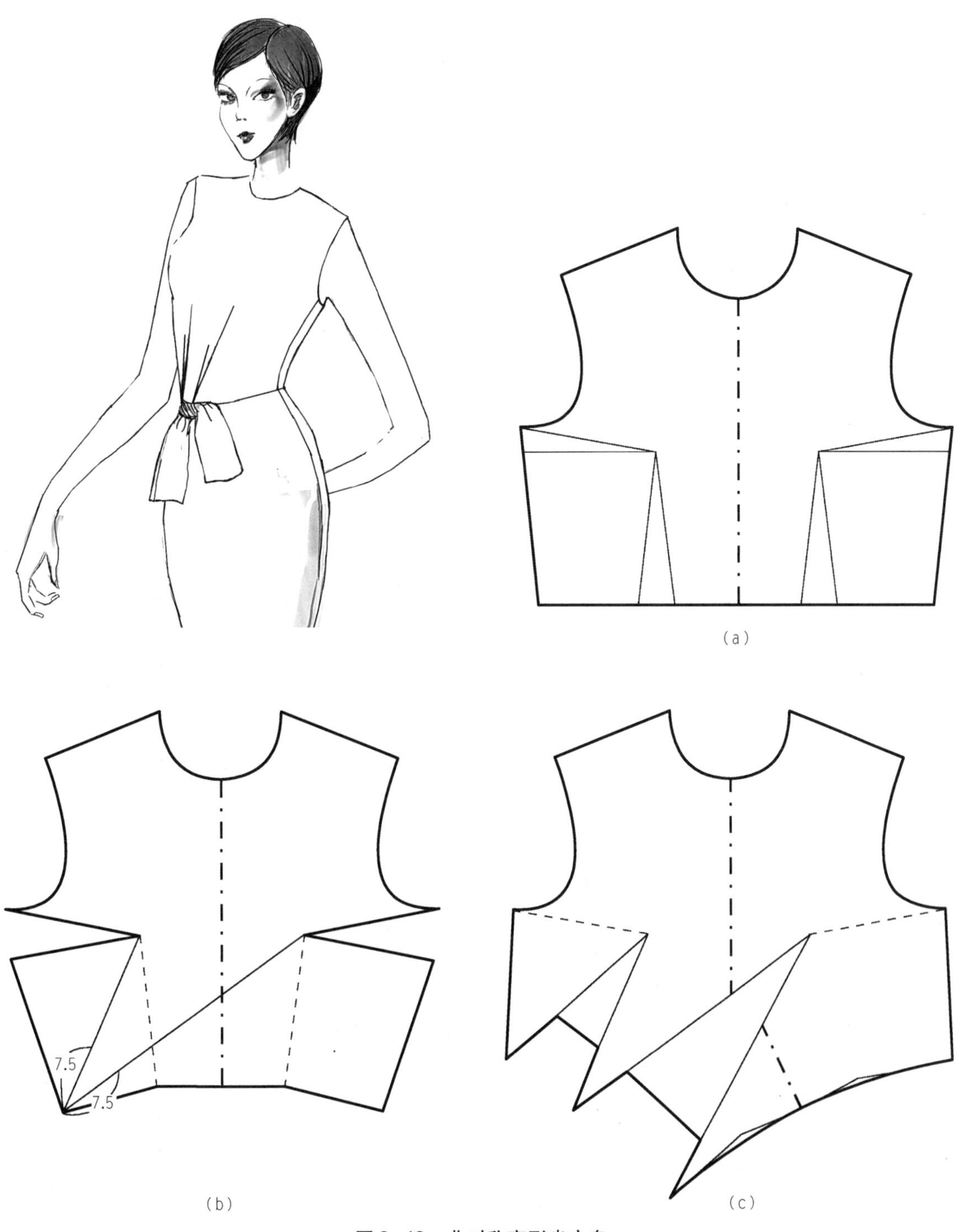

图 3-42　非对称变形省衣身

3.7 衣袋和开襟设计与变化

3.7.1 衣袋设计与变化

衣袋是服装主要附件之一，其功能主要是放手和装盛物品，同时也起点缀装饰美化的作用。

1）衣袋分类

衣袋是个总称，具体应用在服装上式样名目繁多，有大袋、小袋、里袋、表袋、装饰袋等之分，但从结构上可归纳为三大类，每一类又有很多造型上的变化。

（1）挖袋

是在衣片上面剪出袋口尺寸，内缝袋布，又称开袋。从袋口缝纫的工艺形式分，有单嵌线、双嵌线、箱形口袋等，有的还装饰成各种式样的袋盖；从袋口形状分，有直列式、横列式、斜列式、弧形式等等。常使用于礼服、西装、学生服以及便装。

（2）插袋

一般是在服装分割线缝中留出的口袋，如女装与腰省相连的开刀缝上的插袋，中式上衣中的边插袋等。这类口袋隐蔽性好，当然也可以缉明线、加袋盖或镶边等。

（3）贴袋

就是用面料缝贴在服装表面上的一种口袋。贴袋可分为缉装饰缝和不缉装饰缝两种；并可做成尖角形、圆角形、不规则多角形、圆形、椭圆形、环形、月牙形等各种几何图案。在童装中还可以把贴袋设计成各种仿生形图案，能很好地适应儿童的心理特征并烘托天真活泼的可爱形象。

贴袋造型包括暗裥袋、明裥袋、在袋布中缝有贴边的风琴袋和胖贴袋（又称老虎袋）等。在结构上大致可分有盖、无盖和子母贴袋（在贴袋上再做一个挖袋，也称开贴袋）等形式。

2）衣袋设计

根据衣袋的功能性和装饰性，衣袋设计一般应考虑下列几点：

（1）功能性

从衣袋的放手功能考虑，上衣大袋的尺寸应依据手的尺寸来设计。成年女性的手宽 9～11cm；女上衣大袋袋口的净尺寸可按手宽加放 3cm 左右来设计。如果是缉明线的贴袋，还应另加缉明线的宽度。对大衣类服装，袋口的加放量还可适当增大些。上衣小袋只用手指取物，其袋口净尺寸，女装约为 8～10cm。

（2）协调性

袋位的设计应与服装的整体造型相协调，要考虑与整件服装的平衡。一般上装大袋的袋口高低以底边线为基准，向上量取衣长的三分之一减去 1.3～1.5cm，或在腰节线向下 7～8cm（短上衣）、10～11cm（长上衣）左右位置。袋口的前后位置以前胸宽线向前0～2.5cm 为中心，视袖身形状而定，一般直身袖为 0，弯身袖为 1～2.5cm。

（3）造型特点

要掌握好衣袋本身的造型特点，特别是贴袋的外形，原则上要与服装的外形成正比，但也要随某些款式的特定要求而变化。在常规设计中，贴袋的袋底稍大于袋口，而袋深又稍大于袋底。贴袋还要与衣片的条格、图案、花纹、颜色相协调，这样才能取得较为理想的外观效果。

3.7.2 开襟设计与变化

1）开襟分类

服装的钮位是随服装的开襟形式变化而变化的。服装的开襟，本身是为穿脱方便而设在衣服的任何部位，因而服装的开襟形式比较多。

日常穿着的便服大都是在前衣片的正中开襟，具有方便、明快、平衡的特点，一般可分为对合襟和对称门襟。

对合襟是没有叠门的开襟形式，如传统的中式上衣。这种对接方法一般适用于短外套，可以在止口处配上装饰边，用线扣袢固定，也可以在止口处装缝明拉链等。

对称门襟是有叠门的，分左右两襟，锁扣眼的一边叫大襟，钉扣子的一边叫里襟。一般男装的扣眼锁在左襟上，女装则锁在右襟上，两襟搭在一起的重叠部分叫叠门。叠门的大小对门襟的式样变化起着重要的作用。

前开襟型有单叠门和双叠门之分，单排直列式钮扣叫单叠门，它是最常用的。叠门宽度因布料厚度及钮扣大小的不同而多少有些差异，一般叠门宽 = 钮扣直径 + 面料厚，常常在2~3cm。其扣眼位置应在前中线处。单叠门中又有明门襟和暗门襟之分，凡正面能够看到钮扣的称为明门襟，钮扣缝在衣片夹层上的称为暗门襟。

双排钮扣又称双叠门，其叠门量可根据个人爱好及款式选定，一般在5~12cm，钮扣一般对称地缝钉在左右两侧，但有时为了表现特定的造型效果，缝钉在一侧也是可以的。

门襟除可分为对称襟和非对称襟外，还有直线襟、斜线襟和曲线襟等。此外，按门襟长度还可分半开襟和全开襟，如套衫大都是半开襟或开至衣长的1/3处。除了在前面开襟的服装之外，也有在后面开襟、肩部开襟和腋下开襟等，如女式连衣裙、旗袍等。

2）钮位设计

门襟的变化决定了钮位的变化，钮位若选择合理，便能对服装起到画龙点睛的作用。

钮位在叠门处的排列间距通常是等分的，但对衣长特别长的衣服，宜使其间隔愈往下愈宽，否则其间隔看来是不相等的。对一般上装，关键是最低一粒钮位的确定：对衬衫类常以底边线为基准，向上量取衣长的三分之一减4.5cm左右来定；对两用衫类，常与袋口线平齐。而上面第一粒钮位则与衣服款式有关。钮位还可按2~3粒一组的直列式或斜列式排列。

钮扣的功能可分为扣钮和看钮两种。扣钮是指扣住服装开襟、衣袋等处的钮扣，兼有实用性和装饰性；看钮是指在前胸、口袋、领角、袖子等适当部位缝钉几粒纯粹起装饰作用的钮扣，以烘托服装的整体造型效果。

3）袢带设计

上装袢带有功能性和装饰性两种作用，通过各种袢带设计可以固定、束装、装饰点缀服装。

袢带在功能上实际是扣的一种，但它也可以装饰和弥补体型的缺陷，在腰部加个袢带，可调节衣身的宽松度，如扣上就有卡腰作用；肩袢的运用可给人以肩宽魁伟的感觉，又弥补了窄肩、溜肩的不足；下摆运用袢带，可以调节下摆松紧，如袢带缝在前中线可起钮扣的紧固作用；袖口使用袢带可收紧袖口，代替袖克夫或起装饰作用；袋边等部位都可以巧妙地运用袢带。袢带可设计成各种几何形状，可根据不同的面料、色彩和不同季节的服装进行合理搭配。

第 4 章　衣领结构设计

衣领是服装部件之一，也是整个服装的视觉中心，围绕着颈部和脸颊，给人们以足够的空间设计绚丽多姿的领型，衣领的造型除了要与脸型、体型、服装造型风格和谐外，还需与环境、季节、流行趋势相符合，衣领为服装赋予了特定的语言。

4.1　衣领分类和结构设计要素

4.1.1　衣领分类

衣领领型有宽、有窄，有方、有尖，有圆、有曲，有高、有低，有平整、有波浪，可谓丰富多彩。然而，从结构设计的角度，可将领型分为领口领、关门领和开门领。

1）领口领

也称无领型，指只有衣身领窝构成，以领窝部位的形状为衣领造型线，不同的领窝形状构成如 V 形领、U 形领、方领、船形领等，从结构的角度，又将领口领分为前开襟型和贯头型，如图 4-1 所示。

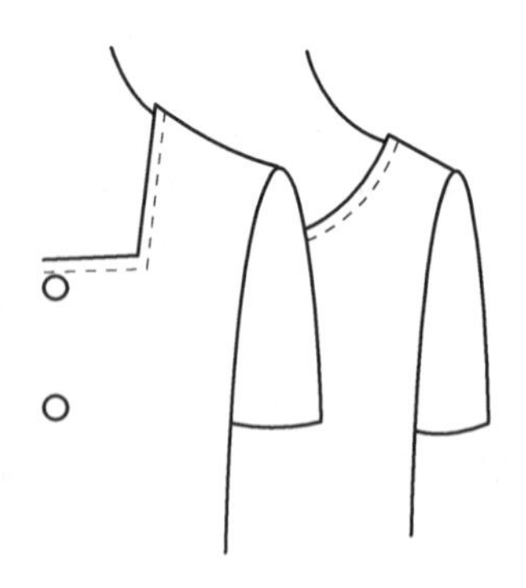

图 4-1　领口领结构

2）关门领

指衣身第一粒钮扣可关闭的领型，包含立领和翻领。翻领由竖立的衣领底领和折倒的衣领翻领两部分构成，底领很小的翻领也称平贴领，因此，翻领可分为平贴领和翻折领；领外线的形态不同，可得到不同的小方领、尖角领、小圆领等，如图 4-2 所示。

图 4-2　关门领结构

3）开门领

开门领即驳折领，衣身驳头上第一粒钮眼作为看钮或插花钮，起装饰作用，衣身驳头上钮眼呈敞开穿着而得名。它由底领、翻领和驳头三部分组成，翻领和驳头的外观造型不同，可得到不同的领型，如平驳折领、戗驳折领、青果领等，如图 4-3 所示。

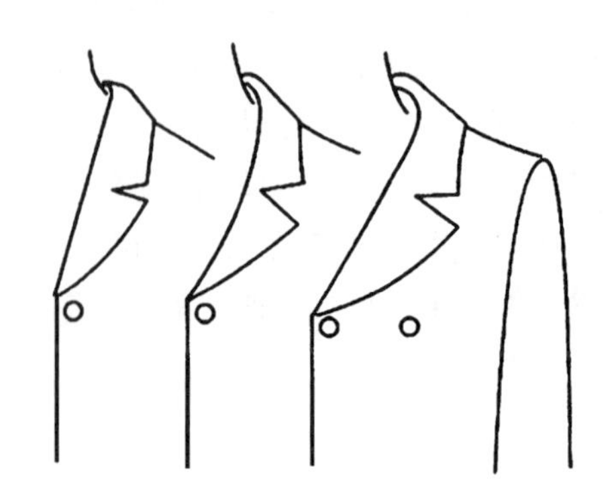

图 4-3　驳折领结构

要掌握衣领的结构设计方法，就需剖析衣领的基本构造，从本质上了解它们之间的从属关系。

4.1.2 衣领结构设计要素

衣领结构设计涉及衣身领窝、衣领领座、衣领翻领和与衣身相连的驳头结构等设计元素，如图4-4所示。

1）衣身领窝

衣身领窝结构是构成衣领的基础，是安装领身或自成无领造型结构的重要部位。

2）衣领领座

是翻领结构中单独构成底领或与翻领连成一体的底领部分，也可单独形成领身的立领结构。领座高低是影响衣领结构设计的元素之一。

3）衣领翻领

与领座缝合或与领座连裁成一体的领身翻折在外的部分。翻领宽度及翻领尖圆度的造型也是衣领结构设计的元素。

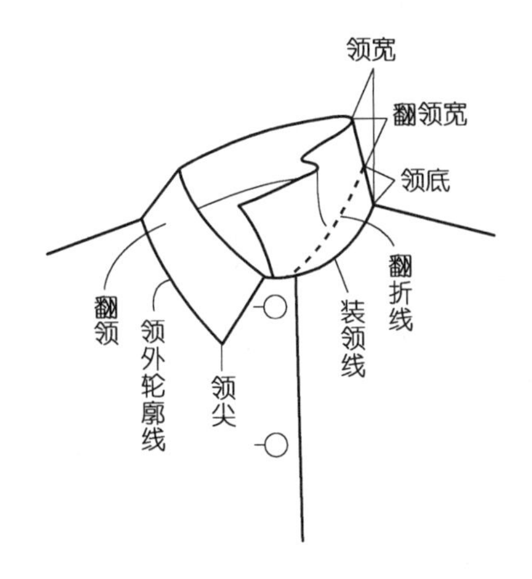

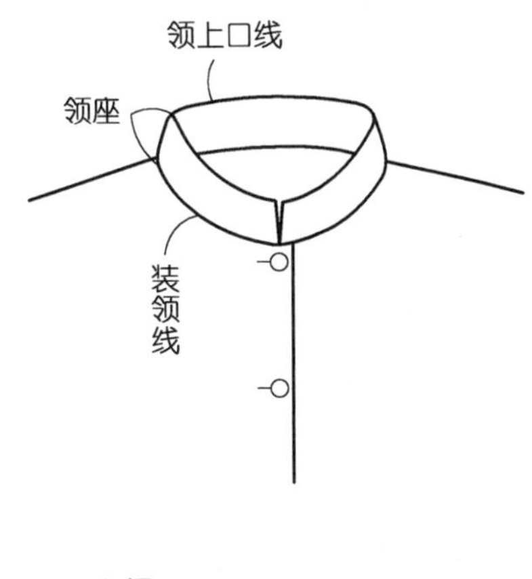

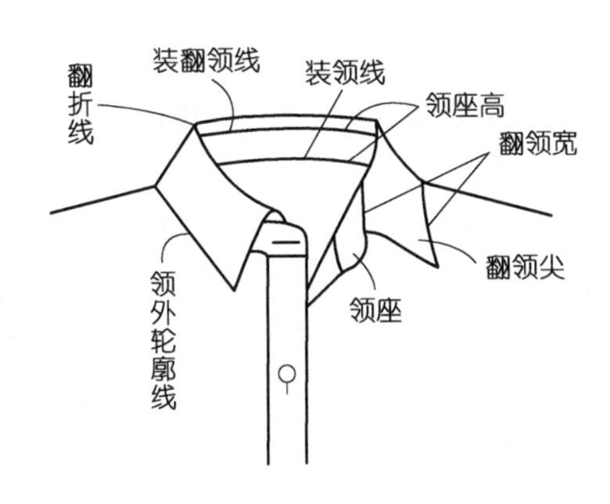

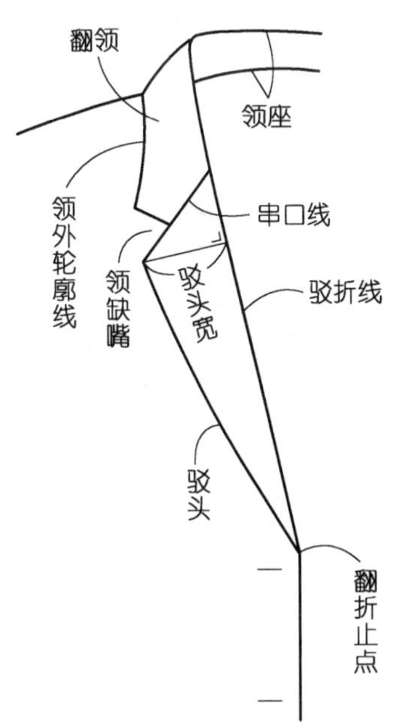

图4-4　衣领结构元素

4）驳头

与衣身相连，且翻折在外的衣身门襟上部部位。驳头造型、宽窄参数及驳折线的直弧形态都将影响衣领结构设计。

4.1.3 基础领窝结构

1）基础领窝人体属性

衣身基础领窝指衣领安装的基本部位，接近各种衣领安装的人体部位，即自颈椎点（BNP）经过颈侧点（SNP）到颈前点（FNP），是衣领结构设计的基础。

由于颈部有僧帽肌和胸锁乳突肌，使颈部能随肌肉运动完成前后屈、侧屈和回转运动。统计资料表明，颈部做前屈运动时，最大运动角为 49.5°，后屈时最大角为 69.5°；侧屈运动时左方最大运动角为 43°，右方最大运动角为 41.9°；颈部回转运动时，左右方最大运动角均为 74.2°。尽管这些运动引起皮肤的伸展收缩及部位尺寸变化，但仅仅在 FNP 和 BNP 附近产生较小的动态变形，如图 4-5 所示，为此，一般基础领窝设计的依据

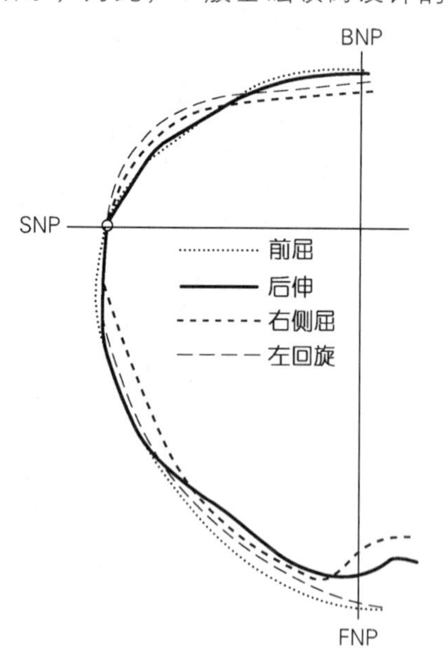

图 4-5　颈根围形态

即为静态的颈围值和形态而忽略动态的微小变化。

2）基础领窝的满足条件

① 基础领窝的形态必须符合人体的颈根形状；

② 基础领窝的总长度等于衣领的下口线长度；

③ 基础领窝的总横开领与总直开领之比等于常量。

4.2 领口领结构设计

领口领领型的变化取决于领口的形状与开度。领口的形状在设计中自由度比较大，但不同形状的领圈构成的领口领，不外乎有圆领、方领、船领等各种形式。由于各种领口领的结构设计方法有其共性的一面，从结构设计的角度分析，将领口领分为前开襟型和贯头型更佳。

前开襟型领口领，指前衣身有开襟的领口领，其开襟形式可以是通襟，也可以是半襟；可以是装拉链的，也可以是钉扣的；贯头型指非开襟形式的套头服装。

4.2.1 领口领结构设计原理

1）前开襟型领口领的结构设计原理

领口领的领型设计，应是随款式设计师的意愿、综合各种因素随意设计的。在夏季服装中采用更多。

在领口领的成品服装中，经常遇到的问题是领口前中线处起涌，或前衣身向后走，以使原先开得较低的前领圈上抬，穿着不舒服。这种现象的出现，主要是由于人体胸部隆起，前胸领口处有多余量不平服而引起的。根据相关线的吻合原理，应满足前后横开领相等，如果这样，由于胸部的隆起及人体两肩端的略微前倾，必会引起前胸领口处有许

多多余量而不平服，此时，对于贴体或较贴体的前开襟型服装，可利用撇门将前胸领口处多余量去掉，如图 4-6 所示。

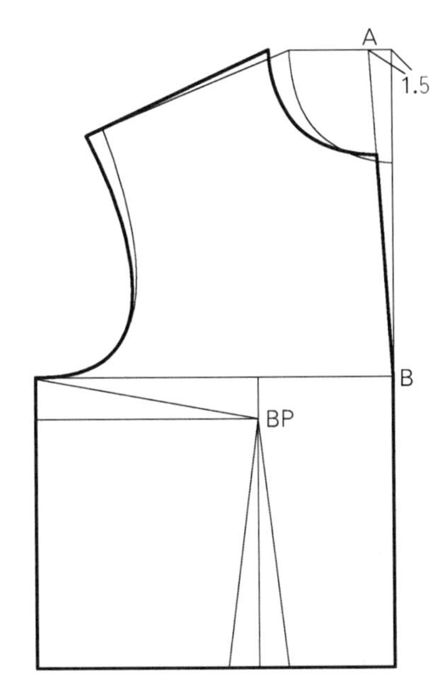

图 4-6 撇门处理方法

图 4-6 示意了撇门具体处理方法，首先选用原型前衣片，在前衣身原型的上平线上，可取小于等于 1.5cm 的一定撇门量，将 A 点与胸围线与中心线交点的 B 点连线，然后以胸点 BP 为转动中心，将前中心线与 AB 线重合，按图 4-6 粗线描绘得到轮廓线。

从以上作图方法可看到撇门的作用：

① 取代一部分胸省，使衣身更好满足人体胸部前中央凹陷及胸部球面形态的需要。

② 调节前冲肩量的大小，使之更符合人体肩、胸部位间的表面形态。在相同条件下，撇门越大，则前冲肩量也越大。因此，通过对胸撇门的控制，可以将前冲肩量调节到理想的程度。

撇门量的取值，视服装款式造型和贴体程度而定。当在前胸附近如领、肩、袖窿等部位收有较大省量时，撇门量的取值可小些，反之取值应大些；服装愈贴体，前胸附近的收省量愈小，撇门量的取值应愈大。撇门量的最大值不能超过横开领的四分之一，常用范围为 0～1.5cm。

通过以上分析可知，撇门的处理方法同样适用于前开襟型有领的服装。

2）贯头型领口领的结构设计原理

在贯头型领口领的成品服装中，同样会碰到前胸领口处有多余量不平服而引起前衣身向后走的问题。此时不能用撇门的方法处理，因为撇门处理过的衣片，前中心线为折线，无法作为对称轴，展开左右衣片形成贯头型服装。

解决贯头型领口领服装前胸领口处的多余量，可以采用适当开大后横开领或略降低前颈侧点的方法。分别如图 4-7 和图 4-8 所示。

图 4-7 的处理方法是，选用衣身原型，当领口造型选择原型衣片领口时，可直接采用或在后衣片原型图上，顺肩线再适当开大后横开领，如开大量取 0.2～0.5cm；当前、后肩线不能匹配时，可在后肩端点适当追加。如图 4-7(a)粗轮廓线所示。

由于后横开领的适当开大，从图 4-7(b) 可见，缝合时，前颈侧点 A 和后颈侧点 B 是对合的，这样，前颈侧点 A 被后颈侧点 B 往边上拉，使前胸领口处的多余量向边上分散，得以平服。

由此可见，除前衣身为垂褶领口外，前、后横开领之间一定存在后横开领≥前横开领的关系，这一原理不仅适用于贯头型领口领的服装，同样适用于其他有领款式的服装。后横开领比前横开领的开大量，一般控制在 0～1cm，视合体程度而定。

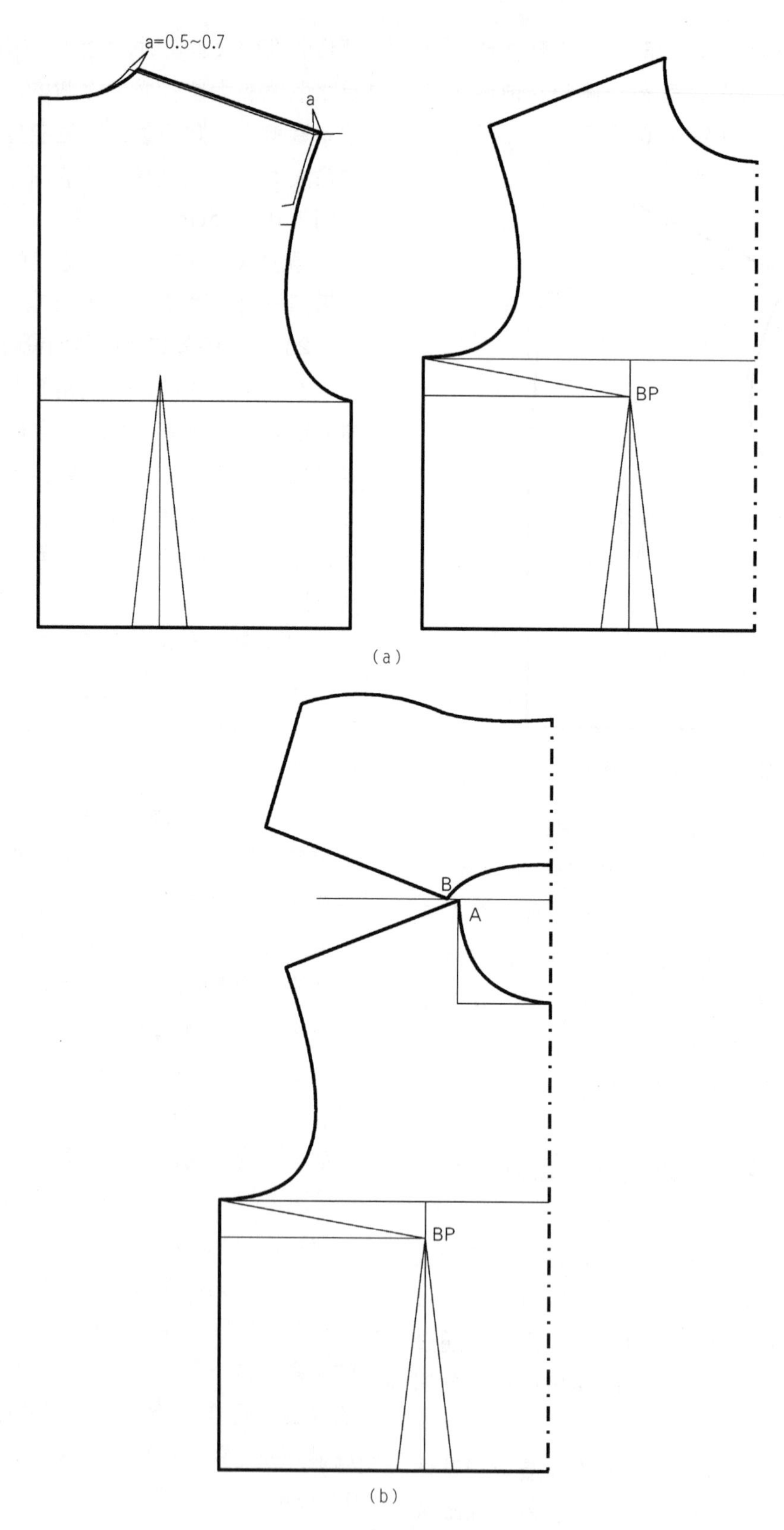

图 4-7　前后横开领匹配关系

4.2.2 领口领结构设计应用

1）窄方领

选用原型衣片，按图4-8所示尺寸，作方领造型结构图，前直开领的开落量应保证整个领圈与头围量的匹配关系，当造型需要，前直开领的开落量不能太低时，为了保证头围量满足穿脱需求，可在前中线作部分开襟。

此款为贯头型，贯头型服装要去除前胸多余量的处理方法，除了可以略开大后横开领外，也可以用略降低前颈侧点的方法，如图4-8所示。当前片的A点与后片的B点相缝合时，A点被上提，减缓了前胸的多余量。

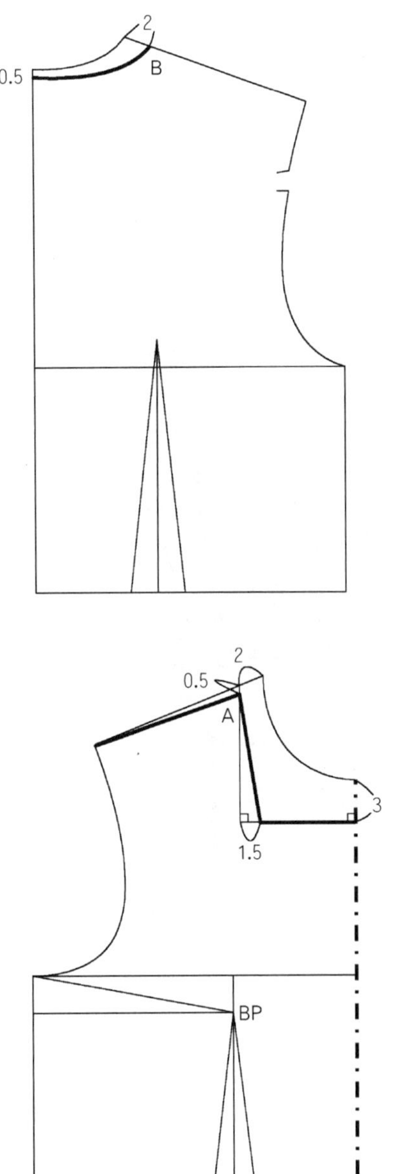

图4-8 窄方领

2）V 形领

基于原型衣片，按图 4-9 所示尺寸，作 V 形领造型结构图，前直开领的深度可以根据造型需要确定，横开领以开大 1～2cm 为宜，贯头型时，后横开领应比前横开领略开大。后直开领开落 0～1cm，此值不宜太大，使领圈平衡地落于人体。

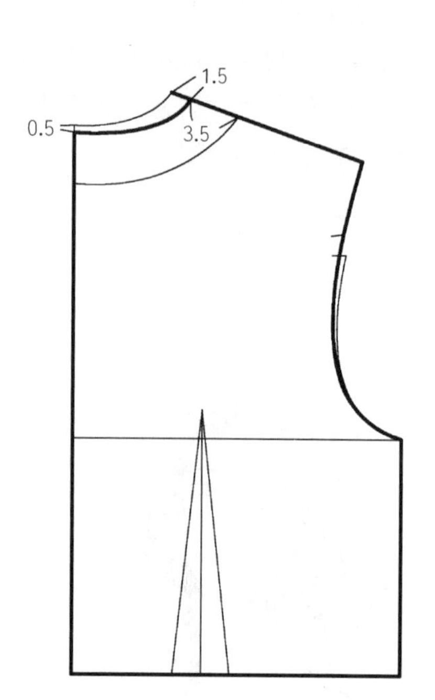

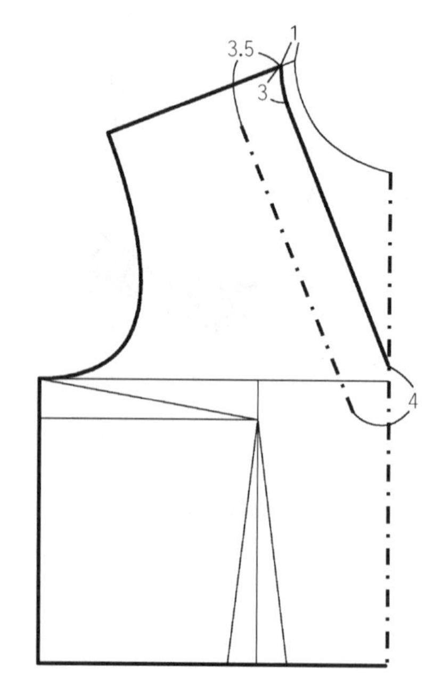

图 4-9　V 形领

3）U 形领口领

选用原型衣片，按图 4-10 所示尺寸，作 U 形领造型结构图。此款为贯头型，贯头型服装去除前胸多余量的方法，可以略开大后横开领，或略降低前颈侧点，图 4-10 所示方法，是根据后横开领略开大原理，在原型基础上，将整个前衣片肩线向前中心方向位移 0.7cm，同样可减缓前胸的多余量。

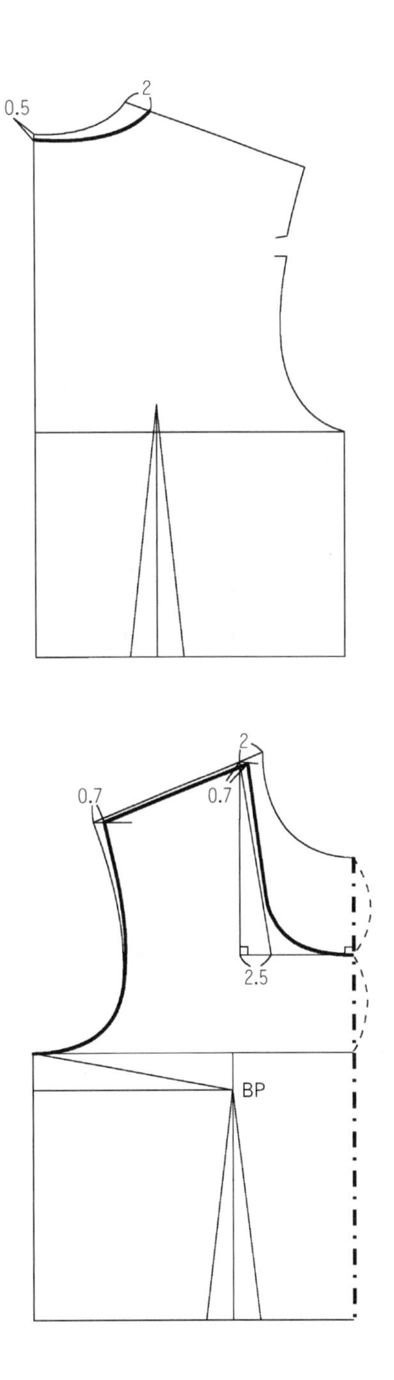

图 4-10　U 形领

4）船形领

选用原型衣片，按图4-11所示尺寸，作船形领造型结构图。

船形领因横开领的开大直较大，当前直开领略抬高时，横开领的开大可沿用原有肩线，但必须沿着肩部的形态，如果沿上平线，肩部会起空，如图4-11(a)。

当前直开领不抬高时，为了保证领口的圆顺，可借助肩线的位移，肩线的位移方法如图4-11(b)，将后衣片肩线与前衣片肩线重合，分别过前、后直开领点，作前、后中心线的垂线，垂线的交点为位移后的新肩线，最后形成的领口如图4-11(c)。

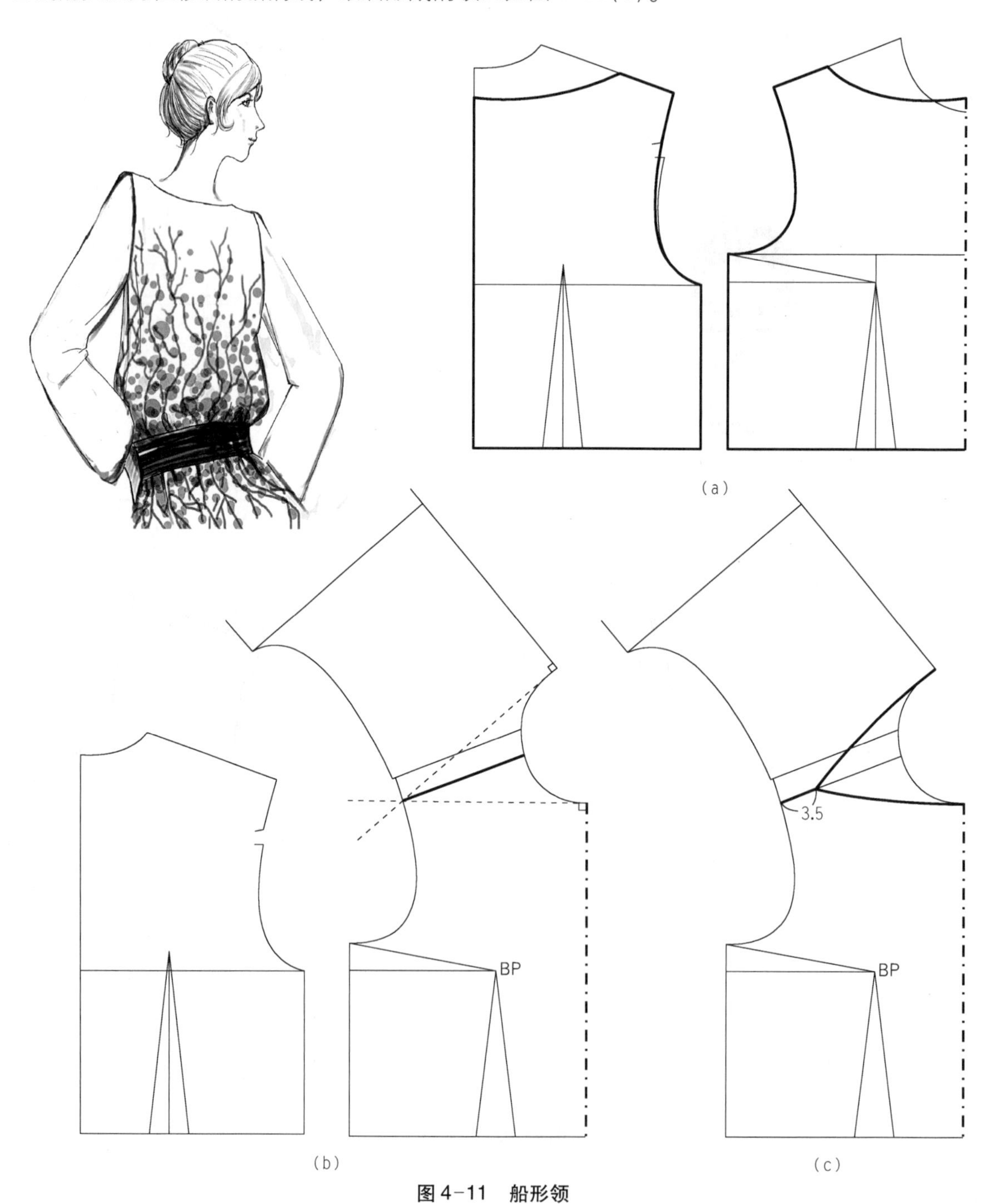

图4-11 船形领

5）宽方领

图 4-12 款型方领的横开领比图 4-8 大得多，当领口领的横开领很大，直开领又不想上抬时，可运用船型领口作图原理，借助肩线的位移，肩线的位移方法如图 4-12（a）。

基于原型衣片，按图 4-12(b)所示尺寸，作方领造型结构图，当贯头型时，后横开领应略大于前横开领。

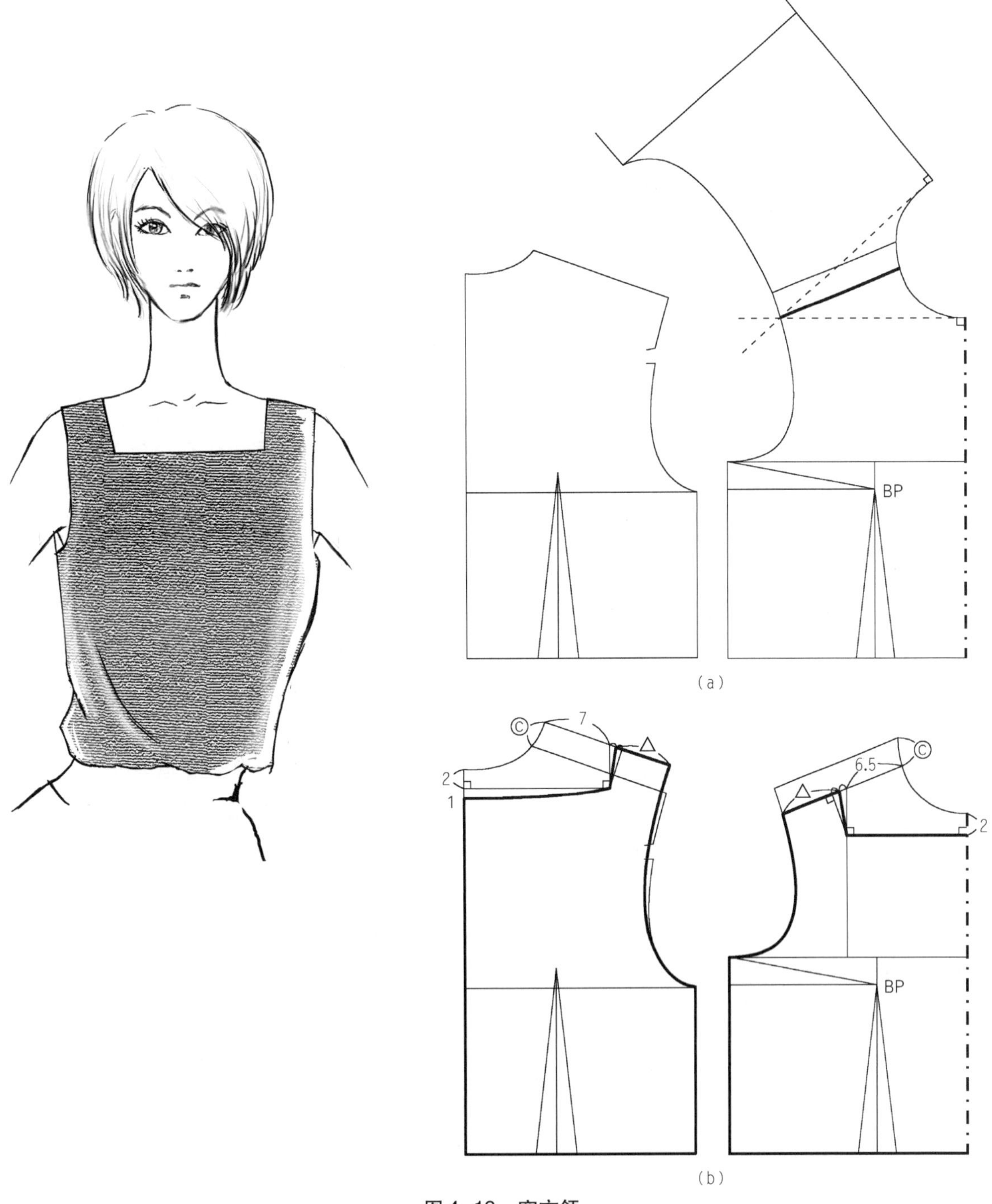

图 4-12　宽方领

4.3 立领结构设计

立领又称中式领、尼赫鲁领，是一种关门、竖立领。由于立领简洁、精神、格调高雅，具有防护、保暖等功能及装饰作用，深受人们喜爱。

4.3.1 立领种类

立领由基本立领和变化立领构成。基本立领领型有单立领和翻立领之分；在此基础上，当领座与衣身整体或部分相连，可构成连身立领变化结构；当翻领与波浪造型组合又形成波浪领变化结构。

1）单立领

单立领指只有底领或领座部分，而没有翻领的结构。领型的变化，可通过领型的贴体度、领宽的高低、领角的方圆、领口的并列、重叠及钮扣的装饰变化达到。其形态分有内倾贴体型、直立型和外倾宽松型。

2）翻立领

翻立领指领座和翻领部分通过缝制连接成一体的结构。由于翻领部分遮掩领座部分，故翻立领形态一般为贴体内倾型。

4.3.2 立领结构设计要素

1）领口线

立领有上下两条领口线，设上领口线为 L_1，下领口线为 L_2。

当 $L_1 < L_2$ 时，领型上翘，贴合颈部，为贴体领型，日用装中常用。

当 $L_1 > L_2$ 时，领型下翘，远离颈部，为不合体松身领型，不太常用。

当 $L_1 = L_2$ 时，领型直立，领与颈部留有一定空隙，介于以上两种贴体与松身领型之间。

由于常用立领为上翘立领和直立领，即随领型上翘度的变化，立领下口线的长度变化范围较大，为了确切描写立领的贴体形态，与一般领型不同，专业习惯上将立领上口线 L_1 定义为领大 N。

2）领座倾角

为了更确切地描写前领和后领的不同贴体程度，将衣服大身平放于桌面时，前领中线与桌面形成的夹角定义为 α，领侧线与桌面形成的夹角定义为 β。

当领座倾角 α、$\beta > 90°$ 时，为内倾型单立领；

当领座倾角 α、$\beta = 90°$ 时，为直立型单立领；

当领座倾角 α、$\beta < 90°$ 时，为外倾型单立领。

3）领宽

一般立领的领宽变化有一定范围，即后领宽不超过后脑勺点，前领宽不高于下颌点，常用 3～4cm。当立领前宽大于 4cm 时，可将基本领窝开深。

4.3.3 立领结构设计方法

立领结构设计方法很多，因领的贴合程度不同，领的上翘量就不同，最常见且最方便的作图法是定数法。但定数法无规律，为了寻求一种精确而通用的结构设计方法，可借助射影几何理论，创建通用的立领结构设计方法。通常可分为与领窝相离的独立结构设计法和在领窝上配领的直接结构设计法两种。

1）独立结构设计法

设后领宽为 n，前领宽为 m。

（1）前、后领宽相等的立领

设前、后领宽 $n = m = 3$cm，前倾角 $\alpha = 150°$，颈侧角 $\beta = 120°$，领大 N 为衣身原型领圈时，立领独立结构设计方法基本步骤如下。

① 设计并确认衣身上的实际领圈

选用衣身原型，此时衣身原型上的前后领圈$\overset{\frown}{AE}$和$\overset{\frown}{IE}$弧线之和为 N/2。

在前衣片上，过 A 点作前中线垂线，引 AB 射线，与前中线呈 $\alpha = 150°$，AB = m = 3cm，过 B 点作 AC 垂线，过 C 点引 AB 平行线 CD。

过 E 点作肩线垂线，引 EF 射线，与肩线呈 $\beta = 120°$，EF = n = 3cm，过 F 点作 EG 垂线，过 G 点引 EF 平行线 GH；过 H 点、D 点作弧线设计真正的前领圈 HD 弧线。

在后衣片上取 H 点，使前后横开领相等，可根据造型适当修正后领中点，下落 0.7cm，设计真正的后领圈 HJ 弧线，如图 4-13(a)。

② 作立领框架

作立领矩形框架，长为 N/2，宽为 n = m = 3cm，三等分矩形框，如图 4-13(b)。

③ 追加领下口差量

分别测量并计算前、后上下领弧差量，$\Delta L_f = \overset{\frown}{HD} - \overset{\frown}{AE}$，$\Delta L_b = \overset{\frown}{HJ} - \overset{\frown}{IE}$。按图 4-13(c)，展切、追加领下口线弧长，并圆顺上下领口线。

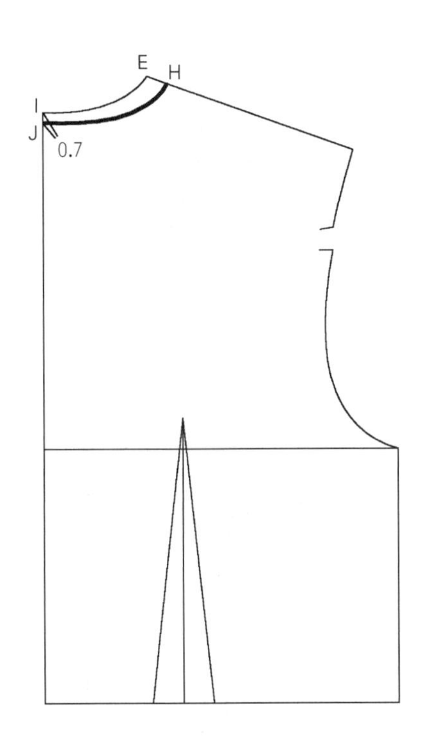

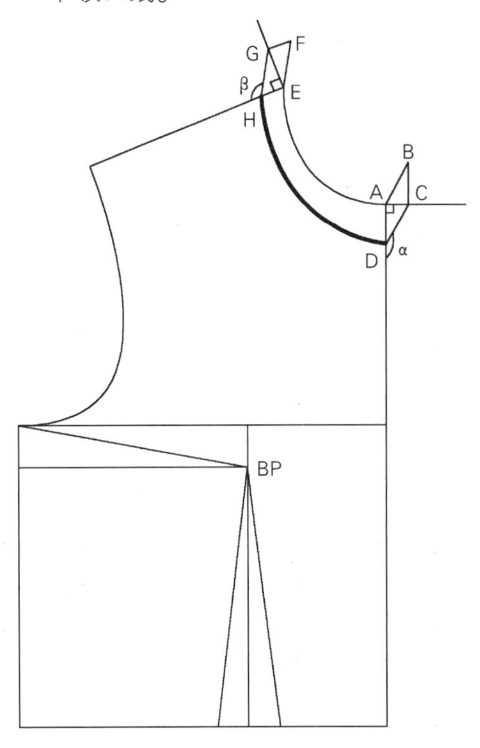

(a)

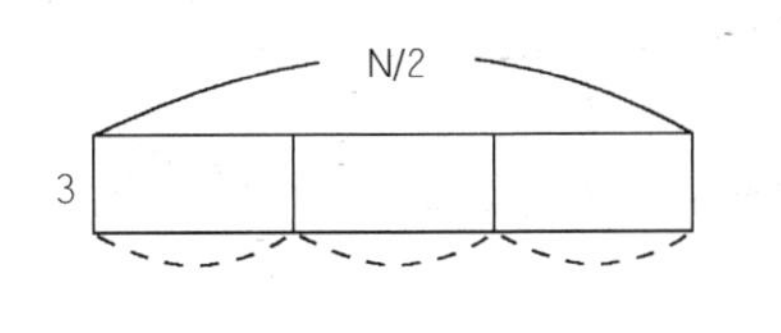

(b)

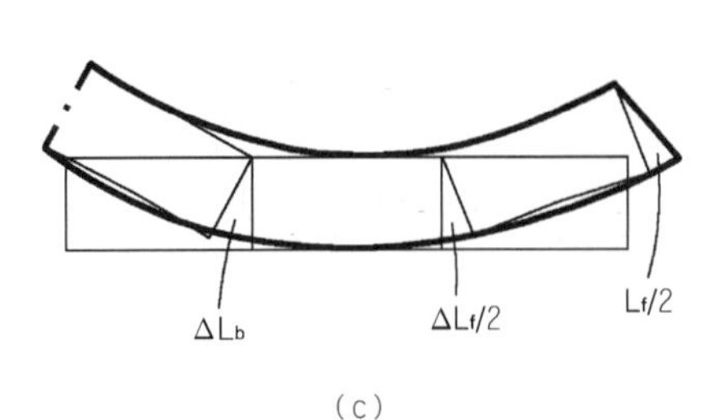

(c)

图 4-13　前、后领宽相等的立领

（2）前、后领宽不等的立领

设前领宽 m = 3cm，后领宽 n = 4cm，前倾角 α = 120°，颈侧角 β = 100°，领大 N 为衣身原型领圈时，立领独立结构设计方法基本步骤如下。

① 设计并确认衣身上的实际领圈

选用衣身原型，此时衣身原型上的前后领圈$\overset{\frown}{AE}$和$\overset{\frown}{IE}$弧线之和为 N/2。

衣身领圈设计方法与图 4-13（a）一致，仅仅参数发生变化，此时 AB = m = 3cm，α = 120°，EF = n = 4cm，β = 100°，根据造型，后领中点设计下落量为 0，得到如图4-14（a）所示图形，即前、后衣身上的真正领圈为$\overset{\frown}{DH}$、$\overset{\frown}{HI}$弧线。

② 作立领框架

作立领矩形框架，长为 N/2，宽为 n = 4cm，二等分领下口长，取前领宽 m = 3cm，并三等分立领框架，如图 4-14（b）。

③ 追加领下口差量

分别测量并计算前、后上下领弧差量，$\Delta L_f = \overset{\frown}{HD} - \overset{\frown}{AE}$，$\Delta L_b = \overset{\frown}{HI} - \overset{\frown}{IE}$。按图 4-14（c），展切、追加领下口线弧长，并圆顺上下领口线。

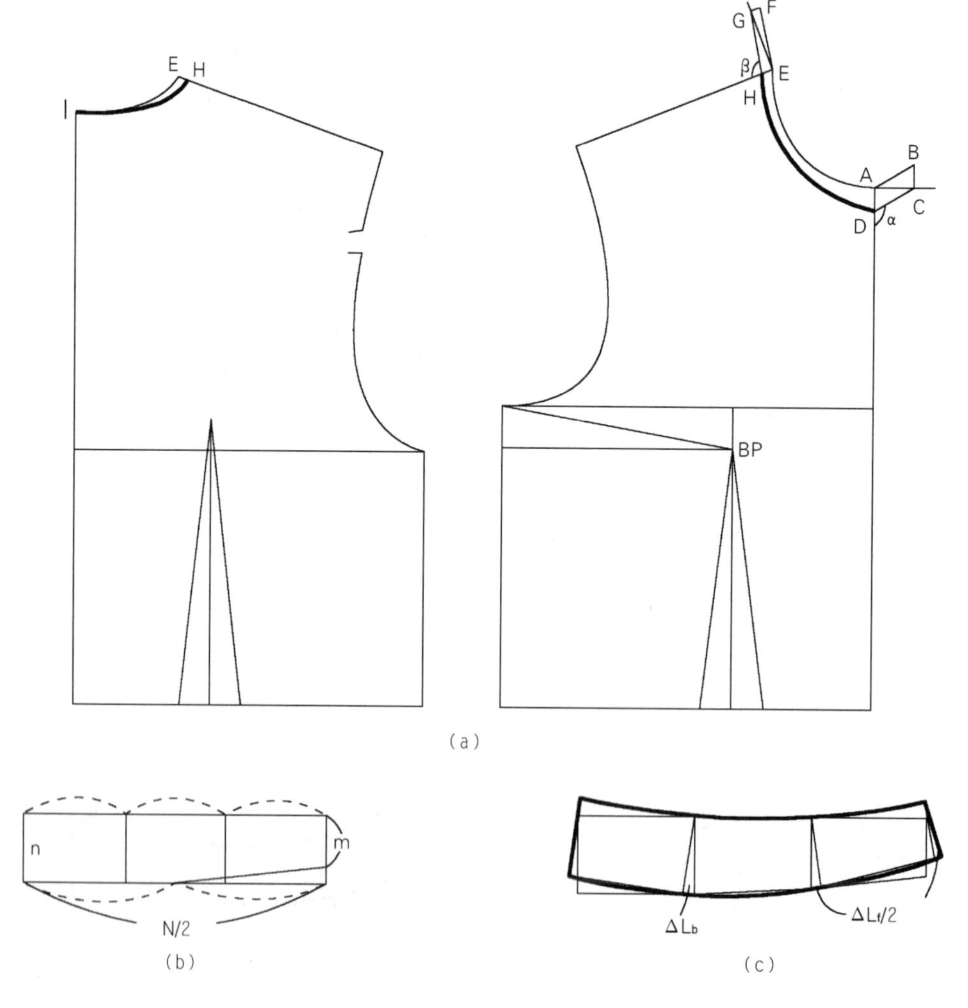

图 4-14　前、后领宽不相等的立领

2）领窝直接配领结构设计法

在领窝上直接进行立领结构设计，前段领弧线的匹配直观更合理。设前领宽为 m，后领宽为 n，前倾角为 α，颈侧角为 β，领大 N 为衣身原型领圈时，具体作图步骤如下。

（1）设计并确认衣身上的实际领圈

由已知条件根据图 4-13（a）设计确认衣身上真正的领圈，即实际领圈在衣身原型领圈上根据已知条件修正得到。

（2）作领下口切线

在实际领窝上作领下口切线，切点位置与领的前倾角 α 有关。当 α 趋向 90°时，领的效果表现为前领部位与衣身不处于一个平面，此时切点趋于 FNP 点；当 α 趋向 180°时，领的效果表现为前领部位与衣身处于一个平面，则切点位于前领窝长的 2/3 位置上。前领部位平贴程度越高，与前衣身处于一个平面的部位越多，则切点位置越趋于前领窝长的 2/3 位置上；反之切点位置越趋于 FNP 点位置，如图 4-15。

（3）设计前领造型

作前领部位造型，注意领上口线的造型，领前部位上口线 AD = * + 叠门宽。在衣身实际领圈上过 C 点作前领窝切线，长度满足实际领窝长，如图 4-16。

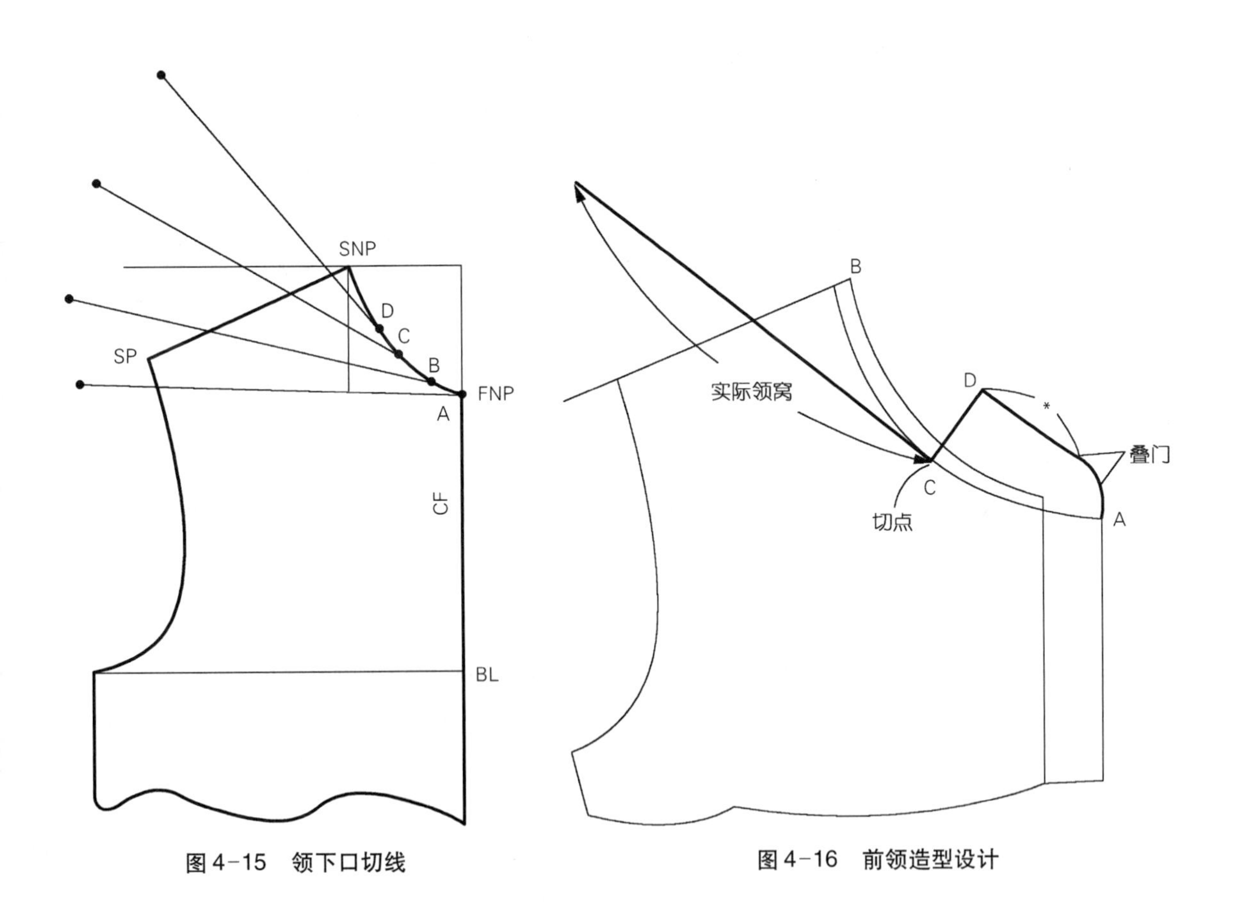

图 4-15　领下口切线

图 4-16　前领造型设计

(4) 作领中和领上口线

以 D 点为圆心，以 N/2 − ∗为半径画弧；以 C 点为圆心，以实际领窝为半径画弧；在以 C 点为圆心画的圆弧和以 D 点为圆心画的圆弧上画切线，切点分别为 E、F 点，使 EF = n，如图 4−17。

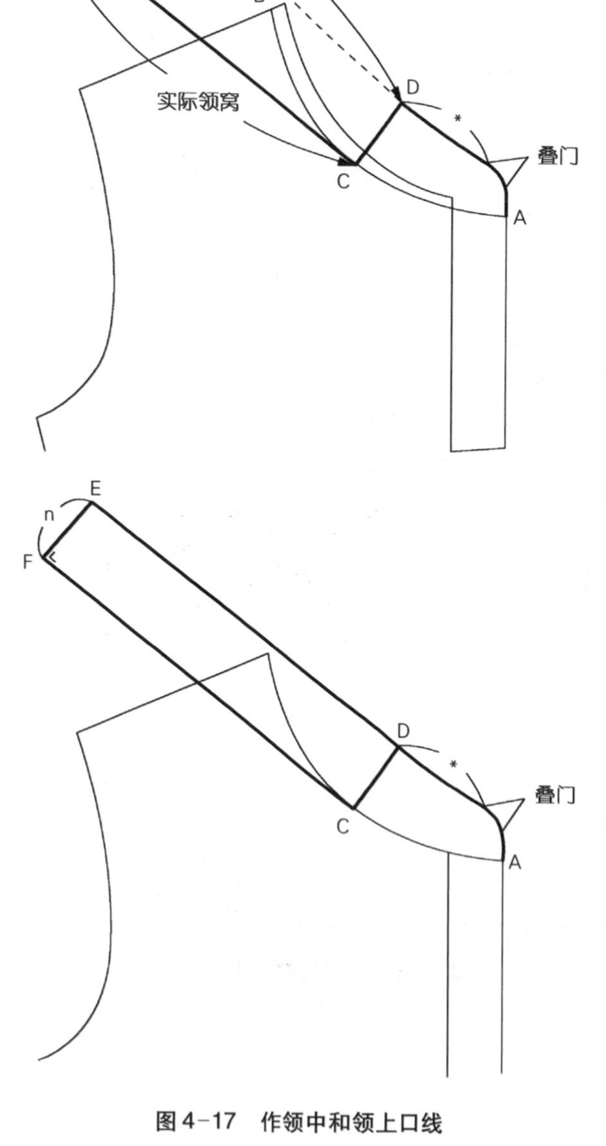

图 4−17 作领中和领上口线

(5) 校对领上口线弧长

检查领上口线长度（自第一粒钮扣领长实际部位点开始），要求领上口线长度必须等于 N/2。由于领的前倾角 α 和领前部位造型不同，校对修正时，可能出现将领上口线缩小，成内弧线；也可能是将领上口线拉展，成外弧线。图 4−18 所示图例，是将领上口线折叠缩小，使领上口线长 = N/2，不管是拉展或重叠，在改变领上口长时，前领部位造型不可更改，不能变形。

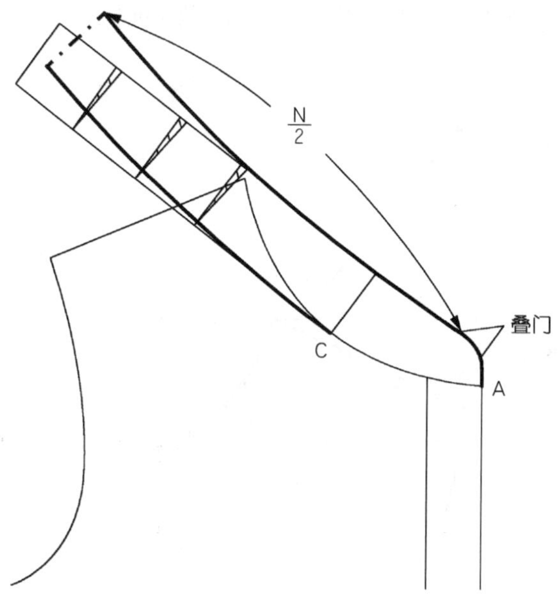

图 4−18 校对领上口线弧长

(6) 校对后领部位形状

当 β ≤ 96° 时，后领部应呈向下口倒伏的形状；当 β > 96° 时，后领部应呈平直或向上口曲的形状。若不符，则将前部实际领窝线减小或开大直到形成所应有的后领部形状。

4.3.4 立领结构设计应用

1）直立领

图 4-19 款式为大领口直立领，设前、后领宽 m = n = 3.5cm，前倾角 α = 颈侧角 β = 90°，领大在衣身原型领圈基础上，根据款型修正得到。

选用衣身原型衣片，根据款型修正领口，前直开领上抬 1cm，后直开领下落 1cm，前、后横开领开大 3.5cm。

在前衣身上，过 A 点作前中线垂线，过 B 点作肩线垂线，因 α = β = 90°，直立领新领圈正好重合在 AB、CD 弧线上，如图 4-19（a）。

作立领矩形框架，长为○ + Δ，宽为 n = m = 3.5cm，由图 4-19 所示，直立领的领圈重合在 AB、CD 弧线上，则 $\Delta L_f = \Delta L_b = 0$，图 4-19（b）为直立领结构图，布纹为 45°斜料。

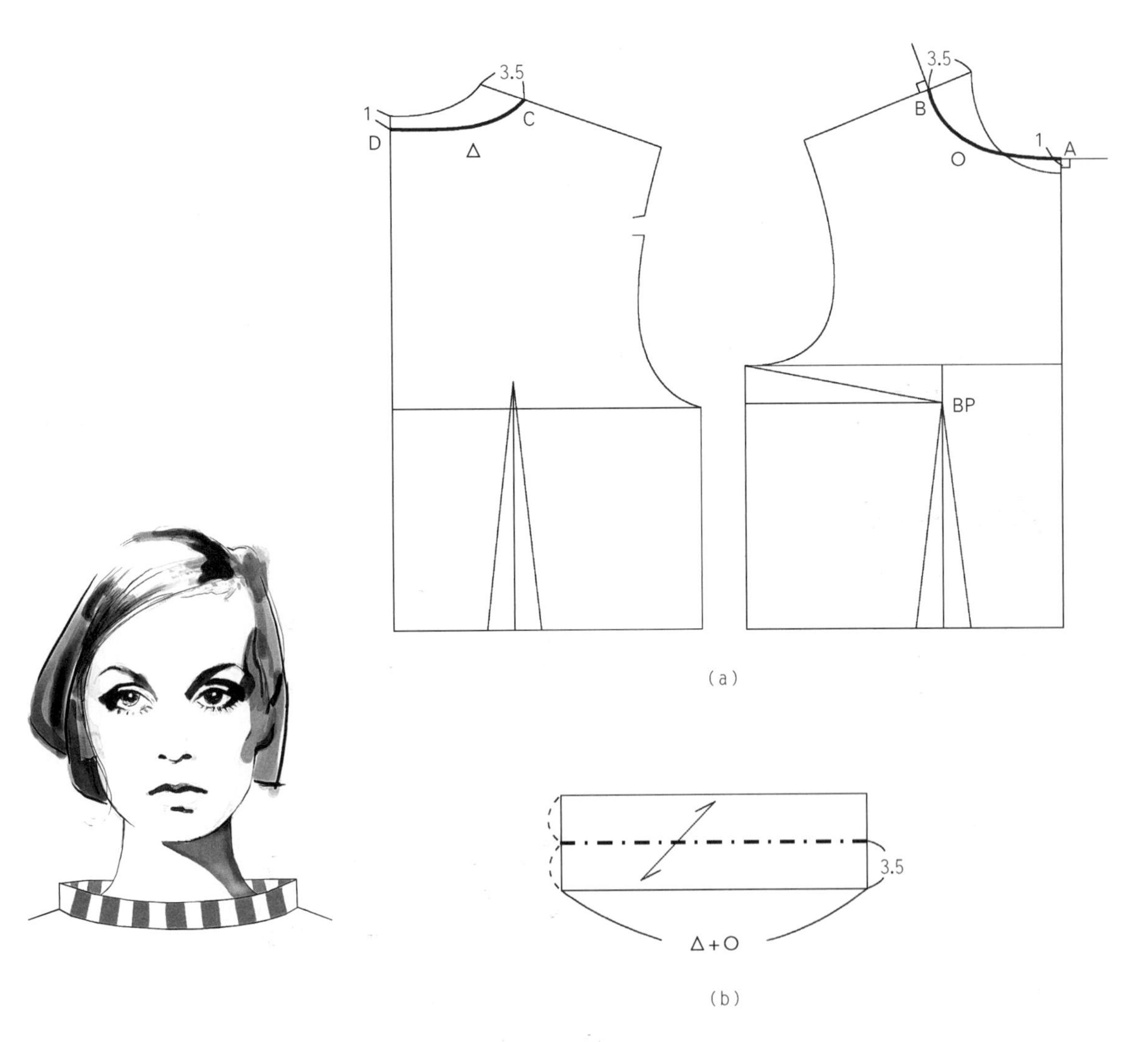

图 4-19 直立领

2）前直后倾立方领

根据图 4-20 领型款式，设前、后领宽 m = n = 4cm，前倾角 α = 90°，颈侧角 β = 115°，领大 N 为衣身原型领圈。

选用原型衣身，在图 4-13（a）的基础上，改变参数 α = 90°，β = 115°，得到图 4-20（a）。

分别测量并计算前、后上下领弧差量 ΔL_f、ΔL_b。按图 4-20（c），展切、追加领下口线弧长，并圆顺上下领口线。

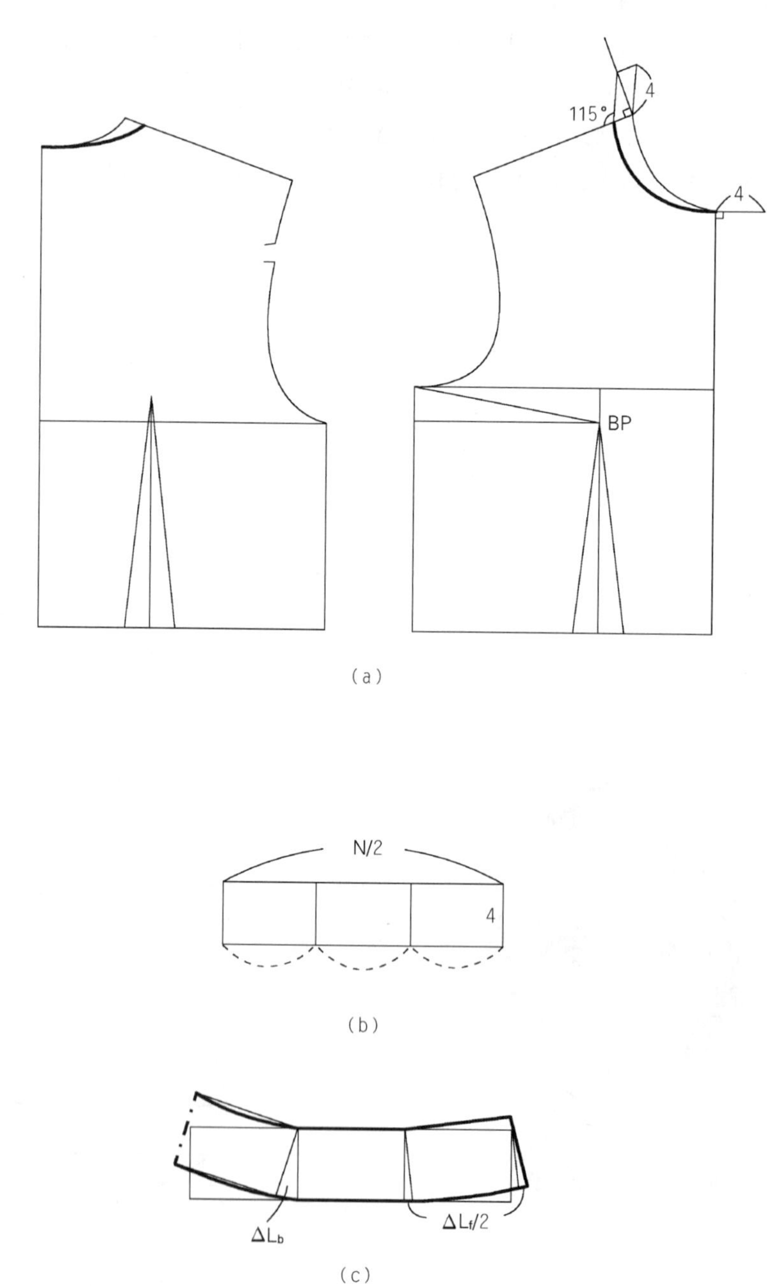

图 4-20　前直后倾立方领

3）旗袍领

旗袍领为贴体领，其变化领可为较贴体领，通常前、后倾角在100°左右，本款设前、后领宽 $m = n = 4cm$，前倾角 $\alpha = 98°$，颈侧角 $\beta = 100°$，领大N为衣身原型领圈。

选用原型衣身，在图4-13(a)的基础上，改变参数 $AB = m = 4cm$，$\alpha = 98°$，$EF = n = 4cm$，$\beta = 100°$，得到图4-21(a)所示图形，即前、后衣身上的真正领圈为DH、HI弧线，由于前倾角 α 和颈侧角 β 较接近90°，横、直开领开大量较小。

作立领矩形框架，长为N/2，宽为 $n = 4cm$，三等分立领框架，如图4-21(b)。

分别测量并计算前、后上下领弧差量，$\Delta L_f = \overset{\frown}{HD} - \overset{\frown}{AE}$，$\Delta L_b = \overset{\frown}{HI} - \overset{\frown}{IE}$。按图4-21(c)，展切、追加领下口线弧长，倒圆前领角，圆顺下领口线，如图4-21(c)。

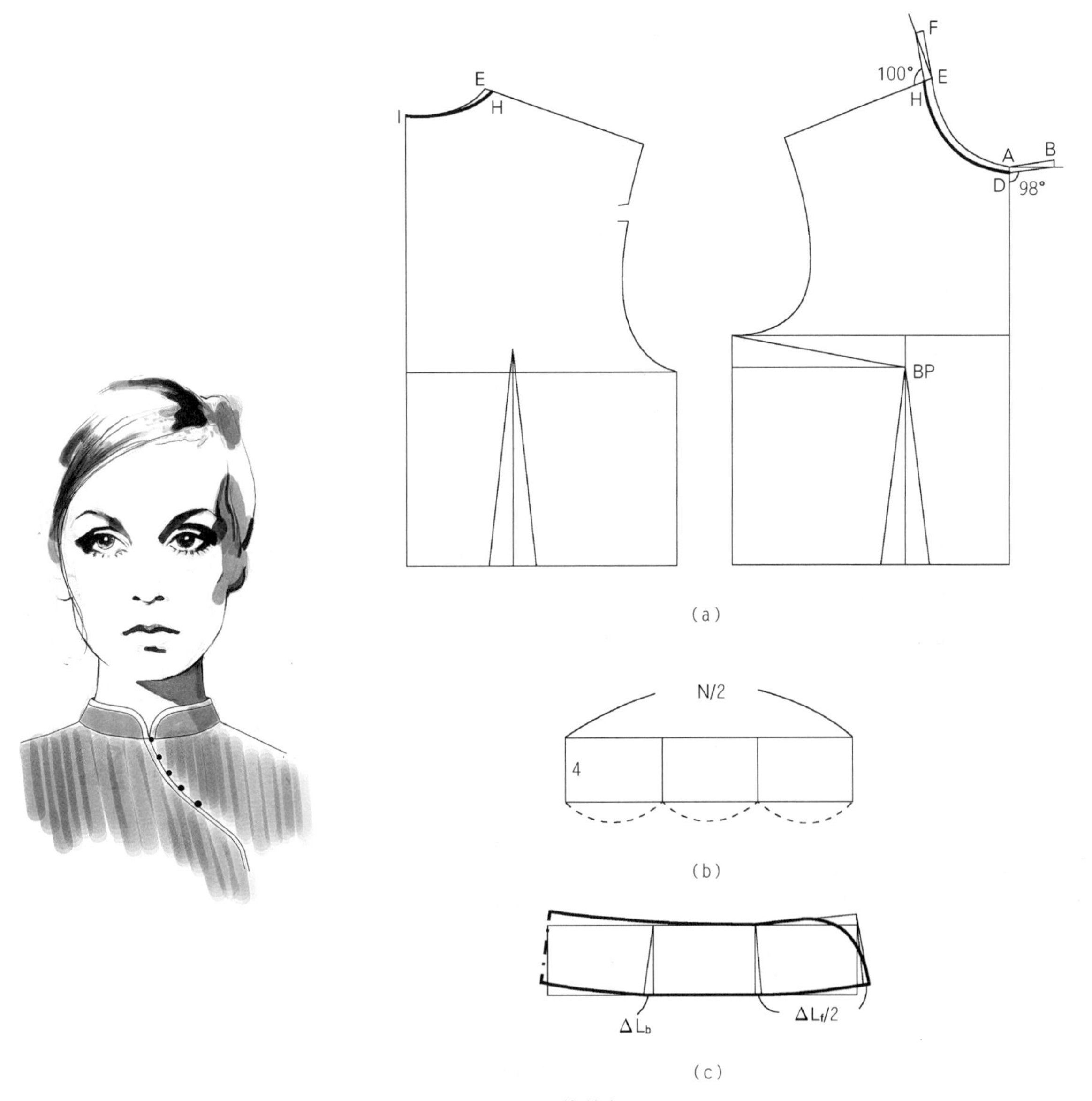

图4-21　旗袍领

4）前倾后直中式领

将图4-21款式的旗袍领型稍作修改，如设颈侧角 β＝90°，其他不变，则颈部领侧略宽松。立领参数的略微变化，是变形旗袍领的设计手段之一。

结构设计时，选用衣身原型，在图4-21（a）的基础上，只改变参数 β＝90°，便得到图4-22（a）。

由此可见，当 β＝90°时，前、后领圈横开领不变。因后领圈横、直开领都没变，则后领上下领弧差量 $\Delta L_b=0$，即在图4-22（b）基础上，后领不展切。只要测量并计算前领上下弧差量 ΔL_f，按图4-22（c），展切、追加领下口线弧长，倒圆前领角，圆顺下领口线。

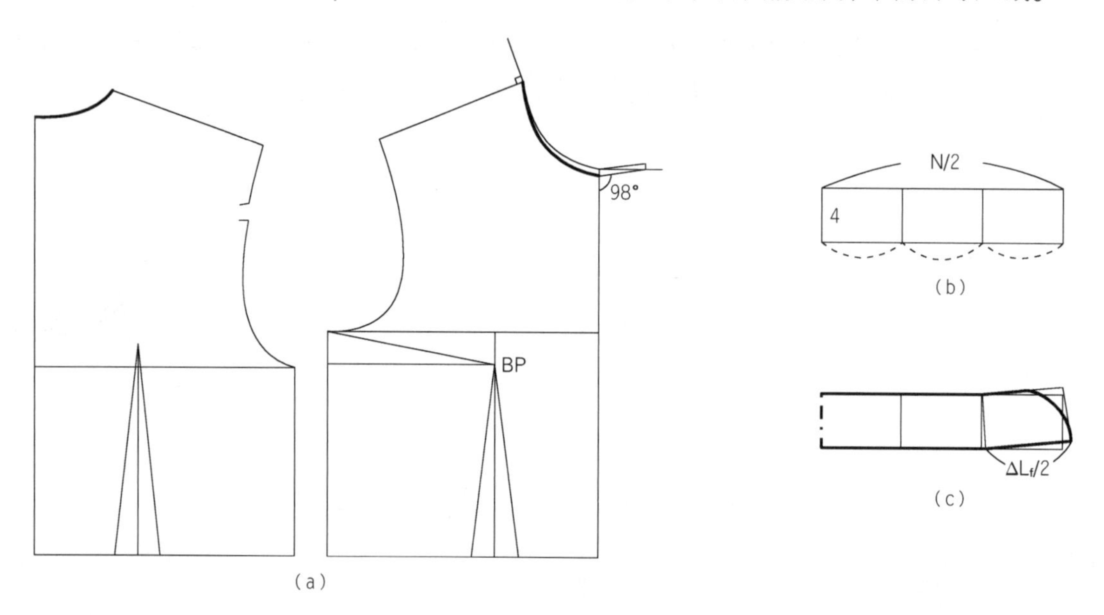

图4-22 前倾后直中式领

4.4 驳折领结构设计

4.4.1 驳折领种类和结构参数

1）驳折领种类

驳折领也称开门领，种类很多，有平驳折领、戗驳折领、青果领等不同的外观造型，尽管外观有宽有窄、有圆有方、有高有低，但它都由底领、翻领和驳头三部分组成，这为富有变化的驳折领结构设计提供了一条有序规律。

根据结构设计原理，可将驳折领基本结构按翻折线前端形态进行分类：为直线型，圆弧型，部分圆弧和部分直线型三种，如图4-23。

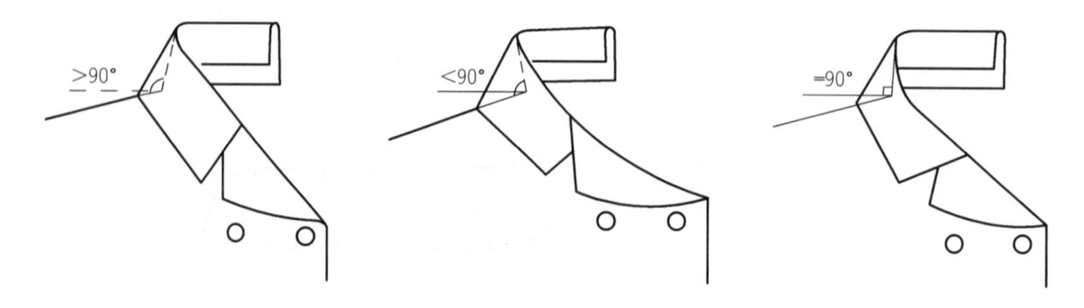

图4-23 驳折领种类

在此基础上，改变驳折领造型参数并可进一步剪切变化，又将得到众多驳折领的变化结构，如：波浪领、褶裥领、垂褶领等。

如果这些领的获取都能置身于衣身上配领，把握住装领线与领圈的关系，掌握领外线与大身的匹配原理，无论多复杂的驳折领都将能服帖于衣身上。同时也能为连翻领的结构设计提供一条思路。

2）驳折领结构参数

影响驳折领结构的参数较多，涉及有颈侧角、驳折止点高低、串口线高低、串口线倾度、翻领（底领）宽度、驳头宽度和形态、叠门宽度等。

（1）颈侧角

驳折领的颈侧角以90°为临界值进行划分，当颈侧角大于90°时为内倾型驳折领；当颈侧角小于90°时为外倾型驳折领；当颈侧角等于90°时为直立型驳折领，如图4-23所示。三种形态的驳折领表明了领和人体颈部的贴合程度，颈侧角的大小在结构上对领窝归拔量起了一定的约束作用，例如，当驳折线为直线时，若颈侧角<90°，则领窝归拔量为0；当颈侧角=90°时，领窝归拔量约为0.5cm；当颈侧角>90°时，领窝归拔量为0.5～1cm。

（2）驳折止点高低

根据设计需要驳折止点高低可沿前中心线上下移位设计，如图4-24所示驳折止点O，并与驳折基点A′连线而形成各种长度的驳折领。这种领型的领子部分是根据A′O线（驳折线）来绘制的，O点的变化会引起领子倾斜度的变化。因此，O点位置的确定，基本上是由外观造型来考虑的。对于常规服装，O点的位置也有约定俗成的规定，即：

单粒扣驳折领O点一般与大袋口齐平；

双粒扣驳折领O点由腰节线上量约1～2cm；

三粒扣驳折领O点一般与袖窿深线齐平；

多粒扣驳折领O点由第一钮位上量0.5～1cm。其目的是易于驳折领的翻折，且不会盖住钮扣。

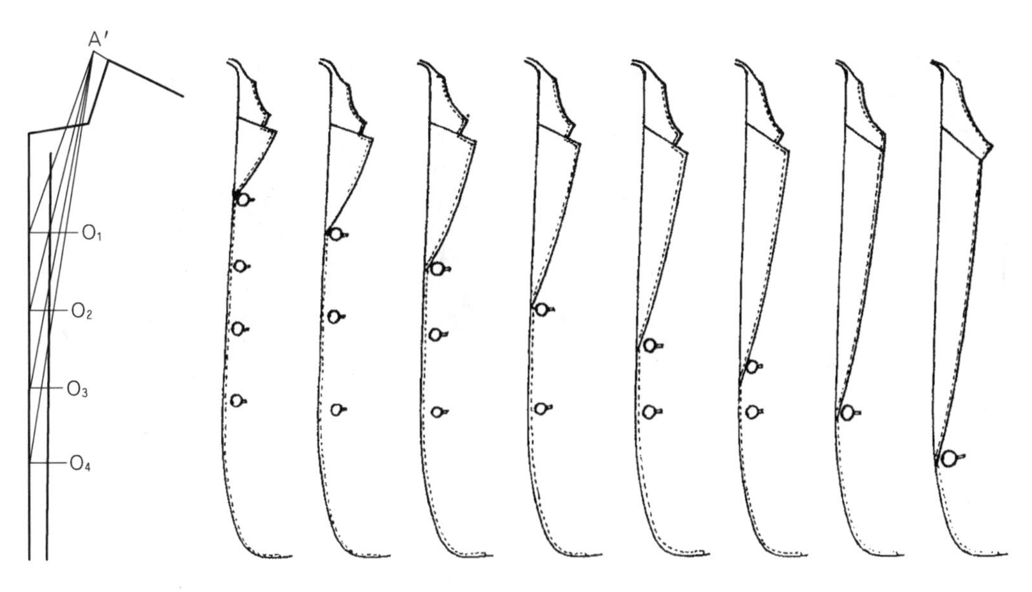

图4-24　驳折止点变化

（3）串口线高低

由于驳折领结构是在前领口基础上配制的，串口线高度的变化会引起领子的同步变化，所以串口线的高低，可以根据外观需要来设定。如图4-25所示，串口线的高低位置的变化改变了缺嘴的位置，产生新的视觉效果。

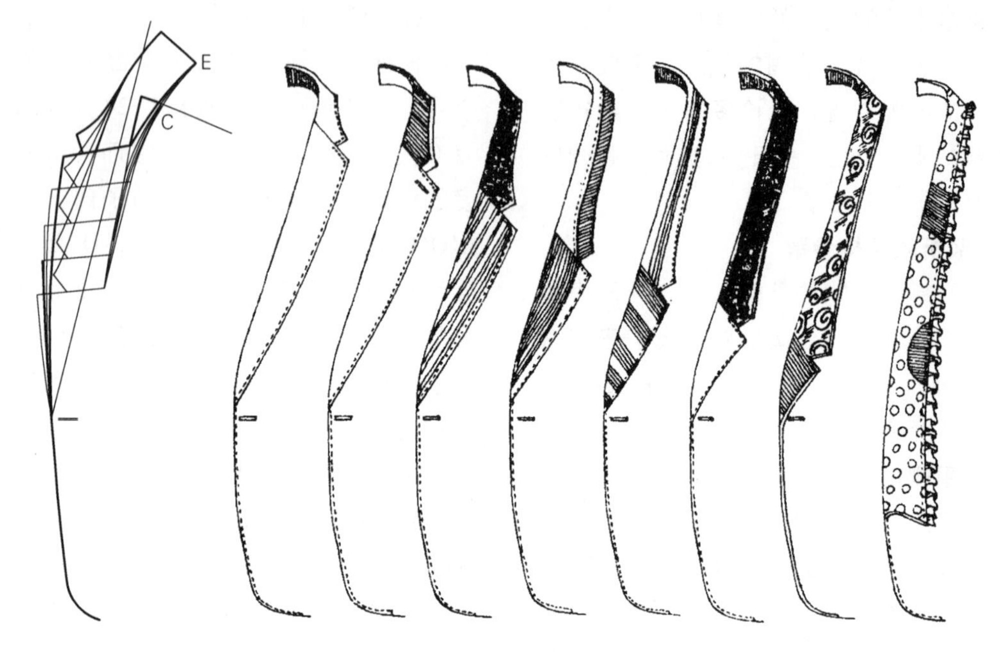

图4-25　串口线高低变化

（4）串口线倾度

如图4-26所示，串口线倾斜度的改变，也是为了外观设计的需要。串口线是领下口线与驳头外轮廓线的公共线。串口线倾斜度的变化，可以看作是一种线的移位，它对领子的松量及原有的配合关系无任何影响。

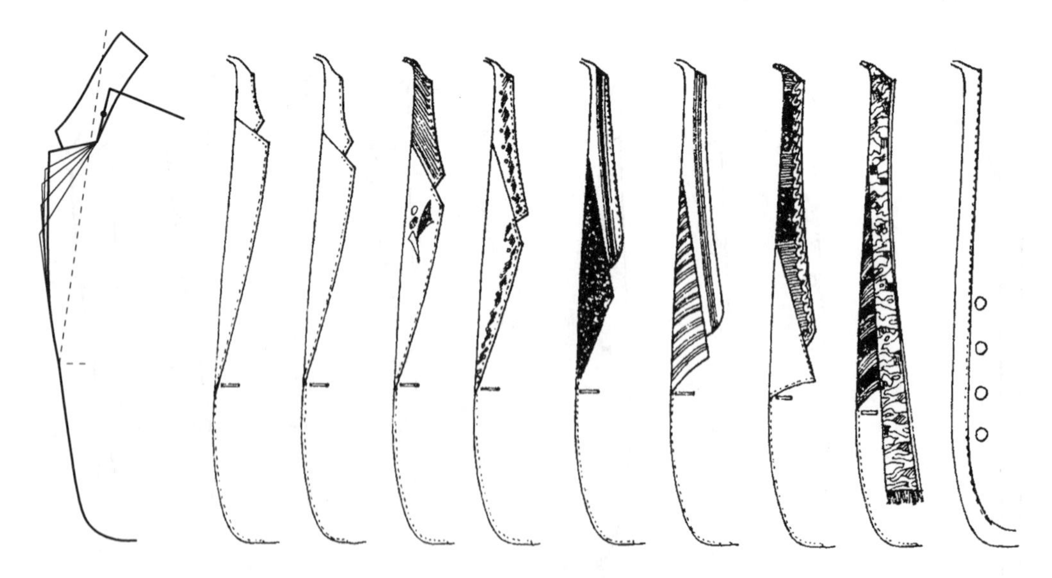

图4-26　串口线倾度变化

(5) 翻领(底领)宽度

如图4-27所示，这种变化不仅是一种外观形状的变化，而且还关系到内在结构的变化。由翻领松度的结构设计原理可知，当翻领宽度与底领宽度差量增大时，翻领松量也要作相应的增大，否则会因领外口线过紧而迫使底领增高，或因领外口线过松而迫使底领变低，使领子外观出现不平整现象。

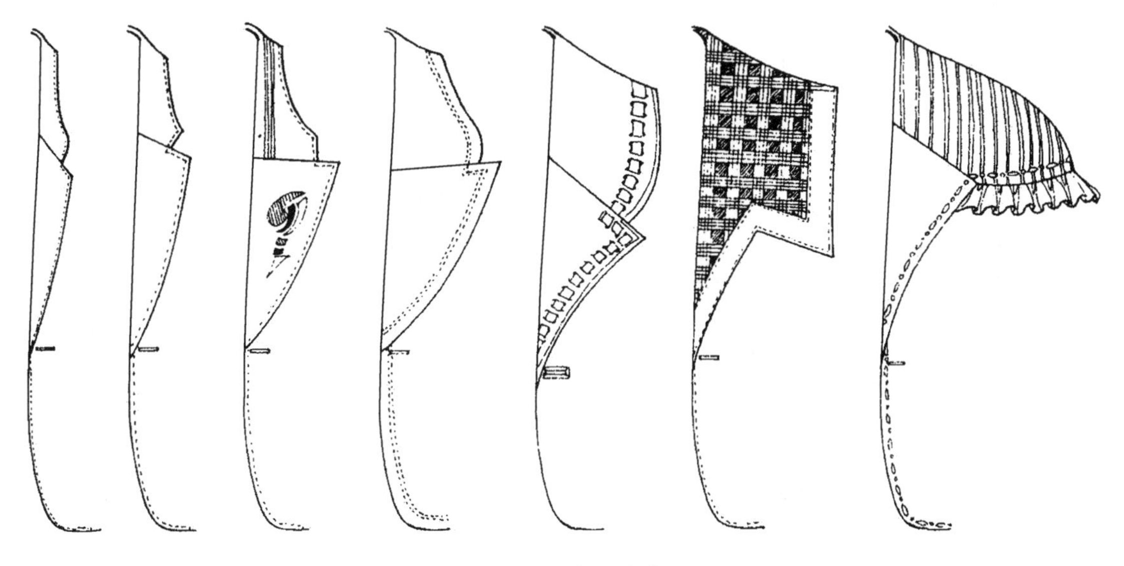

图4-27 领宽变化

(6) 驳头宽度和形态

驳头宽度和形态的变化，是以改变外观形态为目的。常与翻领宽度同时变化，其形态变化可通过不同的几何形状相组合；或运用仿生学原理和分割、展开技术；有的是利用装饰工艺，如图4-28所示。

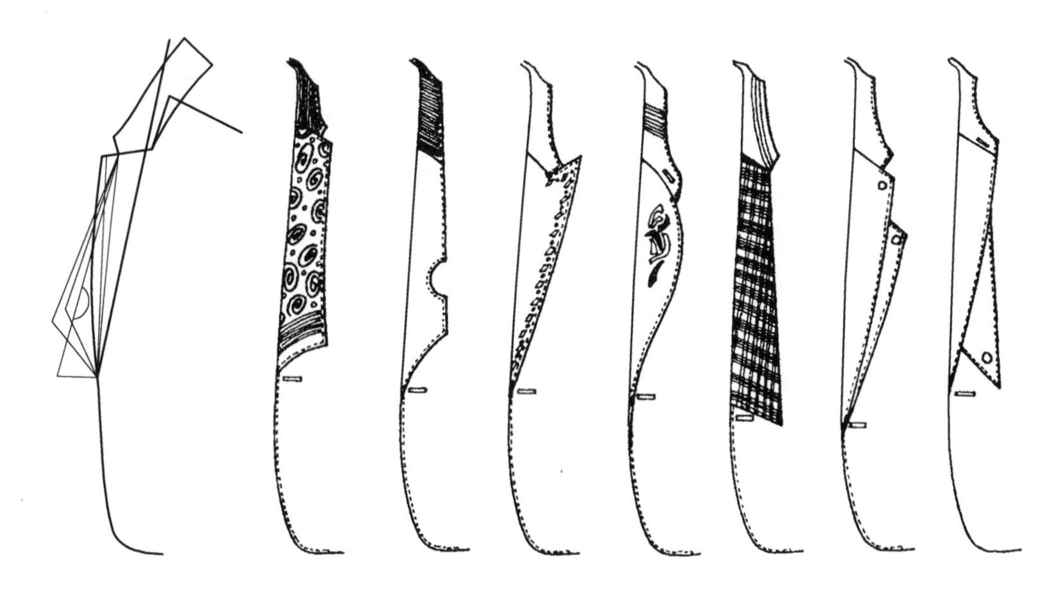

图4-28 驳头宽度和形态变化

(7) 叠门宽度

单叠门的基本宽度为 2～3cm。双叠门宽度可根据设计需要而定，通常为 5～12cm。由于翻领的松度设计是以驳折线的倾斜度为基准的，叠门宽度越大，领下口线的倾斜度越大。所以，叠门宽度可以在前衣片的最大宽度内作任意变化，如图 4-29。

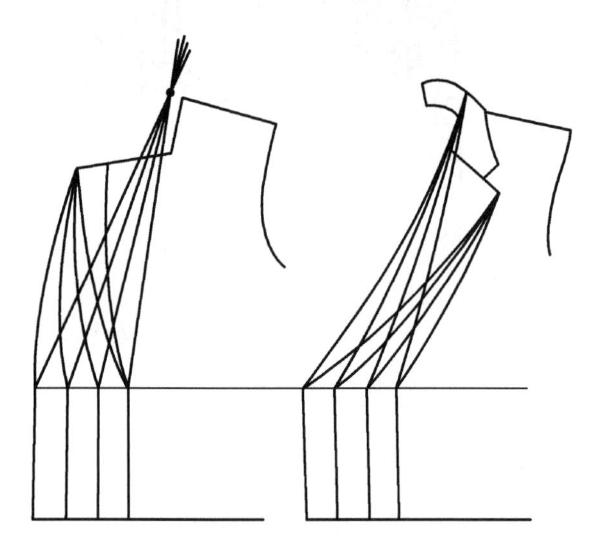

图 4-29 叠门宽度变化

综上所述可见，尽管影响驳折领造型的参数很多，但有的只是影响驳折领的外观造型，而有的则真正影响到驳折领的结构设计。

4.4.2 驳折领结构设计原理和方法

1）驳折领结构设计原理

驳折领结构设计中涉及到的基本概念和原理如下。

(1) 驳折领的领圈结构

驳折领的领圈结构设计，应在原型领圈基础上，视面料、领的贴体程度和归拔工艺要求，进行横开领的适当修正，即颈侧开大量为基础颈侧点沿肩线向下开落的量，贴体程度愈大，工艺归拔要求愈高，前、后横开领开大值愈大。当面料轻薄型、无需工艺归拔时，可直接采用基本领圈；当面料较厚实、领造型较贴体、需经过一定的工艺归拔时，驳折领的领圈必须在基本领圈的基础上，前、后横开领分别相应开大 0～1.5cm，使颈部有一定的运动空间。同时由于款式的贴体程度和造型不同，可考虑是否使用撇门和后横开领再相应略开大。

(2) 驳折领翻折基点的确定

图 4-30 表明，驳折领的翻领与连翻领的翻领结构类同，因此，翻折基点是驳折领和翻领结构设计中决定翻折线位置的重要设计要素之一，而翻折线是驳折领和翻领结构设计的基础。图 4-30 是翻折领基点在立体构成图中的位置，此时，A-SNP-B 可视为衣领在颈侧点 SNP 处的截面。为使讨论简化，可视领座在 SNP 附近的高为 n，翻领在 SNP 附近的宽为 m，则 A-SNP＝n，AB＝m。

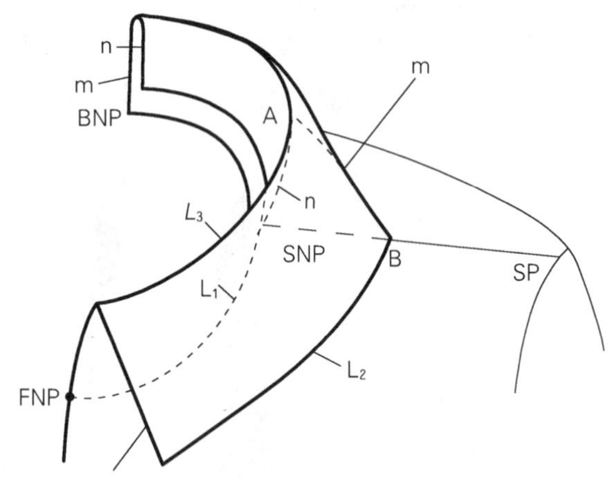

图 4-30 翻折基点立体构成

根据投影变换原理，可将翻领与底领在 SNP 处的立体图转换成平面图 4-31，过 SNP 引 A－SNP 线，使其与水平线成夹角 α，A-SNP＝n，AB＝m，则翻折基点 A′为 AB 在肩线延长线上的投影点。

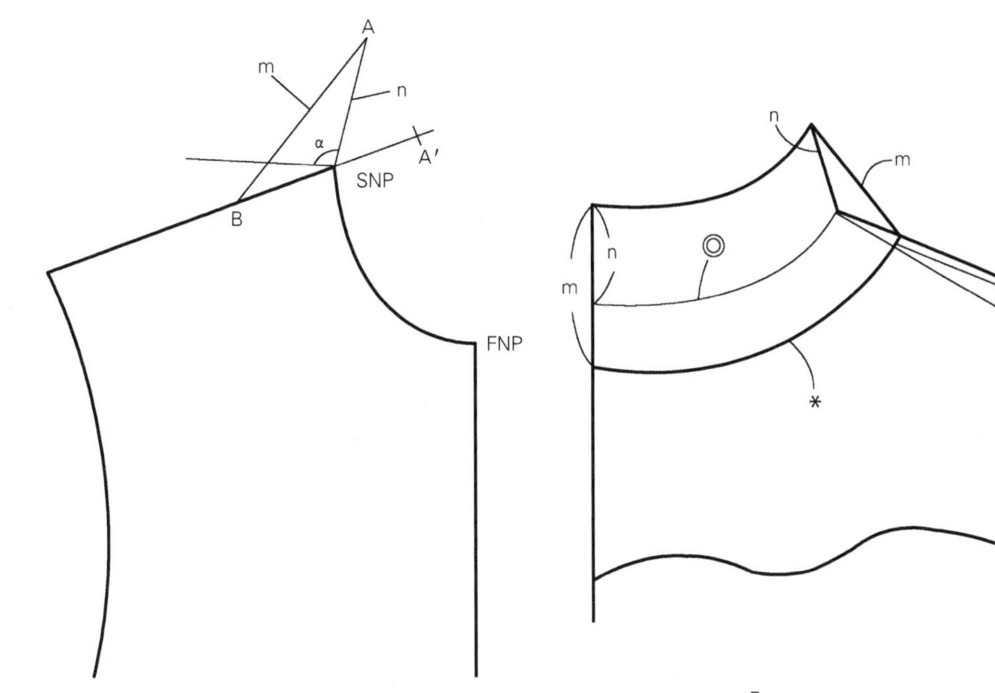

图 4-31　翻领基点平面构成

（3）翻领松量

翻领松量是翻领后领部分外缘轮廓线为满足实际长度而需增加的量。当用角度表达时称翻领松度，也是驳折领和翻领结构设计中重要设计要素之一。

① 翻领松量几何精确求解

图 4-32 表明，当后领配置于衣身后，形成立体形态外缘轮廓线长“*”与底领下口线长“◎”即领窝线之间有差值，此差值即为翻领松量。

结构设计时，前领身按翻折线对称翻折后，FB′为后领部分外缘轮廓线长，其值理论上应匹配于 * 长度，此时的翻领松度即为“*”与“◎”的差值，实际制图时，只需用软尺实地测得“*”与“◎”的大小，加入后领外缘轮廓线中即可。

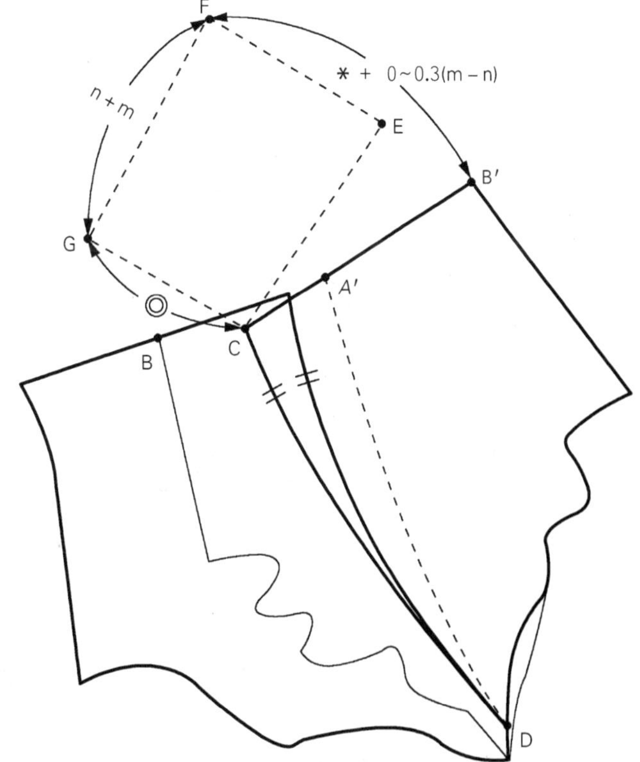

图 4-32　翻领松量几何精确求解

② 翻领松量近似求解

为了提高结构设计效率，也往往采用操作性良好的近似求解方法，本文介绍其中一种。

实验表明，基本领窝线的半径每增大1cm，基本领窝线弧长增加2.4cm。图4-33所示，翻领松量主要是由SNP附近的翻领状态所产生，如果以领座（底领）与水平线成垂直状的翻领结构为例，在基本领窝外B-SNP增加的半径为Δ，则由此形成的翻领长 L_2 与基本领窝弧长 L_1 的差量为2.4Δ，即为2.4(m－n)。从而推断出如下结论：

i 当领窝形状为基本领窝时，且整个衣领翻折线都为圆弧线，则其翻领松量为 L_2-L_1

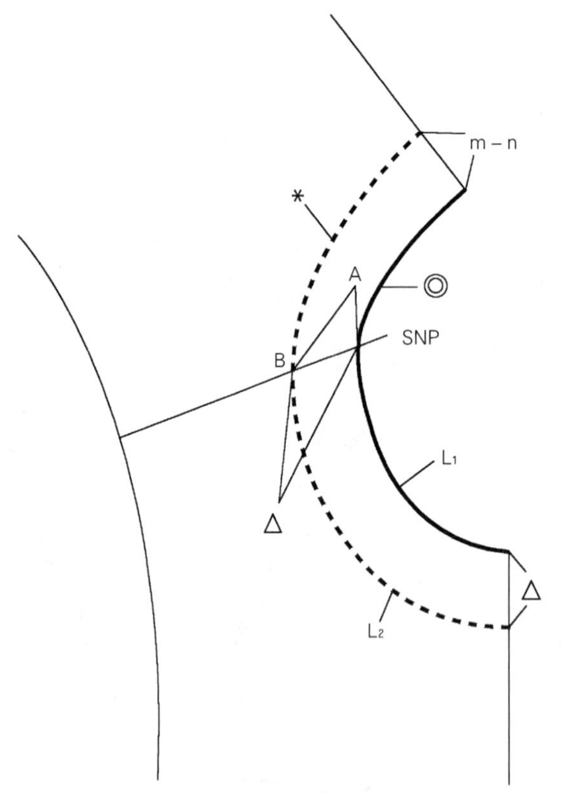

图4-33 翻领松量近似求解

$=L_2-N/2=2.4\Delta$，（Δ为SNP至翻领宽在肩线投影所在位置的距离）。肩颈点的翻领松量约为＝1.4(m－n)。

ii 当衣领前部翻折线为直线时，其翻领松量约为 $(L_2-L_1)/2=(L_2-N/2)/2=1.2\Delta$。即前部翻折线由圆弧状变为直线状的交点大致位于基本领窝线1/2处时，该点附近的翻领松量应为整个翻领松量的一半左右，以1.2(m－n)为后部翻领松量进行翻领结构设计时，可以不必讨论前领窝形状是否为基本领窝。

iii 当衣领前部翻折线部分为圆弧、部分为直线时，其翻领松量介于上述二者之间，约为1.3(m－n)。

③ 翻领松量与材料关系

材料厚度对衣领外缘轮廓线也会有影响，经实验表明材料厚度对衣领外缘轮廓线增量呈如下关系：

衣领外缘轮廓线增量＝a×(m－n)

其中a为材料系数，薄料取0；较厚料取0.1；厚料取0.2；特厚料取0.3。对于不同厚度的材料，翻领松量还需考虑0～0.3(m－n）材料厚度影响值。

2）驳折领结构设计方法

驳折领结构设计方法主要有二种，原身作图法和映射作图法。

原身作图法是在衣身领窝上直接配制的方法；映射作图法是在前衣身上设计出前领轮廓造型后，映射至衣身翻折线另侧的作图方法。运用上述领圈修正原理、驳折基点确认方法和翻领松量求解并加入后领外缘轮廓线中画顺领弧线即可。

（1）翻折线前端为直线的驳折领结构

翻折线前端为直线的驳折领是驳折领的基本结构，可采用映射作图法设计。

以单排扣平驳西装领为例，当底领宽设为 n，翻领宽设为 m,（翻领宽必须≥底领宽，以免装领线外露），颈侧角为 α，采用基本领圈并且不考虑撇门时，基本作图方法如下：

① 确认领圈和驳折基点

选用前、后衣身原型，采用基本领圈；在前衣片上，过颈侧点 SNP 作射线，射线与水平线呈颈侧角 α，使 A－SNP＝n 底领宽；96°为人体颈部侧面与水平线形成的自然颈侧角，当不完全贴体时，此夹角 α 可为 90°；对贴体领，射线夹角≥96°；当面料允许工艺归拔时，横开领开大值越大，射线夹角可取的值越大，但不能超过颈侧线。

在肩线延长线上取 A′B＝AB＝m，获得驳折基点 A′，如图 4-34。

② 设计驳折止点和驳折线

作前中心线的平行线为叠门宽，根据效果图，在止口线上设定驳折止点 D。当驳折线为直线时，只要直线连接驳折基点 A′和驳折止点 D，A′D 则为驳折线。

③ 设计、映射驳折领造型

根据效果图，在前衣身上过 B 点设计驳折领立体造型，串口高低、驳头宽度均可任意设计；选驳折线为对称轴，映射驳折领造型结构线至另一侧，得到前片领外缘线，如图 4-35。

④ 实际前领窝结构设计

延长串口线，经 SNP 作翻折线平行线（也可不平行）相交于 O 点，形成实际前领窝线，连接 A′B′并延长 n 长至 C 点，将 C 点与实际领窝 O 点相连。检查 CO 是否满足实际领窝弧长或减 0.5～1cm 的归拔量，若不符，则修正 C 点使之满足。

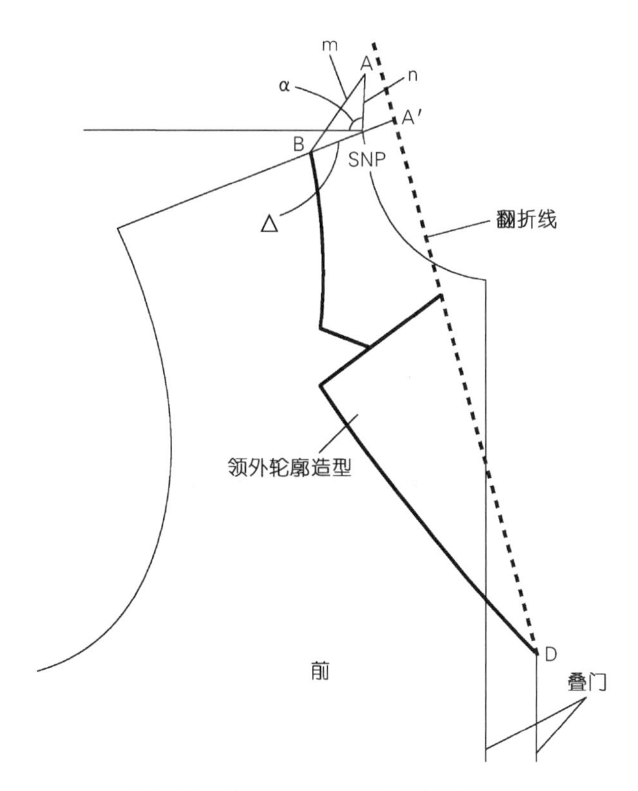

图 4-34　直线驳折领前领元素结构设计

⑤ 装配后领

以C为圆心，后领弧长◎为半径作圆弧；以B′为圆心，后领外弧长＊（及考虑面料厚度）为半径作圆弧，在两圆弧上作切点为E、F的切线，使EF＝m＋n。将领下口线、翻折线和领外缘线画顺，如图4-35所示。

通过分析可知，驳折领前领外缘线的获得，可借助驳折线为对称轴，将立体造型映射完成，由于立体造型的设计只要过B点是随意的，故无需公式即可得到任何造型的驳折领前领外缘线；后领的作图方式，关键是满足后领外弧长＊或受控翻领松量＝1.2Δ，便可获得任何底领宽n和翻领宽m的驳折领。以上阐述的作图方法，对任何造型的直线翻折线的驳折领通用，这样大大简化了驳折领的结构设计过程。

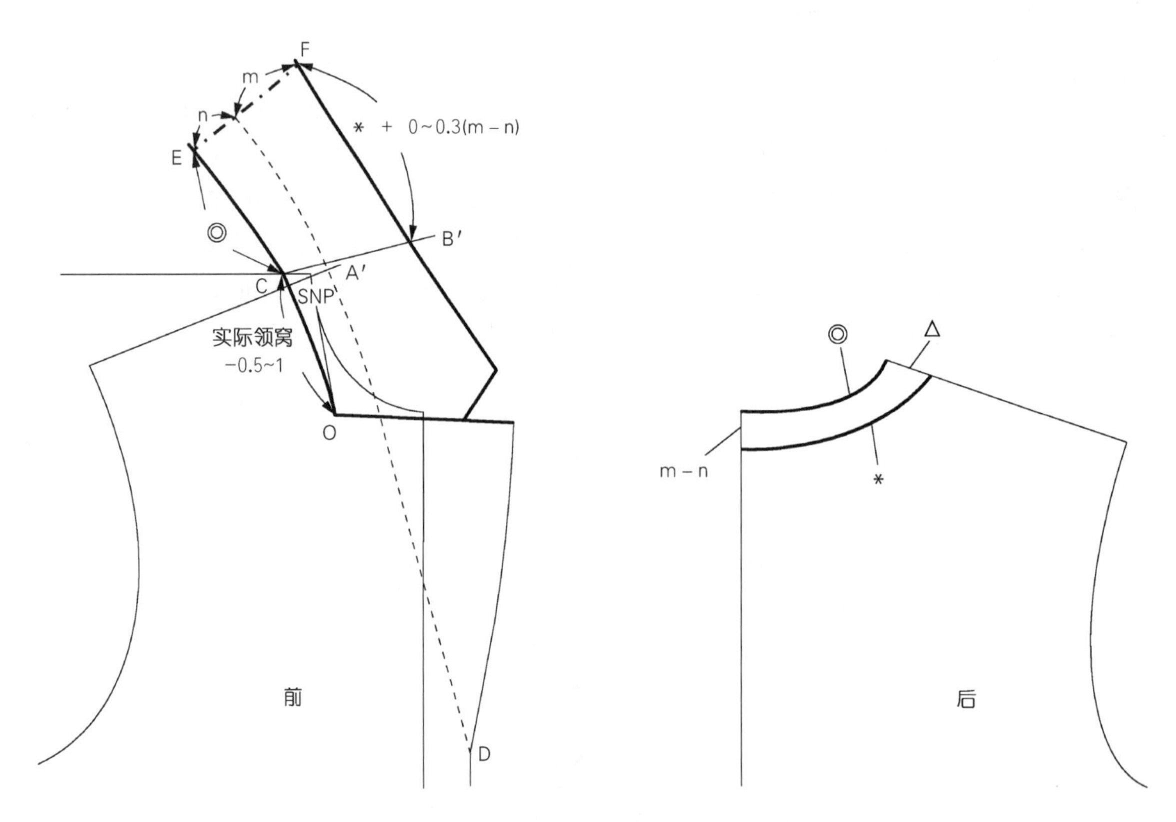

图4-35　直线驳折领后领元素结构设计

（2）翻折线前端为弧线的驳折领结构

翻折线前端为弧线的驳折领是驳折领的主体结构之一，可采用原身作图法设计。

① 确认领圈和驳折基点

选用前、后衣身原型，采用基本领圈；在前衣片上，过颈侧点 SNP 作射线，射线与水平线呈颈侧角 α，使 A－SNP＝n 底领宽；在肩线延长线上取 A′B＝AB＝m，获得驳折基点 A′，如图 4-36。

② 设计驳折线和前领造型

作前中心线的平行线为叠门宽，根据效果图，在止口线上设定驳折止点 D。过 A′点和 D 点画圆弧形翻折线，在前衣身上过 B 点设计驳折领前领外轮廓立体造型，但不需复制至另侧。

③ 校对前领下口线

连接 A′B 并延长 n 长至 C 点，作 CD 弧线相似于翻折线的圆弧形态，校对前领下口线长度 CD 是否等于实际领弧长，或减 0～2cm 的归拔量，若不符，则修正 C 点使之满足。

④ 装配后领

以 C 为圆心，后领弧长◎为半径作圆弧；以 B 为圆心，后领外弧长＊（及考虑面料厚度）为半径作圆弧，在两圆弧上作切点为 E、F 的切线，使 EF＝m＋n。将领下口线、翻折线和领外缘线画顺，如图 4-36 所示。

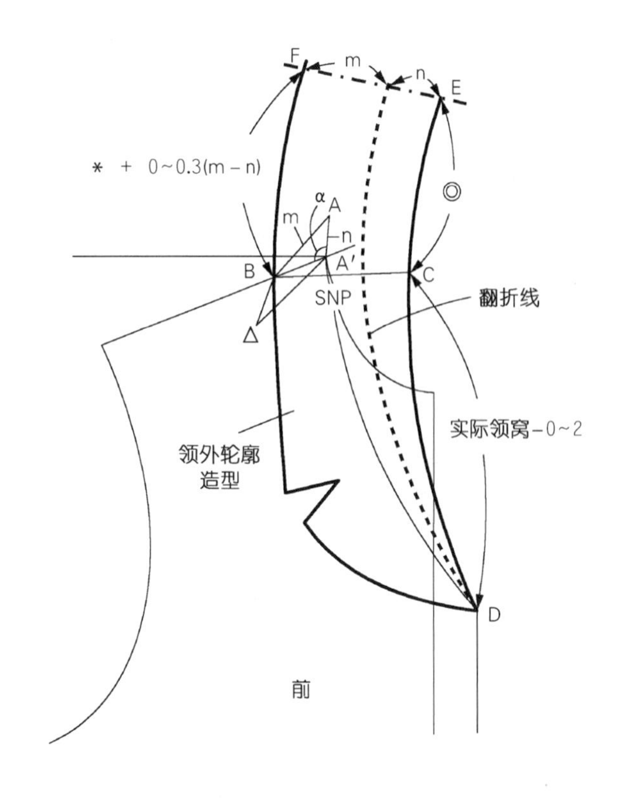

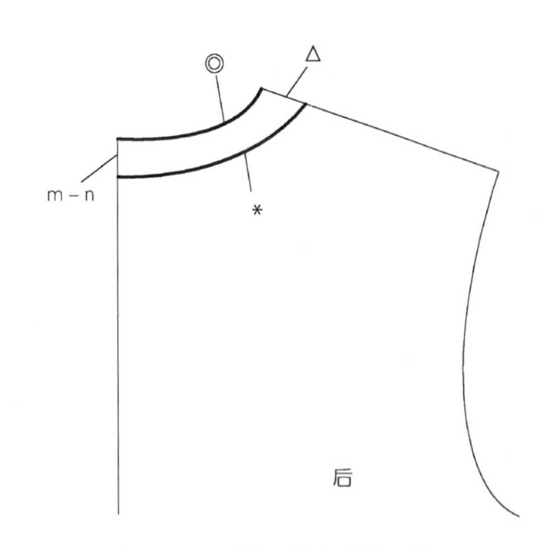

图 4-36　弧线驳折领结构设计

(3) 翻折线前端部分为弧线、部分为直线的驳折领结构

翻折线前端部分为弧线、部分为直线的驳折领是结构设计中较复杂的结构，采用映射作图法设计，设计时注意审视翻折线由弧线向直线转折的转折点。

① 确认领圈和设计驳折线

在前、后衣身原型基本领圈上，过颈侧点 SNP 作射线，射线与水平线呈颈侧角 α，使 A-SNP = n 底领宽；在肩线延长线上取 A′B = AB = m，获得驳折基点 A′；作前中心线的平行线为叠门宽，根据效果图，在止口线上设定驳折止点 D；并勾画出部分圆、部分直的翻折线 A′D，如图 4-37。

② 设计、映射驳折领造型

根据效果图，在前衣身上过 B 点设计驳折领立体造型；将翻折线中直线部分延长作为左侧前领造型的映射基准线，将其映射至右侧，A′点映射至 A″点，得到前片领外缘线，如图 4-37 和图 4-38。

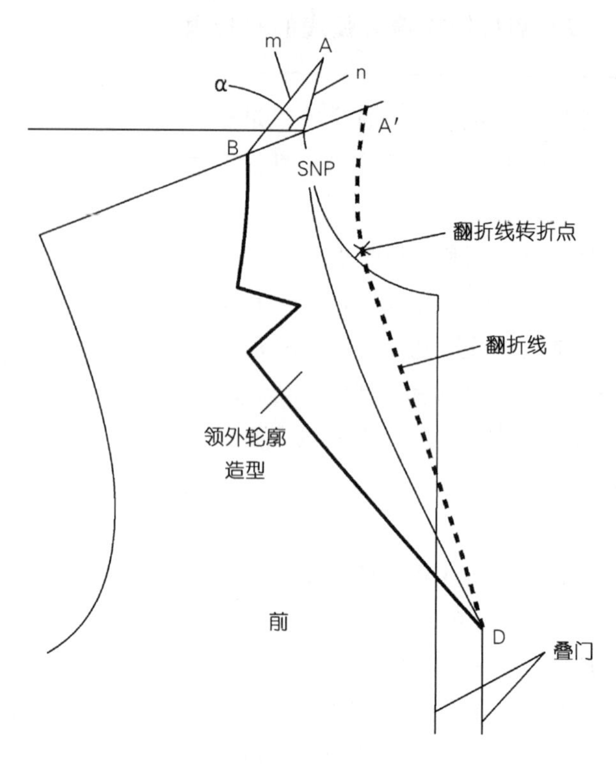

图 4-37　领圈和驳折线结构设计

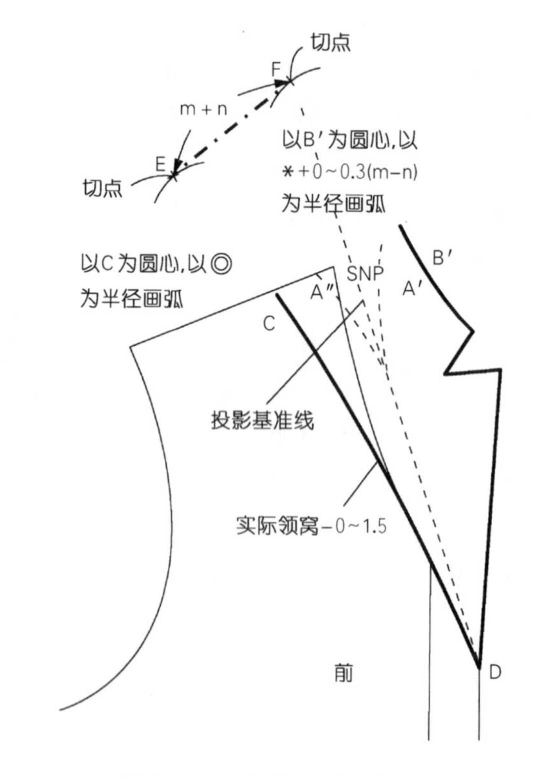

图 4-38　驳折领造型结构设计

③ 校对前领下口弧长

连接B′A″并延长至C，使A″C＝n，连接CD并校对其长度是否等于实际领弧长，或减0～1.5cm的归拔量，若不符，则修正C点使之满足。

④ 装配后领

以C为圆心，后领弧长◎为半径作圆弧；以B′为圆心，后领外弧长＊（及考虑面料厚度）为半径作圆弧，在两圆弧上作切点为E、F的切线，使EF＝m＋n，若不能，领下口处切点可取割点，画顺领下口线、翻折线和领外缘线，如图4-39。

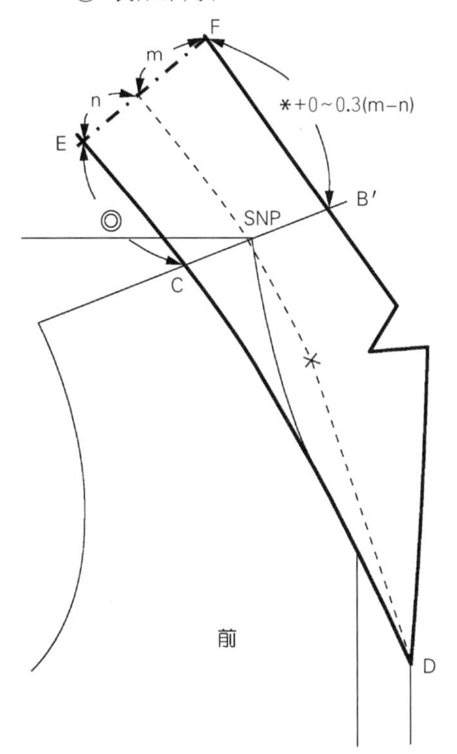

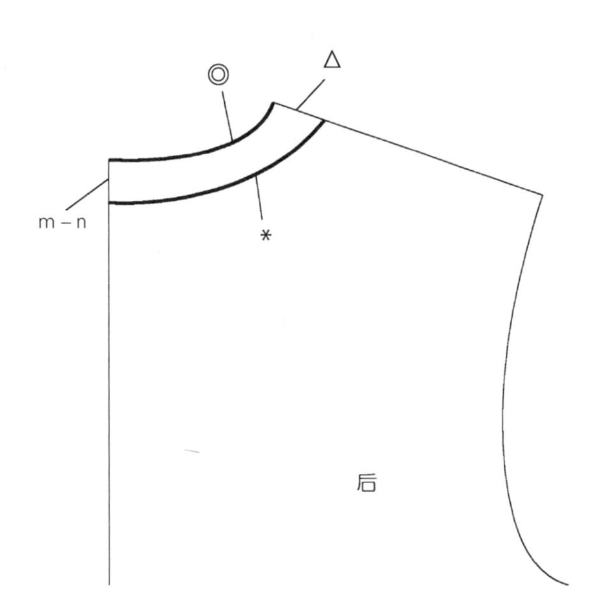

图4-39　后领结构设计

4.4.3　驳折领结构设计应用

1）单排平驳头驳折领

设底领宽n＝3cm，（底领宽一般不超过5cm，以免影响颈部运动），翻领宽设为m＝4cm，（翻领宽必须≥底领宽，以免装领线外露），颈侧角α＝96°，采用基本领圈并且不考虑撇门，作图方法如下。

（1）确认驳折基点、驳折止点和驳折线

选用前、后衣身原型，采用基本领圈，作前中心线的平行线2.5cm单叠门宽，根据效果图，在止口线上距腰节线1cm处选择驳折止点E。

在前衣片上，过颈侧点A，与水平线呈96°自然颈侧角作射线，使AB＝3cm底领宽，或减适量的造型系数0～1cm。

在肩线上找C点，使BC＝4cm翻领宽，或适量加减造型系数；延长肩线，并取驳折基点D，使CD＝BC，连接驳折基点和驳折止点，DE为驳折线，如图4-40(a)。

（2）设计、映射驳折领造型

根据效果图，在前衣身上，过C点设计驳折领立体造型，串口高低、驳头宽度均可任意设计；选驳折线为对称轴，映射驳折领造型结构线，得到前片领外缘线，如图4-40(b)。

(3) 装配后领

可按图4-32方法装配后领，也可延长驳折线 DF = n + m，量取 AC = Δ，则翻领松度 GF = 1.2Δ，GD = FD，选 D 为圆心，DF 为半径，GF 翻领松度为弧长作圆弧，得到 GD 线。

作 GD 平行线，相距 3cm 底领宽，并取后领弧长得到 HI，过 I 点作垂线 IJ = n + m，与前片驳折领映射结构线连顺，并完成串口线与前领圈的修正，如图4-40(c)。

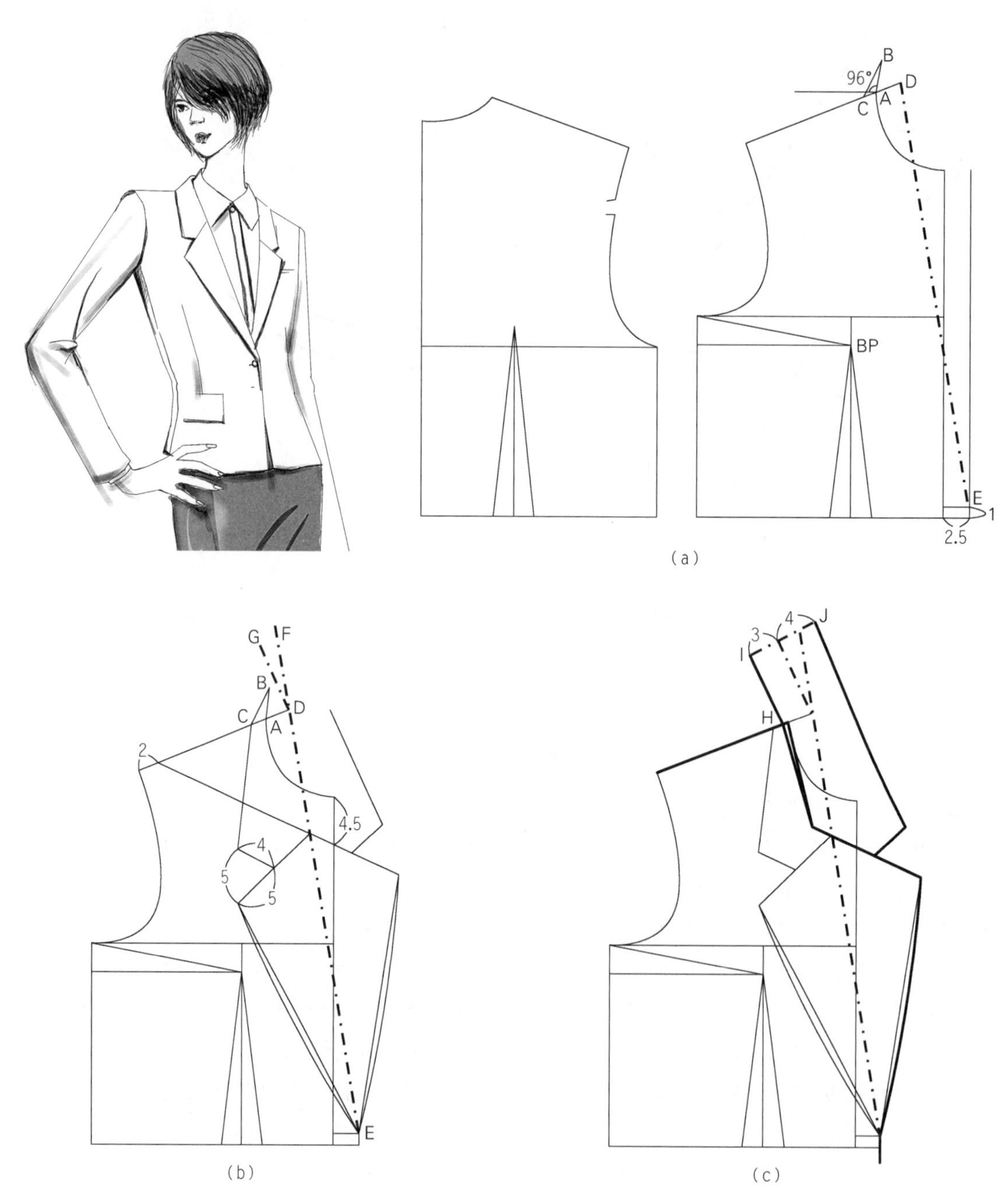

图4-40 单排平驳折领

2）单排戗驳头驳折领

戗驳头驳折领的结构设计方法类同平驳折领的设计方法，只是造型不同。

（1）确认驳折基点、驳折止点和驳折线

选用前、后衣身原型，设底领宽 n = 3cm，翻领宽 m = 5cm，颈侧角 α = 96°。修正领圈，前、后横开领各开大 0.5cm；作前中心线的平行线 2.5cm 单叠门宽，根据效果图，在止口线上距腰节线 2cm 处确定驳折止点 E。

在前衣片上，过修正后的新颈侧点 A，与水平线呈 96°作射线，使底领宽 n = 3cm，或减适量的造型系数 0 ~ 1cm，得 B 点；在肩线上找 C 点，满足翻折点 B 与 C 的间距为翻领宽 m = 4cm，或适量加减造型系数；延长肩线，并取驳折基点 D，使 CD = BC；连接驳折基点和驳折止点，得到驳折线 DE，如图 4-41。

（2）设计、映射驳折领造型

根据效果图，在前衣身上过 C 点设计戗驳头驳折领立体造型；选驳折线为对称轴，映射戗驳头驳折领造型结构线，得到前片领外缘线。

（3）装配后领

延长驳折线使 DF = n + m，量取 AC = Δ，则翻领松度 GF = 1.2Δ，GD = FD，得到 GD 线；作 GD 平行线，相距量为 n = 3cm 底领宽，取后领弧长得到 I 点，过 I 点作垂线 IJ = n + m，与前片驳折领映射结构线连顺，并完成串口线与前领圈的修正，如图 4-41。

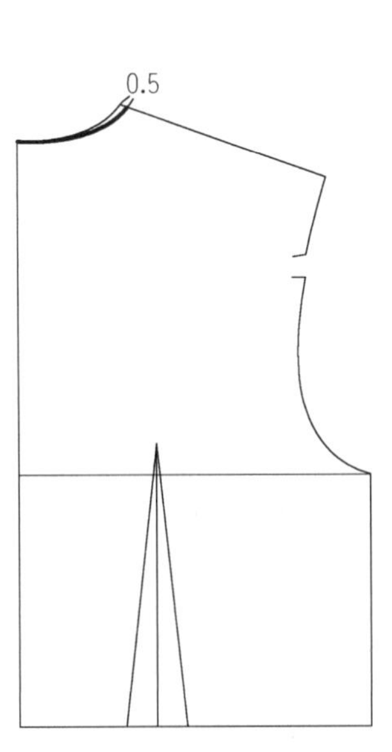

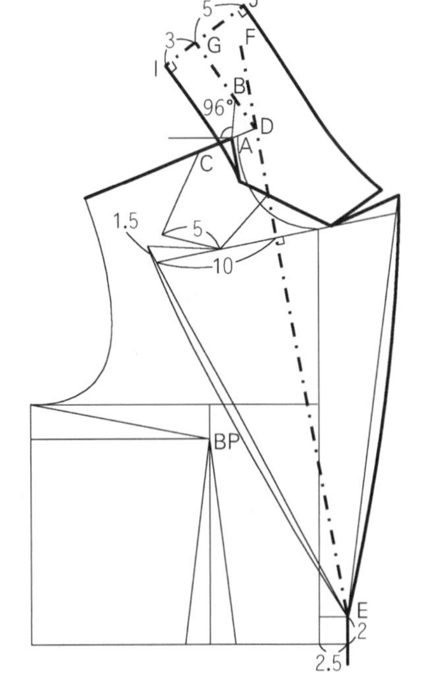

图 4-41　单排戗驳折领

3）单排青果驳折领

在前、后衣身原型基础领窝上，前、后横开领各开大 1.5cm。设底领宽 n = 3cm，翻领宽 m = 4.5cm，颈侧角 $\alpha = 100°$。

在前衣身上，作叠门宽平行线 2.5cm，在止口线上距腰节线 8cm 处确定驳折止点 E；过新颈侧点 A，作射线 AB = n = 3cm，因横开领开大量较大，射线夹角可取 100°，在肩线上找 C 点，使 BC = m = 4.5cm，延长肩线，使 CD = BC，D 为驳折基点；连接 DE 为驳折线。

过 C 点设计青果领造型如图 4-42，选驳折线为对称轴，映射得到前片领外缘线。

延长驳折线，使 DF = n + m，量取 AC = Δ，则翻领松度 GF = 1.2Δ，GD = FD 得到 GD 线；作 GD 平行线，相距量为 n = 3cm 底领宽，取后领弧长得到 I 点，过 I 点作垂线 IJ = n + m，与前片驳折领映射结构线连顺；由于青果领无串口线，衣身直开领的高低位置取值较随意，按图完成装领线与前领圈的修正。

青果领的挂面 10cm 宽，后领贴边 3.5cm，由于青果领领面无串口线，领面与挂面连成一体的特殊性，为了解决领面与衣身领圈的重叠问题，需将前片挂面 ALRS 插入至后片，如图 4-42。

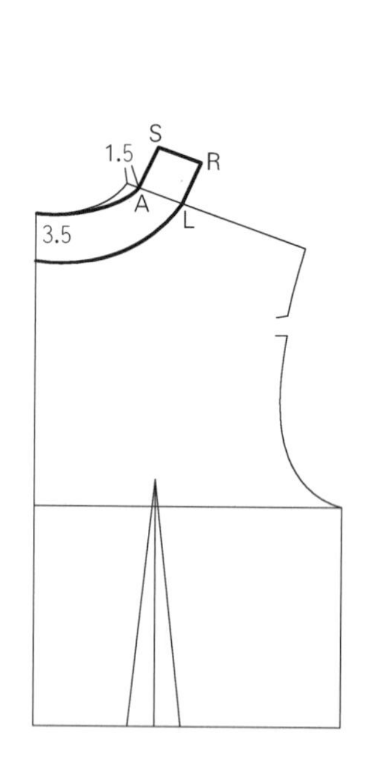

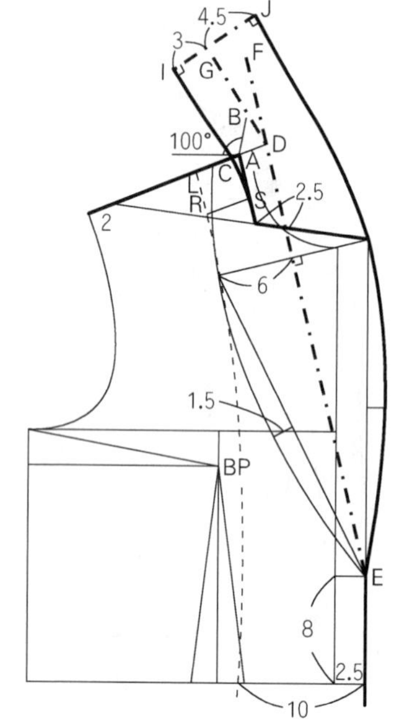

图 4-42　单排青果驳折领

4）双排圆角平驳折领

双排扣驳折领的结构设计方法，除了叠门量的取法不同外，与单排扣结构设计原理与方法一致。

设底领宽 n＝2.8cm，翻领宽 m＝4.7cm，颈侧角 α＝96°。选用衣身原型文件，修正前、后衣身基本领圈，前横开领开大 0.5cm，后横开领开大 0.7cm，前、后横开领的差量用以消除部分前胸多余量；根据效果图，作 5cm 双叠门宽的前中心线平行线，在止口线上，胸围线下 6cm 处确定驳折止点 E。

在前衣片上，过修正后的新颈侧点 A，与水平线呈 96°作射线，使 AB＝3cm 底领宽，或减适量的造型系数 0～1cm；在肩线上找 C 点，使 BC＝4cm 翻领宽，或适量加减造型系数；延长肩线，并取驳折基点 D，使 CD＝BC；连接驳折基点和驳折止点，DE 为驳折线。

根据效果图，在前衣身上，过 C 点设计驳折领基本立体造型；选驳折线为对称轴，映射驳折领基本造型结构线并修正圆角，得到前片领外缘线。

延长驳折线 DF＝n＋m，量取 AC＝Δ，则翻领松度 GF＝1.2Δ，GD＝FD，以 D 为圆心 DF 为半径作圆弧，连接 GD 得到 GD 线。

作 GD 平行线，相距 3cm 底领宽，并取后领弧长得到 I 点，过 I 点作垂线 IJ＝n＋m，与前片驳折领映射结构线连顺，并完成串口线与前领圈的修正，如图 4-43。

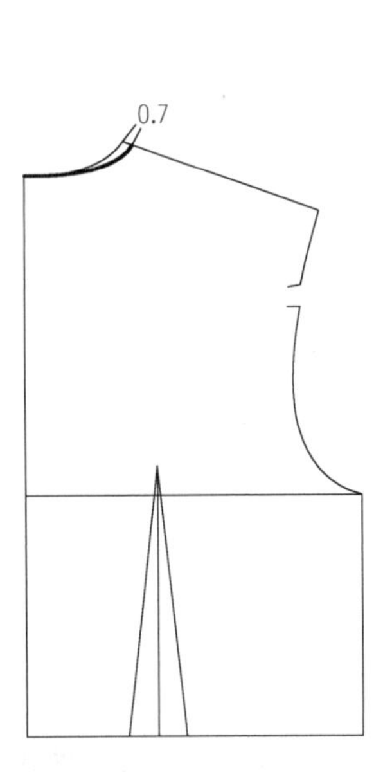

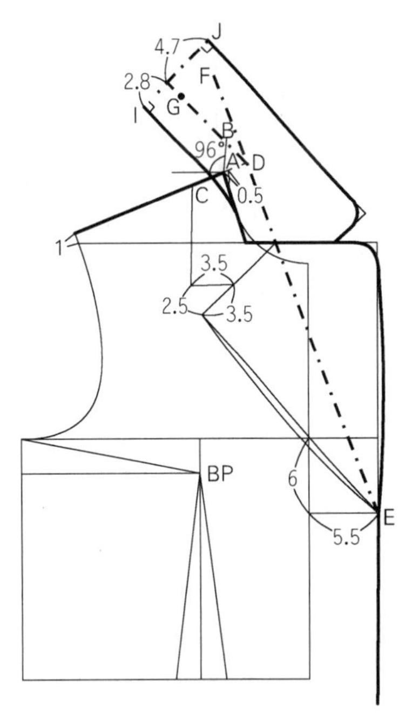

图 4-43　双排圆角平驳折领

5）双排叠驳折领

图4-44款式是双排领叠驳的驳折领，看似复杂，其实结构设计原理和方法与普通双排驳折领一样。

选用衣身原型并修正领圈，前横开领开大1cm，后横开领开大1.3cm，前、后横开领的差量用以消除部分前胸多余量；设底领宽 n = 3cm，翻领宽 m = 4.5cm，颈侧角 α = 102°。

在前衣身上，用平行线作双叠门宽6cm，在止口线上距腰节线下4cm处确定驳折止点E；过新颈侧点A，作射线 AB = n = 3cm，因横开领开大量较大，射线夹角可取102°，在肩线上找C点，使 BC = m = 4.5cm，延长肩线，使 CD = BC，D为驳折基点；尽管此款造型领叠驳，但领与驳头仍共用同一条驳折线，连接DE为驳折线。

过C点按效果图设计叠驳折领造型，选驳折线为对称轴，分别映射驳头和领子，得到前片领外缘线。

后领配法与其他驳折领相同；按图完成装领线与前领圈的修正，如图4-44。

由此可见，通过驳折线镜射前衣身驳头造型和翻领松度公式的有效控制，能精确地确定驳折领的领外围弧线，驳折领的基本作图方法，适应任何外观结构造型的驳折领，从而得到各种驳折领的结构图。

图4-44 双排叠驳折领

4.5 翻折领结构设计

翻折领属于关门领，通常第一粒钮扣呈关闭状态穿着。由底领和翻领两部分构成，当底领部分不为零时，称为翻折领；当底领部分几乎为零时，是翻折领的极限状态，称为平贴领；领外线的形态不同，可得到不同的领型。

翻折领的领圈结构可直接选用基本领圈或根据造型修正。

4.5.1 平贴领结构设计原理

平贴领顾名思义，底领几乎为零或很小，翻领贴在大身上的领。理论上只要将前后衣身肩线对合，利用前后领圈形态，在大身上取领外线型就可完成。事实上，由于领片的领外线在缝合时，受外界机械摩擦及张力作用，领外线会略有伸长变形，导致领片在大身上起波浪，不平服；装领线也易外露。

如能在设计纸样时，先略微缩短领片外围线，适当考虑底领的座势，就能使领装在大身上饱满、平服，装领线不外露。

由此导出适用于平贴领的重叠法，指将前、后肩线在肩端点处适当重叠，再设计领外形线。尽管重叠法是一种近似作图法，但对于底领几乎为零或很小的连翻领，却是一种直观、简洁、实用的方法，如图4-45。

图4-45的具体作图方法是：

1）确认领圈，完成叠门

选用原型前后衣片，按图4-45(a) 所示尺寸，根据款式造型，修正领圈。前横开领可略开大1cm，后横开领开大1.3cm，前直开领开落7cm，作单叠门宽平行线2cm。

2）重叠前后衣片，设计领型

将前后片肩线重叠2cm；按图4-45(b)所示尺寸，作领片造型线，领中后领圈处追加0.7cm底领座势量，以免装领线外露。

重叠法提示人们，如能合理控制肩端点的重叠量，重叠法也可用于底领较小的翻折领。重叠量增大，底领随之增大。实验表明，当肩端点重叠1cm时，底领≈0；当肩端点重叠2.5cm时，底领≈0.6cm；当肩端点重叠3.8cm时，底领≈1cm；当肩端点重叠5cm时，底领≈1.3cm。重叠量每增加1.3cm，底领随之增大约0.3cm，重叠量继续增加至5cm以上，易引起领圈的不圆顺，此时可用翻折领的几何精确作图法来完成。

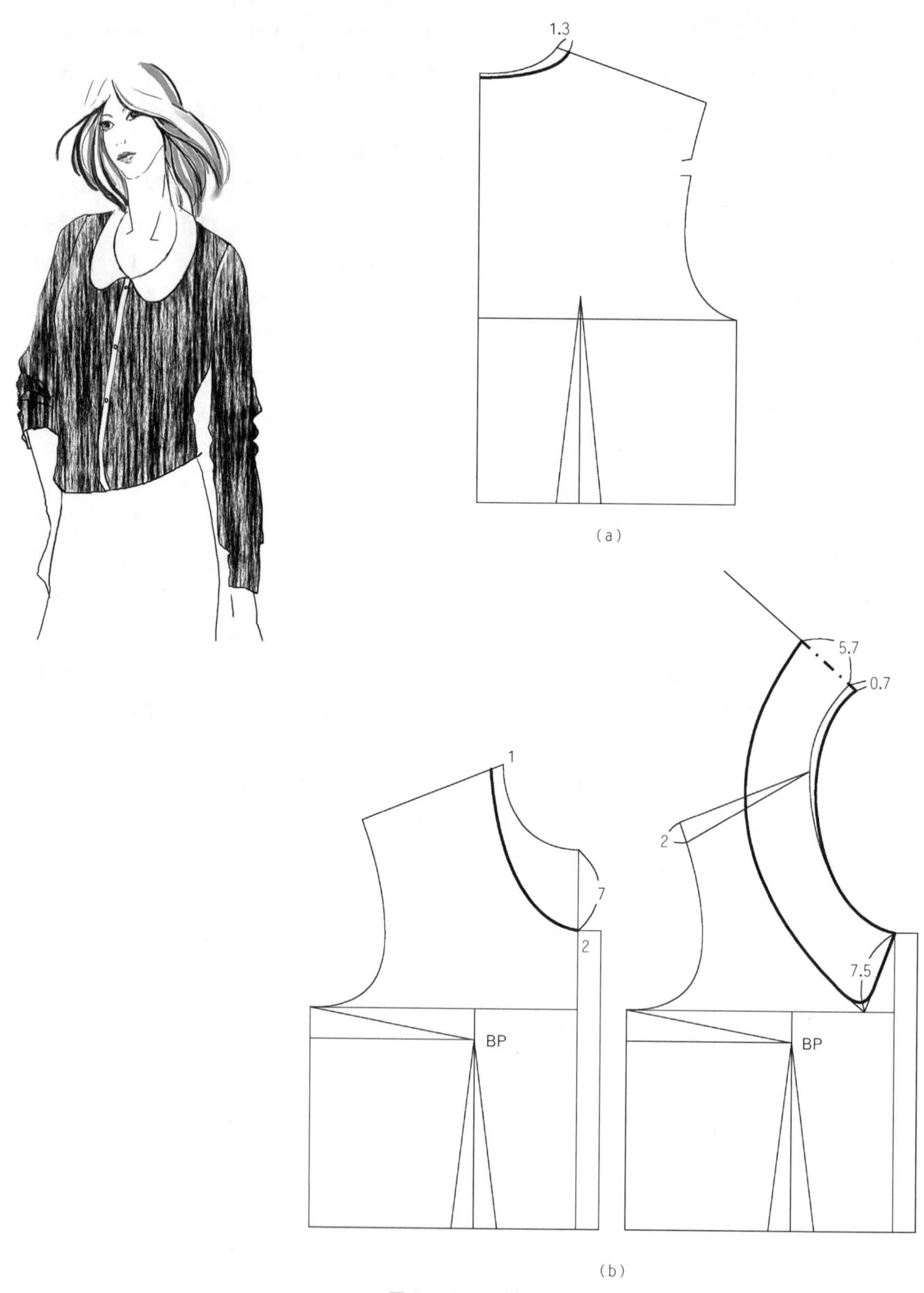

图4-45 平贴领

4.5.2 翻折领结构设计原理

翻折领由底领和翻领构成。当底领量较大，且翻折线为直线时，可视作驳头几乎为零的驳折领，用前端为直线的驳折领结构设计法作图；当底领量较大，翻折线为弧线时，可用翻折领几何精确作图法作图；当底领量较小时，可用翻折领几何作图法，也可用前面所述的重叠法设计。

1）翻折线为直线的翻折领

图 4-46 为前端翻折线是直线的翻折领，可视作驳头几乎为零的驳折领，用前端为直线的驳折领结构设计法作图。

（1）选取驳折止点、驳折基点和驳折线

选用前后衣身原型，按图修正领圈，前横开领开大 0.5cm，后横开领开大 0.7cm，前直开领开落 5cm。设底领宽 $n=2.5$cm，翻领宽 $m=4.5$cm，颈侧角 $\alpha=96°$。

在前衣身上，作 2cm 叠门宽平行线，此时与一般驳折领不同，因无驳头，驳折止点落在前领口中点 E；过 A 点作颈侧角 96°射线，使 $AB=2.5$cm，$BC=4.5$cm；延长肩线，使 $CD=4.5$cm，D 为驳折基点，连接 DE 驳折线。

（2）设计、映射前领造型

过 C 点设计翻折领前领造型，如图 4-46（a）。

选驳折线为对称轴，映射前领造型，得到前片领外缘线。

（3）装配后领

延长驳折线，使 $DF=n+m=7$cm，量取 $AC=\Delta$，则翻领松度 $GF=1.2\Delta$，$GD=FD$，得到 GD 线；作 GD 平行线，相距量为 $n=2.5$cm，取后领弧长得 I 点；过 I 点作 IJ 垂线，取 $IJ=n+m=7$cm；连顺领外缘结构线和领圈线，如图 4-46（b）。

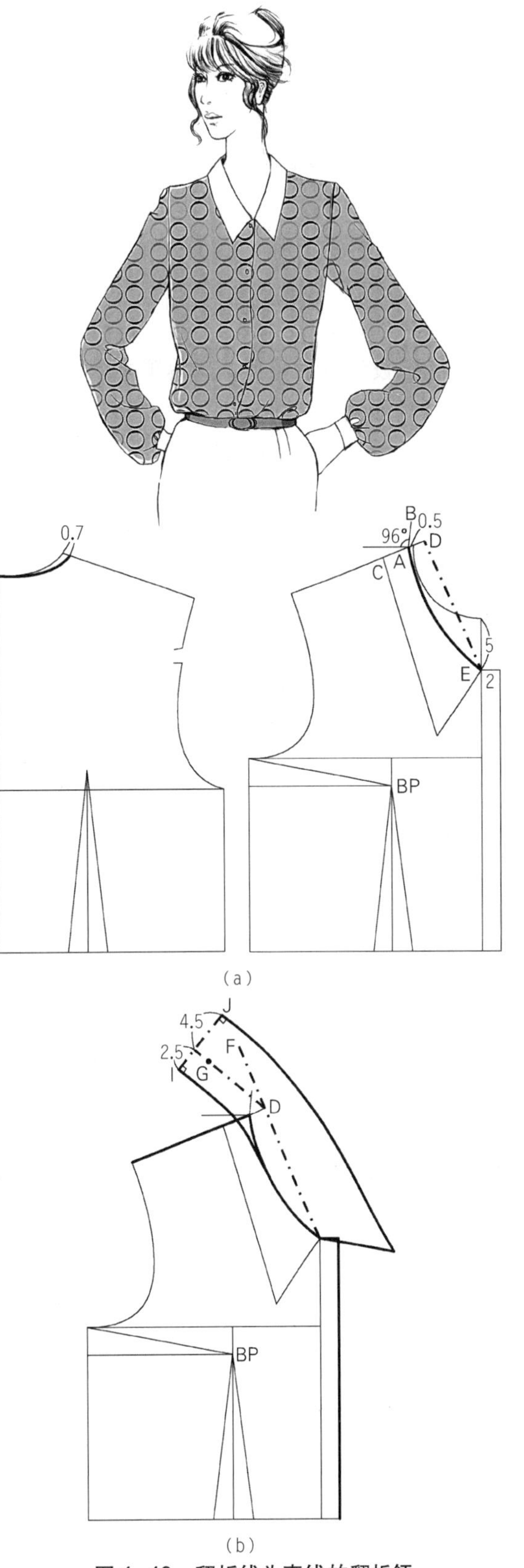

图 4-46　翻折线为直线的翻折领

2）翻折线为弧线的翻折领

图4-47为前端翻折线弧线时，翻折领的几何结构设计方法。

（1）修正、确认领圈

在前后衣片原型上根据款式修正领圈，前横开领开大0.5cm，后横开领开大0.7cm，前直开领开落1cm，作叠门宽2cm平行线，如图4-47(a)。

（2）设计前后领型，求得领外缘弧长

设底领宽 n = 2cm，翻领宽 m = 4.5cm，颈侧角 α = 96°。在后衣身上延长背中线，取 AB = n = 2cm，BC = m = 4.5cm；过D点作96°的射线，使 DE = 2cm，EF = 4.5cm；圆顺CF后领外弧线。

在前衣身肩线上，取前、后肩线上的对应量DF，并使前衣片上 DE = 2cm，EF = 4.5cm 得E点，作前领翻折弧线EG，根据款式，过F点设计前翻领造型EFHG，得前领外弧长FH，如图4-47(b)。

（3）整合前后翻领结构图

作长为领大/2，宽为 n + m 的矩形，作翻折线，并根据前领造型，修正前领形态和宽度 IL = GH = 4.5cm，得到JILK外形图，并将IJ三等分，如图4-47(c)。

（4）校对、调整领外弧长

测量并计算领外弧长差 $\Delta L = \overset{\frown}{CF} + \overset{\frown}{FH} - \overset{\frown}{KL}$，以JI三等分点为转动中心，在KL弧线上分别追加 ΔL/2 量，圆顺装领线和领外弧线，如图4-47(d)。

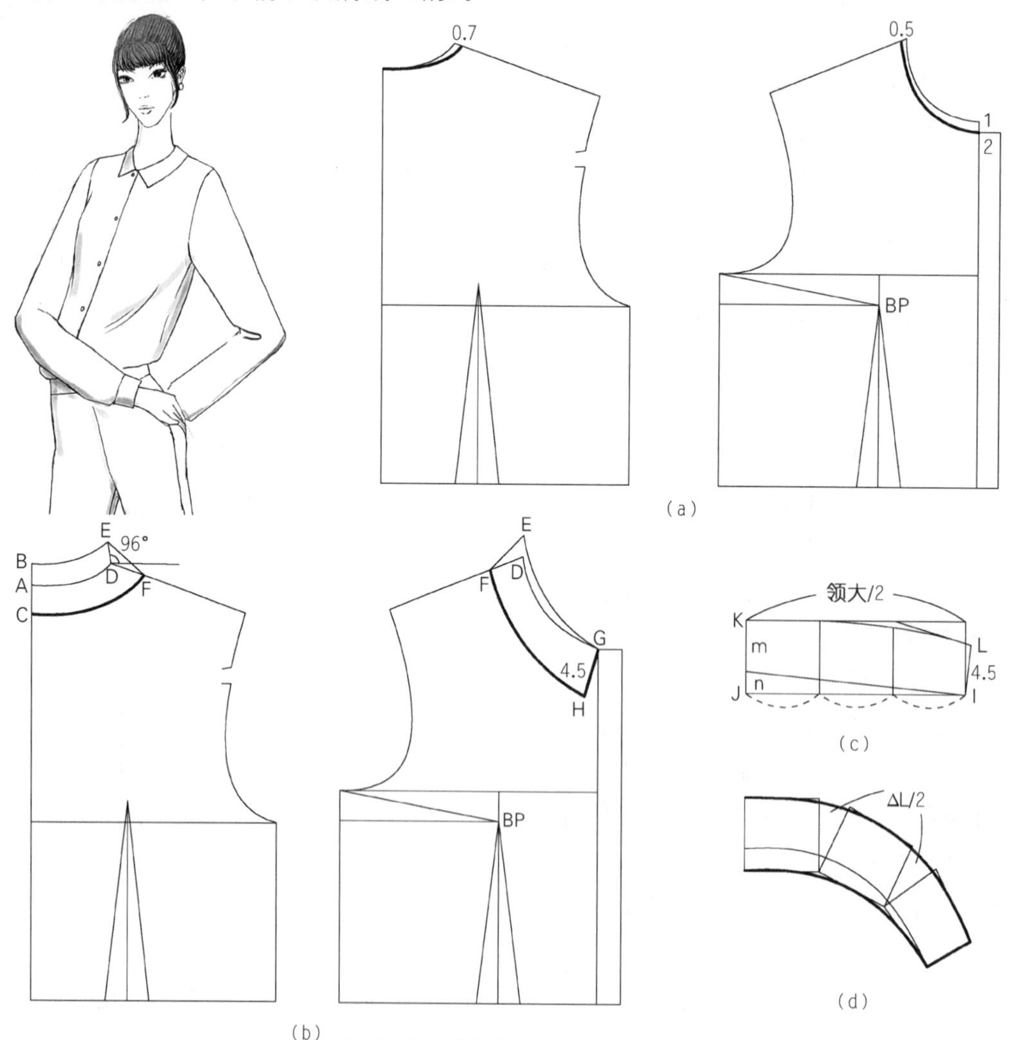

图4-47　翻折线为弧线的翻折领

4.5.3 翻折领结构设计应用

1）偏襟领

图4-48为偏襟连翻领的结构图，选用衣身原型并修正领圈，前横开领开大0.5cm，后横开领开大0.7cm，前直开领开落3.5cm，偏襟量为6.5cm，如图4-48(a)。

当底领量较小时，可用重叠法近似获得，将前后肩线重叠3cm，领中后领圈处追加0.5cm座势量，按图4-48(b) 所示尺寸，作领片造型线。

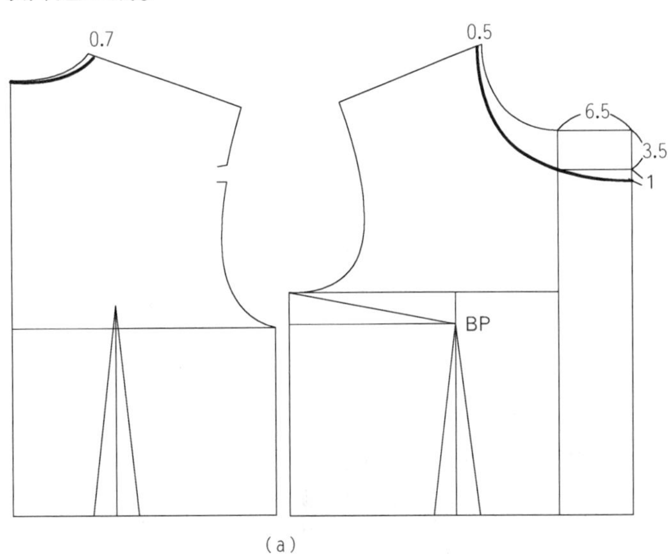

(a)

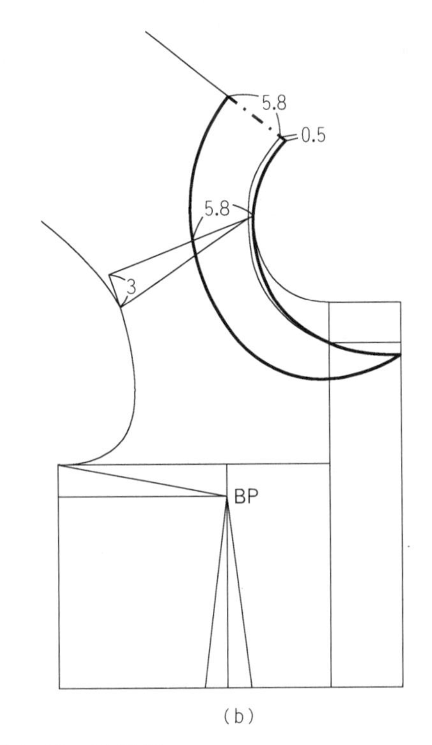

(b)

图4-48 偏襟领

2）海军领

图4-49为海军领领型，海军领一般为平贴领，用重叠法完成。

在衣身原型上视领款修正领圈结构，前横开领开大0.5cm，后横开领开大0.7cm，按图示开落前直开领，前后肩线重叠2cm，后领宽14cm，后领长17cm，后领保持直角，如图4-49所示。

图4-49　海军领

3）**大翻领**

图 4-50 为大翻领结构图，选用衣身原型，当款型并不要求领外缘线绷紧、饱满时，前后肩线无需重叠。叠门宽 7.5cm，按图4-50 所示尺寸，作领片造型线。

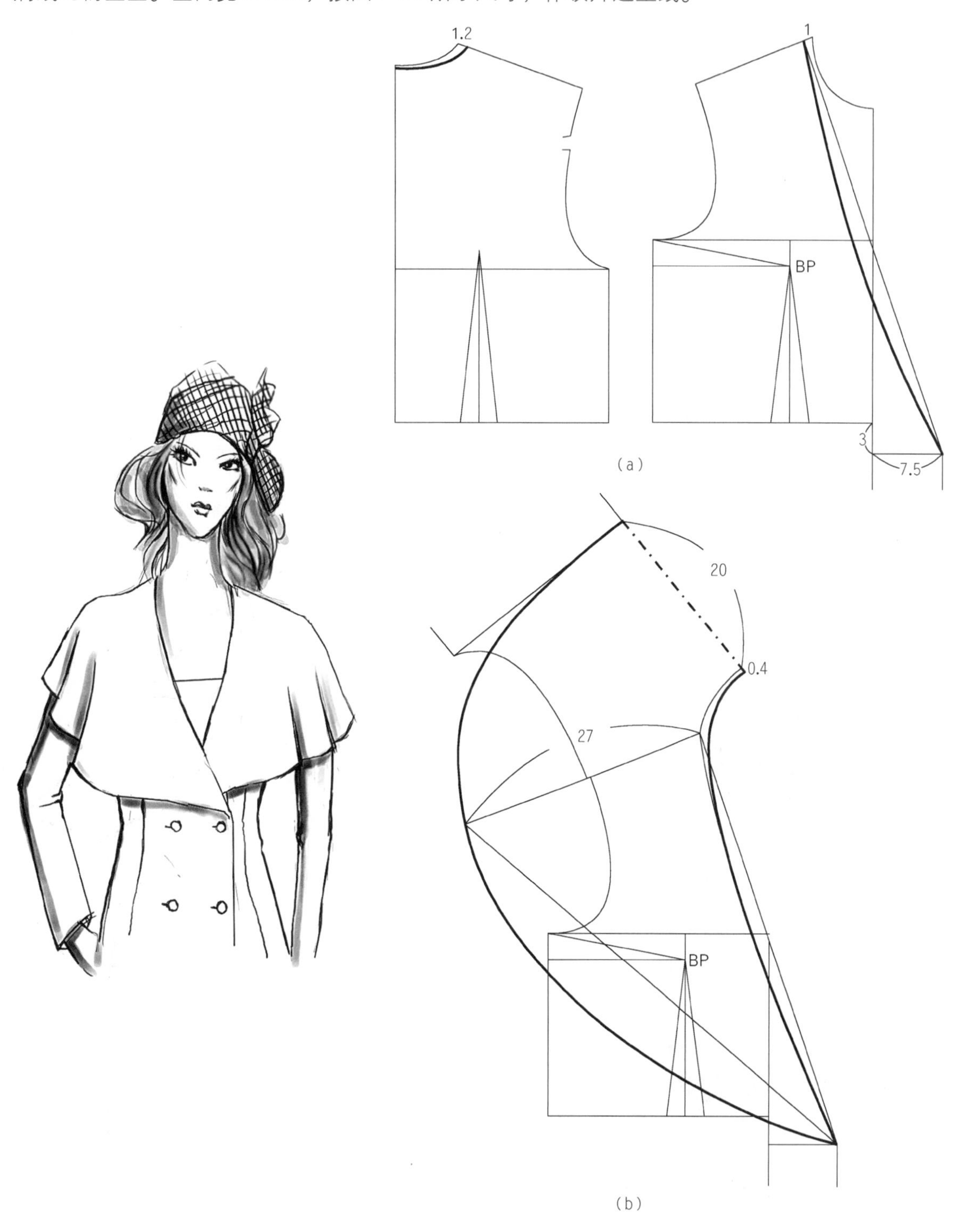

图 4-50　大翻领

4）燕子领

图4-51燕子领既可看作翻折线为直线的连翻领，又可看作驳头较小的驳折领，作图方法如下。

选用衣身原型，开大前、后横开领0.7cm，叠门宽2cm，在胸围线上找驳折止点E。设底领宽 n = 3cm，翻领宽 m = 4.5cm，颈侧角 $\alpha=96°$。

在前衣身上，过A点作颈侧角96°射线，使AB = 3cm，BC = 4.5cm，延长肩线，CD = 4.5cm，连接DE为驳折线。

过C点设计翻折燕子领造型，选驳折线为对称轴，映射并得到前片领外缘线。

延长驳折线DF = n + m，量取AC = Δ，则翻领松度GF = 1.2Δ，以D为圆心，FD为半径作圆弧，连接GD得到GD线。

作GD平行线，相距3cm底领宽，并取后领弧长得到I点，过I点作垂线IJ = n + m，垂直IJ与前片燕子领映射结构线连顺，按图完成装领线与前领圈的修正，如图4-51。

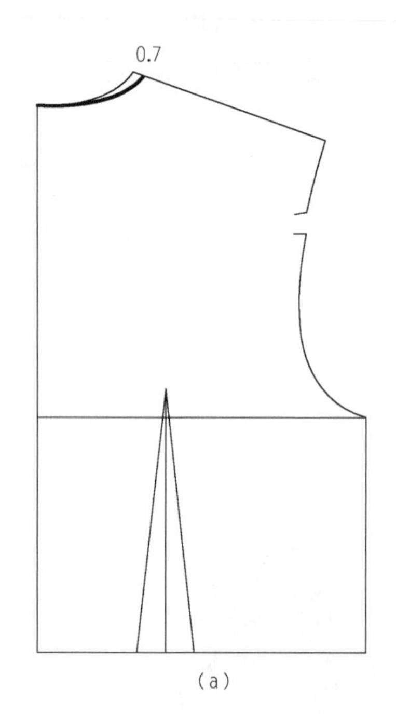

(a)

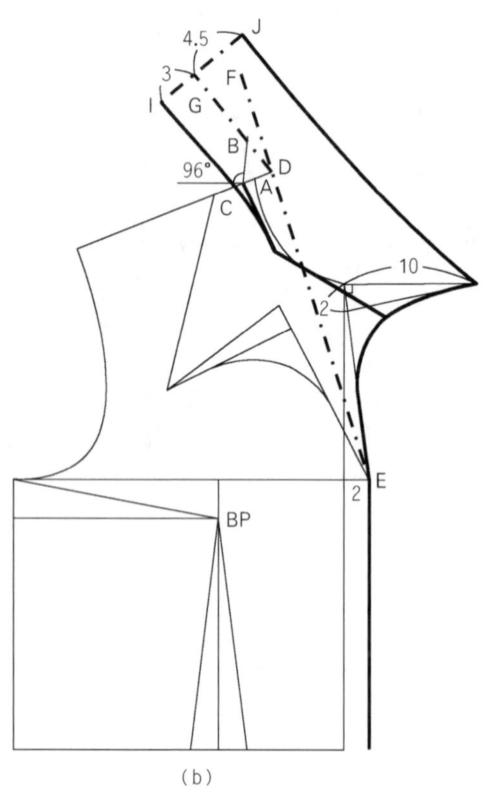

(b)

图4-51 燕子领

5）大领口连翻领

图4-52 翻折线为弧线型，用几何作图法完成。

选用衣身原型，按图4-52(a) 开大前、后横开领2cm，后直开领下落1cm，前直开领下落5cm，形成大领口；双叠门宽6.5cm。设底领宽n =3.5cm，翻领宽m =5cm，颈侧角α =100°。

在后衣身上延长背中线，取AB = n = 3.5cm，BC = m =5cm；因横开领开大量较大，取射线夹角为颈侧角100°，使DE = 3.5cm，EF =5cm，圆顺CF后领外弧线。

在前衣身肩线上，取前、后肩线上的对应量DF，并使前衣片上DE = 3.5cm，EF = 5cm，作前领翻折弧线EG，根据款式，过F点设计前翻领造型EFHG，得前领外弧长FH，如图4-52(b)。

作长为○ +Δ，宽为n + m的矩形，按图示作翻折线，并根据前领造型，修正前领形态和宽度IL = GH = 8.5cm，得到JILK外形图，并将IJ三等分，如图4-52(c)。

测量并计算领外弧长差$\Delta L = \overset{\frown}{CF} + \overset{\frown}{FH} - \overset{\frown}{KL}$，以JI三等分点为转动中心，在KL弧线上分别追加ΔL/2量，圆顺装领线和领外弧线，如图4-52(d)。

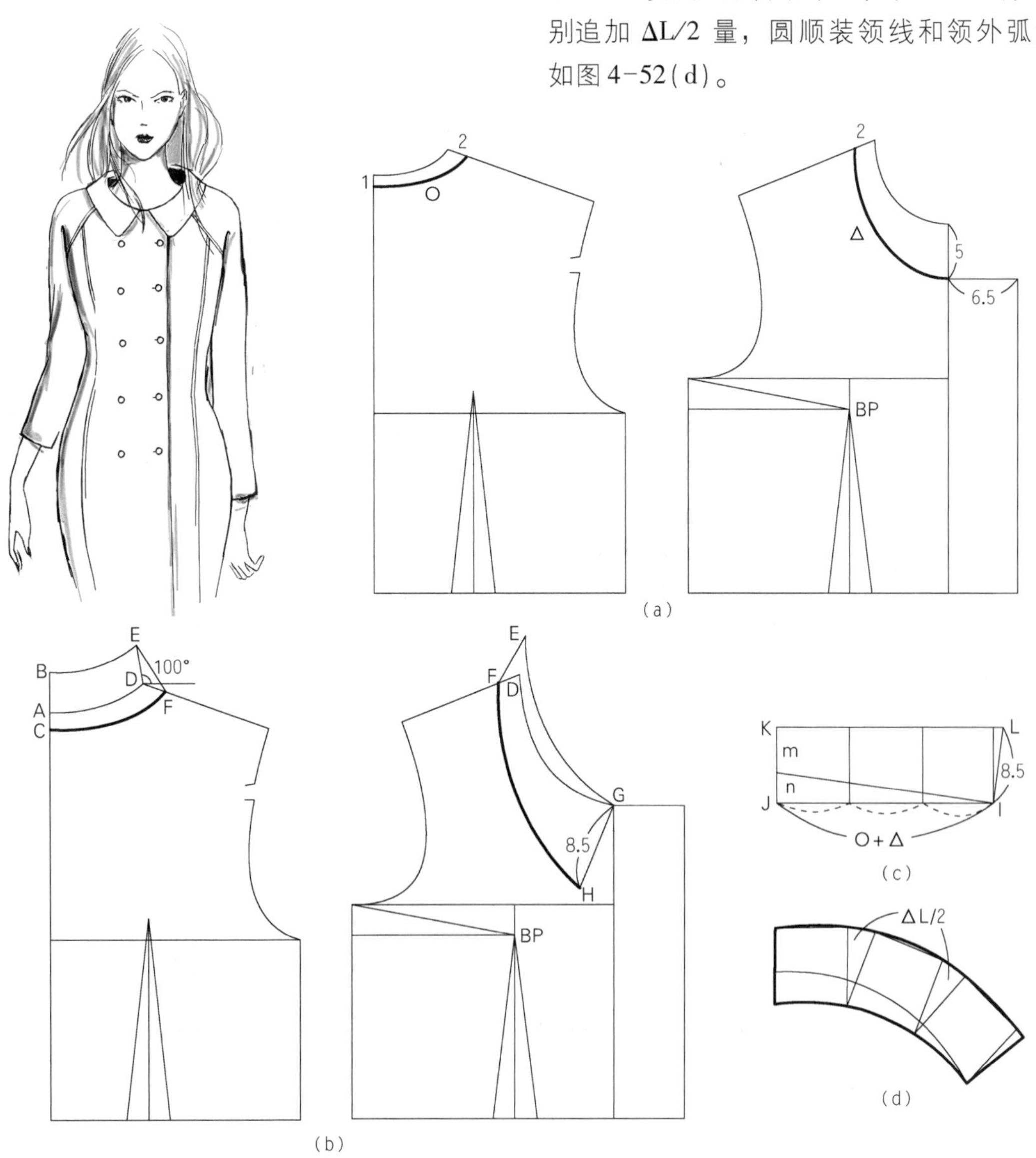

图4-52 大领口连翻领

4.6 综合领结构设计

1）飘带领

图4-53飘带领可视为直立翻领加飘带的领款，飘带领为了保证系结的空隙和穿着的舒适性，在装领时不要装到头，一般在前领口处预留约3cm。

选用衣身原型，按图4-53(a) 尺寸修改领圈；作领宽4cm、翻领4cm及飘带部分的结构图，飘带长视款型而定，采用45°斜料，如图4-53(b)。

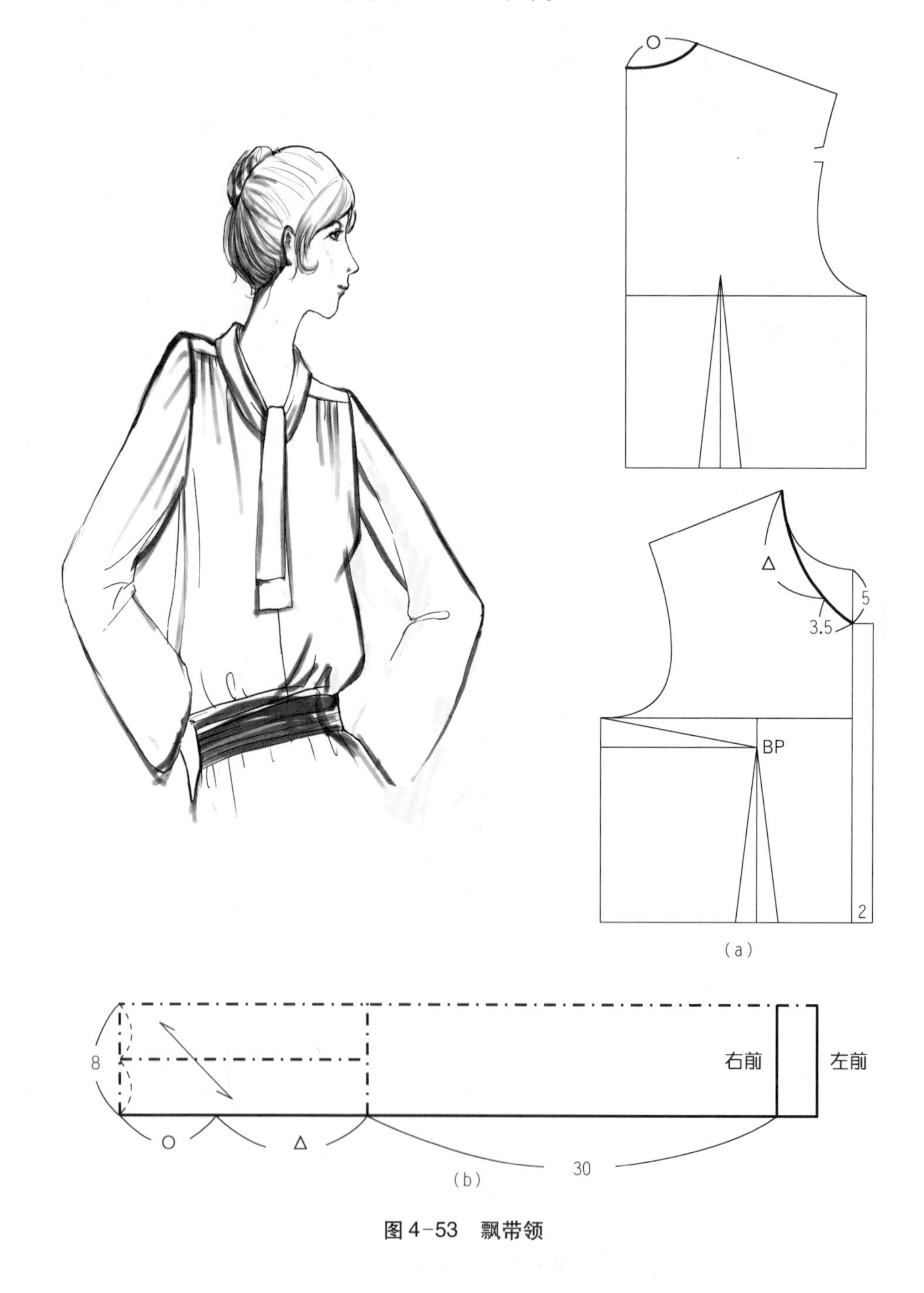

图4-53 飘带领

2）结带领

结带领的款型是在飘带领基础上增添蝴蝶结使之更动情，因此，结构设计方法类同飘带领。改变图4-53(a) 领口参数，得到图4-54(a)；改变图4-53(b) 领宽和矩形参数，得到图4-54(b)，系结长一般40～45cm。

图4-54　结带领

3）立翻领

图 4-55 领型是立领的变形结构，在立领的基础上，根据款式在前领处加翻领造型结构。设前、后领宽 m = n = 3.5cm，前倾角 $\alpha = 98°$，颈侧角 $\beta = 105°$，翻领前宽 3cm，领大 N 为衣身原型领圈。

采用立领独立结构设计法，作图过程如图 4-20，在图 4-20（a）的基础上，仅仅改变参数 $\alpha = 98°$，$\beta = 105°$，得到图 4-55（a）；修改矩形参数，宽度为领宽 3.5cm，得到图4-55（b）。

分别测量并计算前、后上下领弧差量 ΔL_f、ΔL_b。按图 4-55（c），展切、追加领下口线弧长，圆顺上下领口线。

在立领基础上，延长前翻领宽 3cm，从颈侧点追加、圆顺前翻领，如图 4-55（d）。

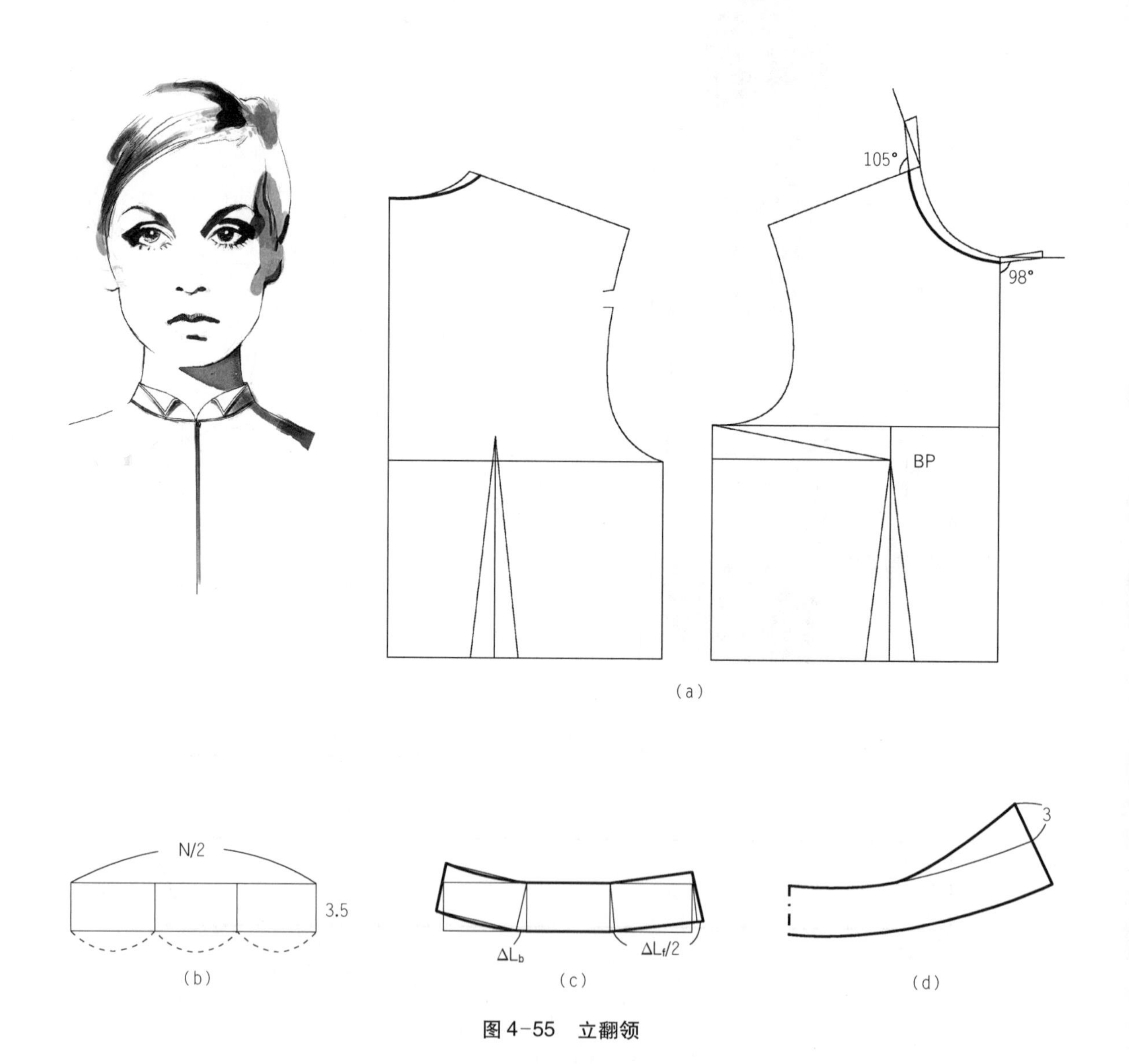

图 4-55　立翻领

4）基本型连身立领

连身立领指立领与衣身连成一体的组合式领型。连身立领有许多变化形式，分割线所处位置不同，可形成全连和部分相连的连身立领，甚至与驳折领、翻领组合，可形成立驳折领、立翻领等变化领型。但连身立领结构设计的基础，离不开立领射影几何结构设计原理，此原理对连身立领结构设计仍可举一反三。

图 4-56 为基本型连身立领，即立领与前、后衣身全部相连，顺着肩缝延伸，将立领分成前、后片，设前、后领宽 m = n = 3cm，前倾角 α = 颈侧角 β = 100°，领大 N 为衣身基型领圈，结构设计方法如下。

选用衣身原型，根据图 4-13(a) 方法作图，此时仅仅将参数修改为 α = 100°，β = 100°，后直开领下落 0.5cm，得到新领圈 AB、CD，即可求得前、后实际领下口弧长 AB、CD 和领上口弧长 EF、GH，如图 4-56(a)。

在前衣身上，过 A 点向上延长前领宽量 m = 3cm，过 B 点顺肩线延长后领宽量 n = 3cm，画顺 JK 弧线，使前片立领与前衣身连为一体；根据款式设计前领省位；在后衣身上，根据款型设计后领省位，并过新省位端点，追加 1.5cm 肩省。

分别将前衣片的胁下省和后衣片的肩省转移至前、后领省处；作前中心平行线2.5cm 宽的叠门；在后衣身上叠加 3cm 宽的后领片，使后片立领与后衣身连为一体。

分别校对前、后片领上口弧线与 EF、GH 弧长的差量，并在肩线和领省处均匀加入差量，如图 4-56(b)。

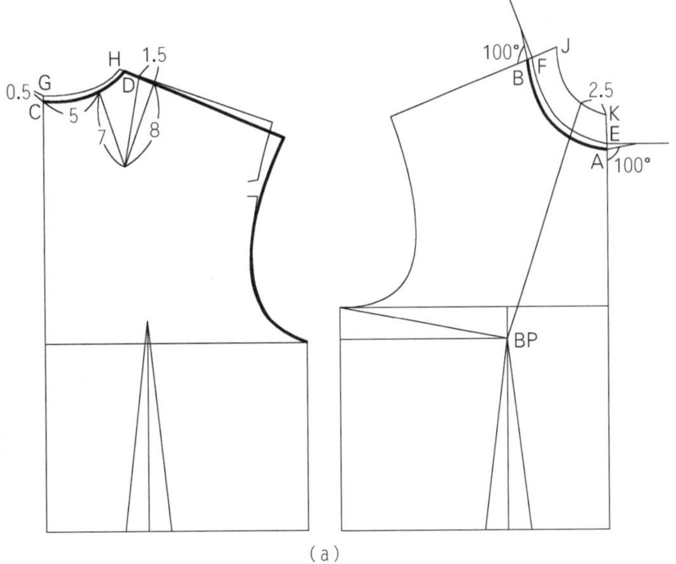

(a)

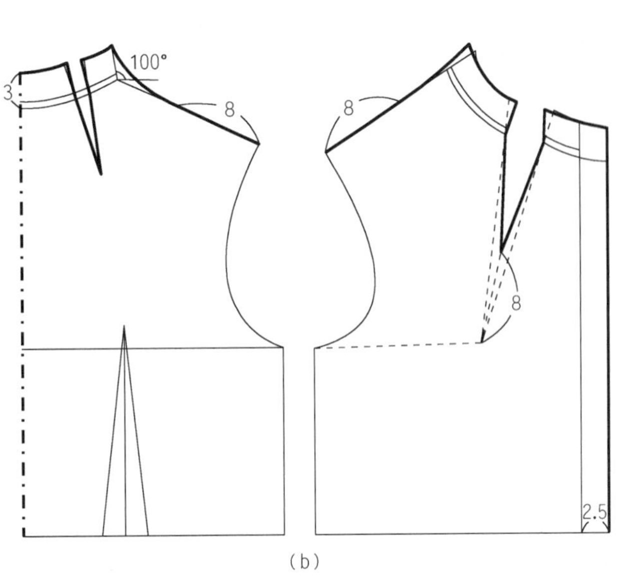

(b)

图 4-56　基本型连身立领

5）变异连身立领

图 4-57 领款是基本型连身立领的变化款型，立领无肩缝，仅与部分前衣身连为一体，结构设计方法仍基于立领结构设计基础。

根据款型，设前、后领宽 m = n = 3cm，前倾角 α = 颈侧角 β = 100°，领大 N 为衣身原型领圈。

选用衣身原型，因立领参数条件相同于上述基本型连身立领，根据立领作图法首先得到的基本图 4-56(a)，即为图 4-57(a) 所需。为了展切与衣身分离的领片，使之上领口弧长满足实际领围量，在图 4-57(a) 前衣领上添加了展切辅助线 AB、CD。

将前衣片的胁下省转移至前领省处，使部分前衣身领圈与立领分离；作前中心平行线 2.5cm 叠门；将后领片拼接于前领片，展切上领口量满足 N/2。如图 4-57(b)。

图 4-57 变异连身立领

6）波浪领

波浪领是翻折领、驳折领和立领等基本领型的变化结构。分抽褶和非抽褶形成装领线两类。

图 4-58 所示的波浪领，是在基本立领基础上由装领线抽褶而形成，可控制抽褶量和立领造型来完成。

在原型衣身基础上，按效果图修改领圈，并按图示尺寸作抽褶波浪立领结构图，装领线与领圈关系如图 4-58 所示。

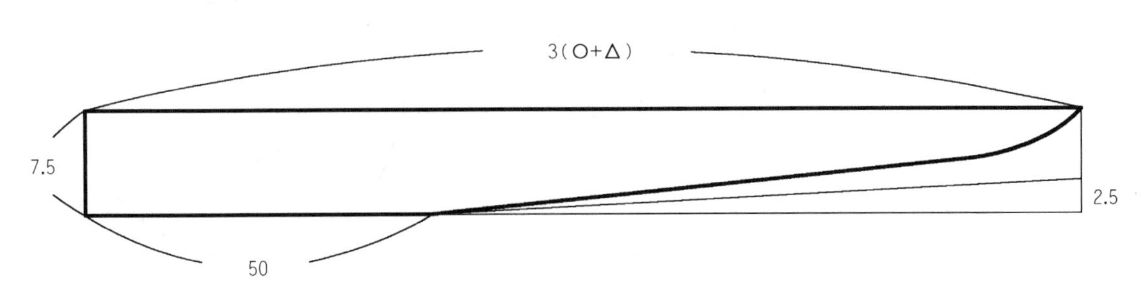

图 4-58　抽褶波浪领

当装领线与领圈线长度匹配时，即非抽褶形成波浪领，可根据领的基本造型作辅助线剪切展开完成。

图 4-59 是由平贴领构成的波浪领，是在原型衣身基础上，修正领圈并作双叠门，得图 4-59(a)。

由于领外线需要松弛形成波浪，作基本平贴领型时，前后肩线无需重叠，按图 4-59(b) 设计平贴领基本结构图，添加展切辅助线。再按图 4-59(c) 所示尺寸逐一展开波浪量。

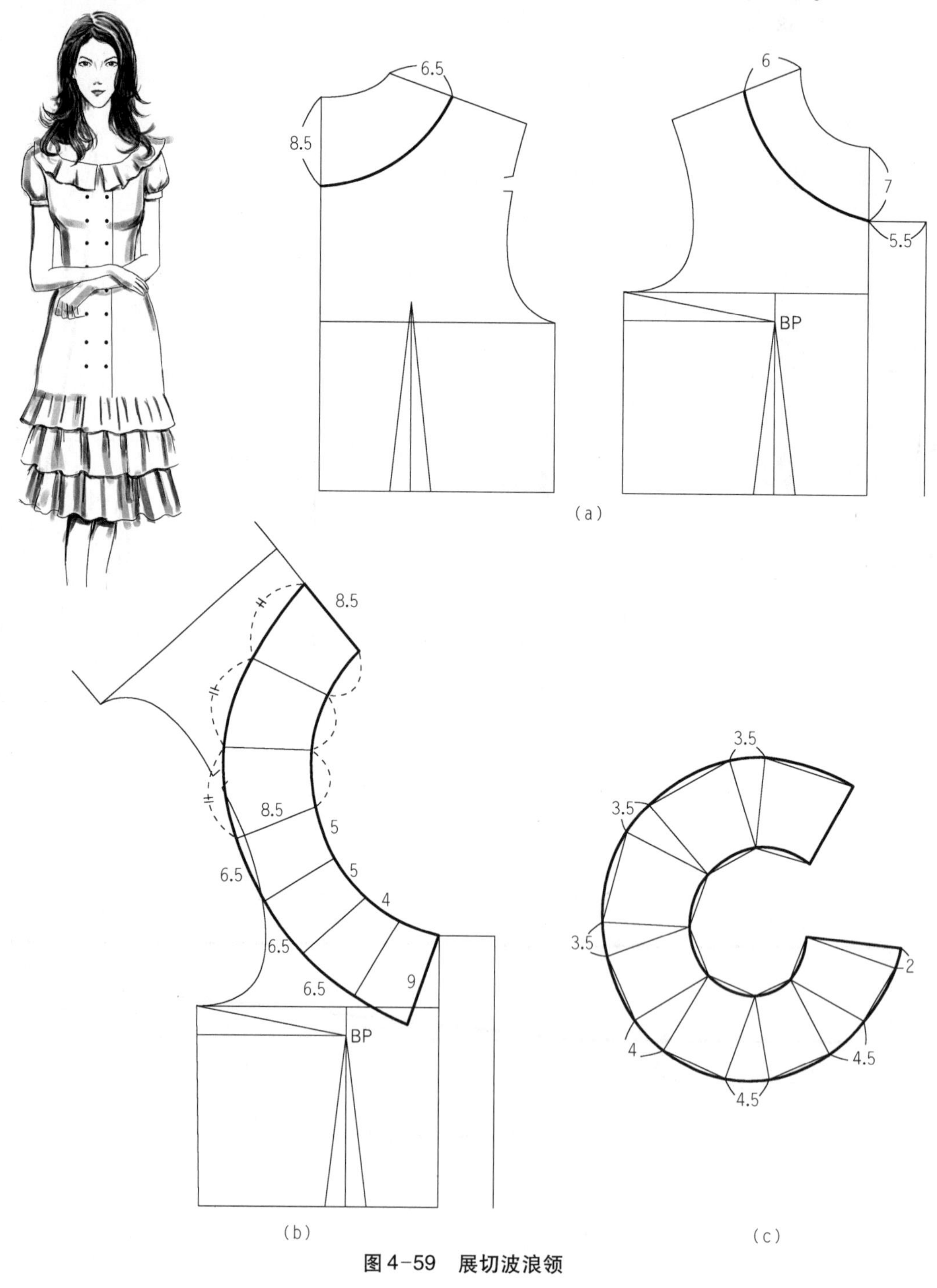

图 4-59　展切波浪领

7）双排戗驳折领

按驳折领的结构设计原理，根据款式，设 n＝3cm，m＝4.5cm，横开领开大 0.5cm，底领倾斜颈侧角 α＝96°，双叠门宽 7cm，驳折止点腰节线上 2cm。

根据以上条件，在原型衣身基础上，采用如图 4-41 的作图方法，然而改变为以上参数，即可获得图 4-60 的驳折基点 D、驳折止点 E 和驳折线 DE。

过 C 点重新设计戗驳折领立体造型，以驳折线 DE 为对称轴，映射戗驳折领造型至右侧。

延长驳折线 DF，使 DF＝n＋m＝7.5cm，量取 AC＝Δ，GF＝1.2Δ，IJ＝n＋m＝7.5cm，圆顺领外缘线和装领线，得到图 4-60。

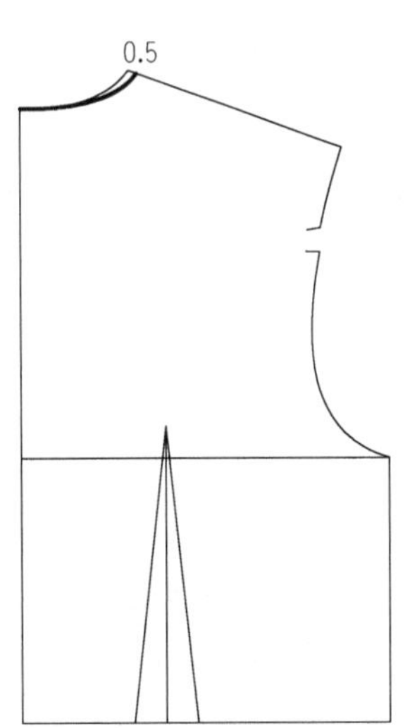

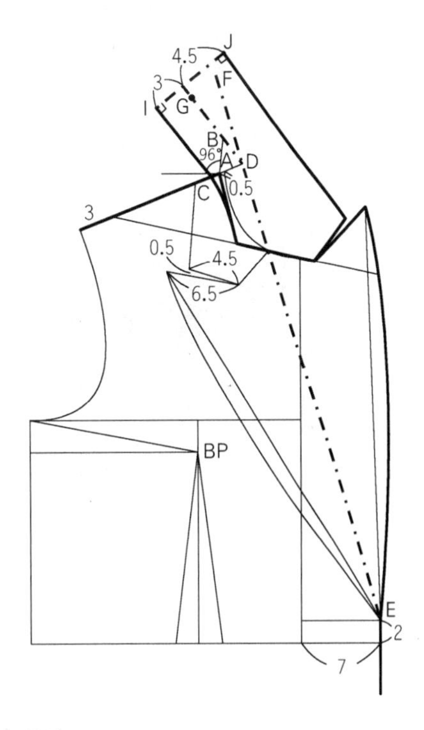

图 4-60　双排戗驳折领

8）单排叠驳折领

叠驳折领指领与驳头相重叠，重叠形式可以领叠驳，也可以驳叠领，其结构设计原理一样。

图 4-61 款式是领叠驳的单排叠驳折领，尽管领与驳头相重叠，但驳折线为同一条。根据款型，设 n = 2.5cm，m = 4cm，横开领开大 1cm，底领倾斜颈侧角取 α = 96°，单叠门宽 1.7cm，驳折止点在胸围线上。

选用衣身原型，根据以上参数条件，用驳折线为直线型的基本驳折领作图法，可获得图 4-61 的驳折基点 D、驳折止点 E 和驳折线 DE。

确定驳头起点 K，过 K 点设计驳头立体造型，以驳折线 DE 为对称轴，映射驳头造型至右侧，完成大身结构。

过 C 点设计驳折领立体造型，并映射驳折领造型至驳折线右侧，延长驳折线 DF，使 DF = n + m = 6.5cm，量取 AC = Δ，GF = 1.2Δ，IJ = n + m = 6.5cm，圆顺领外缘线和装领线，得到图 4-61。

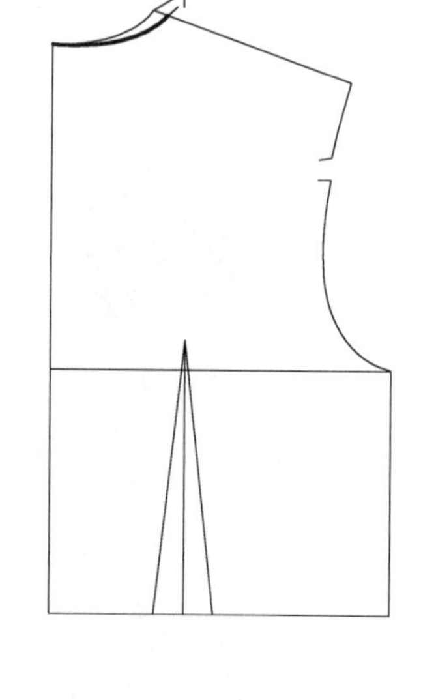

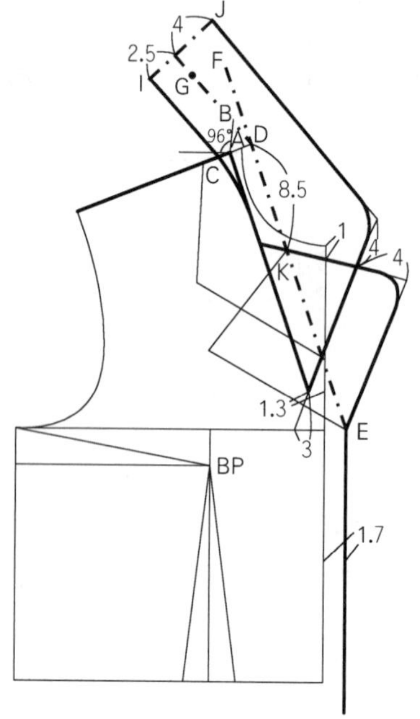

图 4-61　单排叠驳折领

9）变形驳折领

图 4-62 领型是双排变形驳折领，设双叠门宽 7cm，驳折止点在腰节线上，领型如效果图，其余领型结构参数设定与图 4-61 单排叠驳折领相同。

选用衣身原型，根据参数条件，在图4-61作图基础上，改变双叠门宽参数和驳折止点位置，用基本驳折领作图法，获得驳折线，过 C 点设计变形驳折领立体造型，以驳折线为对称轴，映射驳折领造型。因其余参数相同，因此，作后领方法与上述领宽一致，圆顺领外缘线和装领线，如图 4-62。

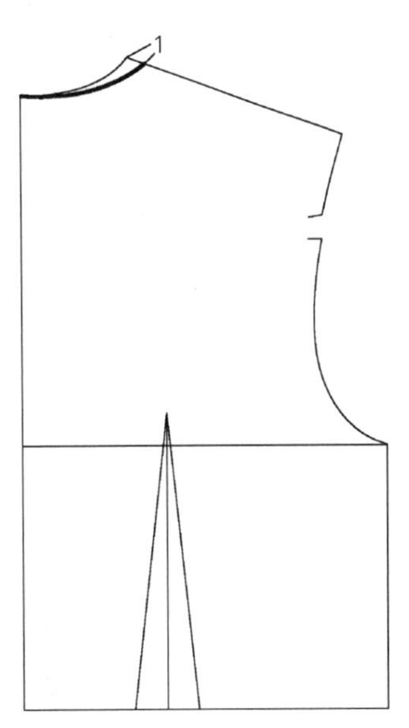

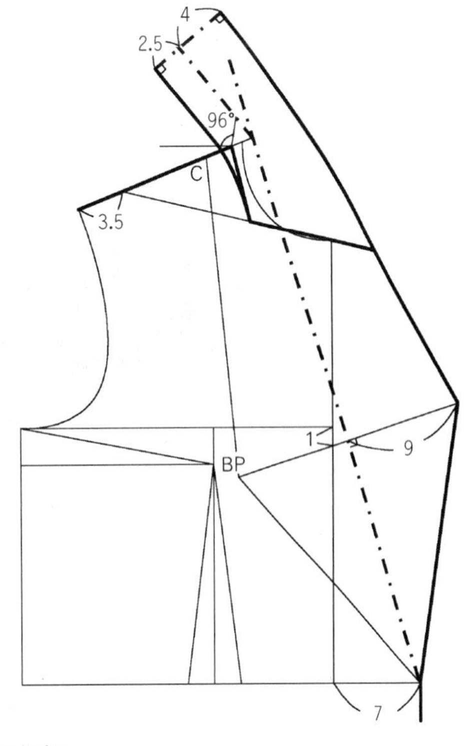

图 4-62　变形驳折领

10）单排折线型平驳折领

一般驳折领的驳折线为直线，图4-63款型的驳折线为拐线，此款为普通驳折领的变形领，结构设计原理与方法和普通驳折领一样，但需按效果图分别作两条驳折线。

选用衣身原型并修正领圈，前横开领开大1cm，后横开领开大1.2cm；设底领宽 n = 2.5cm，翻领宽 m = 4cm，颈侧角 α = 96°。

在前衣身上，作单叠门2.5cm平行线，在止口线与胸围线的交点处确定驳折止点E；过新颈侧点A，作96°射线颈侧角，使AB = n = 2.5cm，在肩线上找C点，使BC = m = 4cm，延长肩线，使CD = BC，D为驳折基点；由于此款造型驳折线为拐线，需按效果图确定拐点F，分别连接DF、FE为折线驳折线。

过C点按效果图设计驳折领造型，分别以FE驳折线为对称轴，映射驳头造型，以DF驳折线为对称轴，映射领子造型，得到前片领外缘线。

后领配法与其他驳折领相同；按图完成装领线与前领圈的修正，如图4-63。

可见，驳折领无论领造型怎样、参数如何改变，结构设计方法不变。

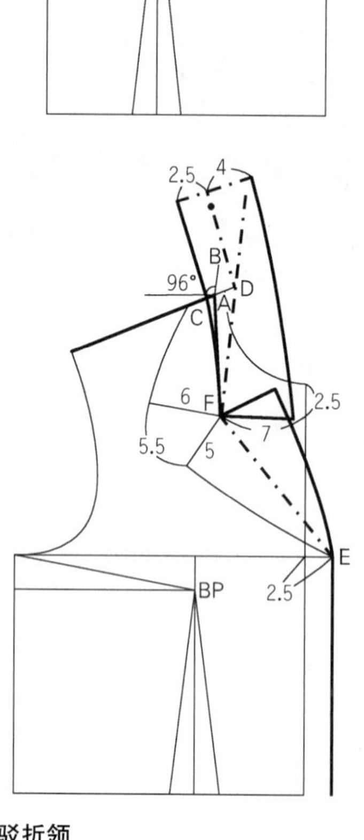

图4-63　单排折线平驳折领

11）直线型翻折领

图4-64翻折领形态较别致，有别与其他翻领，因领款前端翻折线为直线，可按直线翻折线的驳折领结构设计方法设计翻折领。

设 n＝2.5cm，m＝4cm，横开领不变，底领倾斜颈侧角 α＝96°，单叠门宽2cm，驳折止点在胸围线上1cm处。

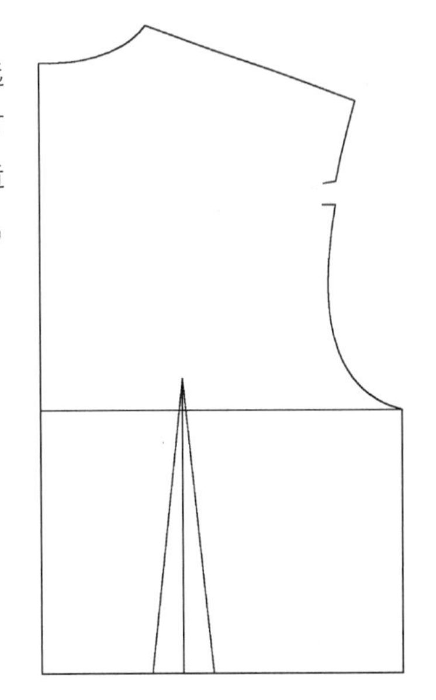

选用衣身原型，作前中心线平行线为单叠门宽2cm，选定驳折止点，采用前端为直线型翻折线的驳折领结构设计方法设计驳折线，过C点设计翻折领立体造型，映射翻折领造型。由于领结构参数与图4-62相同，因此作图方法也一致，圆顺领外缘线和装领线，即可得到图4-64。

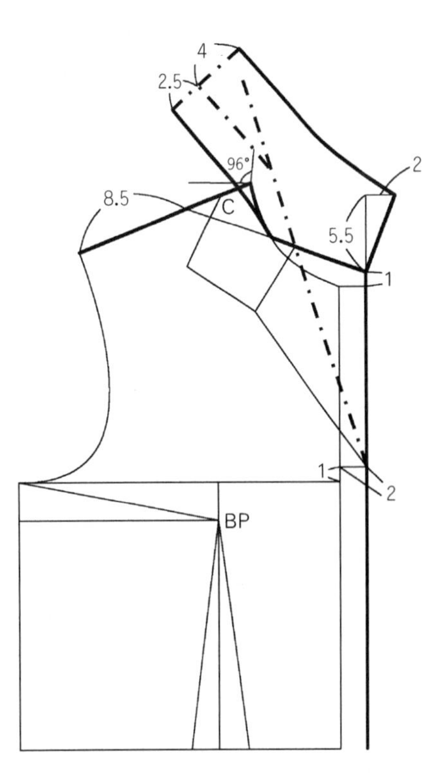

图4-64　直线型翻折领

12）意大利式翻折领

意大利式翻折领领款其翻领部件是配置于 V 形领口的上部，底领值较小的尖领，可分为前端有底领和无底领两种，如图 4-65。

设结构设计参数 n＝2cm，m＝4cm，横开领开大 0.5cm，叠门宽 2cm，翻折线为直线。

当前端无底领时，在原型衣身上，作平行线叠门宽 2cm，如图完成 V 形领口修正。

根据造型，在领口线上取驳折止点 E，按驳折领作图法可得驳折基点 D，驳折线 DE。过 C 点、E 点设计尖翻领立体造型，并映射翻领造型至驳折线右侧。用驳折领方法配制后领，得到图 4－65（a）前端无底领的意大利式翻领结构。

当前端底领为 1cm 时，关键是确定新的驳折止点 F，根据底领立体造型原理，满足 F 点的条件是使 AF＝AE，EF＝1cm；C、D 点的求法同图 4－65（a），连接 DF 驳折线；过 C 点、F 点设计尖翻领立体造型，以 DF 为对称轴，映射翻领造型于驳折线右侧；后领配制方法同前，得到图 4-65（b）前端有底领的意大利式翻领结构。

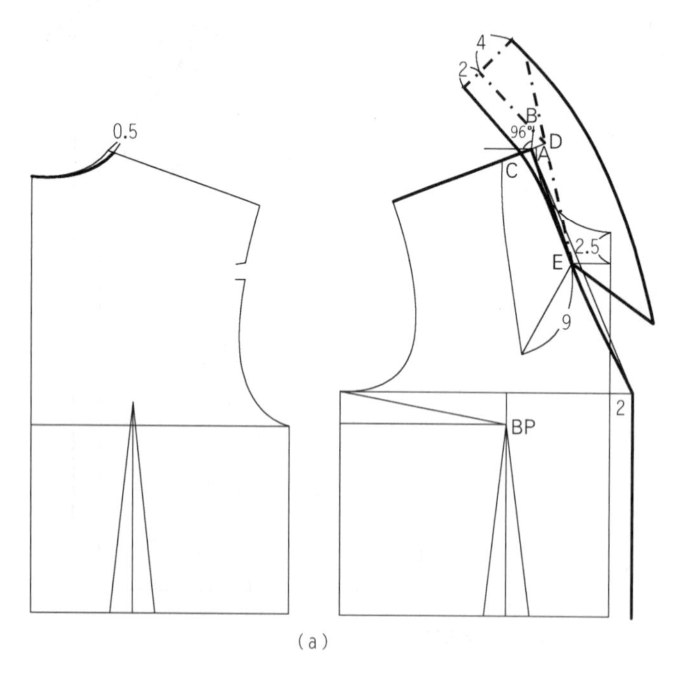

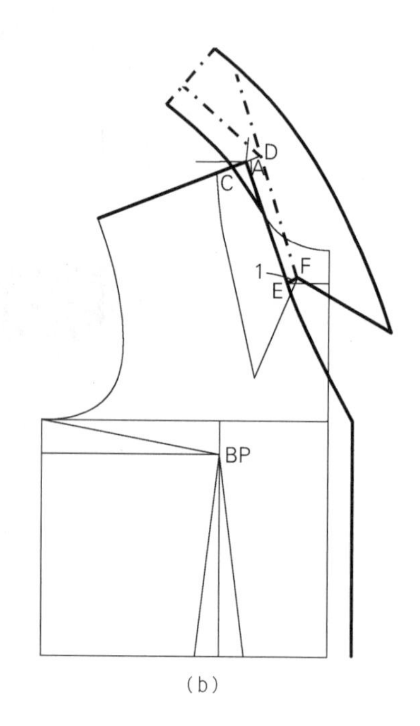

图 4-65　意大利式翻折领

13）立驳折领

图4-66为立领与驳头相组合的领型，因无翻领部分，结构设计方法略有特殊。设n=3.5cm，单叠门宽2cm，取用原型基本领圈。

作2cm宽的平行线叠门，在胸围线上3.5cm的前中线处定驳折止点E；延长肩线AB=n=3.5cm，连接BE，过A点作BE平行线AC，取AD=2n/3，AG=n/3；D为驳折基点，DE为驳折线。

过D点设计驳头造型，并以DE驳折线为对称轴作映射；在CD线上取H点，并确定F点，使GH=FG=后领弧长，使FH=n=3.5cm，FC垂直FG，FC=n=3.5cm，圆顺领口和装领线，如图4-66所示。

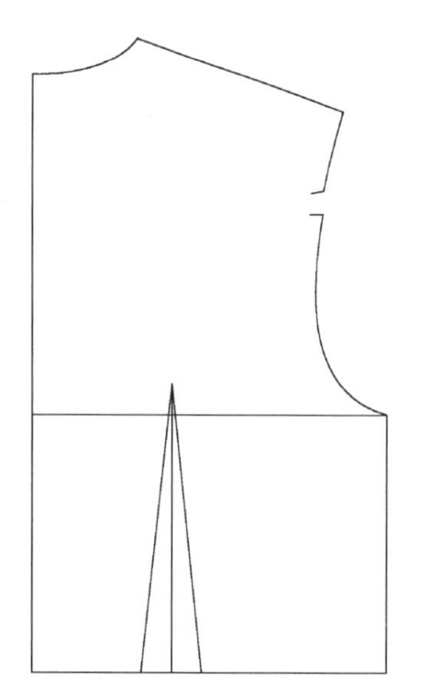

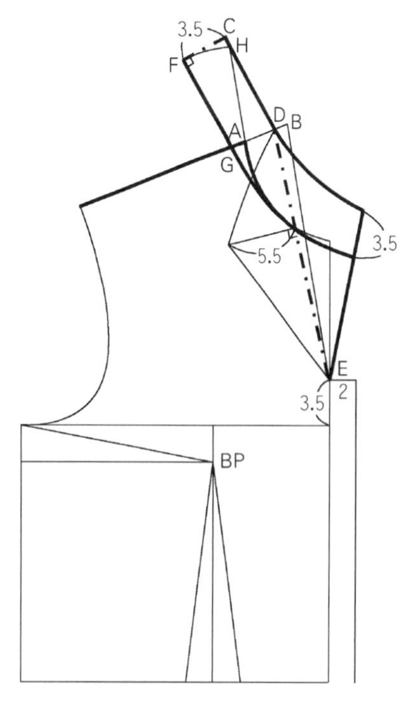

图4-66 立驳折领

第5章　衣袖结构设计

衣袖是构成整体服装的主要部件之一，在整个时装演变史中，衣袖款型的变化一直处在前沿，它常被用作改变服装造型设计的手段之一，是服装款式变化的重要标志，其外形种类繁复多变。

5.1　衣袖结构分类

按长度命名可分为：无袖、翼袖、短袖、中袖、3/4袖、7/8袖、腕袖、长袖等，如图5-1所示。

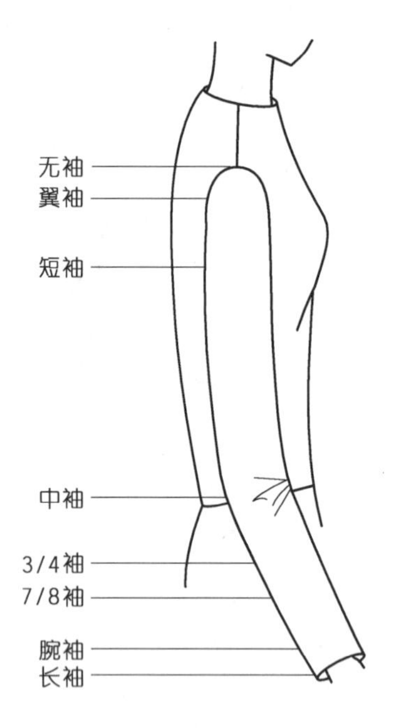

图5-1　袖长变化图

按衣袖与衣身的组装形式可分为：圆装袖和非圆装袖，分别如图5-2(a)、(b)。

圆装袖中按衣袖的片数可分为：一片袖、二片袖、三片袖、四片袖等，其中以一片袖、二片袖为多见；按修饰的造型，一片袖又可分为，直身袖、弯身袖、落肩袖、泡泡袖、灯笼袖、喇叭袖、花瓣袖等。

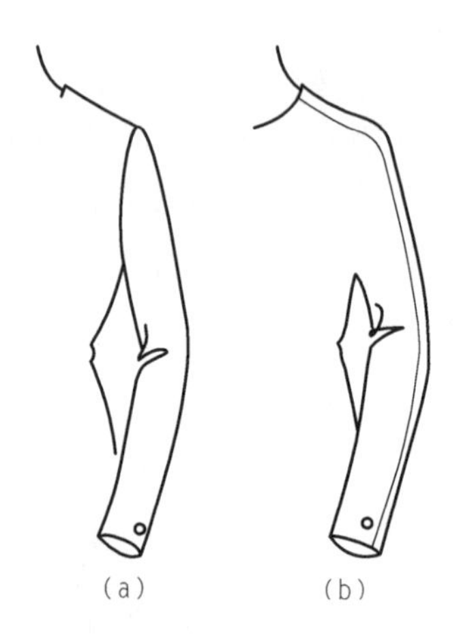

图5-2　衣袖与衣身组装形式

非圆装袖中可分为：连袖、插角连袖和插肩袖；其中插肩袖又可分为：全插肩袖、半插肩袖、肩章插肩袖、育克插肩袖、冒肩插肩袖等。

5.2　衣袖结构设计要素与原理

衣袖结构设计合理与否，影响到衣袖本身和服装整体的造型风格。因此，在衣袖结构设计时，必须结合人体动、静态功能需求和衣袖造型的风格，考虑衣袖袖山结构和袖身结构的设计要素，具体涉及有袖窿弧长、袖山弧长、袖山高、袖肥和袖长等结构参数。

袖山结构是衣袖造型的重要部位，按宽松程度可将应用袖结构分为宽松型、较宽松型、较贴体型和贴体型四种，袖山结构涉及衣身的袖窿结构和袖片的袖山结构，二者需风格一致才能相匹配。

5.2.1 袖窿结构

袖窿是衣身上为装配袖山而设计的结构，不同的风格需不同的结构，一般人体腋围 = 0.41B*，为了穿着舒适和人体运动需求，袖窿周长 AH = 0.5B ± a（a 为常量，随风格不同而变化，常取 2cm 左右）。

1）宽松风格结构

袖窿深取大于 2/3 前腰节长，约为 0.2B + 3cm +（>4cm），前、后冲肩量取 1～1.5cm，前后袖窿底部凹量取 3.8～4cm。袖窿整体呈尖圆弧形，如图 5-3(a)。

2）较宽松风格结构

袖窿深取 3/5 前腰节长～2/3 前腰节长，约为 0.2B + 3cm +（3～4cm），前冲肩量取 1.5～2cm，前、后冲肩量约取 1.5～1.8cm，前，后袖窿底部凹量分别取 3.4～3.6cm、3.8cm。袖窿整体呈椭圆形，如图 5-3(b)。

3）较贴体风格结构

袖窿深取 3/5 前腰节长，约为 0.2B + 3cm +（2～3cm），前冲肩量取 2～2.5cm，后冲肩量约取 1.8～2cm，前、后袖窿底部凹量分别取 3.2～3.4cm、3.4～3.6cm。袖窿整体呈稍倾斜的椭圆形，如图 5-3(c)。

4）贴体风格结构

袖窿深取 3/5 前腰节长，约为 0.2B + 3cm +（1～2cm），前冲肩量取 2.5～3cm，后冲肩量取 2～2.5cm，前、后袖窿底部凹量分别取 3～3.2cm、3.4～3.6cm。袖窿整体呈倾斜的椭圆形，如图 5-3(d) 所示。

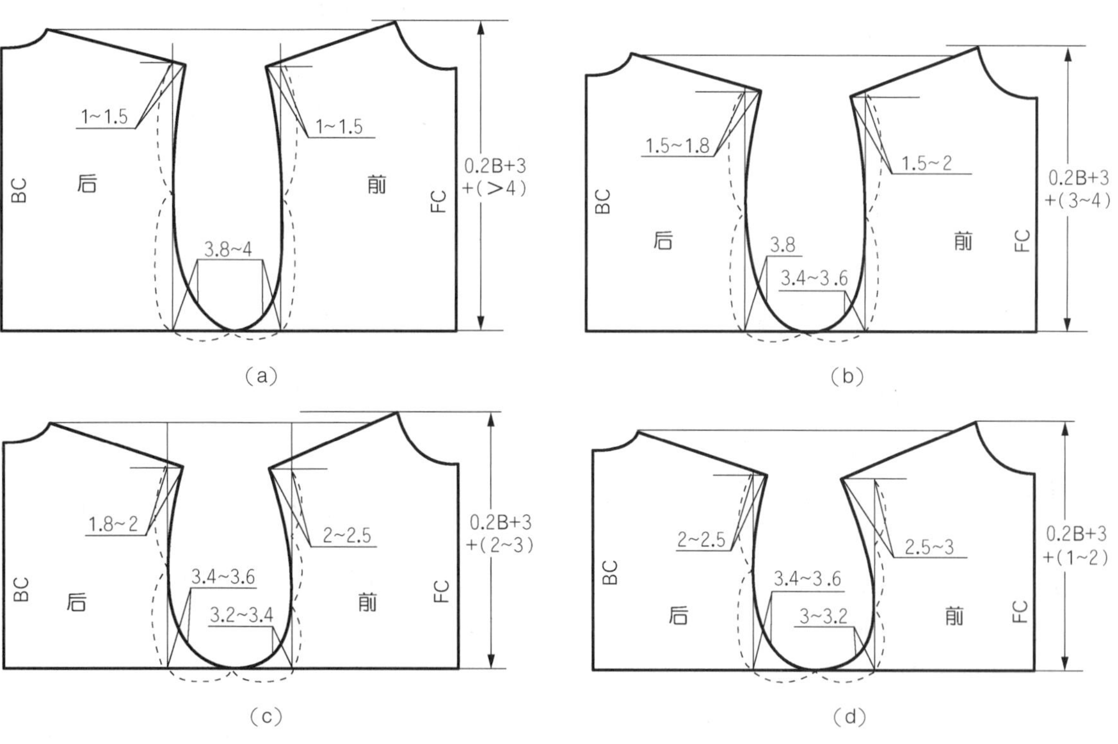

图 5-3 袖窿结构

5.2.2 袖山结构

衣袖设计是在衣身设计即袖窿结构设计完成后进行的，当袖窿结构设计一旦确定，袖窿弧长即定。由袖窿弧长即可决定袖山结构中涉及的袖山与袖肥结构设计参数，其中袖山高的设计更为关键。

1）袖山高的设计

袖山高的确定有 2 种方法。

（1）袖窿深度比例法

如图 5-4 所示，连接前、后 SP 肩端点，过其中点 SP′作胸围线 BL 的垂线 AHL 并将其五等分。对于成型的袖窿，袖山高如下设计：

宽松型袖山高 <0.6AHL，属 A 层范围；

较宽松型袖山高为 0.6～0.7AHL，属 B 层范围；

较贴体型袖山高为 0.7～0.8AHL，属 C 层范围；

贴体型袖山高为 0.8～0.83AHL，属 D 层范围。

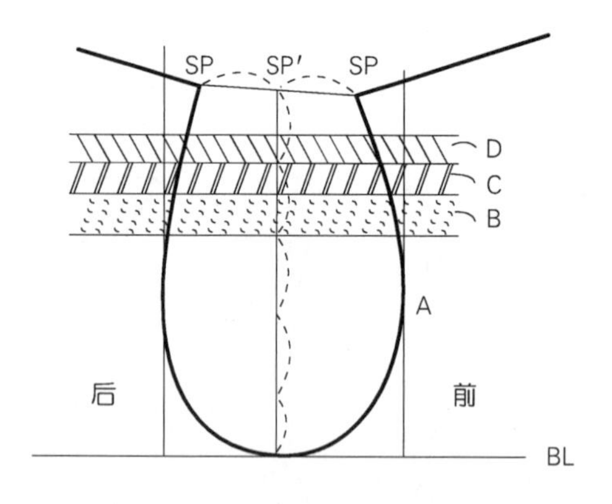

图 5-4　袖窿深度比例法

（2）袖山夹角比例法

当袖窿结构即袖窿弧长确定，袖山斜线由袖窿弧长控制，由图 5-5 可见，在袖山弧长为定数的条件下，袖山高和袖肥为一对反比参数，袖山高越深，袖肥越小，造型越合体，运动功能越差；反之，袖山高越浅，袖肥越大，造型越宽松，运动功能越好。袖山结构设计时，需同时确定袖山高和袖肥参数公式，如能采用袖山夹角 α 参数，则可起一箭双雕作用，使确定和记忆公式大为简化。

设袖山夹角 α = 袖山斜线与上水平线的夹角，如图 5-5 所示，因袖山斜线 AB = AH/2 ± a（a > 0），则

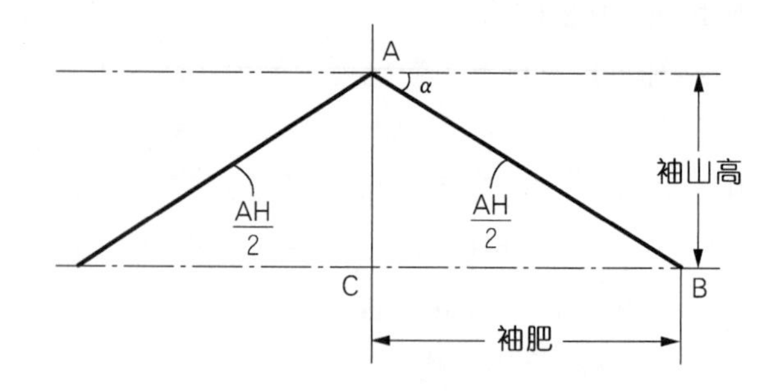

图 5-5　袖山夹角比例法

袖山高 = 袖山斜线 AB × $\sin\alpha$ = $\frac{AH}{2}\sin\alpha \pm a\sin\alpha$；

袖肥 = 袖山斜线 AB × $\cos\alpha$ = $\frac{AH}{2}\cos\alpha \pm a\cos\alpha$；

一般 AH 约为 B/2，且 $a \to 0$，则袖山高和袖肥的设计如下：

宽松型风格：α = 0°～20°，袖山高 = $\frac{AH}{2}\sin\alpha \pm a\sin\alpha = \frac{B}{4}\sin\alpha = 0 \sim \frac{B}{4}\sin 20°$；

袖肥 = $\frac{AH}{2} \sim \frac{B}{4}\cos 20°$；

较宽松型风格：α = 21°～30°，袖山高 = $\frac{B}{4}\sin 21° \sim \frac{B}{4}\sin 30°$；

袖肥 = $\frac{B}{4}\cos 30° \sim \frac{B}{4}\cos 21°$；

较贴体型风格：α = 31°～45°，袖山高 = $\frac{B}{4}\sin 31° \sim \frac{B}{4}\sin 45°$；

袖肥 = $\frac{B}{4}\cos 45° \sim \frac{B}{4}\cos 31°$；

贴体型风格：α = 46°～60°，袖山高 = $\frac{B}{4}\sin 46° \sim \frac{B}{4}\sin 60°$；

袖肥 = $\frac{B}{4}\cos 60° \sim \frac{B}{4}\cos 46°$。

为了方便应用，考虑胸围 B 一般在 90～

110cm 之间，可得到袖山高和袖肥的近似公式如下：

宽松型风格：$\alpha = 0° \sim 20°$，袖山高 = 0 ~ 9cm；

袖肥 $= 0.2B + 3cm \sim \frac{AH}{2}$；

较宽松型风格：$\alpha = 21° \sim 30°$，袖山高 = 9cm ~ 13cm；

袖肥 $= 0.2B + 1cm \sim 0.2B + 3cm$；

较贴体型风格：$\alpha = 31° \sim 45°$，袖山高 = 13cm ~ 16cm；

袖肥 $= 0.2B - 1cm \sim 0.2B + 1cm$；

贴体型风格：$\alpha = 46° \sim 60°$，袖山高 ≤ 17cm；

袖肥 $= 0.2B - 3cm \sim 0.2B - 1cm$。

2）袖山风格结构设计

袖山整体结构应与袖窿结构相匹配，综合上述原理，对应有 4 种袖山风格结构。

（1）宽松风格袖山结构

袖山高取 0 ~ 9cm（或袖肥取 0.2B + 3cm ~ AH/2），袖山斜线长取前 AH + 吃势 − 0.9cm，后 AH + 吃势 − 0.6cm，前、后袖山点分别位于 1/2 袖山高的位置，袖山底部与袖窿底部只在一点上相吻合，袖肥与袖窿宽之差前、后分配比为 1∶1，袖山眼整体呈扁平状，如图 5-6(a)。

（2）较宽松风格袖山结构

袖山高取 9 ~ 13cm（或袖肥取 0.2B + 1cm ~ 0.2B + 3cm），袖山斜线长取前 AH + 吃势 − 1.1cm，后 AH + 吃势 − 0.8cm，前袖山点位于 1/2 袖山高向下 0.2cm 处，后袖山点位于 1/2 袖山高向上 0.4cm 处，袖山底部与袖窿底部有较小的吻合部位，袖肥与袖窿宽之差前、后分配比为 1∶2，袖山眼整体呈扁圆状，如图 5-6(b)。

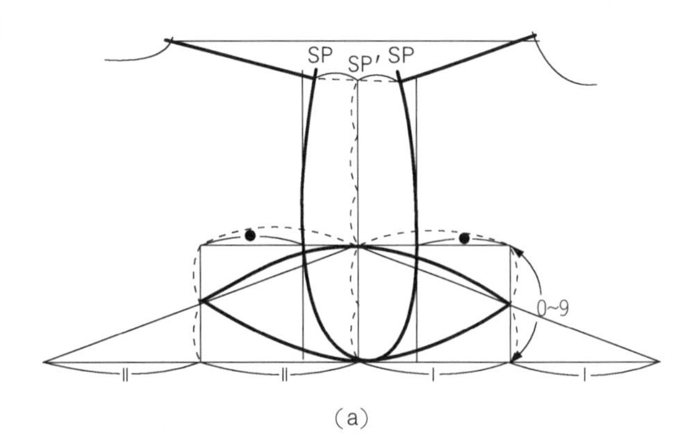

(a)

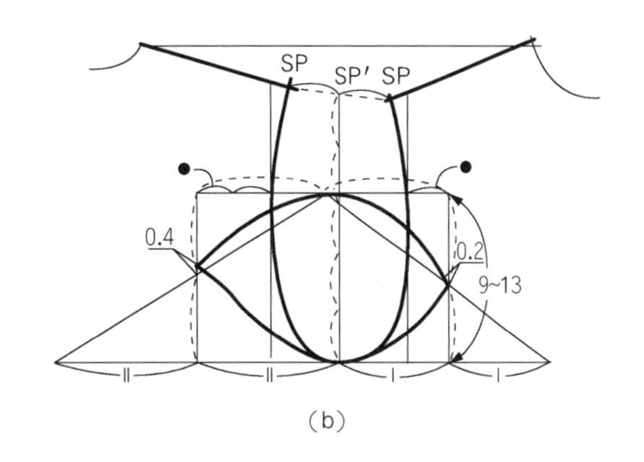

(b)

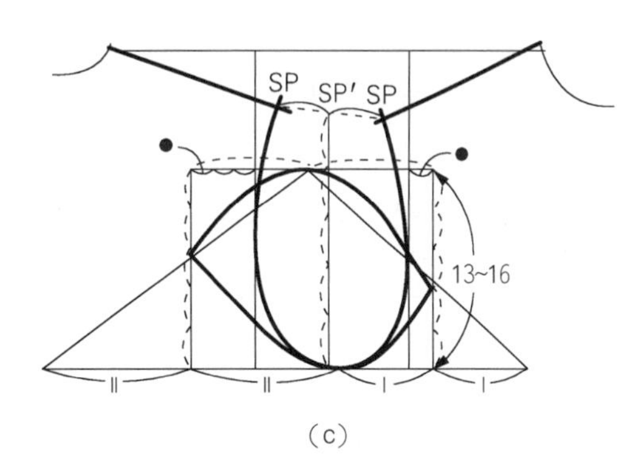

(c)

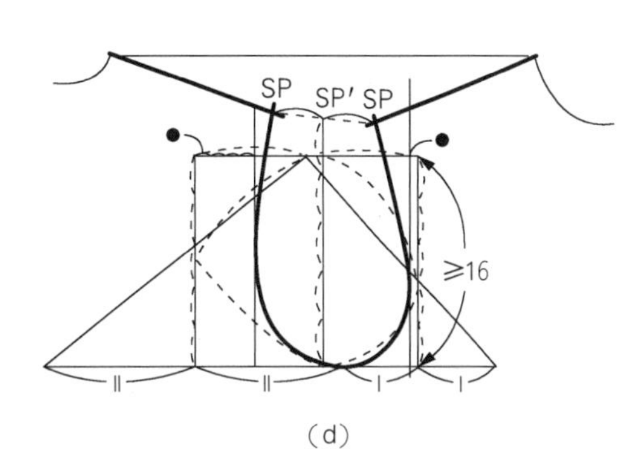

(d)

图 5-6　袖山结构

(3) 较贴体风格袖山结构

袖山高取 13～16cm（或袖肥取 0.2B－1cm～0.2B＋1cm），袖山斜线长取前 AH＋吃势－1.3cm，后 AH＋吃势－1cm，前袖山点位于1/2 袖山高向下 0.4cm～2/5 袖山高处，后袖山点位于1/2 袖山高向上 0.6cm～3/5 袖山高处，袖山底部与袖窿底部有较多的吻合部位，袖肥与袖窿宽之差前、后分配比为1∶3，袖山眼整体呈杏圆状，如图5-6(c)。

(4) 贴体风格袖山结构

袖山高取 16cm 以上（或袖肥取 0.2B－3cm～0.2B－1cm），袖山斜线长取前 AH＋吃势－1.3cm，后 AH＋吃势－1cm，前袖山点位于 1.5/5 袖山高～2/5 袖山高处，后袖山点位于3/5 袖山高处，袖山底部与袖窿底部有更多的吻合部位，袖肥与袖窿宽之差前、后分配比为 1∶4，袖山眼整体呈圆状，如图5-6(d)。

5.2.3 袖山与袖窿的匹配

袖山与袖窿的匹配包含其形状的匹配和量值的匹配。形状匹配指袖山与袖窿风格的一致性，袖山与袖窿底部有一定的吻合度；量值匹配则指缝缩量的大小和分配，袖山与袖窿上分别有相关的对位点。

1）袖山与袖窿的形状匹配

袖山与袖窿形状匹配要求主要指袖山下段造型必须分别与前、后袖窿弧线成相似形关系，即前袖山弧线与前袖窿弧线、后袖山弧线与后袖窿弧线分别相似，而且贴体的程度越大，两者的相似性越大，如图5-7所示。

袖山上段造型则注重弧线光顺、美观。贴体风格的前、后袖山凸量分别为 1.8～1.9cm、1.9～2cm；较贴体、较宽松和宽松风格的前、后袖山凸量分别逐减0.1cm 左右。

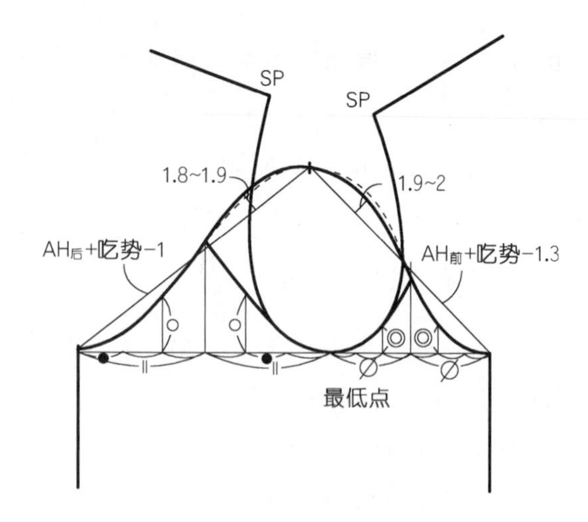

图5-7 袖山与袖窿的形状匹配

2）袖山与袖窿的量值匹配

(1) 缝缩量的大小

根据不同材料和袖山造型风格，袖山弧线只有经过一定量的缝缩（吃势）才能展现其饱满圆度，根据经验，袖山缝缩量可由材料和袖山风格因素决定。表 5-1 为材料厚度和袖山风格系数，则缝缩量 x ＝（材料厚度系数＋袖山风格系数）× AH%

表 5-1 材料厚度和袖山风格系数

材　料	材料厚度系数	袖山风格系数	AH%
薄型材料（丝绸类）	0～1	宽松风格 1 较宽松风格 2 较贴体风格 3 贴体风格 4	AH%
较薄型材料（薄型毛料、化纤类）	1.1～2		
较厚型材料（全毛精纺毛料类）	2.1～3		
厚型材料（法兰绒类）	3.1～4		
特厚材料（大衣呢类）	4.1～5		

例如：薄型材料宽松型衣袖的缝缩量＝（1＋1）× AH% ＝2AH%，若 AH ＝55cm，则缝缩量＝1.1cm。

由此得到经验值：

薄型材料宽松型风格袖山的缝缩量 x ＝ 0～1.4cm；

较薄型材料较宽松型风格袖山的缝缩量

x =1.4 ~ 2.8cm；

较厚材料较贴体型风格袖山的缝缩量 x =2.8 ~ 4.2cm；

厚材料贴体型风格袖山的缝缩量 x = 4.2cm。

（2）缝缩量的分配

不同风格的衣袖，缝缩量的分配方法是不同的，具体如下：

① 宽松型衣袖

袖山缝缩量 0 ~ 1cm，前、后袖山的分配为，前袖山 49% ~50% 总量，后袖山 51% ~ 50% 总量，如图 5-8(a)所示。

② 较宽松型衣袖

袖山缝缩量 1 ~ 2cm，前、后袖山的分配为，前袖山 48% ~49% 总量，后袖山 52% ~ 51% 总量，如图 5-8（b）所示。

③ 较贴体型衣袖

袖山缝缩量 2 ~ 2.5cm，前、后袖山的分配为，前袖山 47% ~ 48% 总量，后袖山 53% ~52% 总量，如图 5-8(c)所示。

④ 贴体型衣袖

袖山缝缩量 2.5 ~ 3cm，前、后袖山的分配为，前袖山 46% ~ 47% 总量，后袖山 54% ~53% 总量，如图 5-8(d)所示。

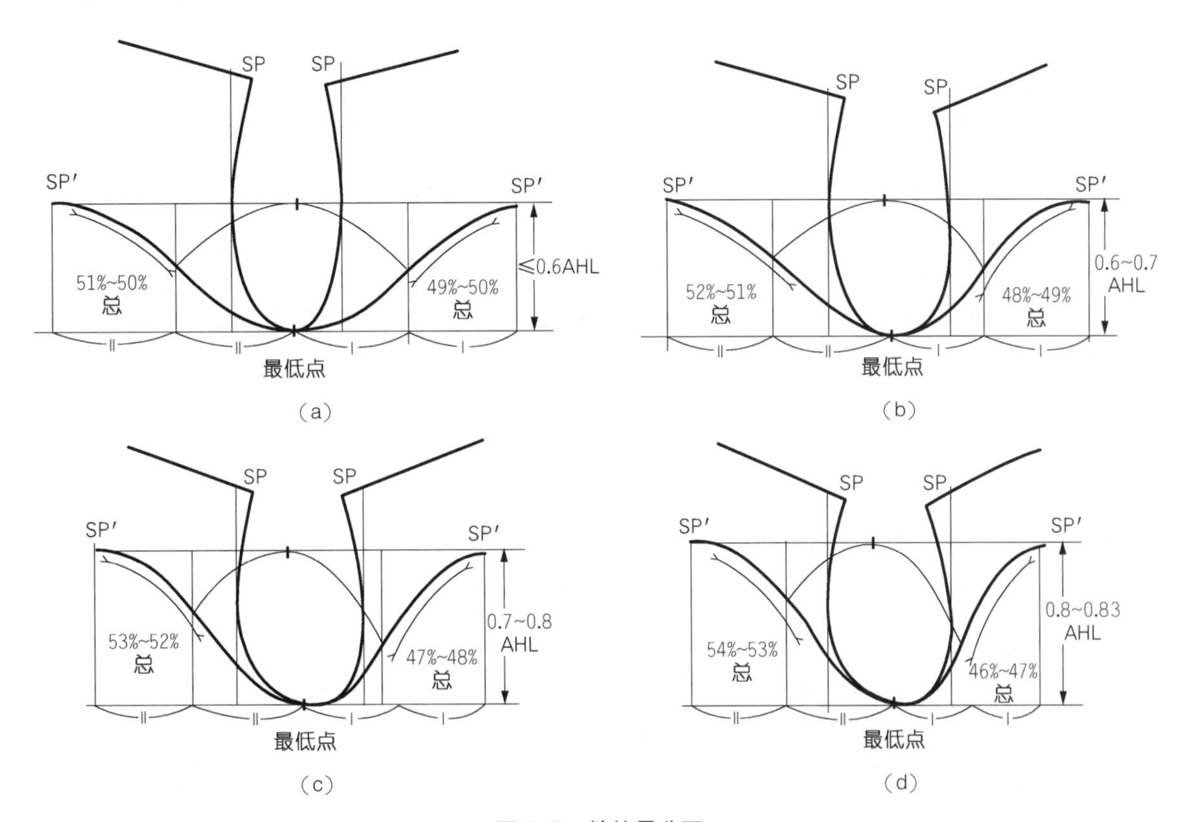

图 5-8 缝缩量分配

5.2.4 袖山与袖窿对位点设计与修正

为保证袖山在缝缩一定量后能与袖窿很好地达到形状的吻合，有必要在袖山与袖窿对应的重要部位上设置相关的对应点称对位点。

对位点总数为 4 ~5 对，其位置为：袖山前袖缝与袖窿对应点；袖山前袖标点与袖窿前弧点；袖山对肩点与袖窿肩缝；袖山后袖缝与袖窿后弧点；袖山最低点与袖窿最低点等。

对位点的设置具有技术性，设置稍有不当会使部分袖山的形状变形，左右整个袖身前、后状态不对称。

1）袖山与袖窿对位点设计

以较贴体型女装袖山与袖窿对位点为例，图5-9展示了对位点设置方法：

（1）取袖山高为成型袖窿深的0.8～0.83AHL，袖山高斜线按贴体风格取值，将袖山弧线风别向两侧展开，袖山与袖窿的对位关系便清除可见；

（2）设袖山A′点与袖窿A点为第一对位点，A′点为前袖缝点，设A′B′－AB≤0.5cm（约前袖山缝缩量的1/3）；

（3）相距胸围线BL约为8～9cm的袖窿B点与袖山B′为第二对位点；

（4）袖山SP′点与袖窿SP点为第三对位点，则B′～SP′－B～SP＝前袖山缝缩量－A′B′＝（0.47～0.48）；

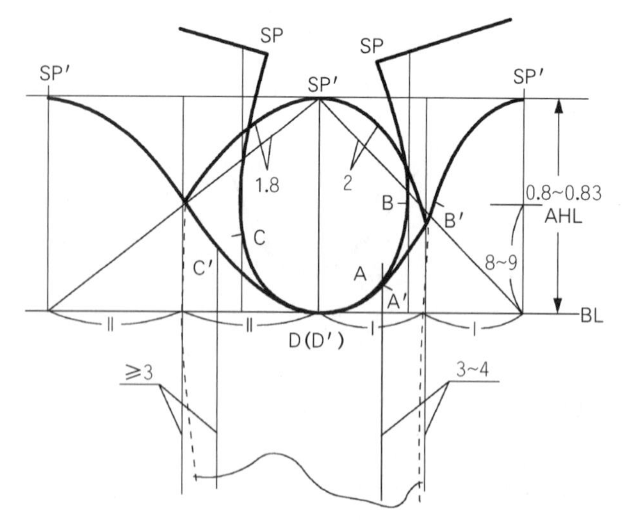

图5-9　袖山与袖窿对位点设置

（5）袖山C′点与袖窿C点为第四对位点，则SP′～C′－SP～C＝2/3后袖山缝缩量＝2/3（0.52～0.53总缝缩量）（具体视后袖缝点C′的位置）；

（6）设袖山最低点D′与袖窿最低点D为第五对位点。

2）袖山与袖窿对位点修正

由于袖山在安置于袖窿时，会使袖身位置产生偏斜，此时，袖山与袖窿的对位点可作适当调整。确保袖身在袋口线中线部位后偏1cm，约盖住袋口1/2处，如图5-10所示。

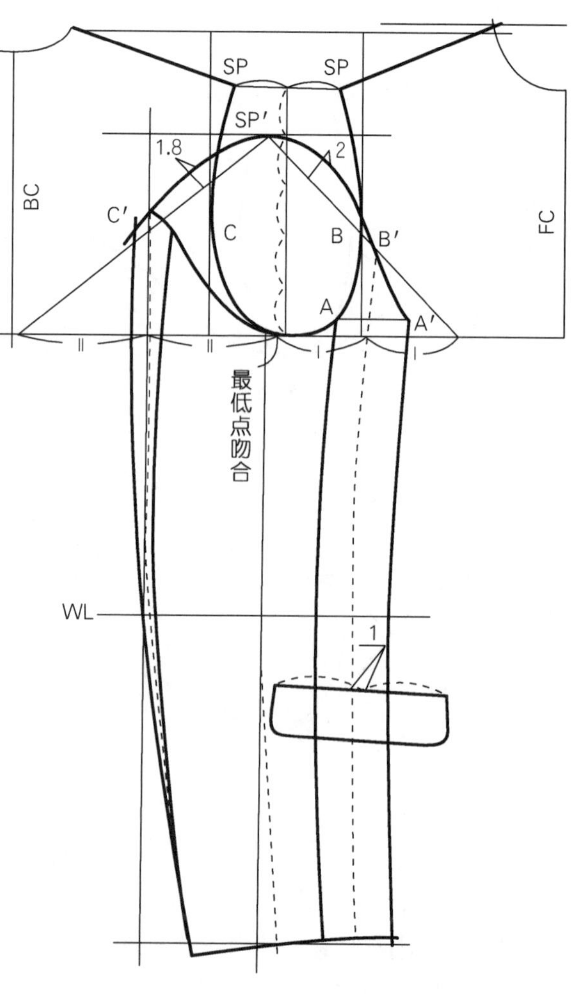

图5-10　袖山与袖窿对位点要求

5.2.5 袖身结构与上肢形态关系

静态自然站立的人体上肢形态是微向前倾的，图5-11展示了女体上肢立体形态和重要参数。为使袖身覆合上肢形态，展开的一片袖身结构必然是前袖缝呈凹形，后袖缝呈凸形，必要时袖肘收省，袖口中线前偏，如图5-12所示，其经验值为：

直身袖，袖口前偏量为0～1cm；

较直身袖，袖口前偏量为1～2cm；

女装弯身袖，袖口前偏量为2～3cm。

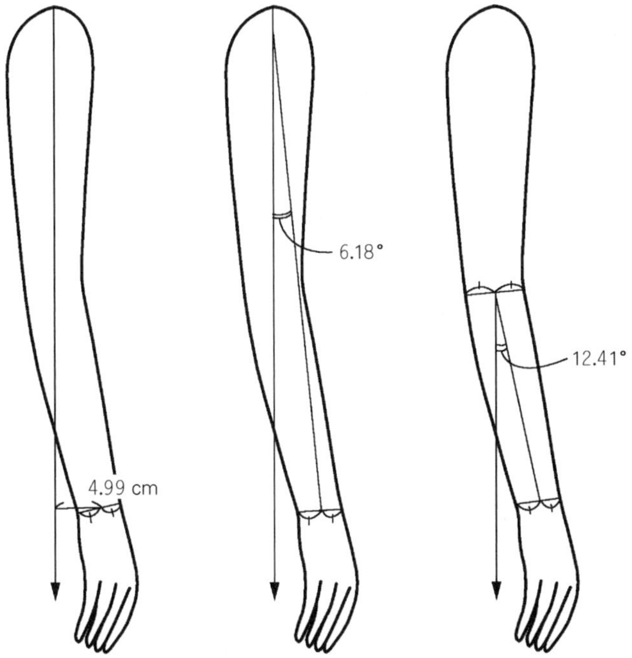

图5-11 女体上肢立体形态

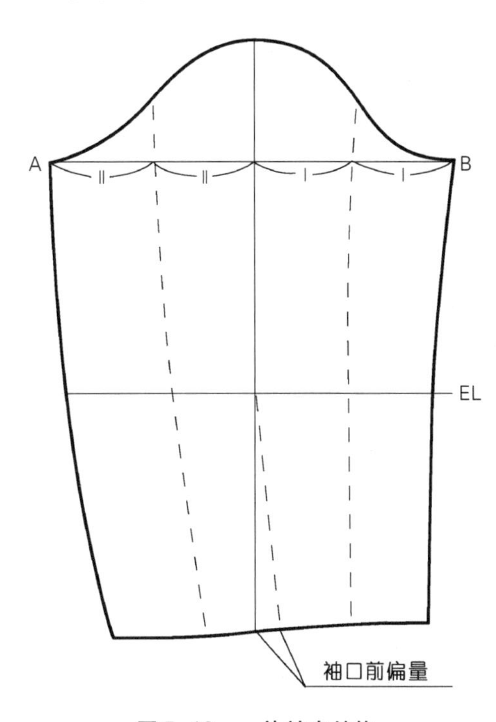

图5-12 一片袖身结构

5.3 一片圆袖结构设计与变形方法

5.3.1 一片基型圆袖的建立

根据上述袖片结构设计成型原理，定义直身袖身较贴体型风格袖山为一片基型圆袖，即袖山夹角 $\alpha = 38°$ 左右，测量衣身原型袖窿弧长AH，设袖长 $SL = 0.3h + x = 0.3 \times 160 + 5 = 53cm$。（若总体高 $h = 160cm$）。

1）作基型袖框架

作垂线长为袖长SL，过A点作袖框架水平线和袖山对角线AB，与上平线成夹角 α，$AB = AH/2 + k$，k为调节系数，用以控制袖山吃势量，k越大袖山吃势量越大，此时k可取0.3cm；用平行线和垂线完成基型袖框架图；作袖肘线FG使 $AF = SL/2 + 2.5$，如图5-13（a）。

2）作袖山弧线

等分袖肥并前偏0.3cm产生袖中线；分别五等分前、后袖山高，取2/5袖山高为前袖山高BC，取3/5袖山高为后袖山高DE；如图5-13（b）连接相应点，在对角线上分别取前、后袖山的凸量和凹量约为1/3和1/4，光滑连接8个参考特征点完成袖山弧线。

3）映射袖底线

以直身袖前、后侧缝为对称轴，展切袖底中线，左右映射袖底线，展开成一片基型袖，如图5-13（c）。

5.3.2 一片基型圆袖参数分析

1）袖山夹角 α 及对角线长度

袖山夹角 α 及对角线长度 AB，用以控制袖山高和袖肥。α 角越大，袖山高越深，袖肥越小，造型越合体；α 角越小，袖山高越浅，袖肥越大，造型越宽松。对于一片袖仅仅涉及宽松袖、较宽松袖和较贴体袖，宽松袖 α 取 0°～20°；较宽松袖 α 取 21°～30°；较贴体袖 α 取 31°～38°；袖山对角线长 AB = AH/2 + k，k 为调节系数，用以控制袖山吃势量，一片袖 k 可取 0～0.3cm，愈贴体取值愈大。

2）前、后袖山高

前、后袖山高，用以控制袖山曲线造型。前袖山高 BC 取值一般为 1.5/5～1/2 袖山高，后袖山高 DE 取值一般为 1/2～3/5 袖山高；袖子造型越宽松，前袖山高取值越大，后袖山高取值越小；反之，袖子造型越贴体，前袖山高取值越小，后袖山高取值越大。

3）袖中线

袖中线位于袖中点或前偏 0.3cm 左右，造型越宽松，前后偏差越小；造型越贴体，前后偏差越大，后袖片应考虑更多的运动松量。

4）袖山弧线参考点

前袖山弧线参考点，常取对角线上的交点间 1/3，后袖山弧线参考点，常取对角线上的交点间 1/4，如图 5-13(b)。宽松造型可取偏弱值，贴体造型可取偏强值。

5）映射原理

当将一片基型袖的袖身视为直身型，那么，图 5-13(b) 为一片基型袖的立体结构，左右直线为前、后袖侧缝，剪开袖底缝，一片袖分别是以前、后袖侧缝作为对称轴，映射展开得到的，如图 5-13(c)。

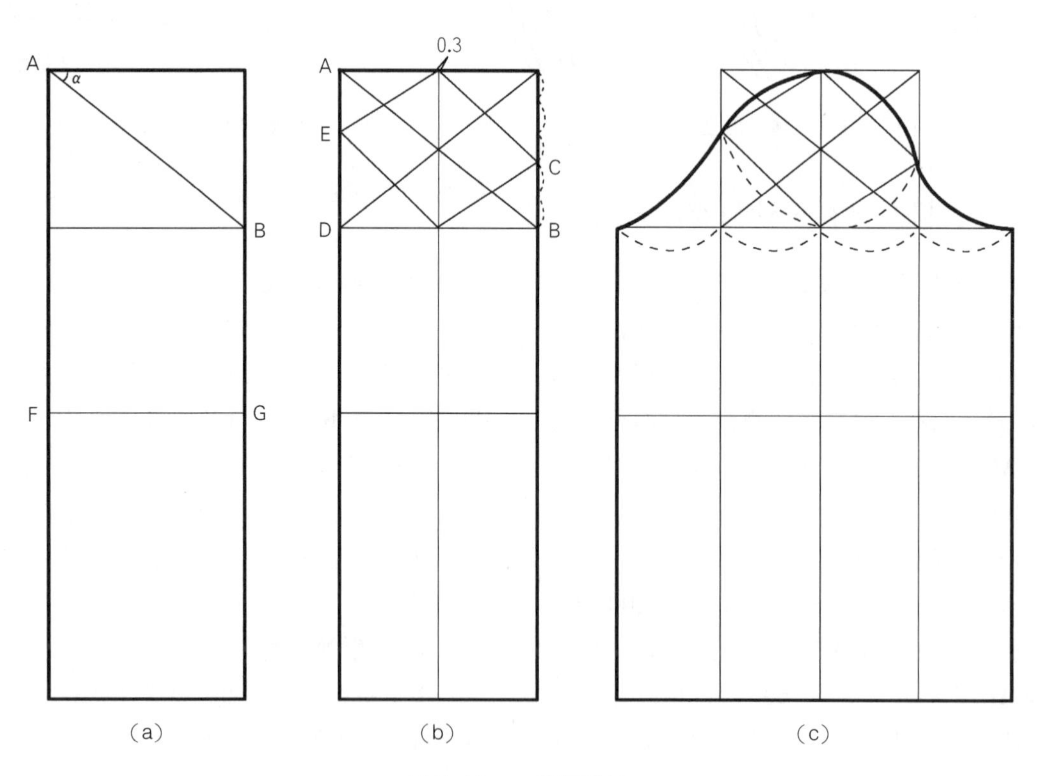

图 5-13　一片基型袖

5.3.3 一片袖的变化应用

1）袖山方向蓬松的一片袖

袖山方向蓬松的一片袖，包括很多袖型，如部分袖山蓬松袖，整个袖山蓬松袖，部分袖身、整个袖山蓬松袖及整个袖身、整个袖山蓬松袖。利用基型圆袖变化袖型时，效果图的审视一定要确切。

（1）部分袖山蓬松的泡袖

图 5-14 效果图展示的袖款为部分袖山蓬松的泡袖。选用一片圆袖基型样板，根据效果图设计短袖袖长 $SL = 0.15h + X = 0.15 \times 160 - 2 = 22cm$（总体高 h 为 160，X 为款式调整数），在基型袖上截取短袖基本型，如图5-14(a)。

在袖山上确定蓬松部位 AB，分别连接袖山顶点 AO、BO，以 A 为旋转中心，移动 AO 半圆图形至 AO′；同理以 B 为旋转中心，移动 BO 半圆图形至 BO″，O′O″的间距可由抽褶量来确定。圆顺修正袖山弧线。修正袖口外形，两边各进 2～3cm，圆顺起翘袖口，如图 5-14(b)。

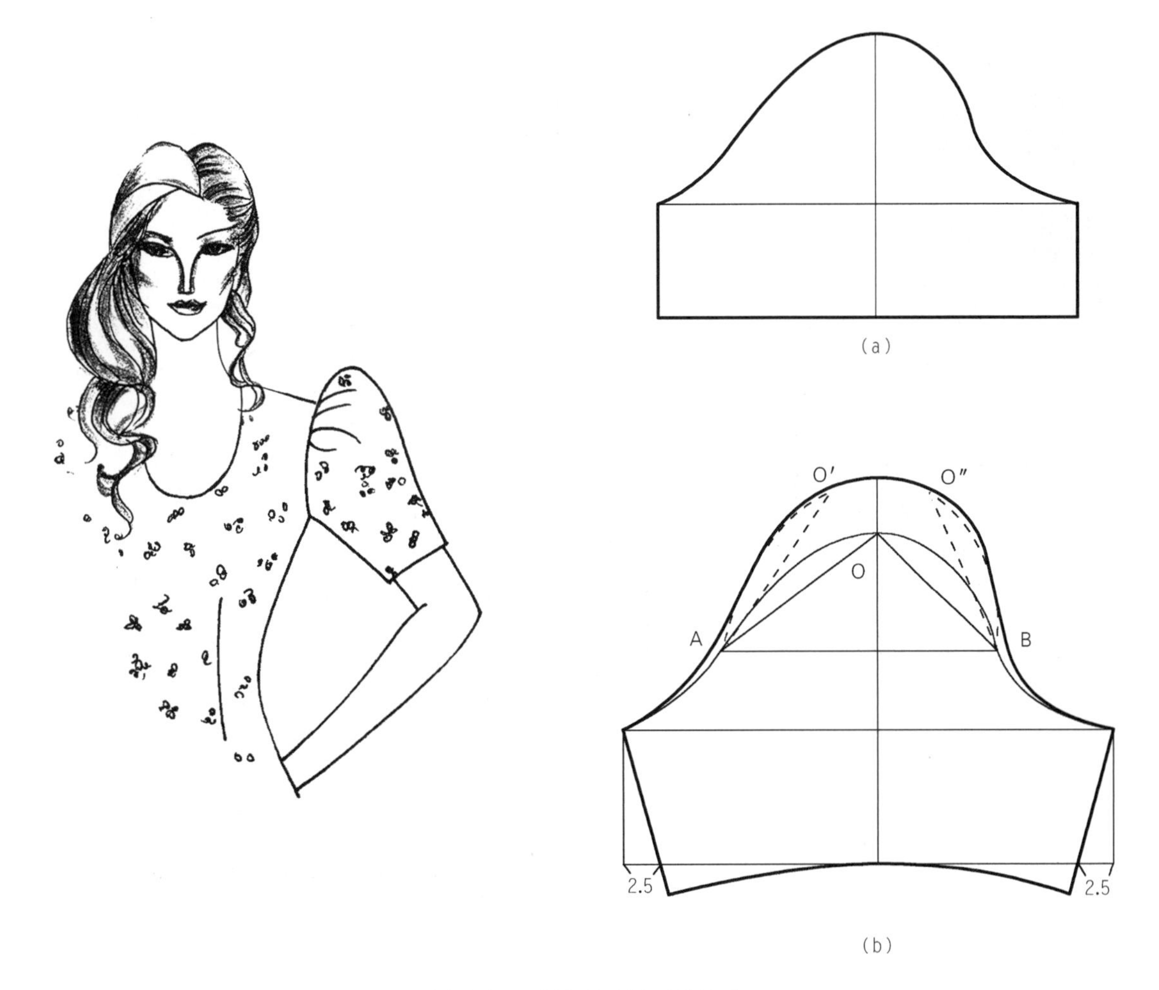

图 5-14　部分袖山蓬松的泡袖

（2）整个袖山、袖身蓬松的泡袖

图5-15款式效果为整个袖山、袖身蓬松的短泡袖，可以在图5-14(a)短袖基型袖基础上进一步展切形成。因前后袖片不完全对称，首先分别对前、后袖片，平行拉展3次各2cm此时袖山、袖口仅有褶量，为满足袖山的上泡量和下垂量，追加上泡量5cm，下垂量3cm，修正圆口上下口线。

作矩形袖克夫，设袖口CW=15cm，袖口宽2.5cm，如图5-15(b)。

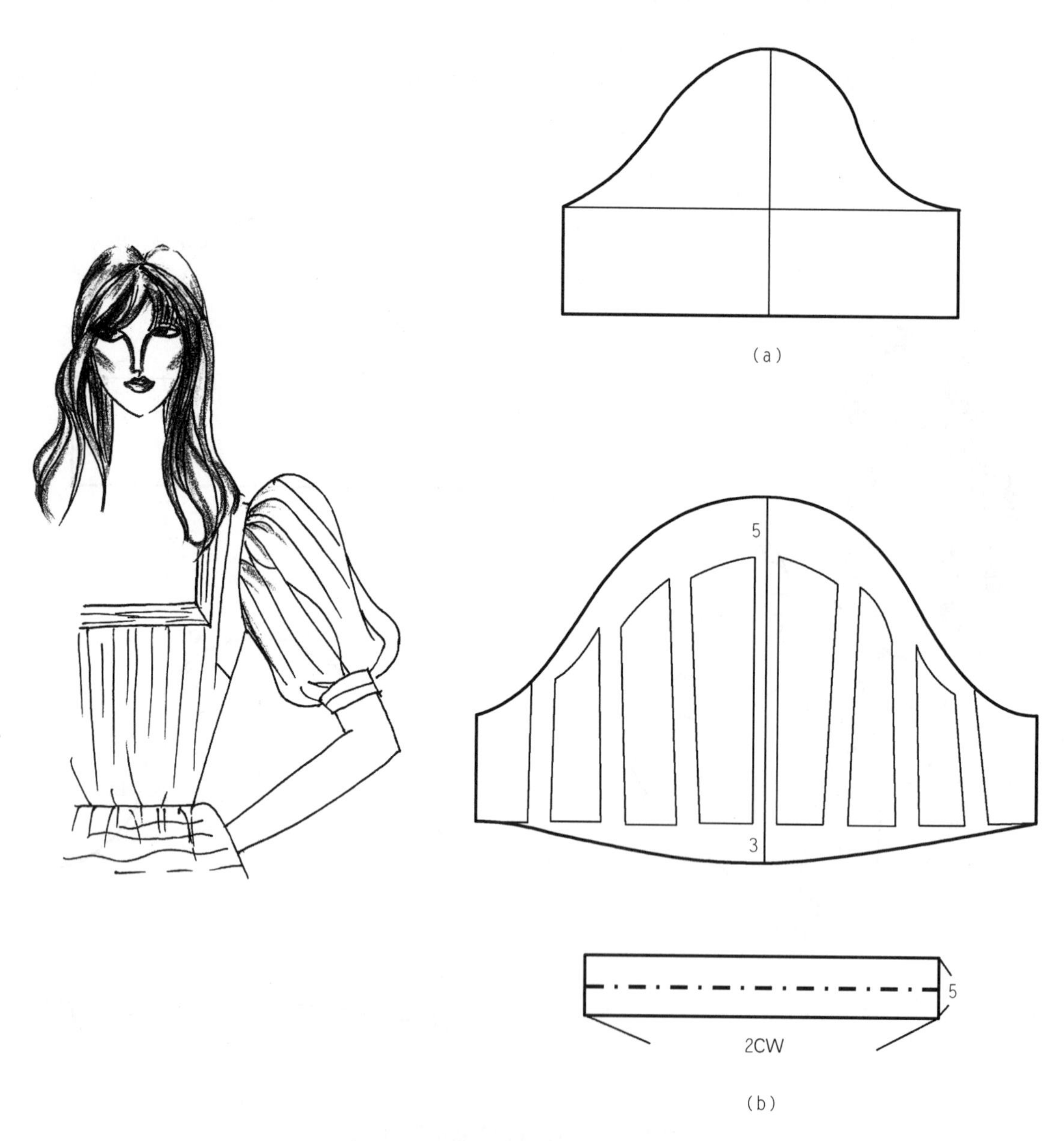

图5-15　整个袖山、袖身蓬松的泡袖

2）袖口方向蓬松的一片袖

袖口方向蓬松的一片袖，同样包括部分袖身蓬松袖，整个袖身蓬松袖，部分袖山、整个袖身蓬松袖及整个袖身、整个袖山蓬松袖。

（1）整个袖身、整个袖山蓬松的灯笼袖

根据效果图在一片基型袖上先去掉袖克夫宽3cm；再将前后袖片各四等分；在等分线处各展开袖口约5cm，圆顺袖山曲线和袖口曲线，袖口后袖片处，追加5cm左右袖口下垂量；袖开叉长6.5cm，再作3cm宽，20cm长；2.5cm叠门的袖克夫矩形，如图5-16。

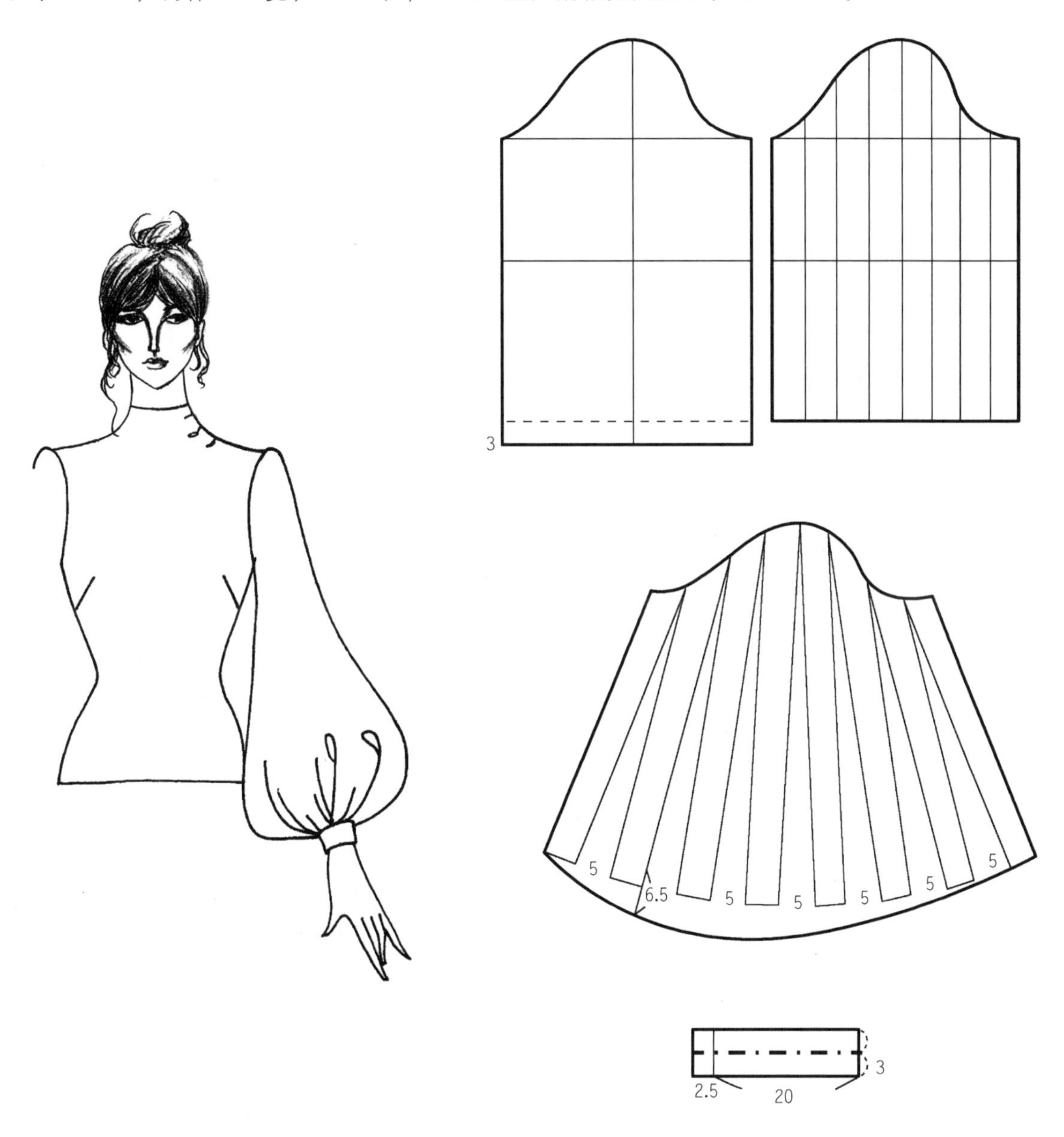

图5-16　整个袖身、整个袖山蓬松的灯笼袖

(2) 整个袖身、整个袖山蓬松的半圆喇叭短袖

可以在图 5-14(a)短袖基型袖基础上变形，根据效果图改短袖长至 20cm，得到图 5-17(a)。将前后袖片各等分四份，按图5-17(b)所示，逐一展开等分线上所需波浪量，本款为半圆喇叭袖，则袖底缝线与袖中线成直角；圆顺袖山曲线和袖口曲线，如图 5-17(b)。

图 5-17　整个袖身、整个袖山蓬松的半圆喇叭短袖

3）袖山、袖口方向同时蓬松的一片袖

袖山、袖口方向同时蓬松的一片袖，是袖山方向蓬松的一片袖与袖口方向蓬松的一片袖的各种袖型组合。图 5-15 也为此例一种，下面再例举整个袖身、整个袖山蓬松的灯笼泡袖和其他变形袖。

（1）整个袖身、整个袖山蓬松的灯笼泡袖

根据效果图在一片基型袖上先去掉袖克夫宽 3cm；如图 5-18(b)展开上泡量和下垂量，上泡量和下垂量也可由褶量控制，如袖山褶量约为 10cm，袖口褶量约为 16cm，圆顺袖山弧线，修正袖口弧线，可适当再追加袖口下垂量约 2. 5cm；修正袖底缝线；袖开衩长6. 5cm，距后袖底缝约 14cm；再作 3cm 宽，20cm 长，2. 5cm 叠门的袖克夫；如图5-18(b)。

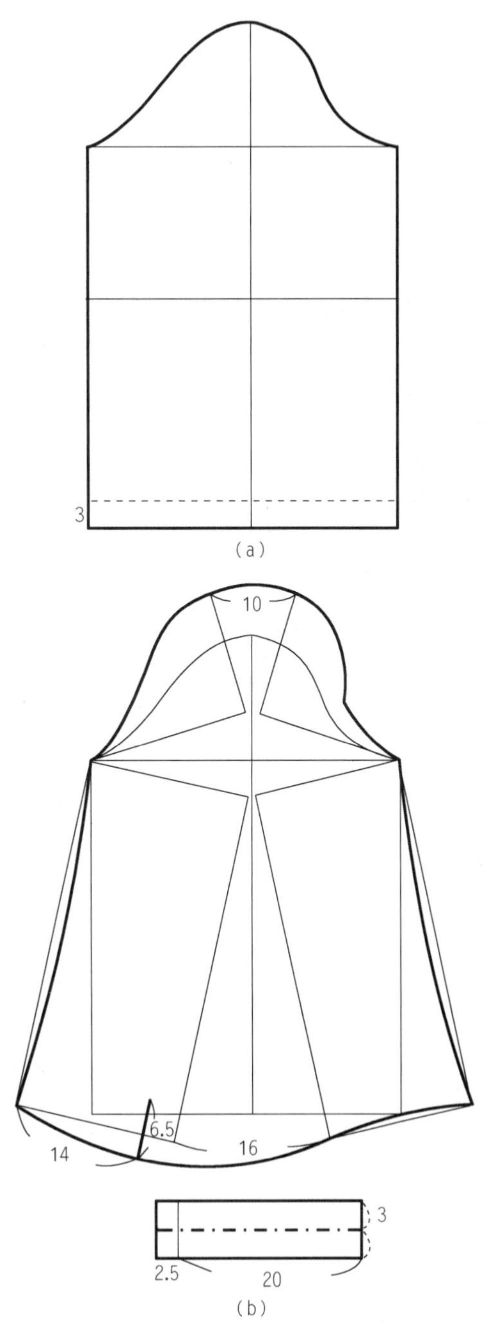

图 5-18　整个袖身、整个袖山蓬松的灯笼泡袖

(2) 分割灯笼袖

选用一片基型圆袖，根据效果图修正袖口，两边各进 5cm；作平行袖口相距 14cm 的分割线；平分前后袖各四等分；均匀切展上、下袖的蓬松量，平分线处各切展约 5cm；圆顺袖山、袖口弧线，修正袖身分割线，可适当追加上袖分割线处后袖片的下垂量约 1.5cm；校对上袖和下袖的分割线长短，修正至相等，如图 5-19(c)所示。

图 5-19 分割灯笼袖

4）花瓣袖

花瓣袖又称郁金香袖，指形似花瓣的袖型，前、后袖从袖山顶部开始、袖中线处互相交叉覆盖。花瓣袖的变化结构除了变化袖长外，还可由基本花瓣袖，向上展切变为抽褶花瓣袖，向下展切变为喇叭花瓣袖，是袖山方向蓬松的一片袖和袖口方向蓬松的一片袖的综合应用。

（1）基本花瓣袖

根据效果图在基型袖上截取袖底长4cm，修正两边袖口各进1cm；设计袖山顶部互相交叉覆盖部位，分别距袖山顶点约8.5cm，设计袖口形态，如图5-20(b)；将前后袖底缝线重合，圆顺弧线，得到图5-20(c)。

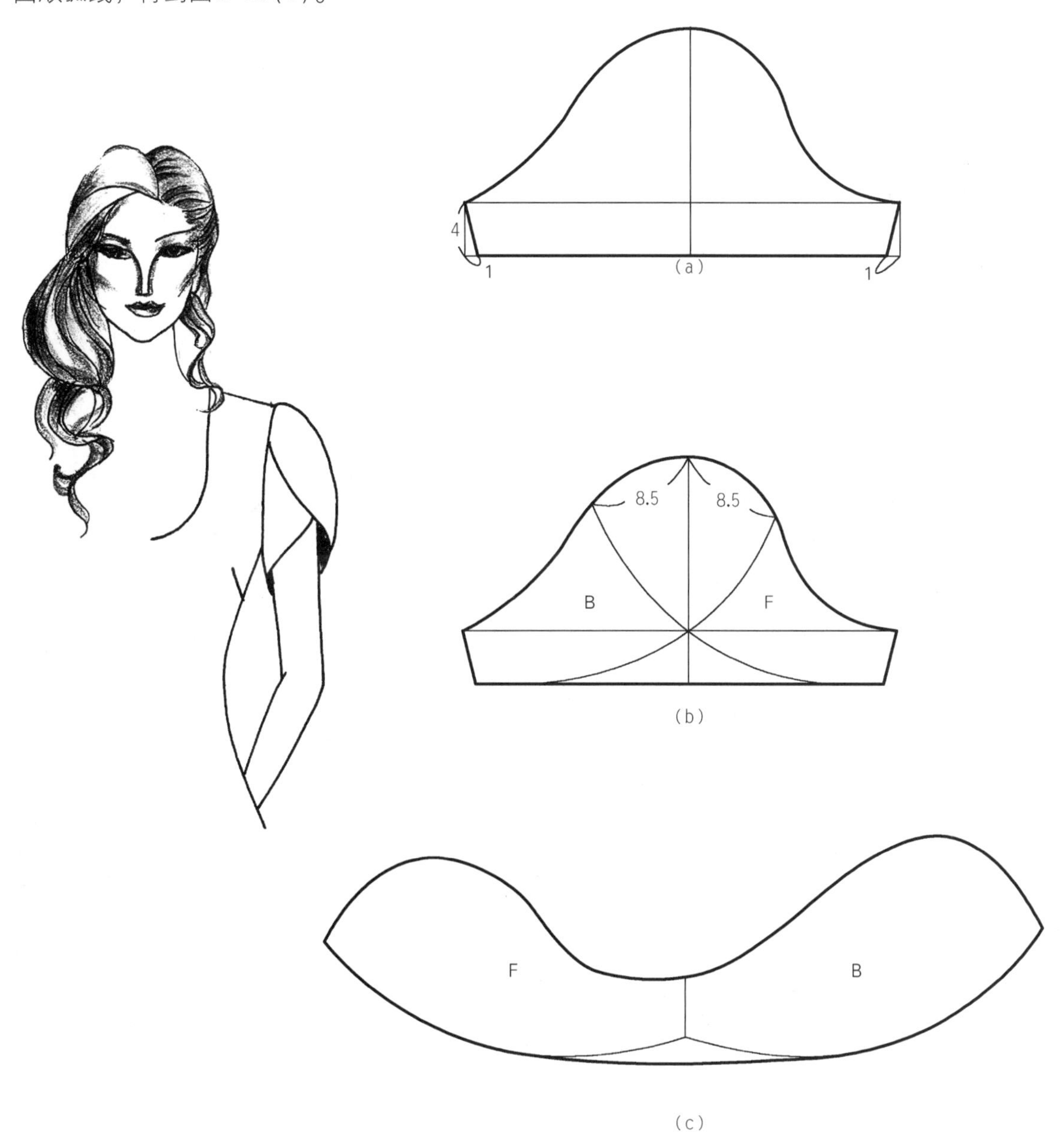

图5-20　基本花瓣袖

（2）抽褶花瓣袖

在图 5-20(a)基本花瓣袖基础上，延长袖长 7.5cm，圆顺袖口造型，如图 5-21（a）。

在袖山顶点附近，作袖山抽褶展切辅助线，如图 5-21(b)；在展切线处，分别展开袖山弧线 2cm 左右；重合袖底缝，使前、后袖片组合为一片袖；追加泡量约 3cm，圆顺袖山、袖口弧线，如图 5-21(c)。

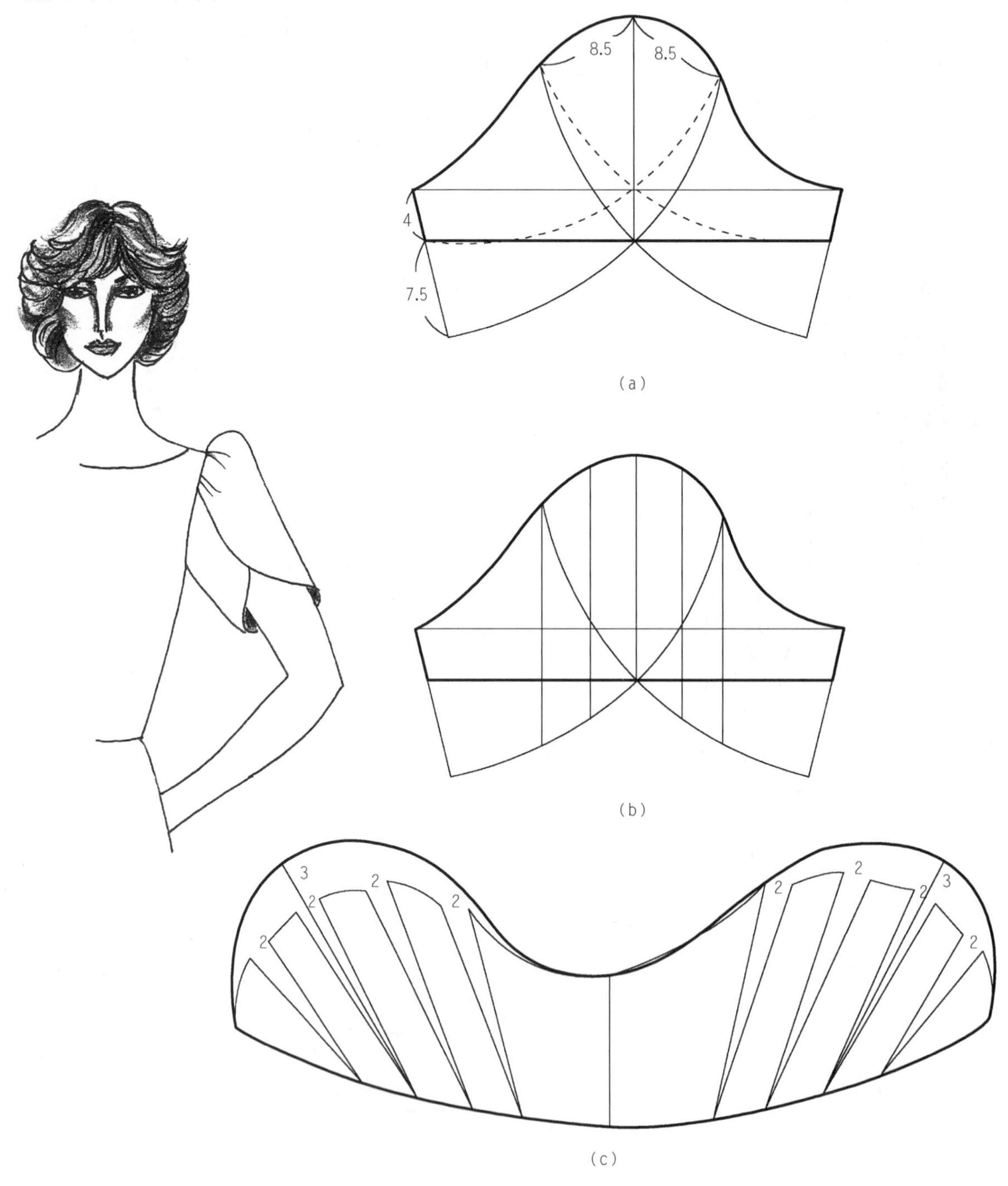

图 5-21　抽褶花瓣袖

（3）喇叭花瓣袖

在图 5-21(a)基础上，作前、后袖片的袖口喇叭展切辅助线，见图 5-22(a)；依次展切喇叭量；当喇叭花瓣袖展切量较大为圆形时，分别将前、后袖片展切总量为 180°；当整个袖片为前、后两片袖时，完成图如图 5-22(b)；当为一片袖时，将袖底缝重合如图 5-22(c)，此时注意袖山处留有足够的缝份量。

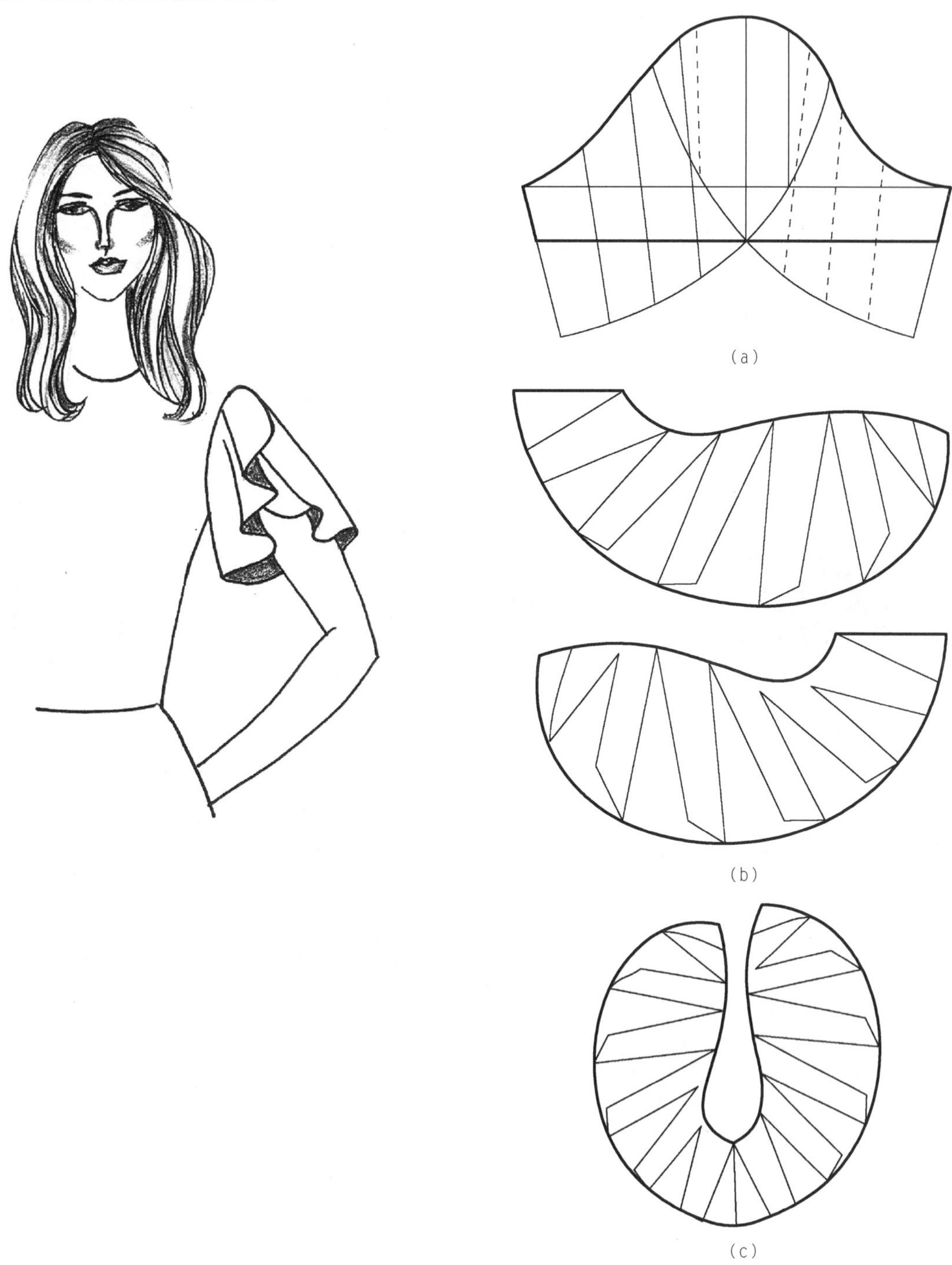

图 5-22　喇叭花瓣袖

5）袖身较贴体的一片圆袖

袖身较贴体的一片圆袖，可利用一片基型圆袖，由映射展开原理设计得到。

如图 5-23 所示，由于袖身映射是按较贴体的曲线造型的袖身侧缝为对称轴，得到的前袖底缝线为聚焦线，后袖底缝线为发散线，致使前袖底缝线和后袖底缝线有很大差量，为满足缝制加工性能，必须使后袖片收省道。省道个数视差量大小而定，一般袖口越小，差量越大，省道可收 2 ~3 个；袖口越大，差量越小，省道可收一个；省道位置在袖肘线附近，修正省尖距造型侧缝线约 1cm，以免省尖外露。袖身较贴体的一片袖，还可展开变化为其他袖型。

（1）袖身较贴体的基本一片圆袖

袖身较贴体的基本一片圆袖，指袖肘收一个省道的较合体一片袖。可在图 5-13(b) 基础上，设计一定袖口量，如 CW = 13cm，修正袖口中点前偏 0. 3cm，圆顺袖中线和较贴体衣袖立体造型，如图 5-23(b)。

运用映射原理或面积等效原理，分别映射展开前、后袖，适当修正圆顺袖口和袖底缝，得到图 5-23(c)；校对前、后袖底缝线，将差量作袖肘省。

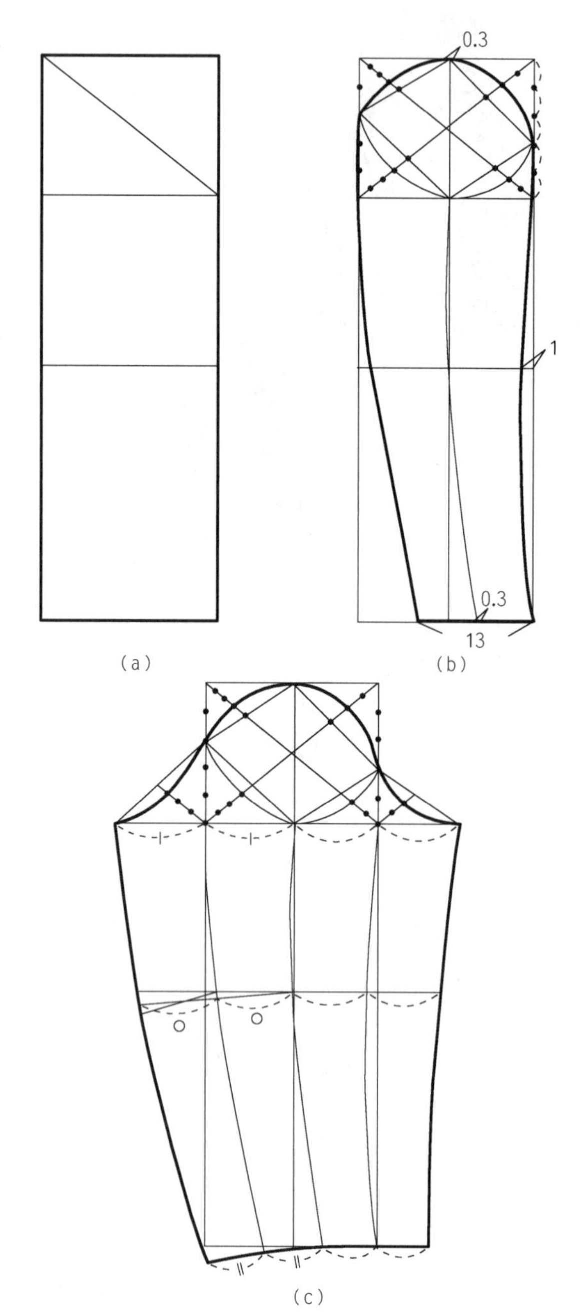

图 5-23　袖身较贴体的基本一片圆袖

（2）羊腿一片圆袖

审视羊腿一片圆袖效果图，款型为部分袖身与整个袖山蓬松袖。在图 5-23(c)基础上，作展切辅助线，袖中线上距袖山顶点 10cm 的中点与两边袖底缝相距 6cm 的点相连，如图 5-24(a)所示；向两边旋转移动展开蓬松量，袖中点间相距 10cm；追加袖山泡量 4cm，圆顺袖山弧线、袖底缝线，如图 5-24(b)。

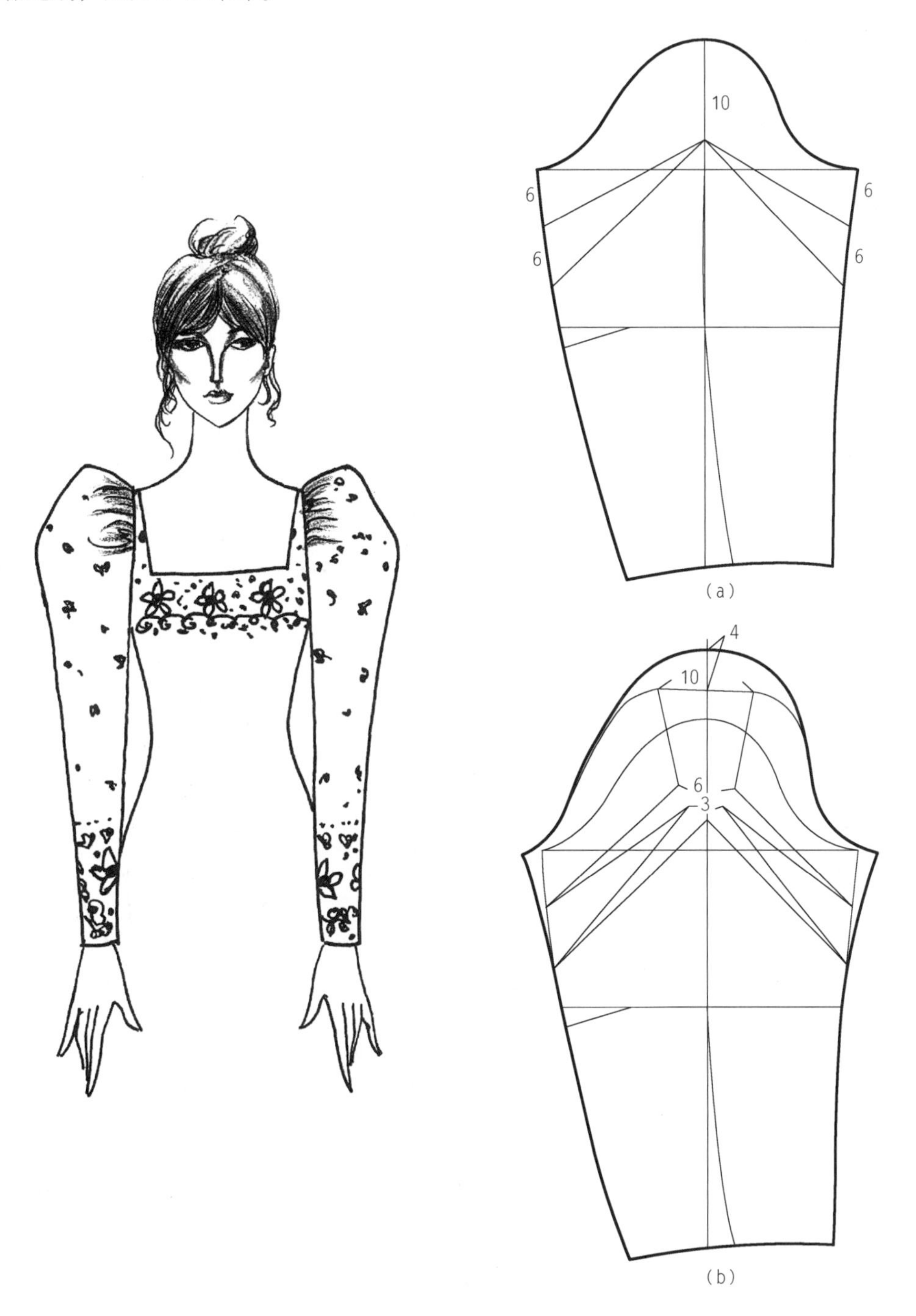

图 5-24　羊腿一片圆袖

（3）斜分割抽褶一片弯身袖

审视效果图，袖款为斜向分割抽褶袖。在图 5-23(c)基础上，距袖山顶点约 8cm 处，作与袖肘省尖相连的分割线，如图 5-25(a)所示；将袖肘省转移至分割线处，并在抽褶部分作较均匀的若干展切辅助线，如图 5-25(b)所示；逐一展开抽褶量，圆顺弧线，如图 5-25(c)。

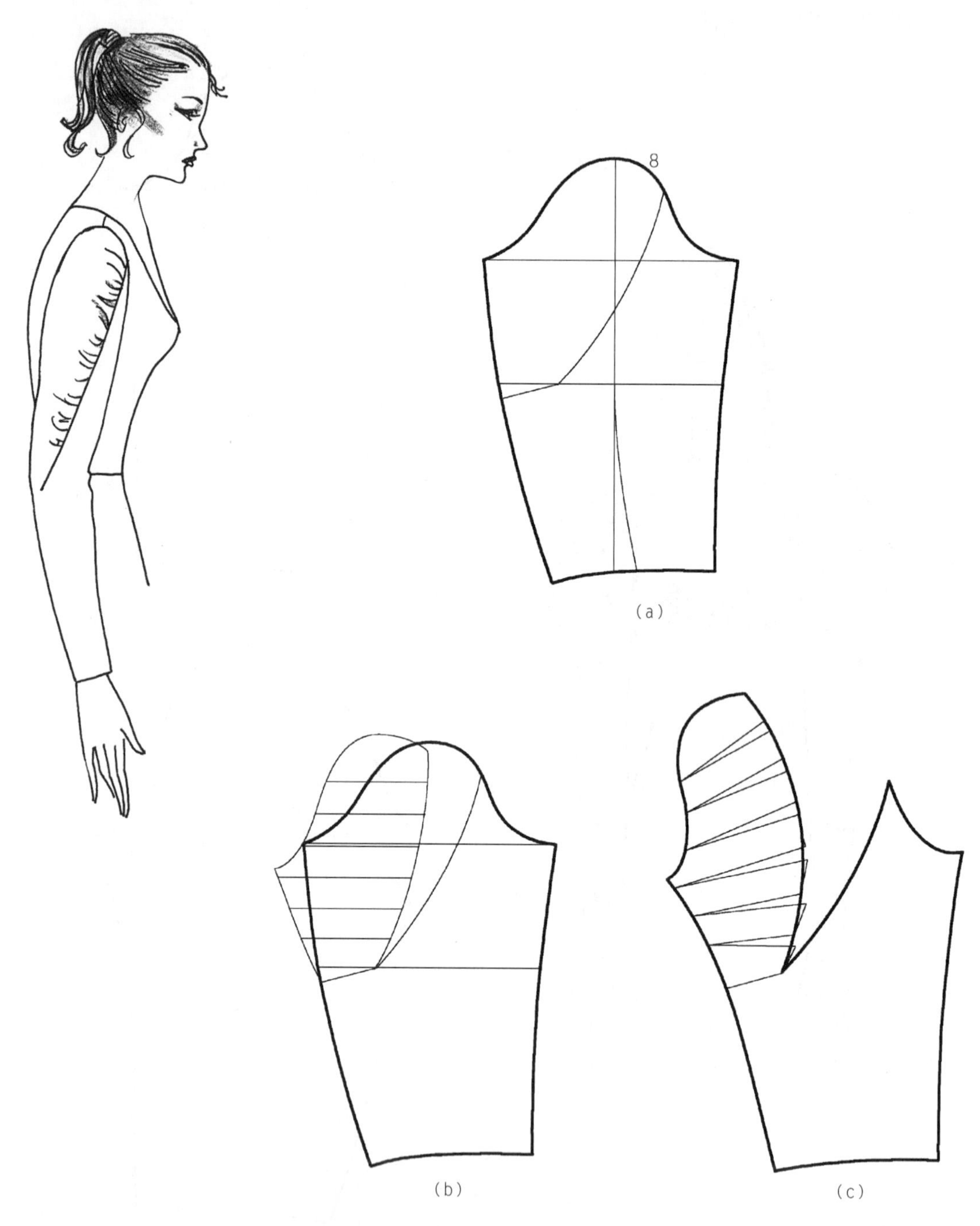

图 5-25　斜分割抽褶一片弯身袖

5.4 二片圆袖结构设计与变形方法

5.4.1 立体结构二片基型圆袖的建立

1）作二片基型圆袖框架

定义二片基型圆袖为贴体弯身袖，即袖山夹角 $\alpha=42°$ 左右，设袖长 $SL=0.3h+x=0.3\times160+7=55cm$。（若总体高 $h=160cm$）。

作长为袖长 SL 的袖长垂线，过 A 点作袖框架水平线和袖山对角线 AB，与上平线成夹角 $\alpha=42°$，$AB=AH/2+k$，k 为调节系数，用以控制袖山吃势量，二片袖吃势量应比一片袖稍大，k 可取 0.5cm；用平行线和垂线完成基型袖框架图；作袖肘线 FG 使 $AF=SL/2+2.5$，如图 5-26（a）。

2）作袖山弧线

取袖中点并前偏 0.5cm 作袖中线；分别五等分前、后袖山高，三等分前袖底线，前袖山高 BC 在 1.5/5 ~ 2/5 袖山高间取点，后袖山高 DE 取 3/5 袖山高；如图 5-26（b）连接相应点；光滑圆顺 8 个参考点完成袖山弧线。

3）设计袖身造型线

二片基型袖除了袖山形态比一片袖合体外，袖身是弯曲合体的，不同于一片基型直身圆袖。在袖长线上，先确定袖口大 $CW=0.1B+X$，（B 为成品胸围，X 为袖口造型调整量），常用女装袖口大为 14 ~ 15cm，修正袖口中心点，前袖口大为 $CW/2-0.5$，后袖口大则为 $CW/2+0.5$；袖肘线上前侧缝弯进 1cm 左右，分别连顺袖身造型线、袖中心线；作袖口起翘线，得到二片基型圆袖立体结构，如图 5-26（b）。

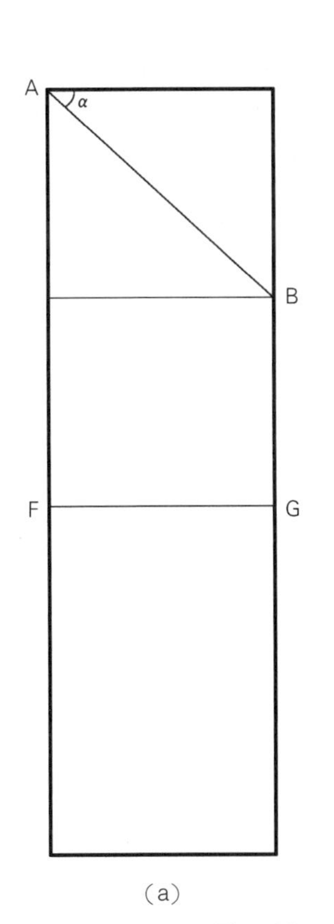

（a）

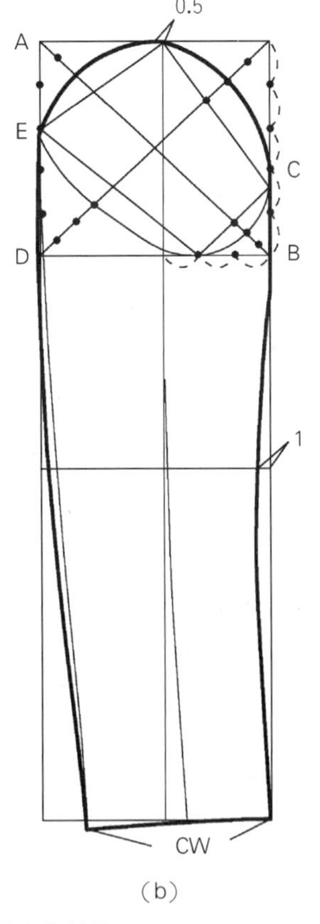

（b）

图 5-26 二片基型圆袖立体结构

5.4.2 二片基型圆袖参数分析

二片基型圆袖的立体结构设计思想与一片基型袖的结构设计原理基本类同。

1）袖山夹角 α 及对角线长度

袖山夹角 α 及对角线长度 AB，用以控制袖山高和袖肥。α 角越小，袖山高越浅，袖肥越大，造型越宽松；α 角越大，袖山高越深，袖肥越小，造型越合体；故二片袖 α 取值范围为 38°～45°。袖山对角线长 AB = AH/2 + k，k 为调节系数，用以控制袖山吃势量，二片袖 k 值可取 0.5 左右，k 值愈大，吃势量愈大。

2）前、后袖山高

前、后袖山高，用以控制袖山曲线造型。二片袖的前袖山高 BC 取值一般为 1.5/5～2/5 袖山高，后袖山高 DE 取值一般为 3/5 袖山高；袖子造型越贴体，前袖山高取值越小。

3）袖中线

袖中线，位于袖中点前偏 0.5cm 左右处，二片袖造型比一片袖贴体得多，后袖片应考虑更多的运动松量，故前后偏差量比一片袖大。

4）袖山弧线参考点

前袖山弧线参考点常取对角线上交点间的 1/3，后袖山弧线参考点，常取对角线上交点间的 1/4，如图 5-26(b)。

5）袖口

设计袖口大 CW = 0.1B + X，B 为成品胸围，X 为造型调节量。常规袖口大小约为 14～15cm，可开袖衩或不开袖衩，只要袖口大小足以满足手的穿脱，此时的袖衩常作成假袖衩；当袖口大小设计量减小，不能满足手的穿脱，此时的袖衩必须作成真袖衩，真、假袖衩主要是缝制工艺的区别。

6）立体结构二片基型圆袖分割、展开原理

图 5-26(b) 仅仅为二片袖的外观立体结构，要得到平面的二片袖纸样，需对立体结构进行大小片分割，再运用一片袖的映射展开原理，或面积等效原理，将二片基型袖立体结构展开得到，具体见二片袖的变化应用一节。

5.4.3 二片袖的变化应用

常用的二片袖主要有，前后分割线均有偏量的无袖衩型和前后分割线均有偏量的有袖衩型两类。

由二片基型圆袖的立体结构建立可知，要得到袖身弯曲的合体袖，只有对二片基型袖的立体结构进行大小袖片分割，再运用映射展开原理才能获得。

理论上，分割线可直接设置在前、后袖身造型线处，然而如果这样设计，分割线就外露，外观造型不佳；为使分割线不外露，可使分割线尽可能向中心线方向设置，此时大袖片的获得，可选择弯曲的袖身侧缝线为映射对称轴映射得到，将弯曲的袖身侧缝线视为一小段一小段直线的组合，这样，在找特征拐点的映射点时，只要过拐点作对称轴的垂线，取两边距离相等，即可得到等效补偿面积的轨迹。但由于对称轴是弯曲的袖身侧缝线，致使前片分割线映射得到聚焦轨迹线，后片分割线映射得到发散轨迹线，偏量越大，前后分割线的映射轨迹线长短偏差越大，缝制工艺困难。故分割线设置的最佳偏离量为 3cm 左右。

1）前后分割线皆偏，无袖衩型二片袖

在图5-26(b)二片基型圆袖立体结构的基础上，作大小袖片分割线。

图5-27(a)所作前、后分割线与造型侧缝线均平行，且偏离2.7cm，与袖山底线相交A、B后，过交点分别作侧缝线的垂线，即水平线，因为此段的侧缝线为竖直线，取对称轴两边距离相等得到轨迹点A′、B′；同理，求得袖肘、袖口映射轨迹点；圆顺大袖片分割线、袖山弧线，修正袖口，如图5-27(b)。

无袖衩型二片袖的前后分割线的设计，即可同图5-27(b)前后的上下大小一样为平行侧缝线，也可设计成上大下小、甚至前后不等量的形态，如图5-27(c)。

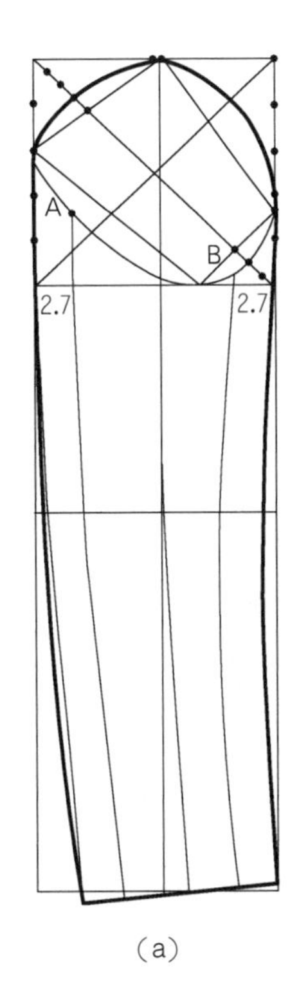

(a)

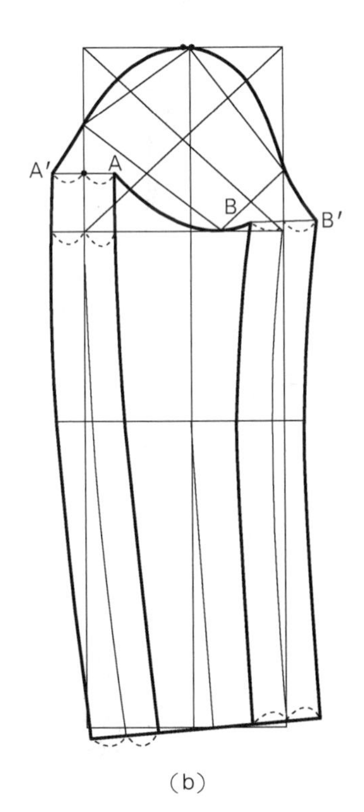

(b)

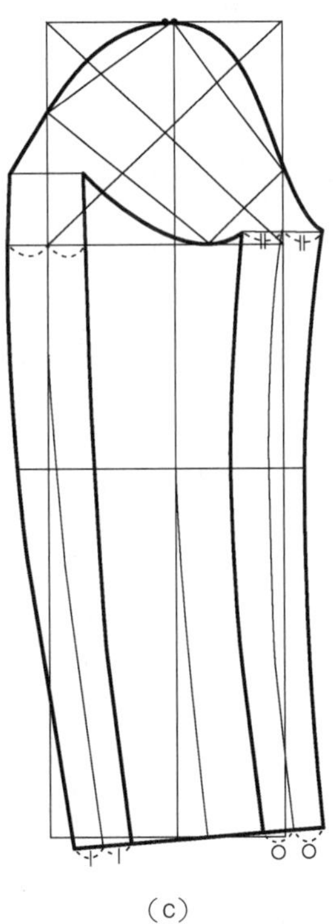
(c)

图5-27 无袖衩型二片袖

2）前后分割线皆偏，有袖衩型二片袖

在图5-26(b)的基础上，设计大小袖片分割线。

有袖衩型的二片袖，一般前片分割线上下都有偏量，后片分割线可偏可不偏，如有偏量，也为上偏、下不偏，如图5-28(b)的后片分割线，上偏量为2.7cm，袖衩长9cm，下偏量至袖衩为0，映射原理同图5-27(b)，映射展开大袖片轨迹线，补偿小袖片去掉的面积，得到图5-28(b)。

袖衩长短与钉扣数有关，常用钉扣数为1~4粒，钮扣数越多，袖衩越长，具体参见图5-28(c)、(d)、(e)、(f)。

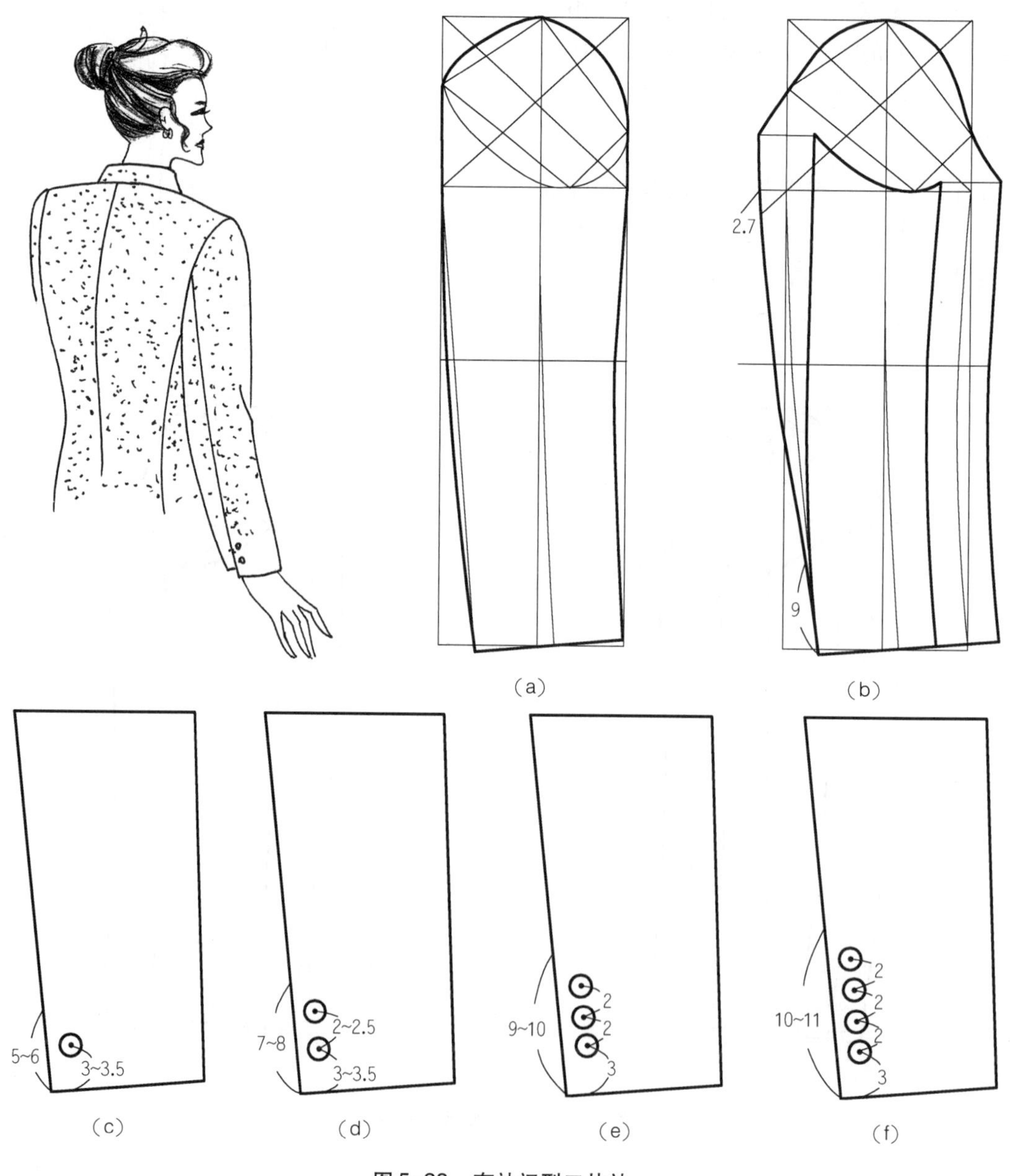

图5-28　有袖衩型二片袖

5.5 圆袖综合结构设计

1）钟形袖

图 5-29 袖款是整个袖身、袖山展切蓬松的一片钟型袖，长短设计无限定，可以是短袖、中袖、长袖，钟型袖的袖口，展切圆顺即可，无需追加下垂量。

选用一片基型圆袖，根据不同的款型，设计不同的袖长线 AB、CD、EF，并作前后袖片展切分割辅助线，如图 5-29(a)；以袖山线端点为转动中心，依次展切前、后袖身喇叭量，圆顺不同袖长的袖口，袖底缝可以是直线也可以是弧线，如图 5-29(b)所示。

图 5-29　钟形袖

2）变形分割灯笼短袖

分割灯笼短袖的分割线可设计成曲线，如图 5-30(a)，是在一片基型圆袖基础上截取袖底缝长 12cm 得到的。

作前后袖的展切辅助平行线，依次以袖山线端点为转动中心，和袖口端点为转动中心，展切上下片的前、后袖身灯笼量，圆顺分割线，校对上下分割线的长短使之一致，如图 5-30(b)。

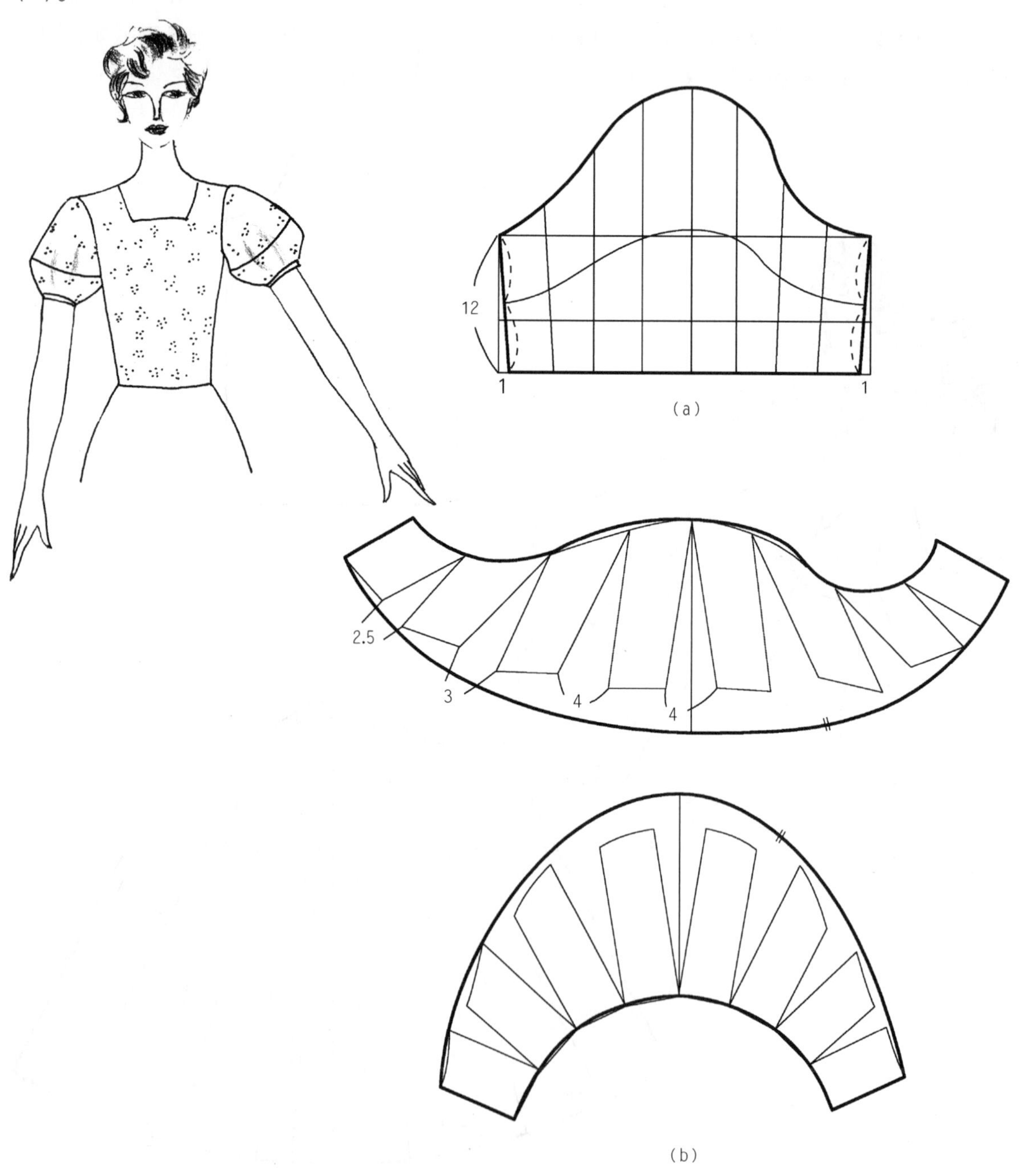

图 5-30　变形分割灯笼短袖

3）扎结短袖

在一片基型圆袖基础上截取袖长20cm，修正袖口，如图5-31(a)；在袖中线处平移展开5cm为袖山抽褶量和袖口系结松量；追加袖山抽褶量和泡量，并添加系结结构量。如图5-31(b)。

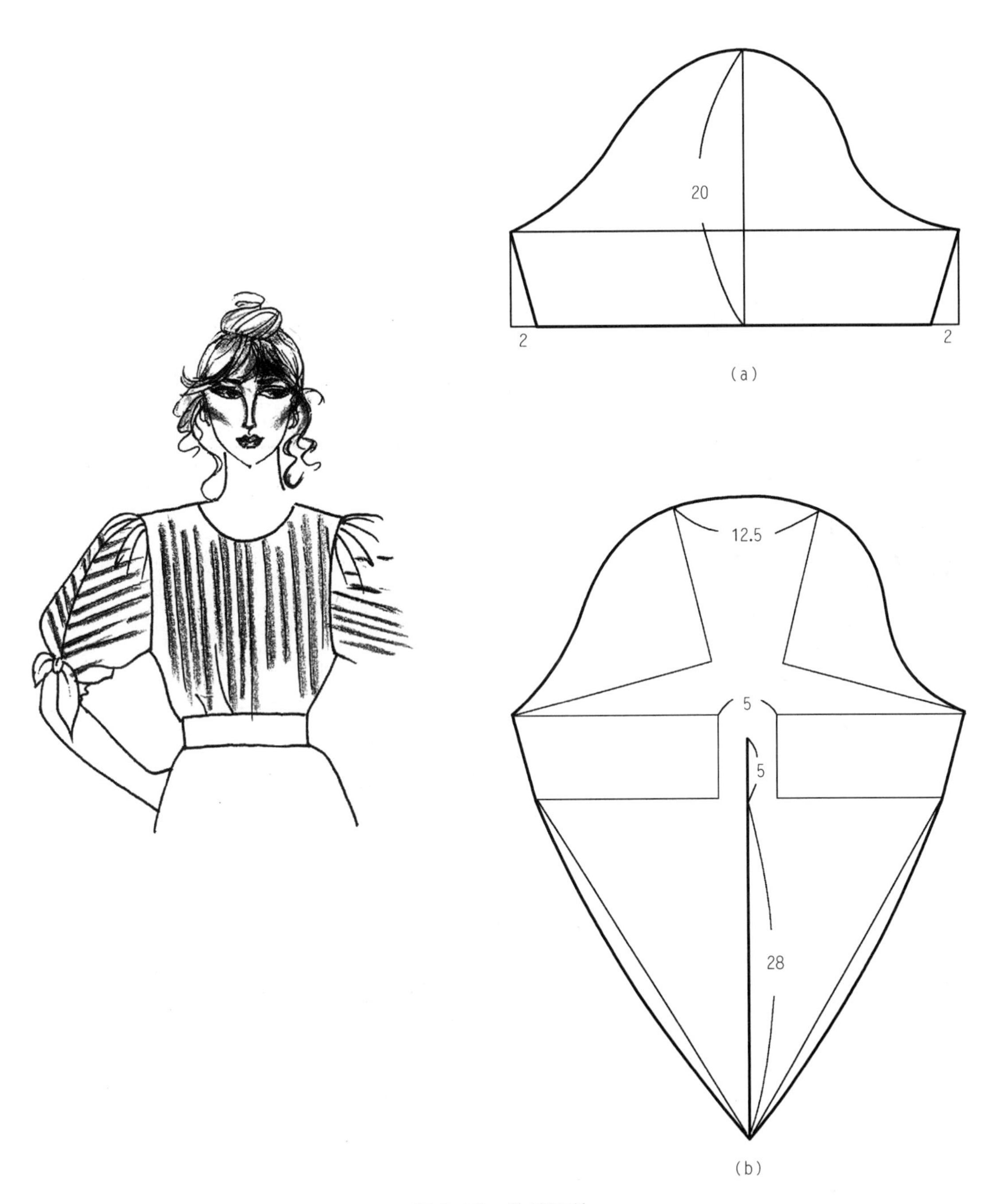

图5-31　扎结短袖

4）非连续分割抽褶短袖

选用一片基型圆袖，截取袖长25cm，修正袖口，根据款型作抽褶分割线，如图5-32(a)；袖中线处平移展开7.5cm，满足分割线处的抽褶量；追加袖山抽褶量和泡量。

以A、B为转动中心，向下展切前、后袖底，确保非连续分割线处的两个缝分量，忽略部分不必要的分割线，使分割线端点A、B分别退回至C、D点；圆顺弧线，如图5-32（b)。

图5-32　非连续分割抽褶短袖

5）渐变袖摆喇叭圆袖

喇叭圆袖的袖摆有水平型和渐变型两种，当水平袖摆时，袖摆与袖山圆为同心圆；当袖摆是渐变时，袖摆与袖山圆为非同心圆。

图 5-33 袖款是渐变袖摆喇叭短圆袖，设袖长 SL = 22cm，量取衣身原型袖窿 AH；设定以 A 为圆心，AB = 2SL + AH/π 为半径作半圆，如袖山底与 A 点相切，则以 C 为圆心，AC = AH/2π 为半径作半圆，得到图5-33(a)；图 5-33(b)是以袖山顶为折线的渐变袖摆立体图。

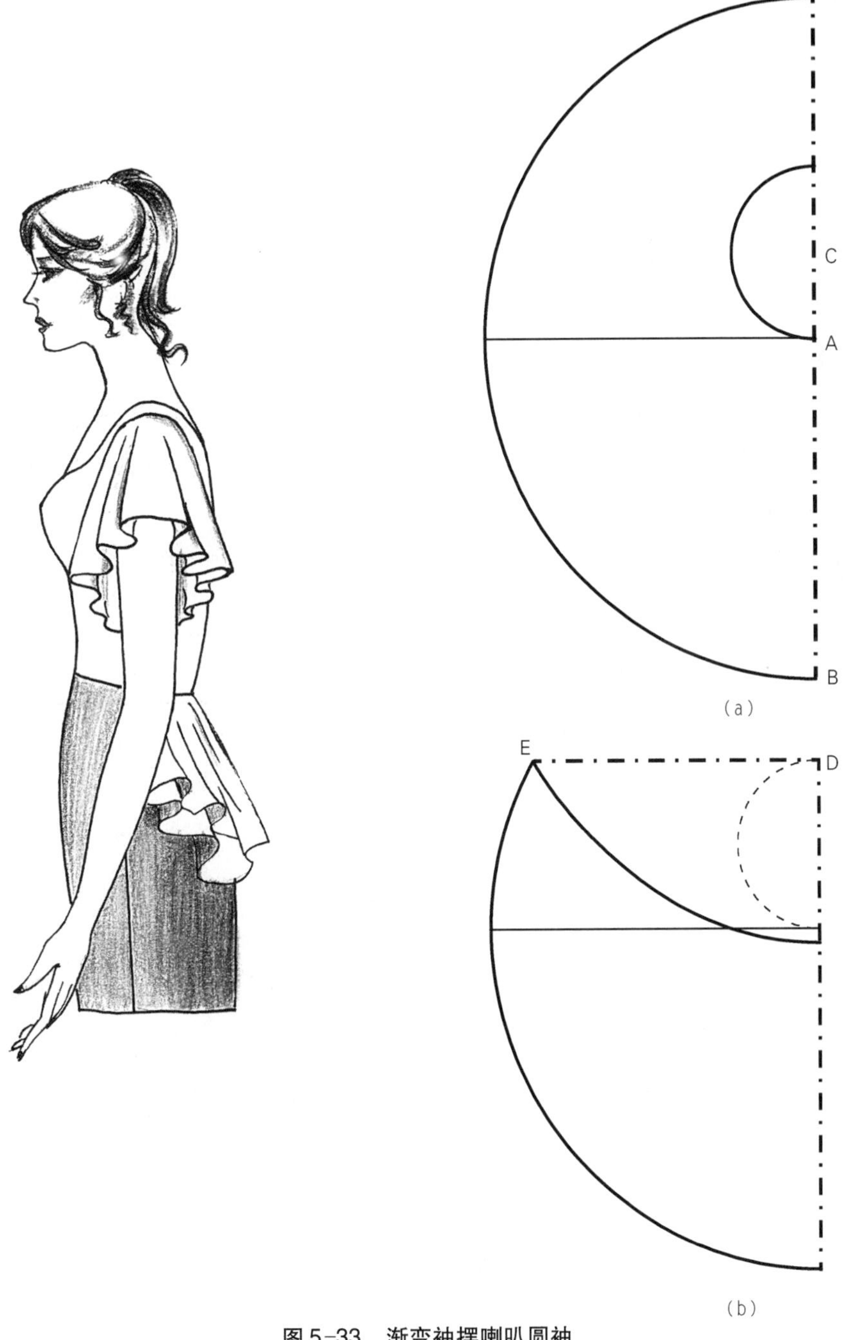

图 5-33　渐变袖摆喇叭圆袖

6）盖肩袖

可在图5-20(a) 基础上，降低袖山2cm，以减少袖山吃势量；并在图上取6.5cm的袖长，分离盖肩袖结构图即可，如图5-34(b)。

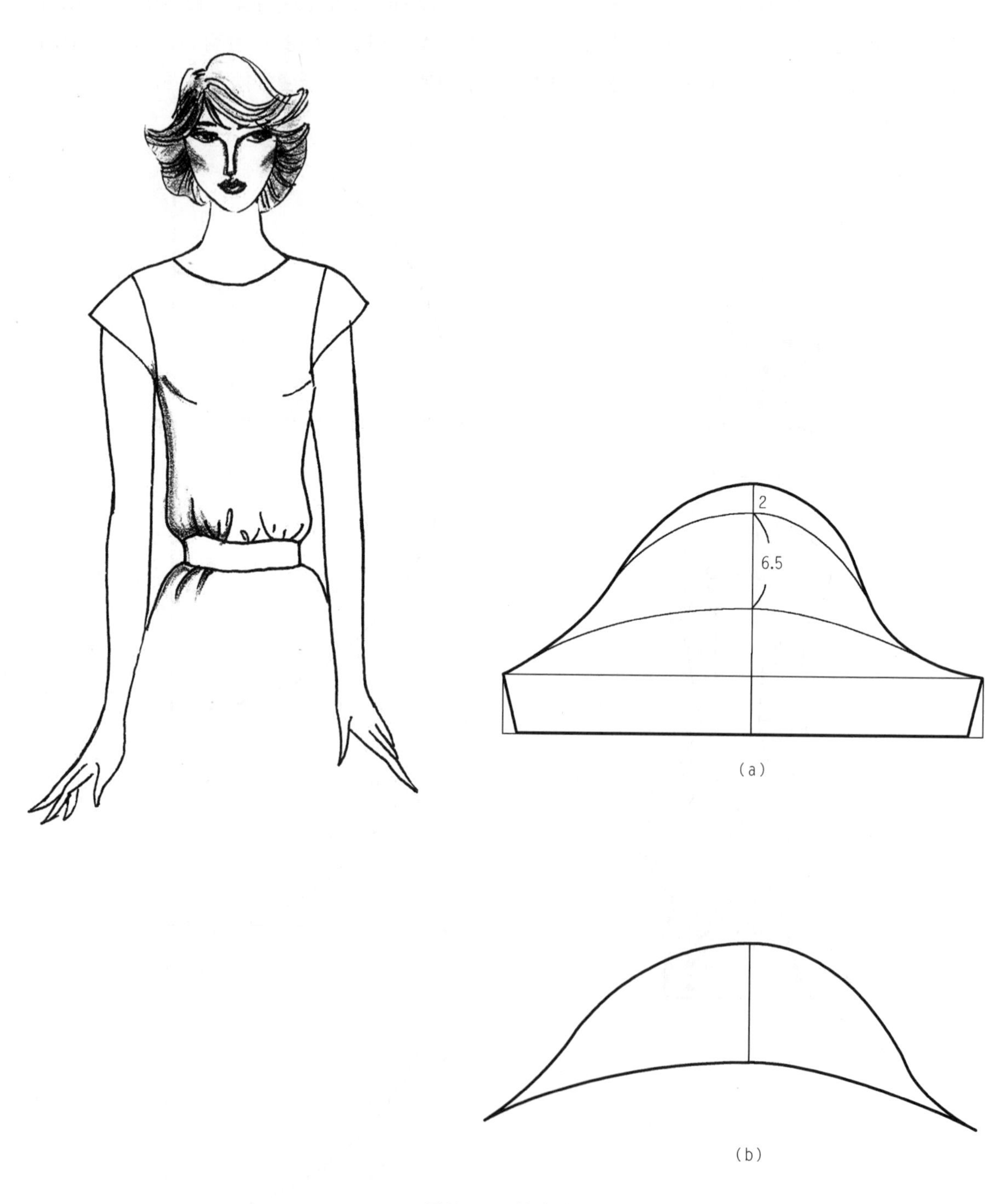

图5-34 盖肩袖

7）传统礼服袖

图 5-35 袖款是袖口钉扣、紧袖身传统礼服长袖，可由袖身较贴体的基本一片圆袖结构图变形获得。选用修身较贴体一片袖基型图 5-23(c)，按图 5-35(a) 设计袖口分割线和变形袖口造型；将袖肘省转移至袖口分割线处，圆顺袖底缝线，如图 5-35(b)。

图 5-35　传统礼服轴

8）变形礼服袖

图 5-36 袖款是袖身展宽的变形礼服长袖，可在传统礼服袖结构图基础上变形获得。在图 5-35(b) 基础上，恢复平袖口；根据效果图，以袖山 A 点为转动中心，将后袖身旋转展宽，圆顺袖口，并作袖口叠门，如图 5-36。

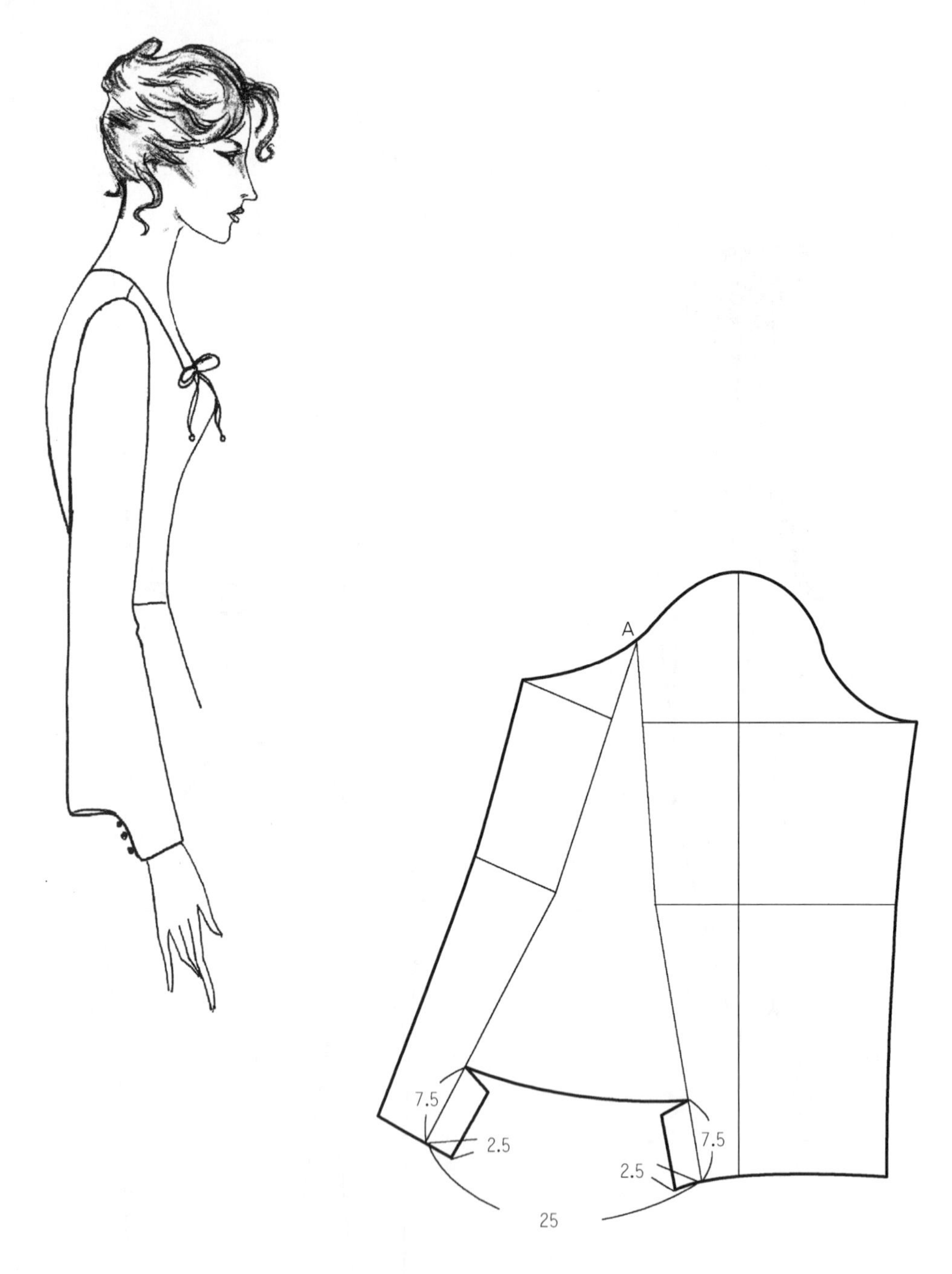

图 5-36　变形礼服袖

9）燕尾袖口紧身袖

图 5-37 袖款是燕尾袖口紧身袖，也是变形礼服袖的一种，可在传统礼服袖结构图基础上变形获得。在图 5-35(b) 基础上，恢复平袖口；根据效果图，按图 5-37 设计燕尾袖口造型。

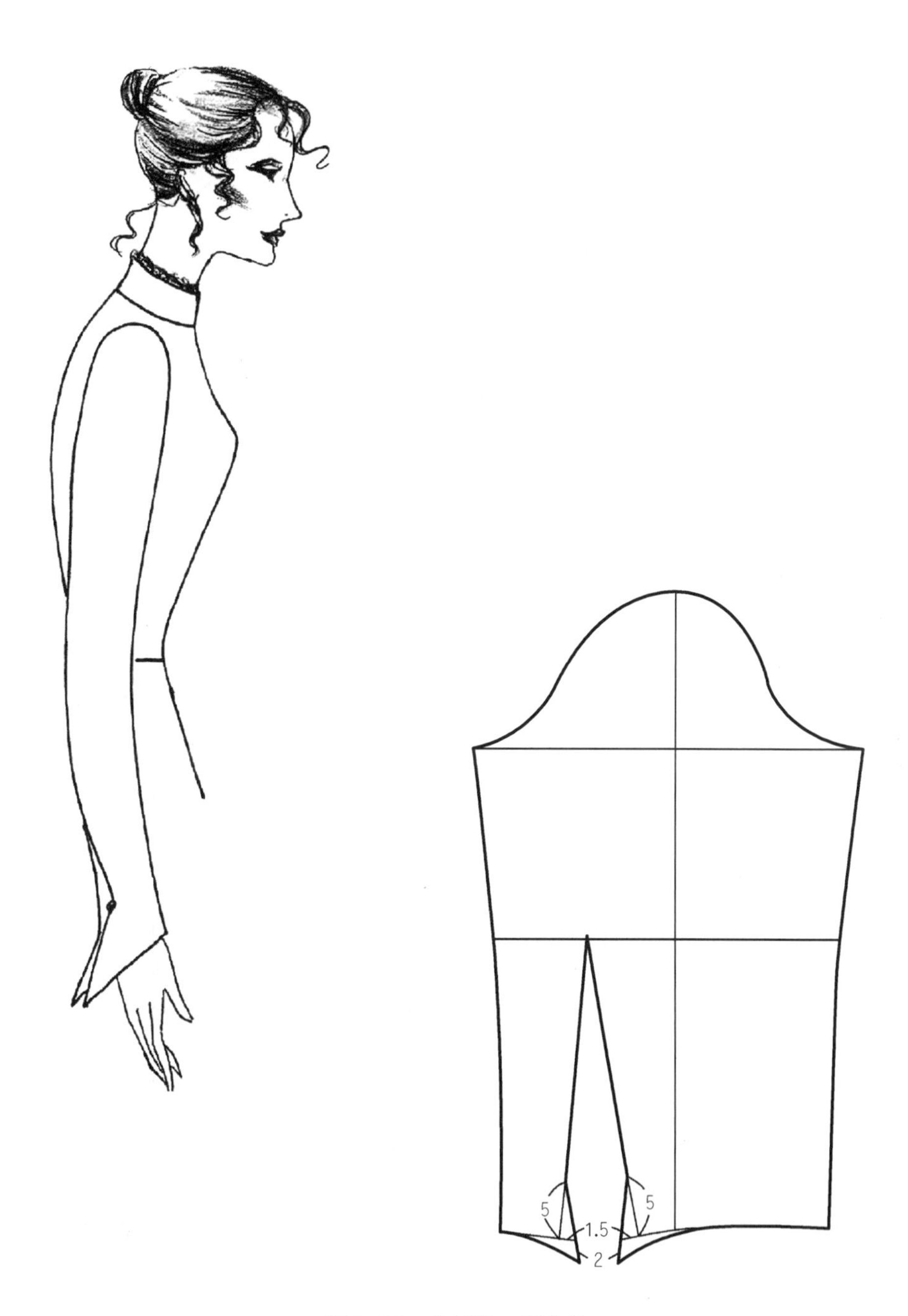

图 5-37　燕尾袖口紧身袖

10）垂褶袖

垂褶袖是非合体一片袖，垂褶可高可低，可由一片基型圆袖展切获得。

选用一片基型圆袖并修正袖口；为使前后垂褶展切一致，修改袖中线，使前、后袖片大小一致，如图5-38(a)；根据效果图的垂褶高低，按图5-38(b)，设计垂褶展切辅助线，并去除部分袖山吃势量；按图5-38(c)展切辅助线，圆顺袖山和袖底缝，并映射展开前后一片袖。

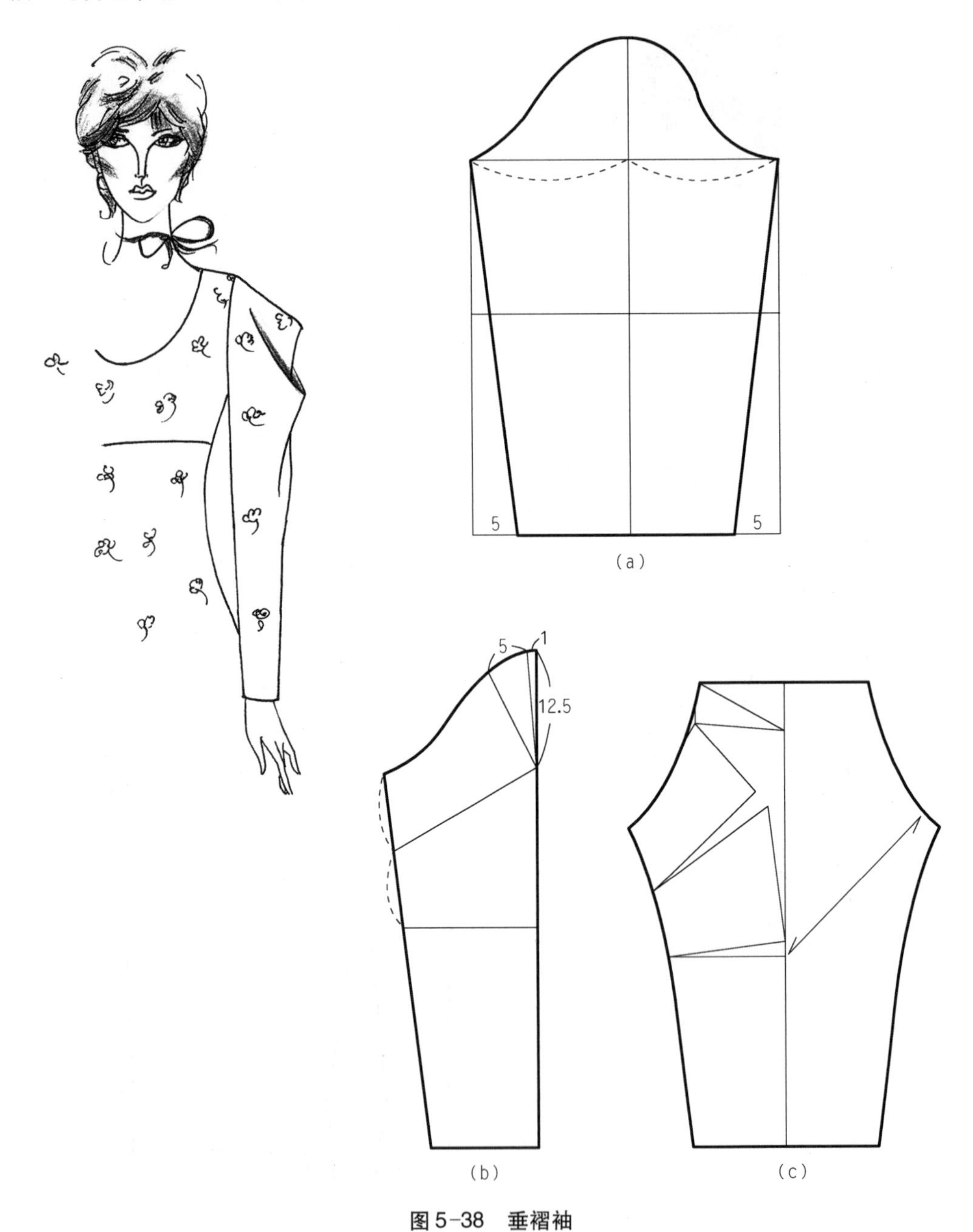

图5-38　垂褶袖

11）新月袖

图5-39袖款，通过加宽袖山，形成平行于袖窿的新月造型线，故称新月袖。因袖身弯曲，利用图5-23(c)袖肘收省较贴体一片袖进行结构变化；按图5-39(a)设计新月造型线，使AO = BO = 10cm，AC = BD = 3cm，CD//AB，并添加展切辅助线；按剪切辅助线，展切新月造型线，使CE = AO，DF = BO，如图5-39(b)。

为使CD弧保持原有袖山高度和形态，追加袖山高度3cm至G点，将袖肘省转移至袖中缝，并继续展开袖中缝，使CG = CE，GD = DF，如图5-39(c)。

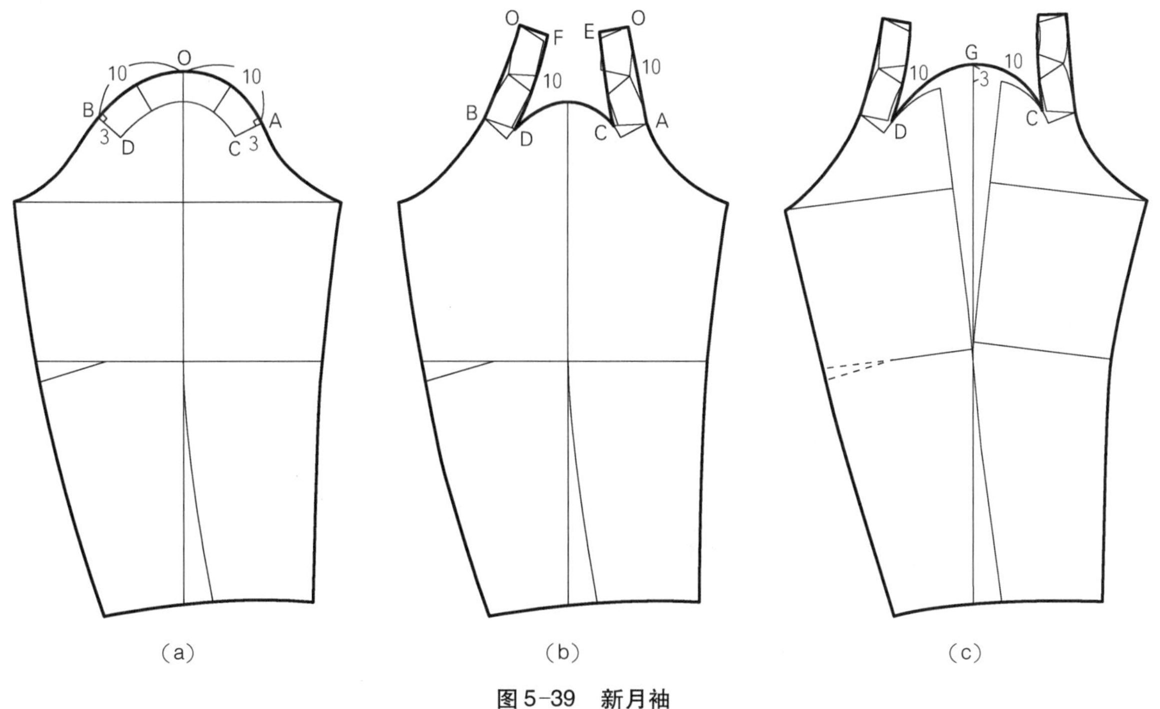

图5-39 新月袖

12）袖山收省过肩袖

图 5-40 袖型是袖山收省较贴体一片袖。选用图 5-23(c) 为基础作变形，确定袖山处三个省的新省位，如图 5-40(a)；展切袖肥线和新省位线，使袖山上抬 4cm，即为肩部展宽量，均分多余袖山弧线量，得到 3 个省量，使省长为 3cm，如图 5-40(b)。

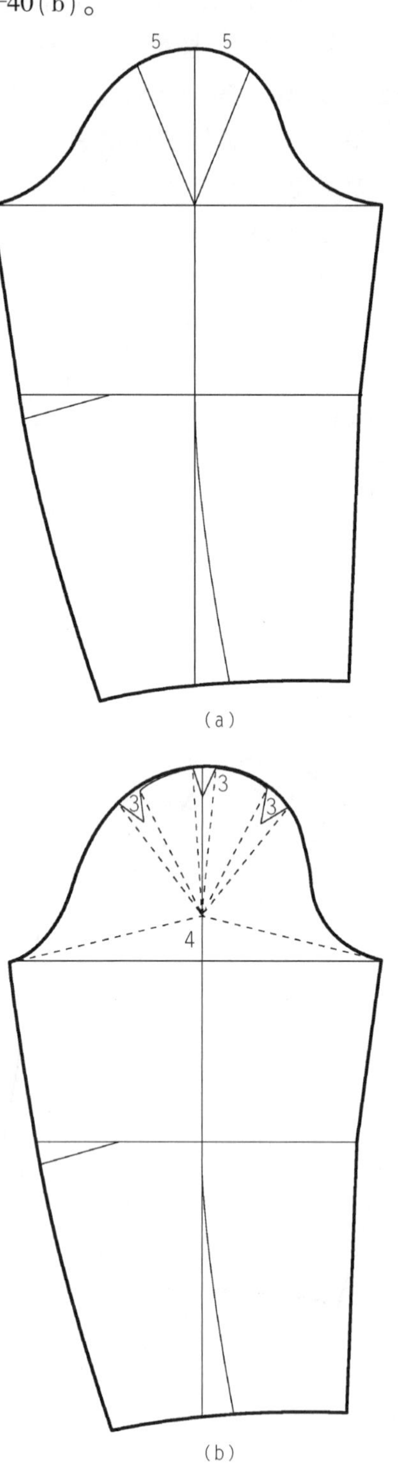

图 5-40　袖山收省过肩袖

5.6 非圆袖结构设计与变化方法

非圆袖指衣身与衣袖连成一体的袖子。一般可分为：连袖、插角连袖和插肩袖；其中插肩袖又可分为：全插肩袖、半插肩袖、肩章插肩袖、育克插肩袖、冒肩插肩袖等。其装饰性较强，在风衣、大衣、工作服上应用较多。

非圆袖结构设计方法主要有两种，即在圆装袖结构基础上设计非圆装袖和在衣身肩部上直接配制，由于非圆装袖与衣身在结构上处于互补关系，即袖子增加某种形状的部分，应同时在对应的衣身减掉，因此，非圆装袖的结构设计宜在衣身肩部上直接配制更直观、简洁。

非圆袖结构设计考虑的因素，关键是把握袖子在造型与功能的协调统一，即袖山夹角的选定，它影响着袖与衣身的贴体程度和袖的运动功能，其原理与圆装袖一样；其次是袖与衣身的连接方式，指袖与衣身相连的分割线形态的设计。

5.6.1 连袖结构设计与变化

1）水平型连身袖结构设计与变化

水平型连身袖是连袖结构中造型最宽松、最简单的一种，穿着舒适，但手臂下垂时，腋下外观有较多皱褶。

结构设计时，可选用衣身原型，修正侧缝线，使前、后胸围相等，以保证前、后袖底缝相关线尽可能相等。从颈侧点 A 直接作水平线 AB，AB = 肩宽/2 + 袖长 +2（2cm 为手臂下垂时肩臂处的厚度）。

作袖口 BC，再根据效果图不同的造型，设计袖窿深 D 点，圆顺连接袖底缝线 CD，如图 5-41，后袖身作图方法与前袖身相同。

水平型基本连身袖可变化成袖口宽大的喇叭袖，袖窿、袖身肥大的蝙蝠袖等不同结构的造型袖。

图 5-41 的 ED、FD、GD 造型结构线，是在水平型连身袖基本结构基础上，袖窿不变，袖身、袖口大小、造型改变的连袖结构图。

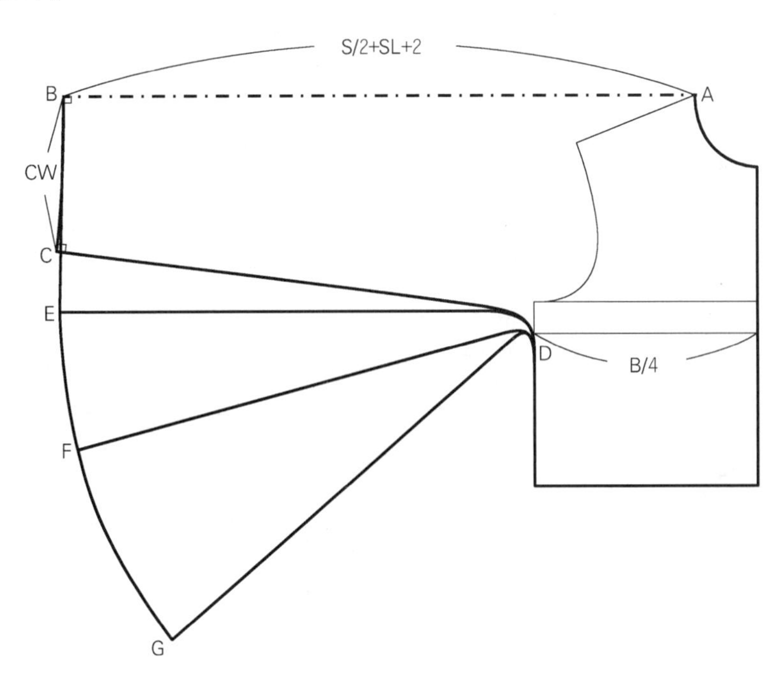

图 5-41　袖口变化的水平型连身袖

图5-42是利用衣身原型，在水平型连身袖基本结构基础上，袖口不变，改变袖窿大小而获得的不同造型的蝙蝠袖。

2）倾斜型连身袖结构设计与变化

连身袖型的袖与衣身的组配，除了袖身水平型外，袖身可与水平线成一定夹角，呈倾斜型与衣身组配。

当倾角α≤自然肩斜角时，肩袖线为直线，此时可与后片的肩袖线组合成一整体，成为无肩袖缝型的连袖结构，图5－41、图5-42、图5-43的直线型肩袖缝均作成点画线；当倾角α>自然肩斜角时，肩袖线由折线变为弧线，前后片组合时，只能成为有肩缝、无袖中缝型或有肩袖缝型连袖。

倾斜角α的增大，影响着袖与衣身的贴体程度和袖的运动功能，α愈大，袖长不变情况下，袖底缝线愈短，腋下皱褶愈少，外观造型美观，手臂运动功能愈差。参见结构图5-43。

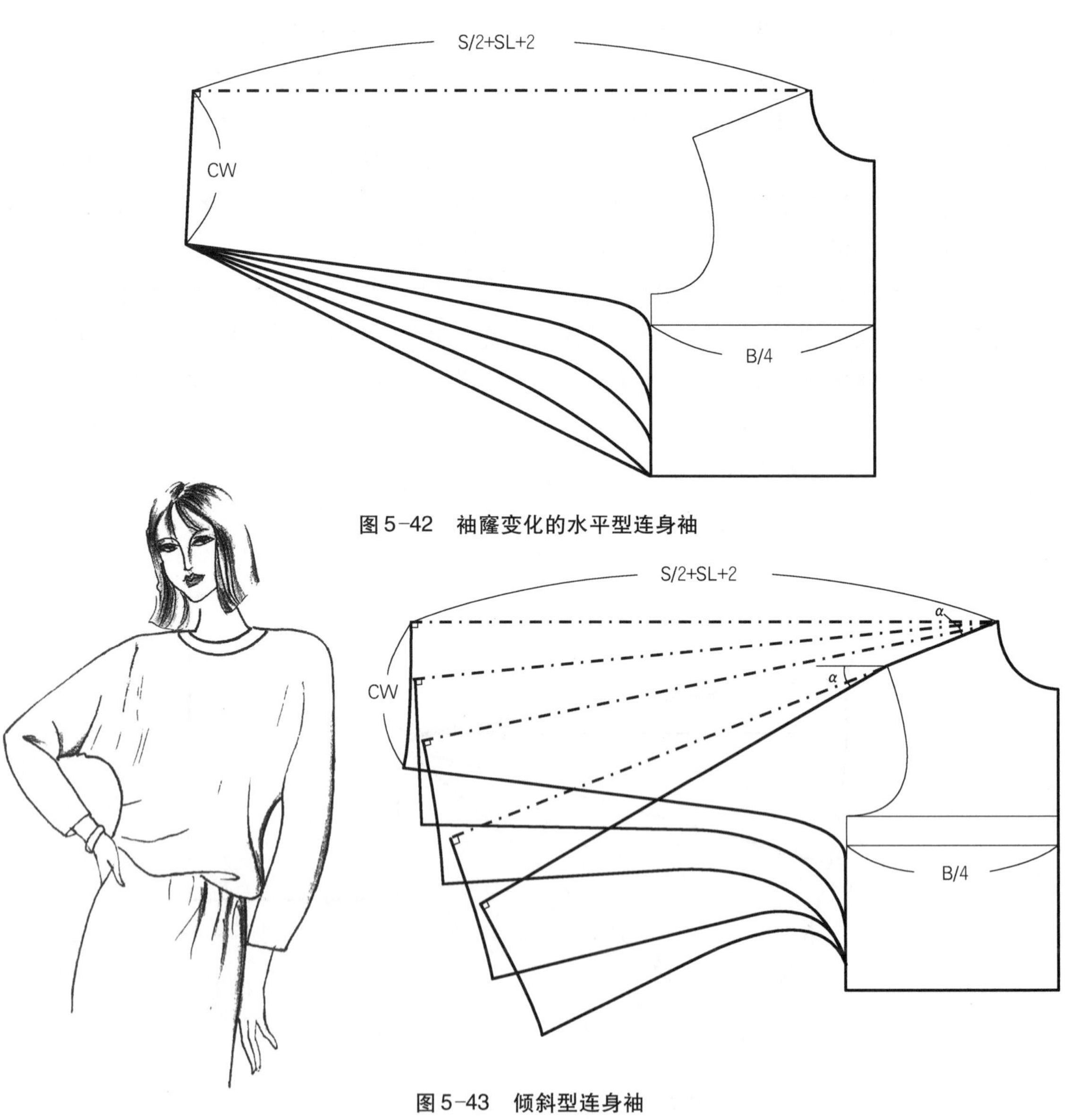

图5-42　袖窿变化的水平型连身袖

图5-43　倾斜型连身袖

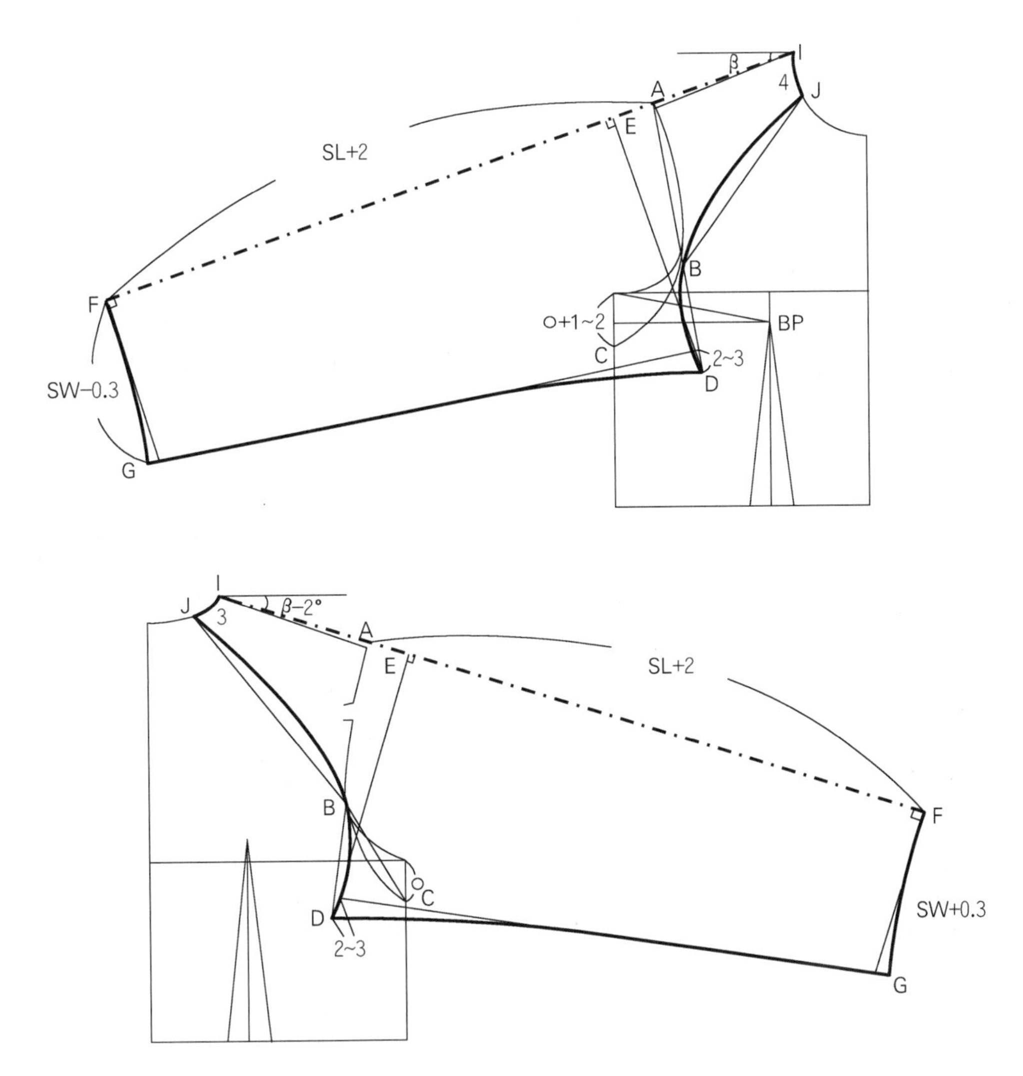

图5-44　宽松型插肩袖

当倾斜角 α 增大到一定值为合体连袖，手臂运动功能较差时，可在腋窝下方加一块插角裆布，以补充袖底缝和侧缝线的长度，当手臂下垂时，挡布被隐蔽于腋下，既保证了肩部的平整，又增强了手臂运动功能。结构设计方法详见整体综合装实例分析。

连袖结构设计方法也可参考插肩袖结构设计方法。

5.6.2　插肩袖结构设计与变化

插肩袖是部分衣身与袖身连为一体的袖型结构。是在连袖的基础上，结合装袖的结构特点，利用分割手法，将三角形插角裆布转化为袖子与衣片的重叠量发展而成的，它成功地解决了袖身倾度与袖底松度之间的矛盾，将装饰性与功能性巧妙地融为一体，是实用性很强的袖型结构。

1）宽松型插肩袖结构设计与变化

宽松型插肩袖指袖倾角 β 小于等于自然肩斜角的袖。这类袖型袖身宽松，穿着舒适，肩袖线成一直线，可将前、后袖片组合成一片袖形式，加工工艺简单。

(1) 确认前、后片衣身

选用衣身原型，校对侧缝线的设置，使前、后胸围相等。

按图示修正袖窿深C点，宽松型插肩袖的袖窿深应在衣身原型袖窿基础上大2cm以上；根据新的袖窿深，修正新袖窿形态，并重新确认修正后的前、后袖窿切点B。

(2) 设计前片袖型结构

根据贴体程度，过I点选择袖倾角β（β小于等于自然肩斜角），作IF线，使AF = SL + 2，2cm为手臂下垂时肩臂处的厚度。

连接AB，并延长至D点，使BC = BD；过D点作AF垂线于E点，AE即为袖山高，过F点作EF垂线FG，取袖口大减偏量，连接DG直线或弧线，修正圆顺袖口。

根据造型，在领圈处设计J点，作插肩袖分割线JB弧线，并圆顺BD弧。

(3) 设计后片袖型结构

过后衣片I点，设计后袖倾角为β - a°，a为前后肩斜偏差量，如设a = 2，延长袖中线至F点，确认E点，使前、后袖山高相等。

过E点、F点分别作袖中线垂线，取FG为袖口大加偏量。

设计后片插肩袖分割线，根据款型要求，在领圈处设计J点，作JB分割弧线，以B为圆心，BC为半径作圆弧交DE线于D点，连接DG直线或弧线，修正圆顺袖口和分割线JBD，如图5-44所示。

2）较贴体型插肩袖结构设计与变化

(1) 确认前、后片衣身

利用衣身原型，确认侧缝线的设置，使前后胸围相等。

按图示修正袖窿深，贴体插肩袖的袖窿深与装袖相比要大2cm左右；根据新的袖窿深，修正新袖窿形态，并重新确认修正后的前、后袖窿切点B。

设垫肩高为h，抬高肩线0.7h，得到新的肩端点A，延长肩线AH = ◎ = 0 ~ 2cm，◎量为手臂下垂时肩臂处的厚度，愈贴体◎量愈大，愈宽松◎量愈小。

(2) 设计前片袖型结构

根据贴体程度，在前袖窿切点B水平处找B′点，BB′ = 0 ~ 1.5cm，宽松型的取0，越贴体取值越大；连接AB′，并延长至D点，使B′C = B′D；过D点设计袖山夹角α，较贴体型的α在30° ~ 40°范围中取值，角度愈大贴体性愈强，角度愈小贴体性愈差，常用角度为30° ~ 35°；过H点作DE垂线至F取袖长，过F点作EF垂线FG，取袖口大减偏量，连接DG直线或弧线，修正圆顺袖口。

根据袖款或设计要求，在领圈处设计J点，作插肩袖分割线JB′，圆顺B′D和肩袖缝线IF。

(3) 设计后片袖型结构

测量前袖倾角β，过后衣片H点，设计后袖倾角为β - 2°，延长袖中线至F点取袖长，确认E点，使前、后袖山高相等。

过E点、F点分别作袖中线垂线，取FG为袖口大加偏量。

设计后片插肩袖分割线，根据袖款要求，在领圈处设计J点，作JB分割辅助线，取袖与衣身分离基点K，分离基点K不一定在切点处，K越高袖身越肥大，以K为圆心，KC为半径作圆弧交DE线于D点，连接DG直线或弧线，修正圆顺袖口、分割线JKD和肩袖缝线IF，如图5-45所示。

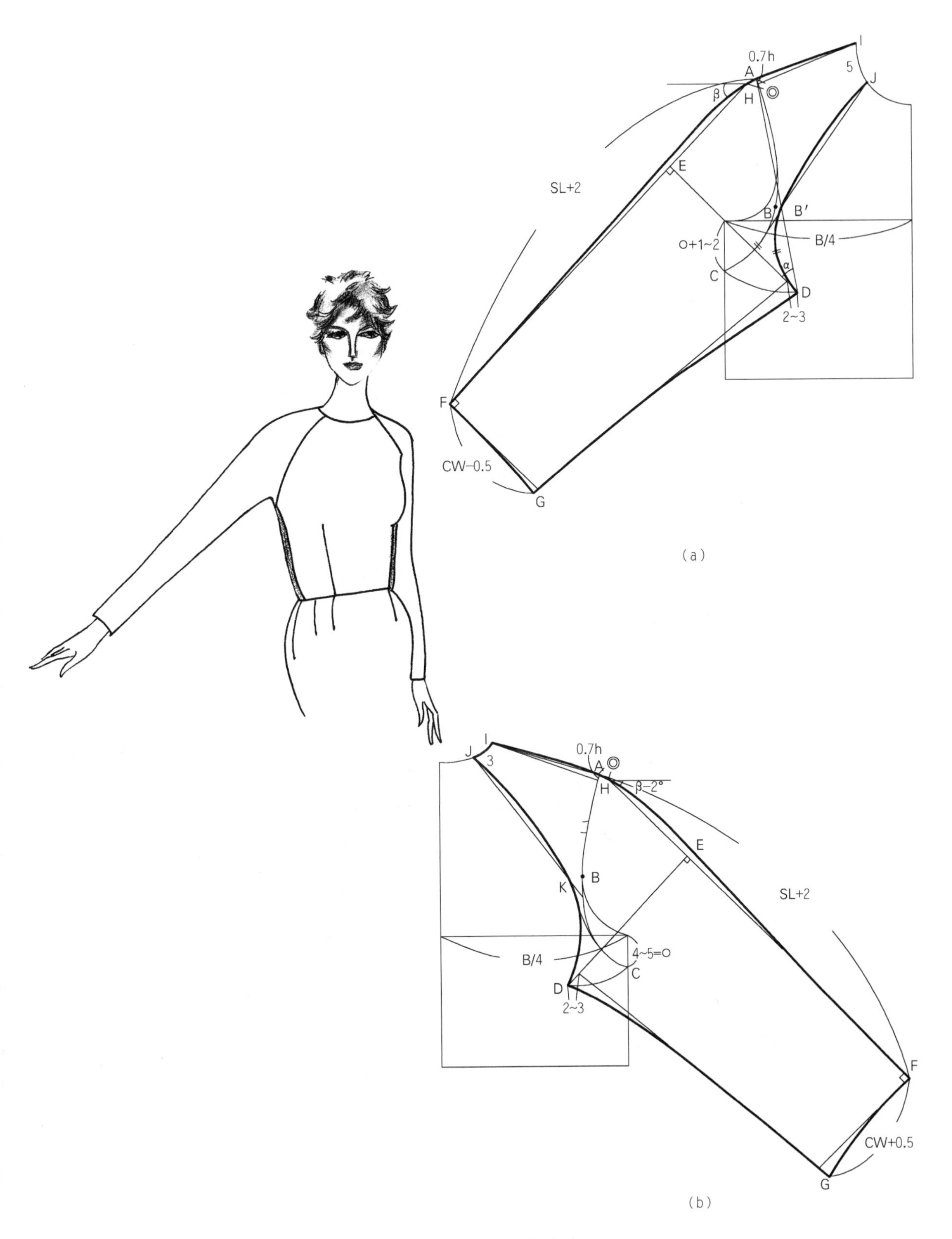

图 5-45　较贴体型插肩袖

3）插肩袖的变化结构

插肩袖的结构设计，除了与连袖一样要考虑袖与衣身组配的倾斜度，以满足袖的运动功能和贴体造型，还需考虑袖与衣身相连的分割线的形态及前、后分割线的对位，否则会影响产品质量。

插肩袖的整体设计与细部设计，融合了袖子的廓形与分割和衣身的廓形与分割为一体，在外观形式与内在结构方面取得统一，其变化丰富，颇具特色。

各种衣袖倾度与衣身组配的插肩袖廓形，都包含有各种形态的内部分割结构线，分割线位置的不同、形态的改变，形成了各种插肩袖的变化结构，如全插肩、半插肩、育克插肩和冒肩插肩袖等。

设计这些分割线时，如果按上述结构设计方法，即袖型直接在衣身肩部上配制，这时由于袖与衣身的结构处于互补关系，即袖子增加或减少某种形状的结构，同时在对应的衣身就减少或增加了。按照这一总面积不变原理，只要在某种插肩袖廓形中，随心所欲设计内部分割结构线就可完成各种插肩袖的变化结构，使结构设计直观、便捷，无需记忆各种造型的结构公式。

图 5-46 所示，是在图 5-45 插肩袖廓形基础上，设计不同内部分割结构线而产生的变化插肩袖结构。

① 为全插肩袖

② 为半插肩袖

③ 为育克插肩袖

④ 为冒肩插肩袖

插肩袖结构的具体应用，请参见第 6 章女上装整体综合结构设计。

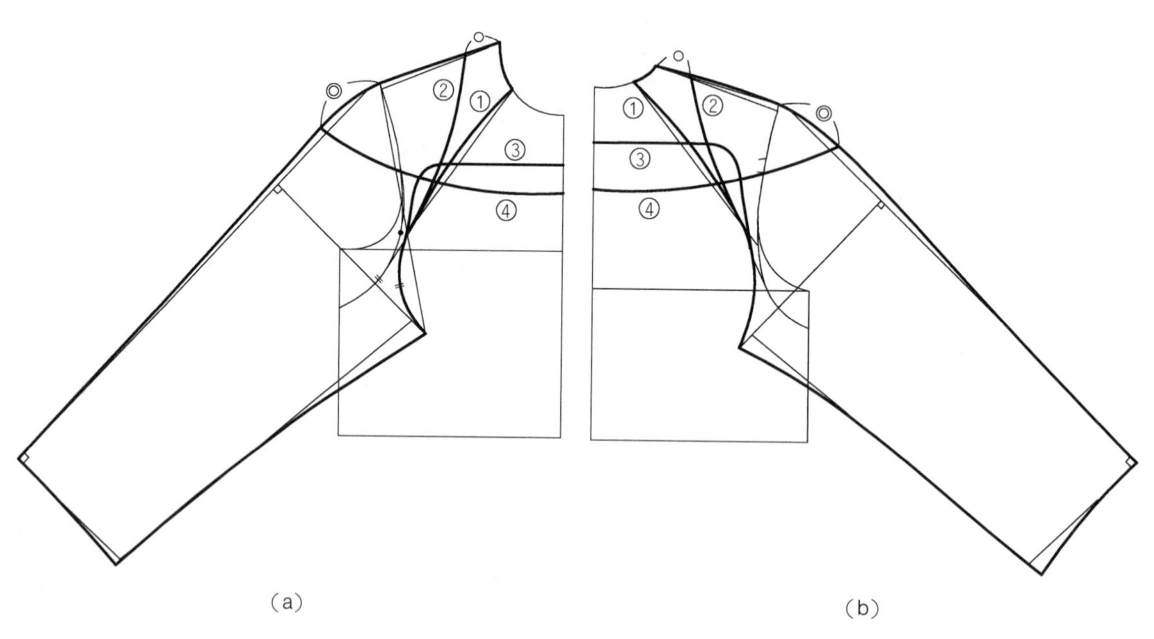

图 5-46　插肩袖的变化结构

第6章　女上装整体综合结构设计

上装整体综合结构设计除了综合应用前面章节零部件结构设计原理外，还涉及款式整体风格、衣身平衡、相关结构线的吻合等。

服装款式的整体风格包括款式的外形轮廓以及细部造型。常见的服装外形轮廓有A形、H形、T形、X形、O形等；而服装的细部造型一方面为了与服装的外轮廓风格相吻合，另一方面也必须尊重服装的科学原理，从人体工学角度考虑人体本身的体型特征以及满足服装的基本功能，此外，还要考虑服装的面料特性及服装工艺特点。通过分析服装的整体风格，确定服装的成品规格，这是服装整体结构设计的第一步也是重要的一步。服装的成品规格设计要考虑很多因素，包括服装款式风格特征、穿着对象、穿着季节、面料性能特征等。成品规格设计时首先是分析上述各因素，然后确定服装的贴体程度。服装结构设计时，常将女装按贴体程度分为贴体、较贴体、较宽松、宽松四大类。不同的贴体程度，反映在成品规格上主要是服装围度方向宽松量的加放，包括胸围、腰围、臀围的宽松量，而衣长、肩宽、袖长、袖口、领围等服装成品尺寸的设计则主要取决于服装的风格。当然服装成品规格的设计并没有固定的模式，需要具体问题具体分析，在满足人体着装的基本要求后，应更注重服装款式的风格及个性，这需要样板师具有敏锐的观察力以及对设计效果图的准确解读能力，即服装样板师要抓得住“感觉”，样板师不仅要有抓实的服装结构设计理论及丰富的实践经验，同时也要了解服装设计的风格及市场信息。

总之，服装成品规格设计时既要考虑服装的风格特征，又要考虑人体的体型特征以及满足人体的日常动作需求。下面将通过实例分析进行详细阐述。

表6-1是常见服装品类的主要成品规格设计方法，胸围的宽松量加放（净胸围+宽松量），贴体类女装胸围成品规格 $B = B^*$（人体净胸围）+内衣因素+(0~10)cm；较贴体类女装胸围成品规格 $B = B^*$（人体净胸围）+内衣因素+(10~15)cm；较宽松类女装胸围成品规格 $B = B^*$（人体净胸围）+内衣因素+(15~20)cm；宽松类女装胸围成品规格 $B = B^*$（人体净胸围）+内衣因素+(≥20)cm。

表6-1　常见服装品类的胸围宽松量加放

服装品类	胸围的宽松量加放
紧身连衣裙、旗袍	4~6cm
合体衬衫	6~8cm
合体上衣、夹克衫	8~10cm
合体春夏套装	12cm
合体秋冬套装	14cm
合体风衣、大衣	16~18cm
宽松风衣、大衣	20~24cm以上

腰围的宽松量加放（净腰围+宽松量），各类女装腰围成品规格 $W = W^*$（人体净腰围）+内衣因素+≥4cm，具体要看服装的风

格特征，通常在满足人体基本要求的前提下，按服装的风格来定，即按服装风格定服装的胸腰差，参见表 6-2。

表 6-2　胸腰差的规格处理

服装风格	胸腰差的规格处理
宽腰造型	B－W≤6cm
稍宽松型	B－W＝6～12cm
合体收腰型	B－W ＝14～18cm

臀围的宽松量加放（净臀围＋宽松量），各类女装臀围成品规格 H＝H*（人体净臀围）＋内衣因素＋≥6cm，具体要看服装的风格特征，通常在满足人体基本要求的前提下，按服装的风格来定，即按服装风格定服装的臀胸差，参见表 6-3。

表 6-3　臀胸差的规格处理

服装外轮廓造型	臀胸差的规格处理
A 形	H≥B＋6cm
T 形	H＜B
H 形	H≥B＋2～4cm

在确定了服装成品规格后和进行结构设计前必须进行衣身平衡分析，这是服装整体结构设计的重中之重，也是服装结构设计极为关键的一步。平衡是衡量服装款式设计及服装结构设计合理性的重要依据，也是评价服装质量的重要组成内容。服装结构平衡是指服装覆合于人体时其外观应处于一种平衡状态，它包括构成服装几何形态的各类部件和部位的外观形态平衡、服装材料的制成形态平衡。结构平衡决定了服装几何形态是否与人体准确吻合，其中衣身结构平衡是重要组成部分之一。

所谓衣身结构平衡具体是指服装在穿着状态下前后衣身的中心线垂直于地面，前衣身在胸围线以上部位能够保持合体、平整，衣身表面没有非造型需要而引起的皱褶；后衣身在肩胛骨线以上部位能够保持合体、平整，衣身表面没有非造型需要而引起的皱褶。要达到衣身平衡，前衣身主要解决胸围线以上的浮余量，即原型前衣片中的胸省；后衣身主要解决肩胛骨线以上的浮余量，即原型后衣片中的袖窿省。

不同风格的服装，衣身平衡的处理方式也不同。从结构设计的角度来考虑，常根据服装外型轮廓及服装的贴体程度来区分衣身平衡的方式与方法。

从服装外型轮廓来考虑，衣身结构平衡主要有三种形式：梯形平衡、箱形平衡及梯形—箱形平衡。衣身平衡的关键是如何消除前后浮余量。

从服装的贴体程度来考虑，有不同的消除前后浮余量的方法。通常贴体类服装前后浮余量全部采用集中处理的方式，即通过收省、功能性分割线、抽褶、折裥等方式处理；较贴体类服装前后浮余量大部分采用集中处理的方式，少部分采用分散处理方式，即前衣身通过劈门、袖窿宽松、垫肩消除浮余量、前衣身下放等方式分散掉，后衣身处理方式类似于前衣身，大部分采用集中处理的方式，少部分采用分散处理方式，即袖窿宽松、垫肩消除浮余量、后肩缝缝缩等方式分散掉；较宽松类服装则正好与较贴体类服装相反，大部分浮余量采用分散的处理方式，少部分浮余量采用集中处理的方式；宽松类服装基本上都采用分散的方式处理。不同的服装款式，处理方式也各异，但不管采用何种处理方式，最终达到平衡是唯一的检验标准。

（1）梯形平衡：将前浮余量消除在胸围

线以下部位，一般前衣身下放量要大于等于2cm；同样，后浮余量消除在肩胛骨线以下部位，一般后衣身下放量要根据前衣身下放量而定，通常以保持前后侧缝同倾斜为准。此类平衡适用于宽腰服装，尤其是下摆量较大的服装。

（2）箱形平衡：此类平衡的前后衣身在腰围线上处于同一水平线上，前衣身浮余量可以用省道、分割线、抽褶、折裥以及工艺归拢等方法消除；后衣身浮余量也可以用省道、分割线、抽褶、折裥、工艺归拢、肩缝缝缩等方法消除。此类平衡适用于卡腰风格的服装，尤其是贴体类的服装。

（3）梯形——箱形平衡：将梯形和箱形平衡相结合，即前衣身的一部分浮余量用下放量的形式进行下放，另一部分前浮余量用收省的方式进行处理；后衣身的浮余量处理方式类似于前衣身，即一部分浮余量用下放量的形式进行下放，另一部分浮余量用收省或肩缝缝缩的方式进行处理。此类平衡适用于腰部较宽松风格的服装。

相关结构线是指服装上的同一造型线但处于不同的服装部件上的相互关联的结构造型线，两者通过工艺手段制作成衣后成为一条造型线。例如：前后肩缝线、前后侧缝线、袖窿弧线与袖山弧线、领窝线与装领线等。而相关结构线的吻合是指相关结构线之间的关系，包括两条线之间的长度吻合与形状吻合。长度吻合可以是长度相等也可以不相等（通过工艺手段处理，如缝缩、归拔或设计需要的折裥量、抽褶量等）；形状吻合包括两条线条之间的曲率关系等。

本章将按服装类别，通过实例对各类风格的服装进行综合分析，并应用东华原型进行结构设计。

6.1 女衬衣结构

6.1.1 圆下摆较宽松休闲女衬衣

1）款式风格

较宽松型衣身，装门襟，圆下摆，胸口有方形贴袋，有肩覆势，稍落肩，宽松型衬衣袖，男式衬衫领，整体缉明线，是一款较为经典的衬衣，如图6-1。

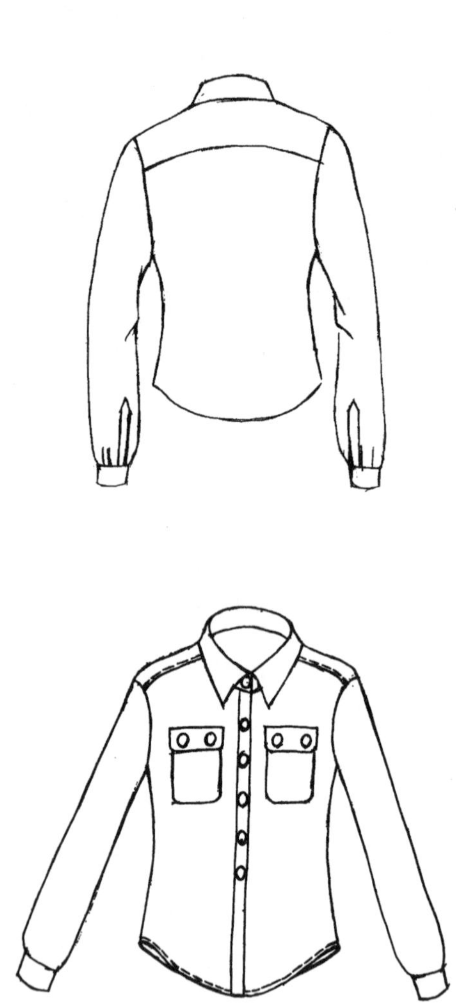

图6-1 圆下摆较宽松休闲女衬衣款式图

2）规格设计

本书以下款式都以中间标准体(160/84A)为例。除非特别注明，一般以厘米(cm)为单位，h为身高160cm。

$L = 0.4h + 4 = 68$

$B = B^* + (15 \sim 20) = 84 + 18 = 102$

$H = H^* + (6 \sim 14) = 90 + 12 = 102$

$N = 0.25B + 12 = 37.5$（领上口线长）

$n_b = 3$

$n_f = 2.5$

$m_b = 4.5$

$SL = 0.3h + (5 \sim 6) +$ 款式因素 $= 48 + 6 + 5 = 59$(不包括落肩)

$CW = 0.1B + a = 0.1 \times 102 + 0.3 = 10.5$

3）衣身结构平衡

前后衣身平衡都采用箱形平衡方法。前衣身胸省一部分在前袖窿中作宽松处理，另一部分则转移到横胸省中；后肩省一部分分散到后袖窿处作宽松处理，另一部分在肩覆势中去掉，如图6-2。

4）结构设计要点

(1) 衣身

袖窿深按原型袖窿深，前后侧缝分别放出所需宽松量，注意后衣身宽松量大于前衣身的宽松量。侧缝在腰节处略吸腰，据造型设计圆下摆、肩覆势、胸口贴袋、前门襟等。肩部落肩量为3cm，重新画顺袖窿弧线，横开领开大0.3cm，前直开领开深1cm，作出实际领窝，如图6-3(a)。

(2) 衣领

按翻立领结构设计方法，如图6-3(a)。

(3) 衣袖

袖山按较宽松风格设计，袖山高控制在7～10cm，因衣身袖窿上需压明线，袖山吃势为零，注意检验袖肥是否合适。袖身为直身形的一片袖，袖口为带两个折裥的男式衬衫袖衩的衬衣袖，如图6-3(b)。

5）坯布成衣效果

如图6-4所示。

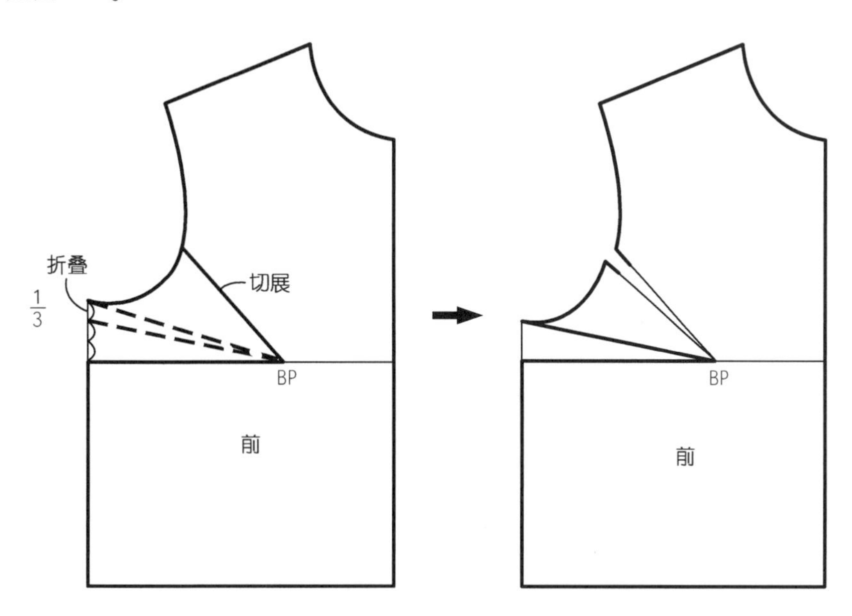

图6-2 圆下摆较宽松休闲女衬衣衣身省道处理

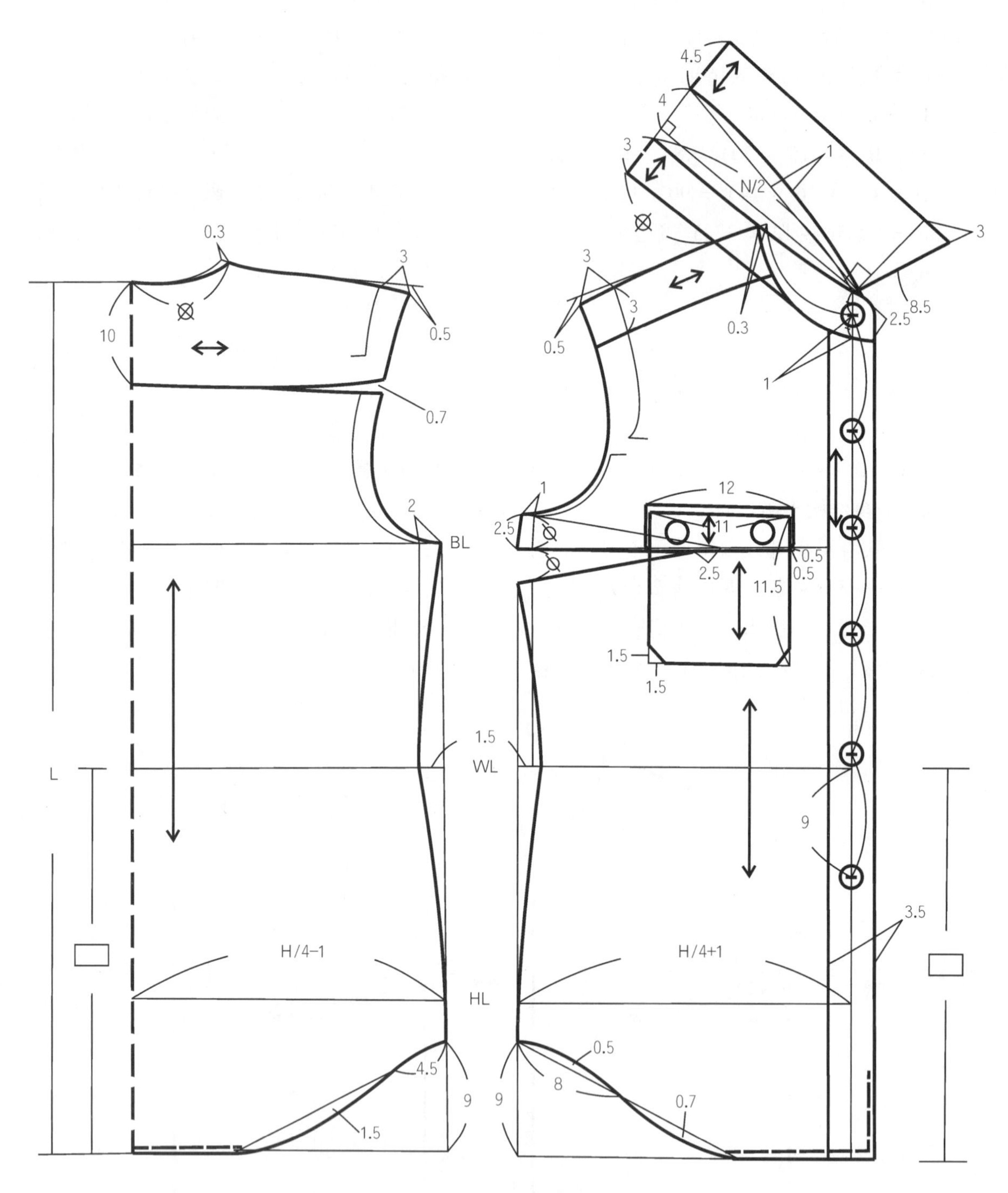

图6-3（a） 圆下摆较宽松休闲女衬衣结构图

22.5
1.5
1.5
1
1.5
6.5
1.5

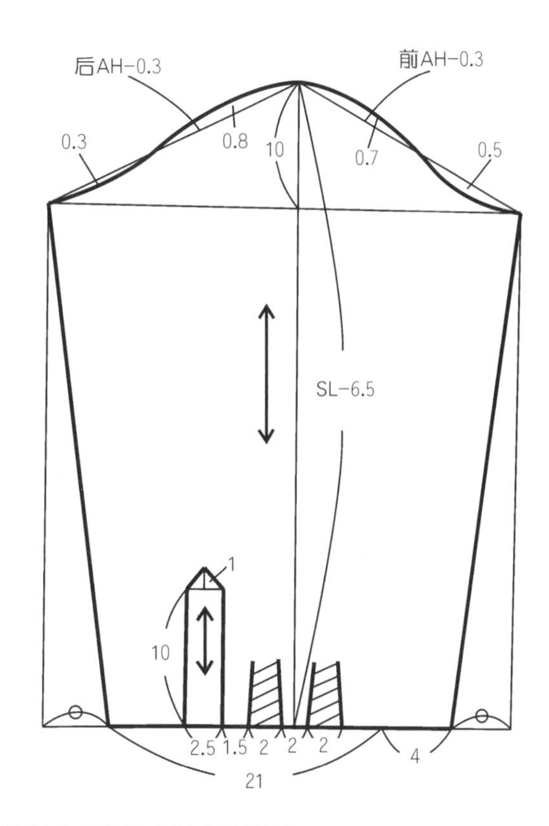

图6-3（b） 圆下摆较宽松休闲女衬衣结构图

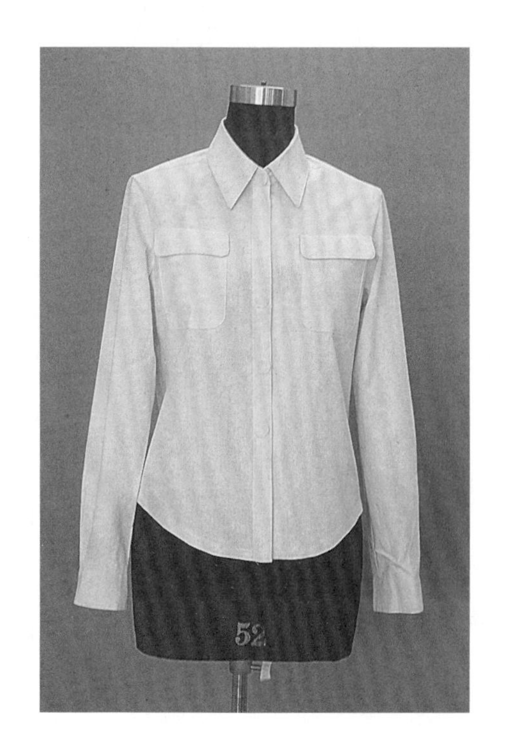

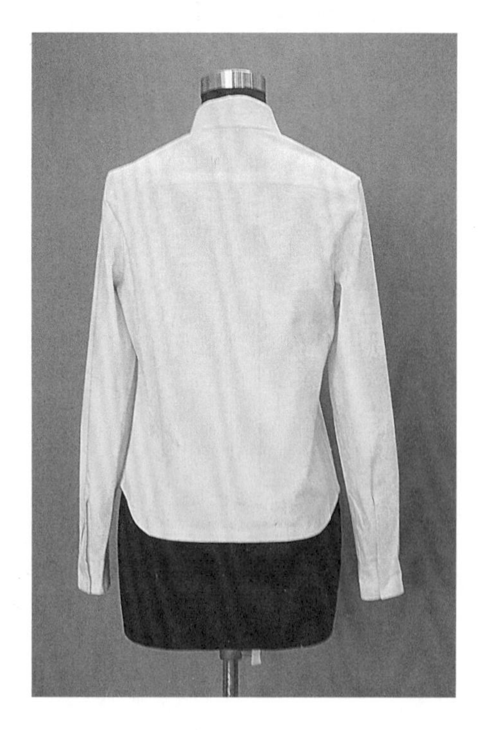

图6-4 圆下摆较宽松休闲女衬衣坯布成衣效果

6.1.2 较宽松 A 形风格休闲女衬衣

1）款式风格

较宽松型 A 字造型衣身，侧缝开衩，小立领，较贴体小喇叭袖，扣眼为环状带扣，是一款中西合璧的较休闲衬衣，如图 6-5。

图 6-5　较宽松 A 形风格休闲女衬衣款式图

2）规格设计

$L = 0.4h + 12 = 76$

$B = B^* + (15 \sim 20) = 84 + 18 = 102$

$S = 0.3B + (10 \sim 13) = 0.3 \times 102 + 10 = 40.6$（取 40）

$N = 0.25B + 12 = 37.5$（领上口线长）

$n_b = 2.8$

$n_f = 2.5$

$SL = 0.3h + (5 \sim 6) +$ 款式因素 $= 48 + 6 + 5 = 59$

$CW = 0.1B + a = 0.1 \times 102 + 6.3 = 16.5$

3）衣身结构平衡

前后衣身平衡都采用梯形平衡方法。前衣身胸省一部分在前袖窿中作宽松处理，其余都转移到下摆，后肩省一部分分散到后袖窿处作宽松处理，其余都转移成下摆增量，如图 6-6。

4）结构设计要点

（1）衣身

袖窿深在原型袖窿深基础上开深 0.5cm，前后侧缝分别放出所需宽松量，根据造型，设计侧缝、下摆，分别将胸省、肩省转移到下摆，门襟无叠门，里襟叠门 1.5cm，前直开领开深 0.5cm，后直开领上台 0.3cm，作出实际领窝，如图 6-7（a）。

（2）衣领

按内倾型单立领结构设计方法，见图 6-7（a）。

（3）衣袖

袖山按较贴体风格设计，袖山高控制在 15cm 左右，袖身为直身形的一片小喇叭袖，如图 6-7（b）。

5）坯布成衣效果

如图 6-8 所示。

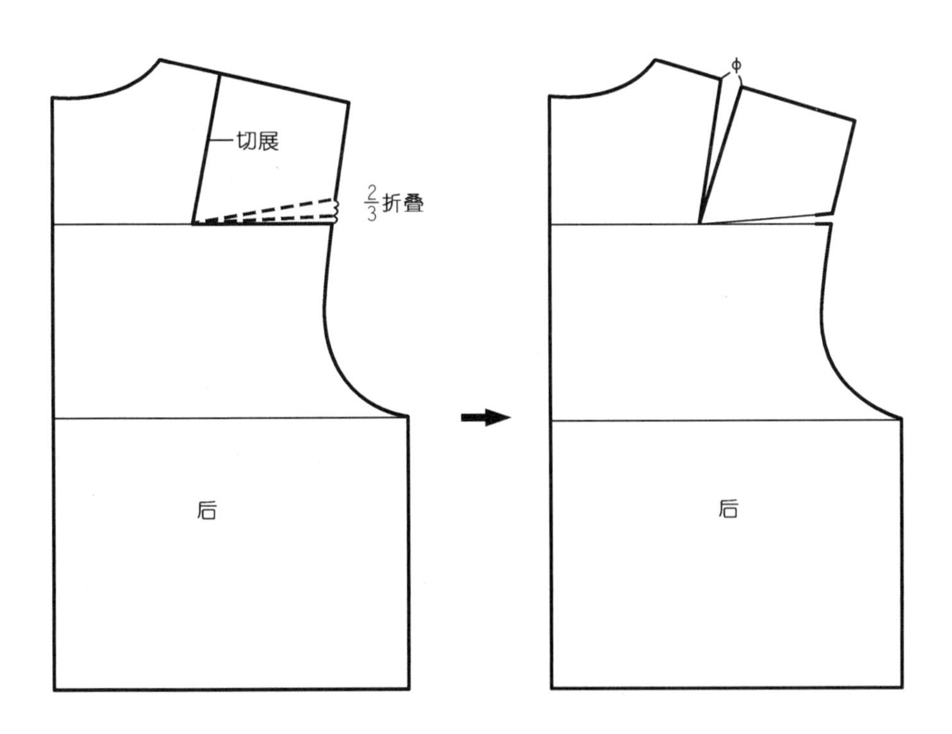

图 6-6　较宽松 A 形风格女衬衣衣身省道处理

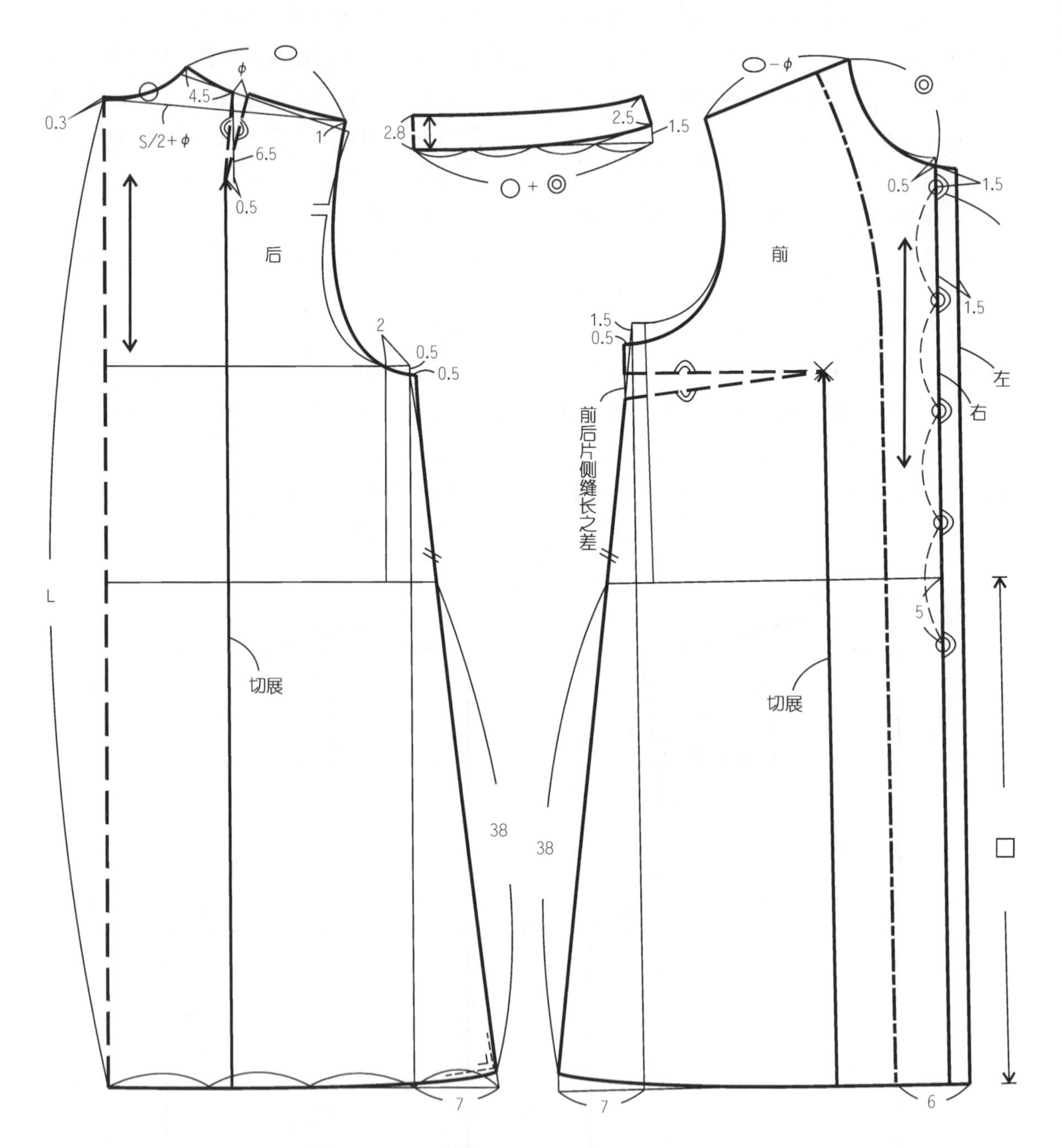

图6-7（a） 较宽松A形风格休闲女衬衣结构图

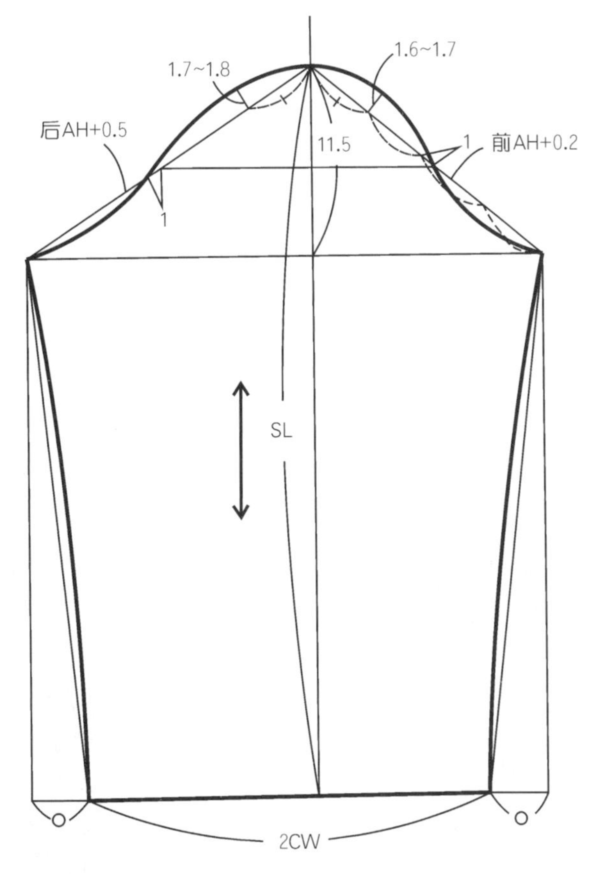

图 6-7（b）　较宽松 A 形风格休闲女衬衣结构图

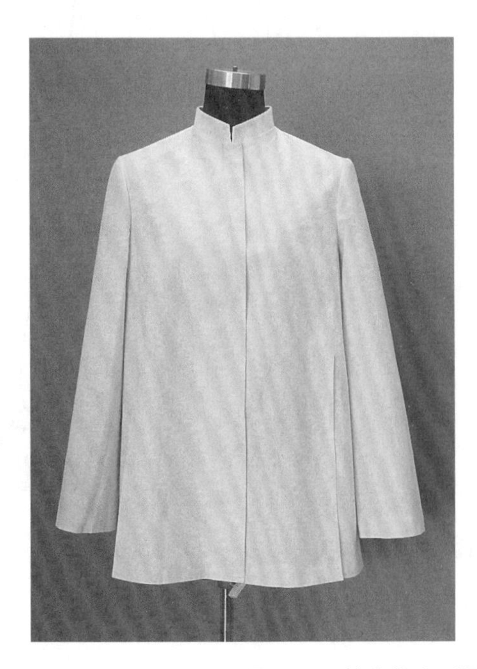

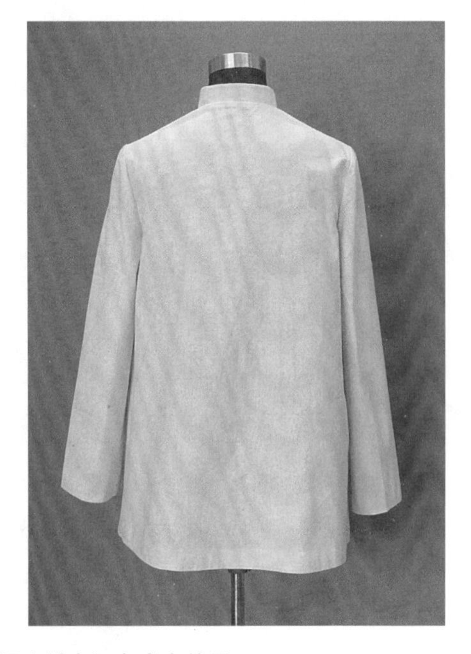

图 6-8　较宽松 A 形风格休闲女衬衣坯布成衣效果

6.1.3 娃娃领荷叶花边女衬衣

1）款式风格

较贴体型衣身、圆下摆，胸前、衣领外圈装饰花边，普通衬衣袖，是一款较典型的少女衬衣，如图6-9。

图6-9 娃娃领荷叶花边女衬衣款式图

2）规格设计

$L = 0.4h - 4 = 60$

$B = B^* + (10 \sim 15) = 84 + 12 = 96$

$H = H^* + (6 \sim 12) = 90 + 8 = 98$

$S = 0.3B + (10 \sim 13) = 0.3 \times 96 + 11.2 = 40$

$n = 0.5$

$m = 5.5$

$SL = 0.3h + (5 \sim 6) +$ 款式因素 $= 48 + 6 + 5 = 59$

$CW = 0.1B + a = 0.1 \times 96 + a = 9.5$

3）衣身结构平衡

前后衣身平衡都采用箱形平衡方法。前衣身胸省一部分在前袖窿中作宽松处理，另一部分则转移到侧缝省中；后肩省一部分分散到后袖窿处作宽松处理，一部分为后肩缝缩缩量，如图6-10。

4）结构设计要点

（1）衣身

袖窿深在原型袖窿深基础上开深1.5cm，根据胸腰差分配各腰省，据款式造型设计圆下摆、前门襟等。横开领开大0.5cm，前直开领开深0.5cm，后直开领上台0.3cm，作出实际领窝，如图6-11(a)。

（2）衣领

按平贴领结构设计方法，即采用肩缝重叠法，如图6-11(b)。

（3）衣袖

按衬衣袖结构设计，如图6-11(b)。

5）坯布成衣效果

如图6-12所示。

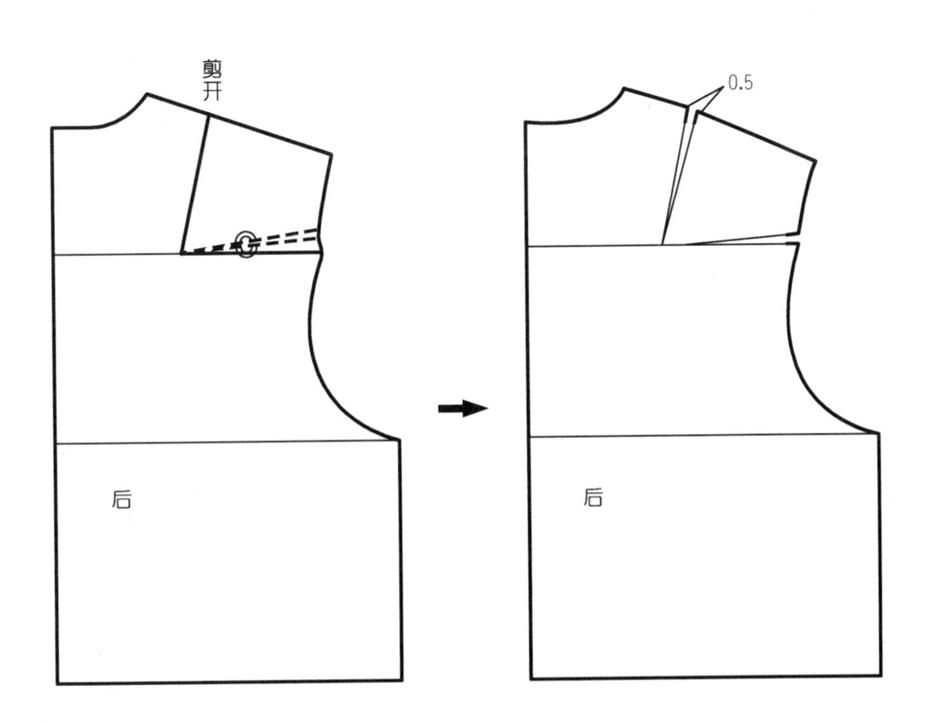

图6-10　娃娃领荷叶花边女衬衣衣身省道处理

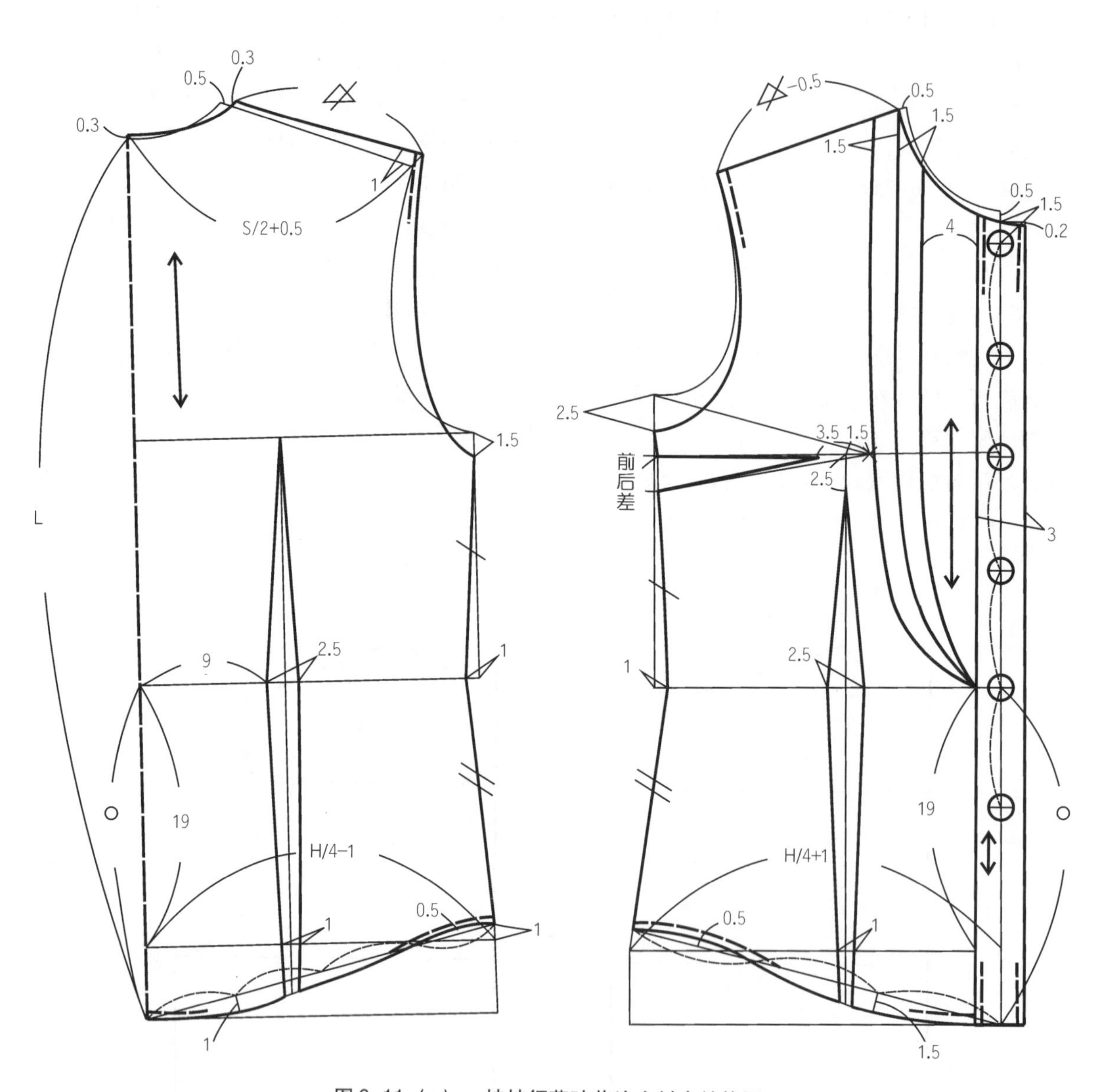

图6-11（a） 娃娃领荷叶花边女衬衣结构图

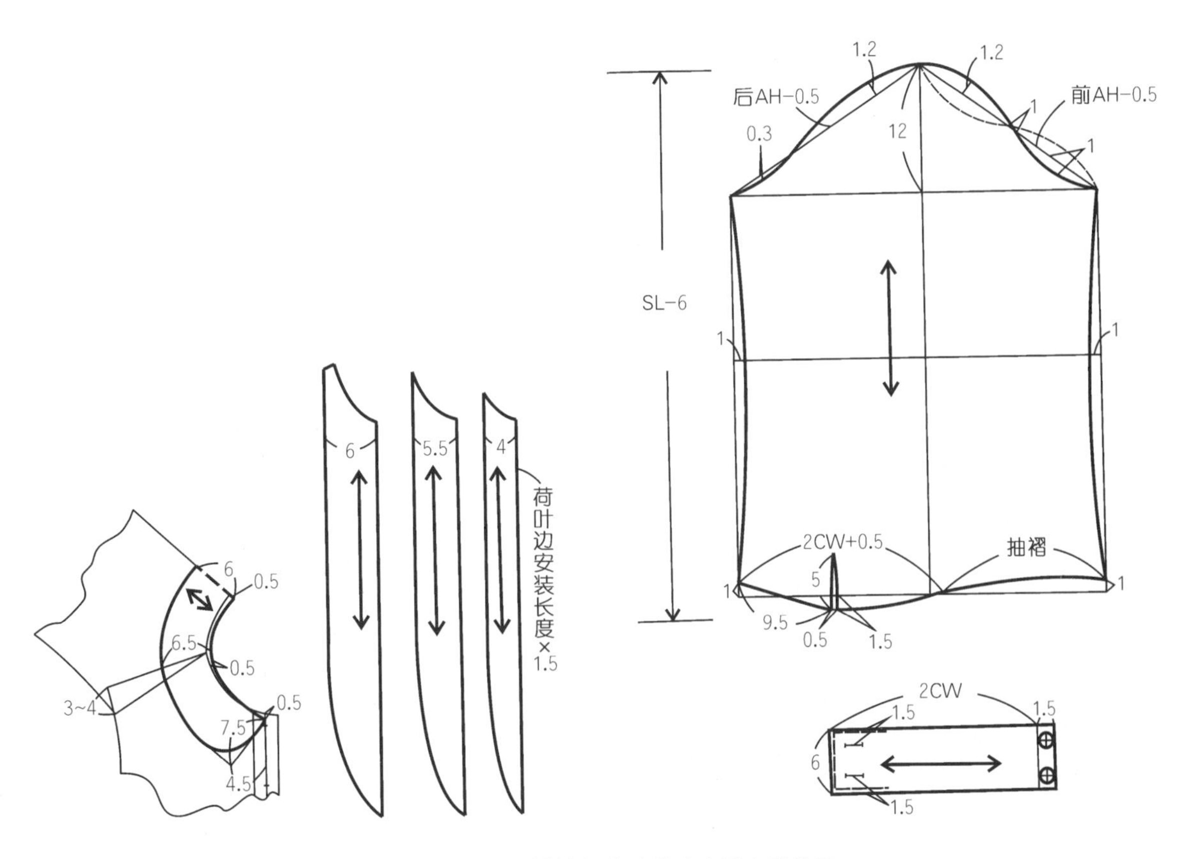

图 6-11（b） 娃娃领荷叶花边女衬衣结构图

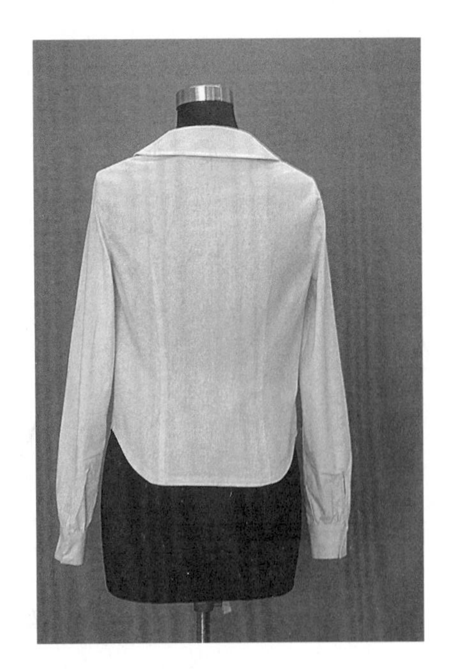

图 6-12 娃娃领荷叶花边女衬衣坯布成衣效果

6.1.4 较贴体型T形分割女衬衣

1）款式风格

较贴体型衣身，T形分割线，装门襟，普通下摆，无肩缝有前后过肩，较贴体型一片袖，男式衬衫领，是一款较典型的衬衣，如图6-13。

图6-13　较贴体型T形分割女衬衣款式图

2）规格设计

$L = 0.4h - 8 = 56$

$B = B^* + (10 \sim 15) = 84 + 11 = 95$

$H = H^* + (6 \sim 12) = 90 + 8 = 98$

$S = 0.3B + (10 \sim 13) = 0.3 \times 95 + 11 = 39.5$

$N = 0.25B + (12 \sim 13) = 36$（领上口线长）

$n_b = 4$

$n_f = 3$

$m_b = 5.5$

$SL = 0.3h + (5 \sim 6) +$ 款式因素 $= 48 + 6 + 5 = 59$

$CW = 0.1B + (2 \sim 3) = 0.1 \times 95 + 2.5 = 12$

3）衣身结构平衡

前后衣身平衡都采用箱形平衡方法。前衣身胸省一部分在前袖窿中作宽松处理，另一部分则转移到分割线中；后肩省一部分分散到后袖窿处作宽松处理，一部分在后肩覆势分割线中去掉，如图6-14。

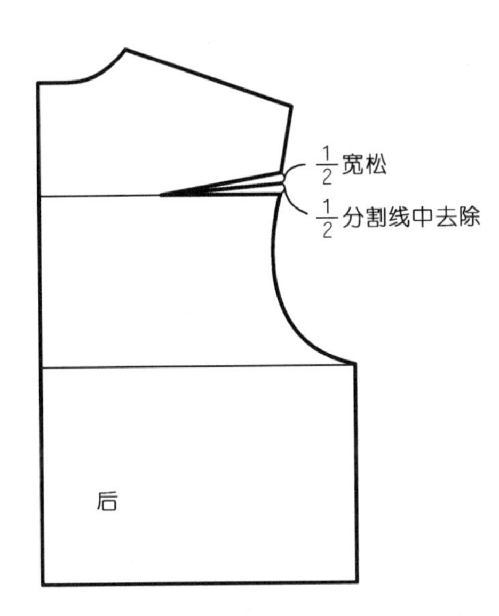

图6-14　较贴体型T形分割女衬衣衣身省道处理

4）结构设计要点

（1）衣身

袖窿深在原型袖窿深基础上开深1.5cm，根据胸腰差分配各腰省，据款式造型设计肩覆势分割线、下摆、前门襟等。横开领开大0.5cm，前直开领开深0.5cm，后直开领上台0.3cm，作出实际领窝，如图6-15(a)。

（2）衣领

按翻立领结构设计方法，如图6-15(a)。

（3）衣袖

袖山按较贴体型一片袖方法进行结构设计，袖山高按原型袖山高，约13cm，袖身为袖中线稍前偏型的较合身分割袖，如图6-15(b)。

5）坯布成衣效果

如图6-16所示。

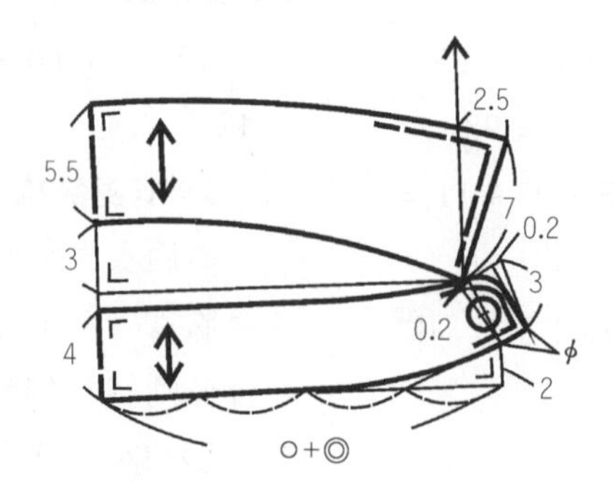

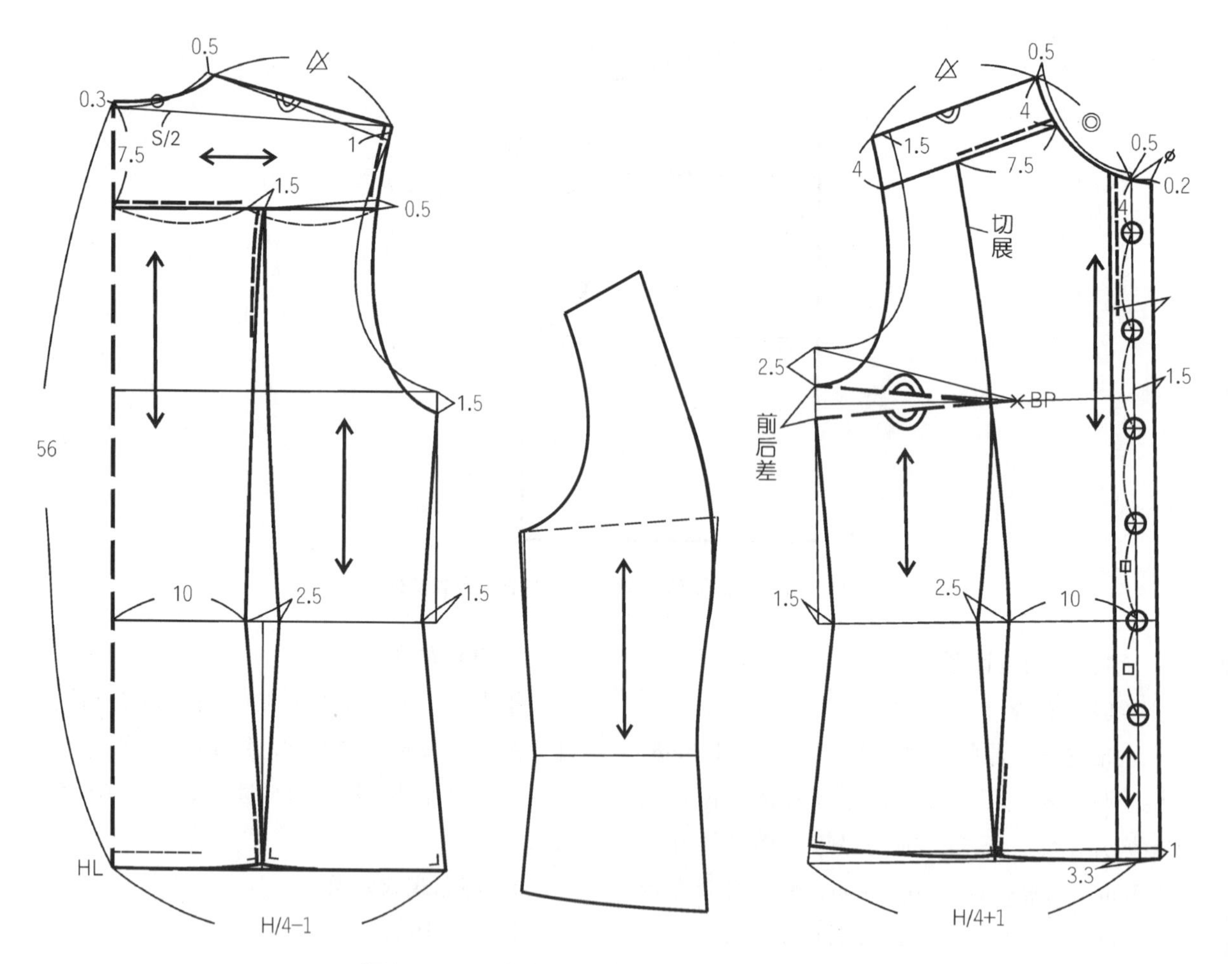

图 6-15（a） 较贴体型 T 形分割女衬衣结构图

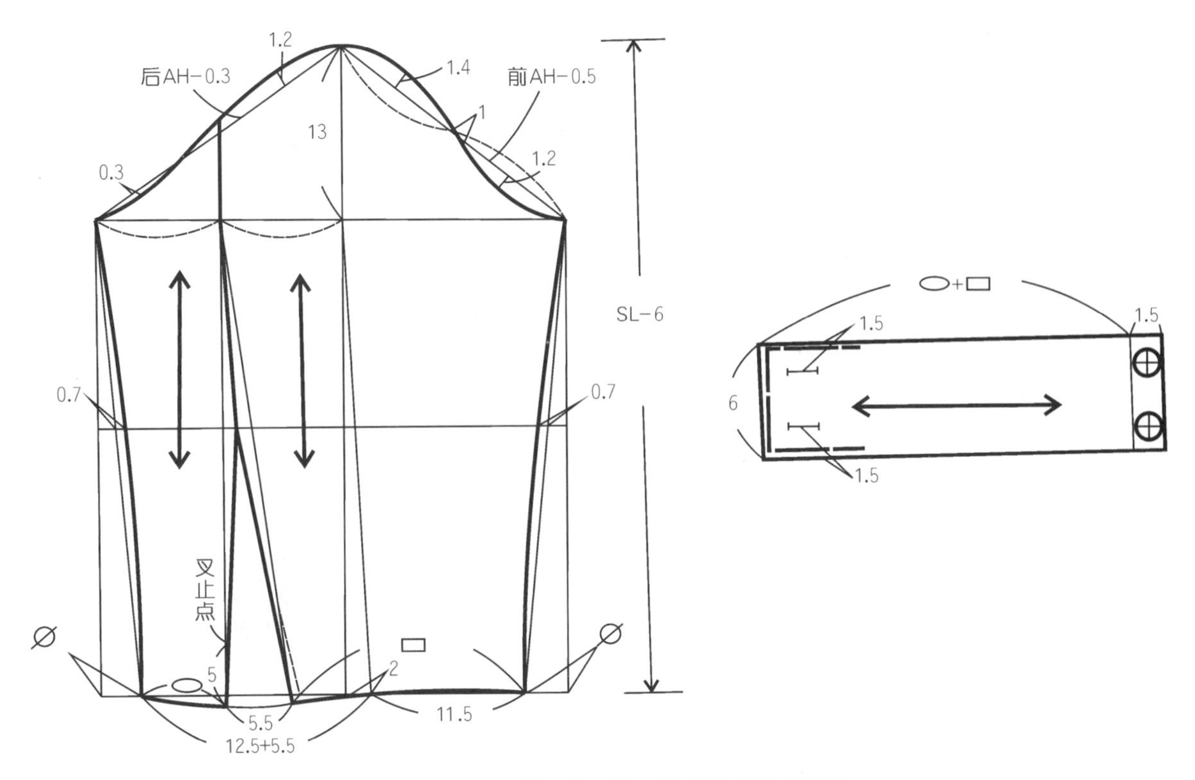

图 6-15（b） 较贴体型 T 形分割女衬衣结构图

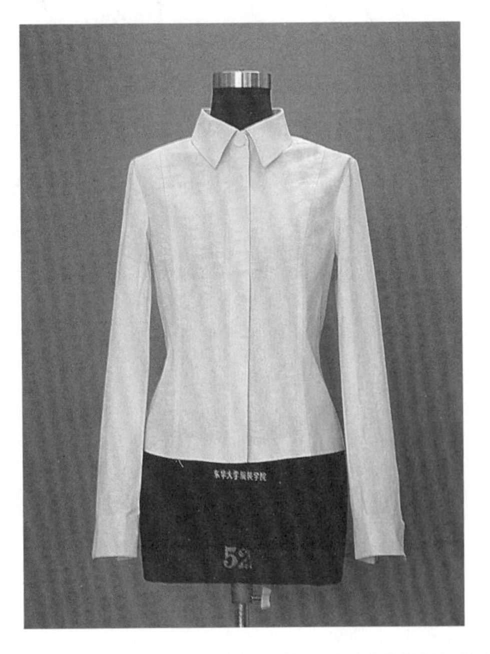

图 6-16 较贴体型 T 形分割女衬衣坯布成衣效果

6.2 连衣裙结构

6.2.1 较贴体型立领长袖连衣裙

1）款式风格

较贴体风格，暗门襟，裙子为可爱的灯笼造型，分割线较有特色，整体风格协调统一。肘部收省的一片袖，远离颈部的内倾型单立领，是一款较为别致的连衣裙，如图6-17。

2）规格设计

$L = 0.5h - 6 = 74$

$B = B^* + (10 \sim 15) = 84 + 10 = 94$

$H = H^* + (6 \sim 14) = 90 + 6 = 96$

$S = 0.3B + (10 \sim 13) = 0.3 \times 94 + 11.3 = 39.5$

$n_b = 3.5$

$n_f = 3$

$SL = 0.3h + (5 \sim 6) + \text{款式因素} = 48 + 6 + 7 = 61$

$CW = 0.1B + (3 \sim 4) = 0.1 \times 94 + 3.6 = 13$

图6-17　较贴体型立领长袖连衣裙款式图

3）衣身结构平衡

前后衣身平衡都采用箱形平衡方法。前衣身胸省一部分在前袖窿中作宽松处理，另一部分则转移到刀背分割缝中；后肩省一部分分散到肩缝处，另一部分在后袖窿分割缝中去掉，如图6-18。

4）结构设计要点

（1）衣身

袖窿深按原型袖窿深，前后侧缝分别缩小所需宽松量，即前后原型重叠1cm。根据胸腰差分配各腰省。据造型设计各分割线，裙子按造型进行剪切拉展。前横开领开大6cm，后横开领开大6.5cm，前直开领开深3cm，作出实际领窝，如图6-19(a)和图6-19(b)。

（2）衣领

按内倾型单立领结构设计方法，如图6-19(a)。

（3）衣袖

袖山按较贴体风格设计，袖山高为前后平均袖窿深的5/6，注意检验袖肥是否合适；袖身按前偏型的肘部收省的一片袖进行结构设计，如图6-19(b)。

5）坯布成衣效果

如图6-20所示。

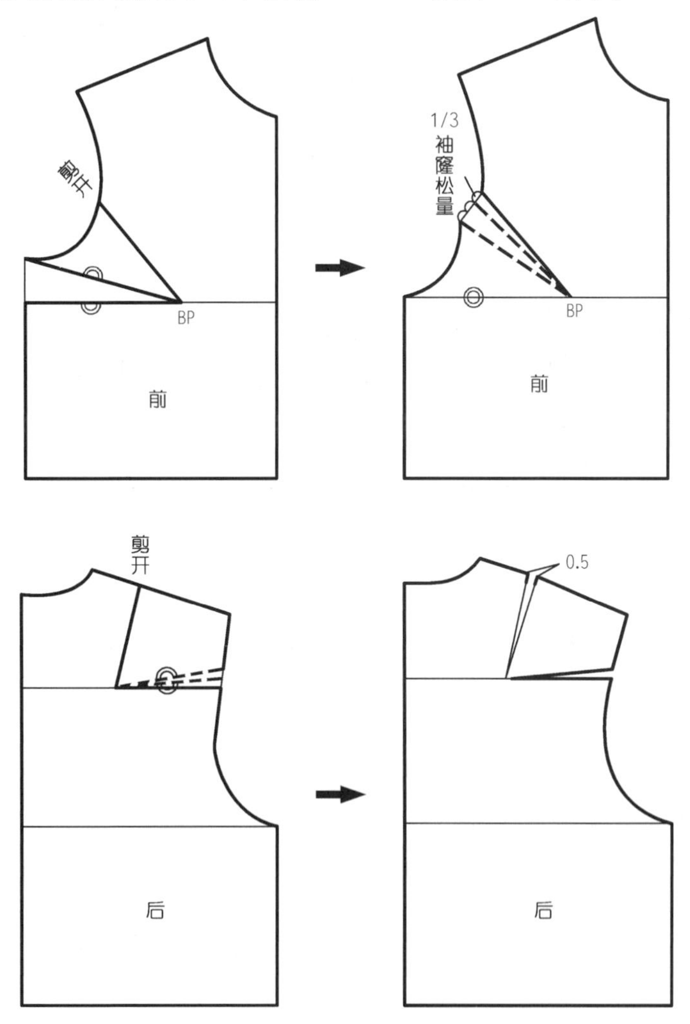

图6-18　较贴体型立领长袖连衣裙衣身省道处理

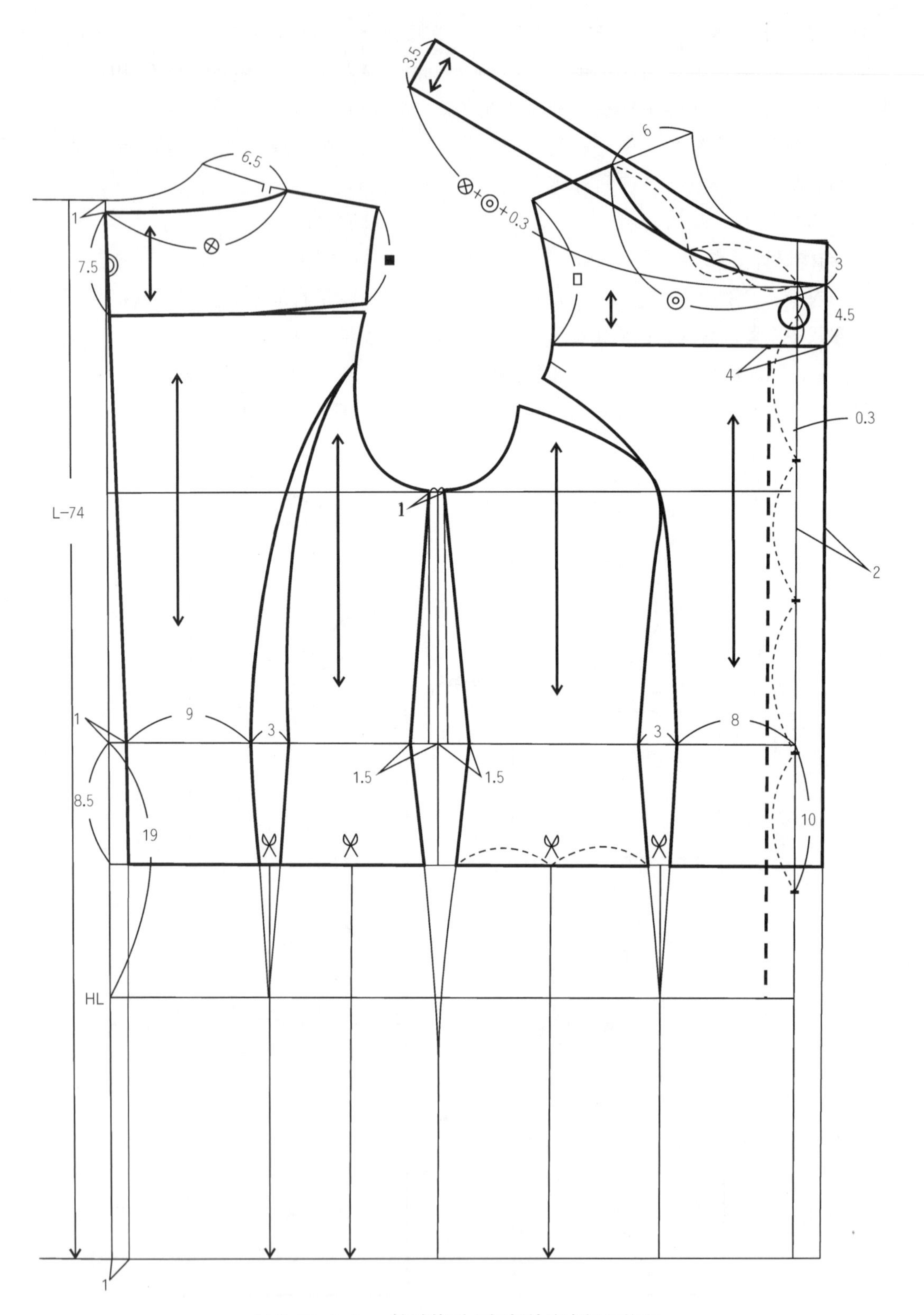

图 6−19（a） 较贴体型立领长袖连衣裙结构图

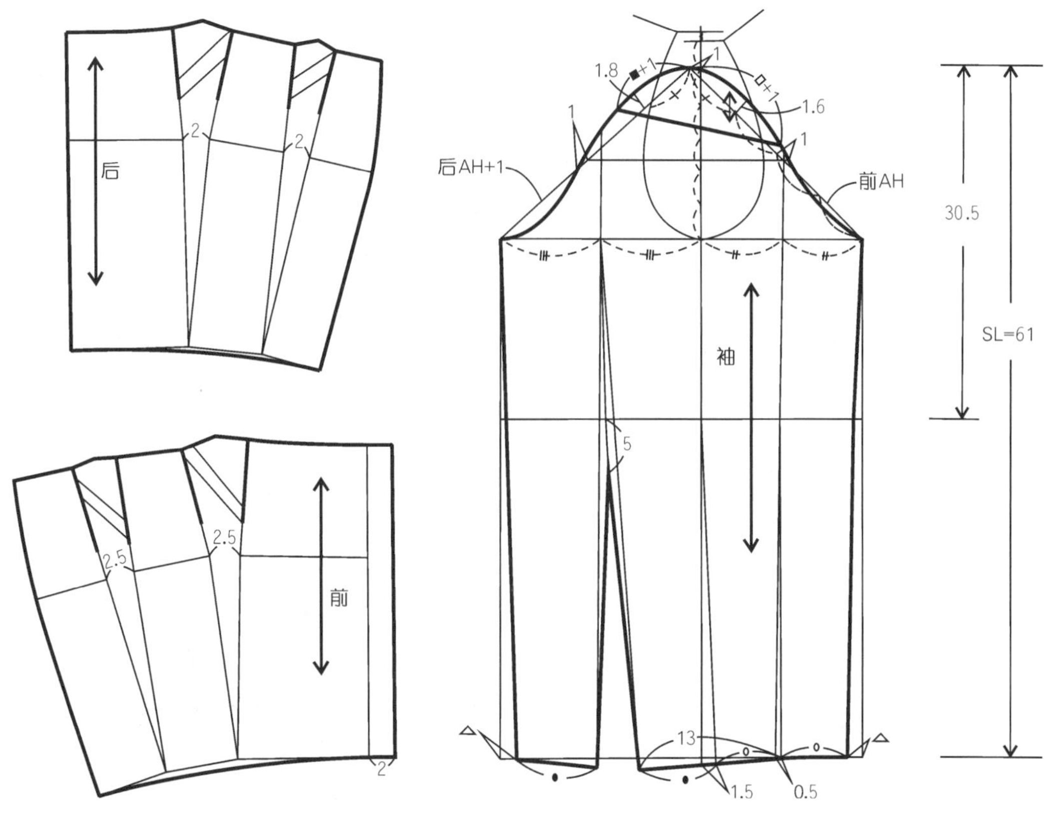

图 6-19（b） 较贴体型立领长袖连衣裙结构图

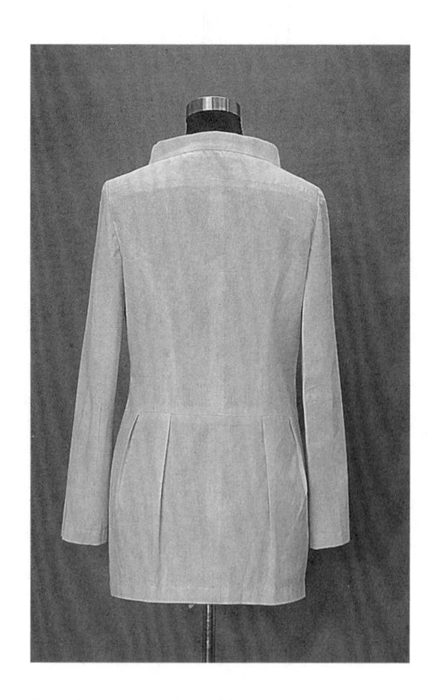

图 6-20 较贴体型立领长袖连衣裙坯布成衣效果

6.2.2 旗袍

1）款式风格

贴体风格长袖旗袍，两边侧开衩；肘部收省的一片袖，内倾型单立领，是一款典型的旗袍，如图6-21。

2）规格设计

$L = 0.6h + 10 = 106$

$B = B^{*} + (4 \sim 8) = 84 + 6 = 90$

$W = W^{*} + 6 = 68 + 6 = 74$

$H = H^{*} + (4 \sim 8) = 90 + 6 = 96$

$S = 0.3B + (10 \sim 13) = 0.3 \times 90 + 12 = 39$

$n_b = 4$

$n_f = 3.5$

SL = 0.3h + (5 ~ 6) + 款式因素 = 48 + 6 + 3 = 57

$CW = 0.1B + (3 \sim 4) = 0.1 \times 90 + 3 = 12$

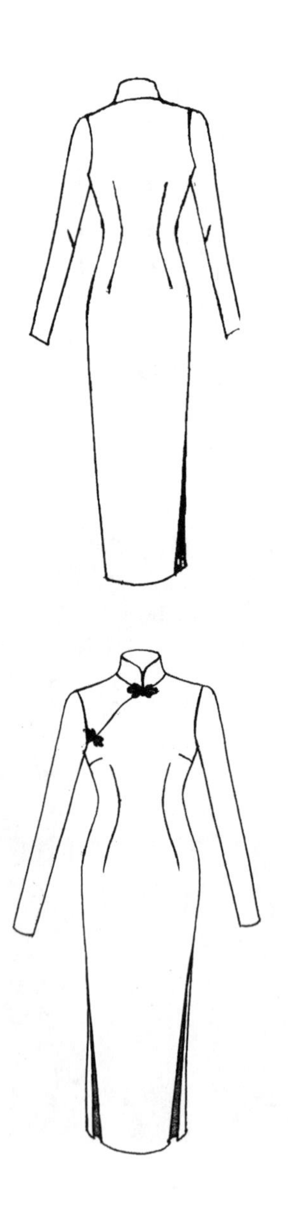

图6-21 旗袍款式图

3）衣身结构平衡

前后衣身平衡都采用箱形平衡方法。前衣身胸省全部转移到侧缝省中；后肩省一部分分散为后肩缝缝缩量，另一部分在后袖窿处宽松掉，如图6-22。

4）结构设计要点

（1）衣身

袖窿深按原型袖窿深，前后侧缝分别缩小所需宽松量，即前后原型重叠3cm。前腰省处于BP点正下方，后腰省处于肩省正下方，根据胸腰差分配各腰省；横开领开大0.5cm，前直开领开深1cm，作出实际领窝，如图6-23(a)。

（2）衣领

按内倾型单立领结构设计方法，如图6-23(b)。

（3）衣袖

袖山按较贴体风格设计，袖山高为前后平均袖窿深的5/6，注意检验袖肥是否合适；袖身按前偏型的肘部收省的一片袖进行结构设计，如图6-23(b)。

5）坯布成衣效果

如图6-24所示。

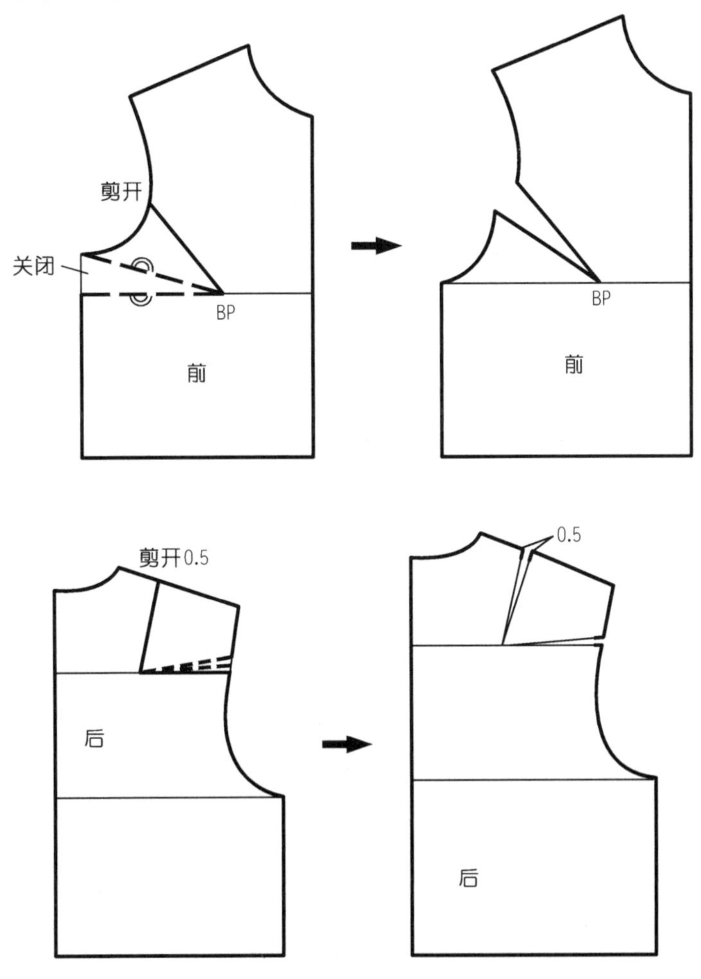

图6-22 旗袍衣身省道处理

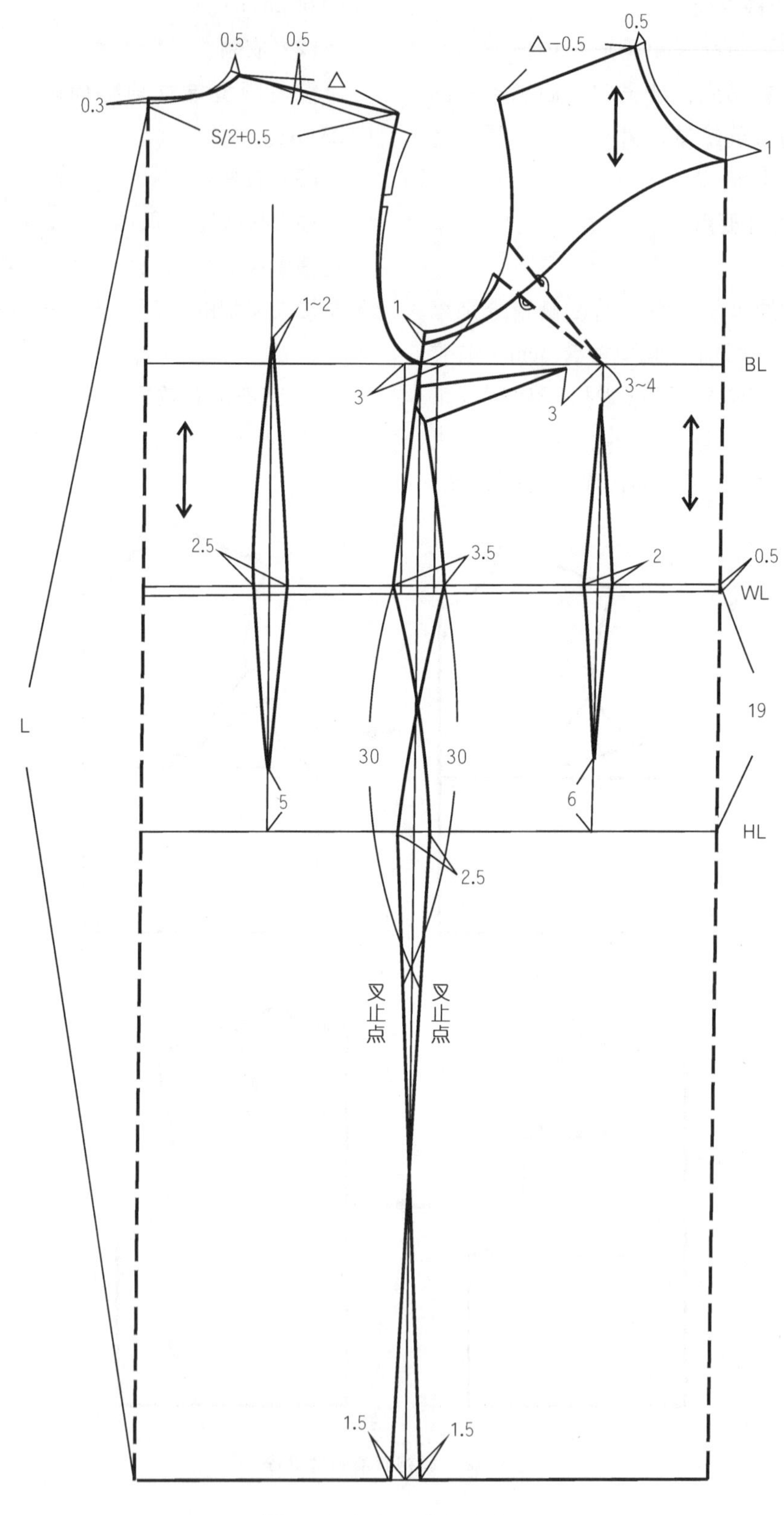
0.5
0.5
0.3
△
S/2+0.5
△−0.5
0.5
1
1~2
1
BL
3
3
3~4
2.5
3.5
2
0.5
WL
19
L
30
30
5
6
HL
2.5
叉止点
叉止点
1.5
1.5

图6-23（a） 旗袍结构图

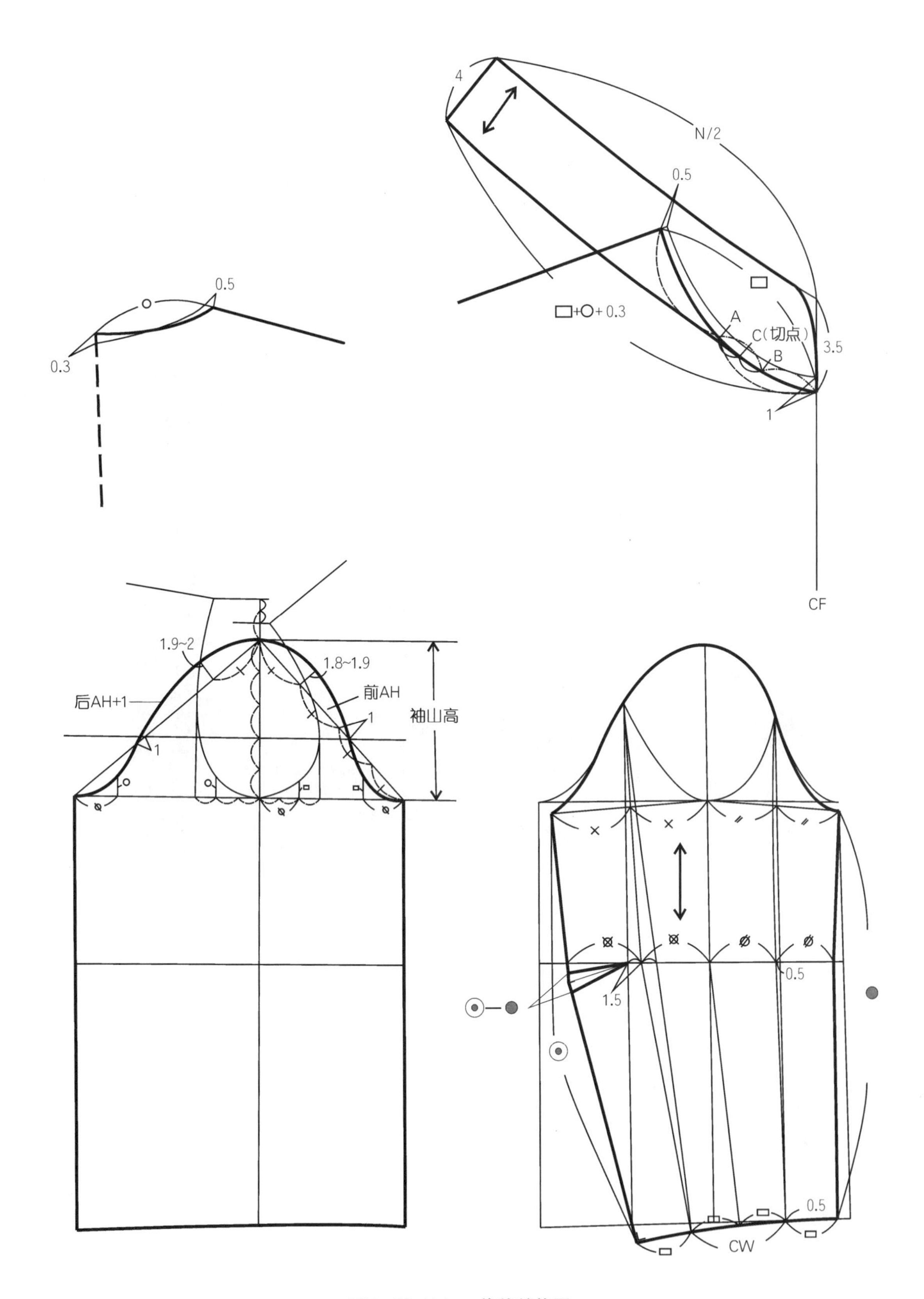

图 6-23（b） 旗袍结构图

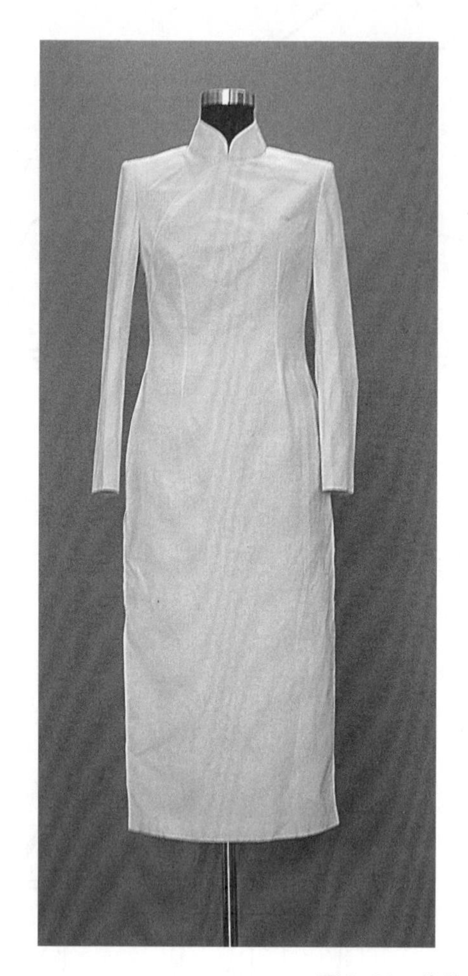 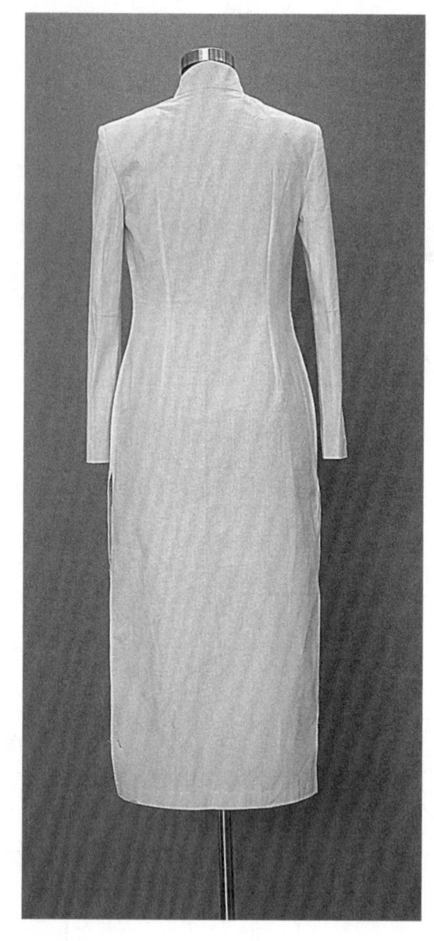

图6-24　旗袍坯布成衣效果

6.2.3 吊带连衣裙

1）款式风格

贴体风格，前衣身收侧缝省、无腰省；后衣身收腰部橄榄省，下摆荷叶花边。是一款较为典雅的夏季连衣裙，如图6-25。

图6-25 吊带连衣裙款式图

2）规格设计

$B = B^{*} + (4 \sim 8) = 84 + 6 = 90$

$W = W^{*} + 6 = 68 + 8 = 76$

$H = H^{*} + (4 \sim 8) = 90 + 6 = 96$

3）衣身结构平衡

前后衣身平衡都采用箱形平衡方法。前衣身胸省全部转移到侧缝省中，因是吊带裙，先将后肩省转移到肩缝处，实际上在结构设计中肩省被去掉了，如图6-26。

4）结构设计要点

衣身袖窿深在原型袖窿深基础上抬高3cm，前后侧缝分别缩小所需宽松量，即前后原型重叠3cm；根据胸腰差分配后腰省及侧缝劈去量；根据造型分别设计吊带、领窝及分割线，裙下摆剪切拉展所需量，如图6-27。

5）坯布成衣效果

如图6-28所示。

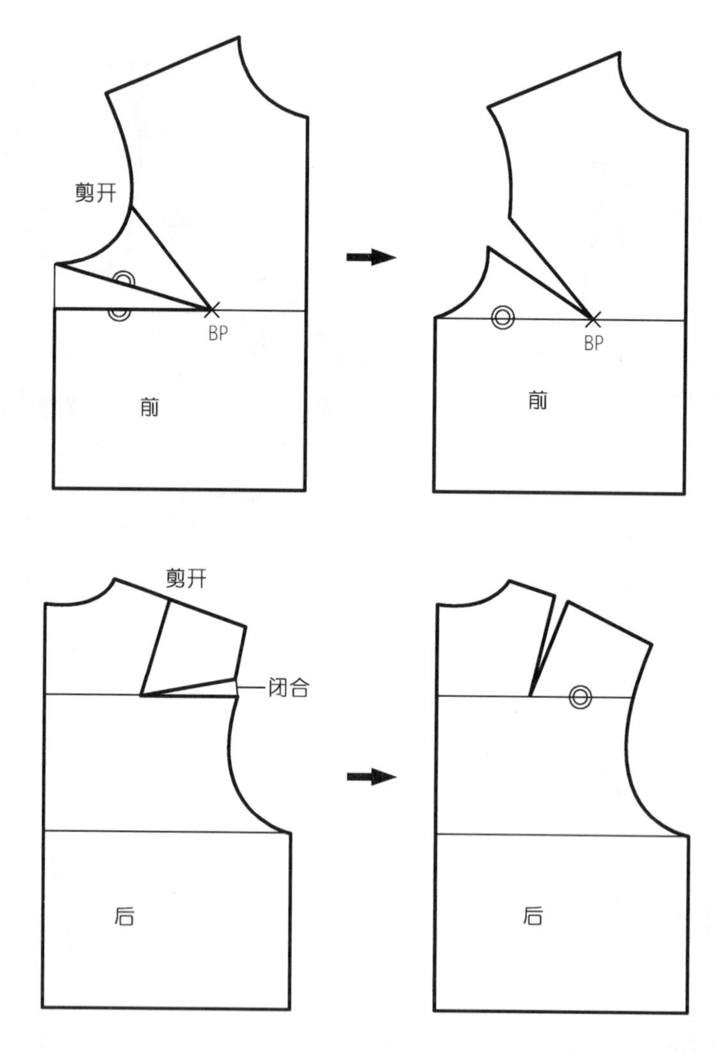

图6-26　吊带连衣裙衣身省道处理

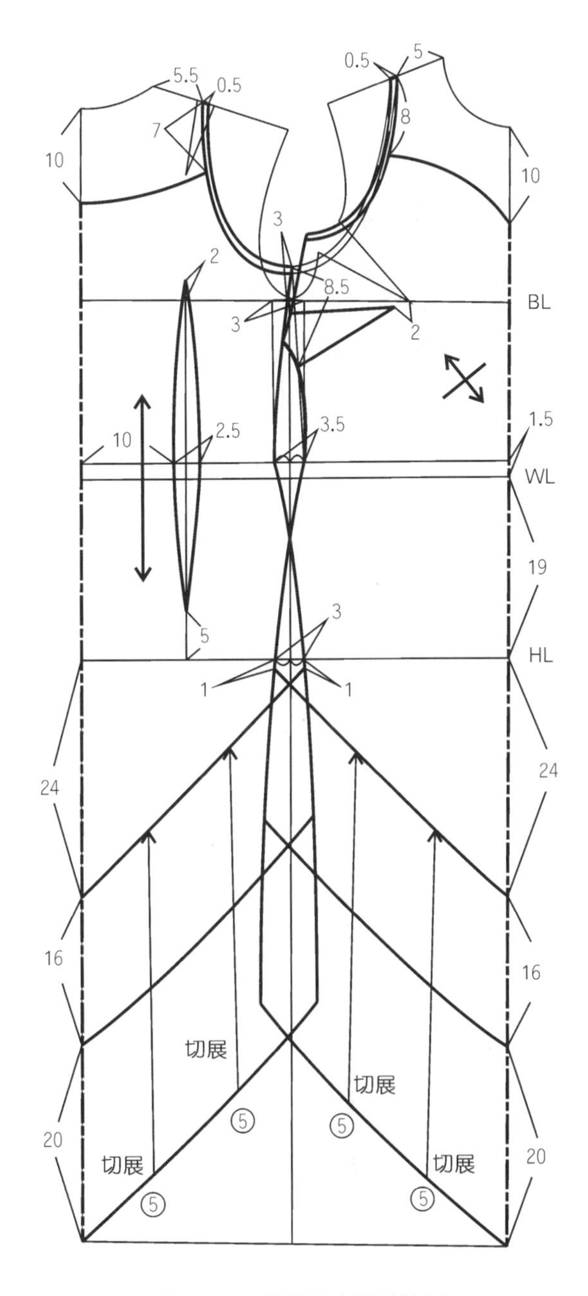

图 6-27　吊带连衣裙结构图

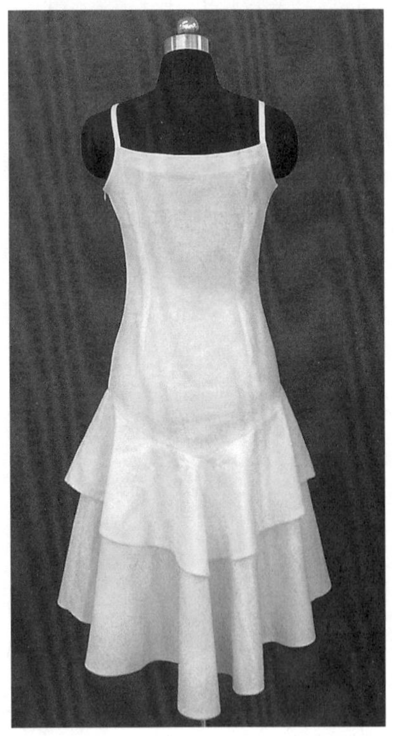

图 6-28　吊带连衣裙坯布成衣效果

6.2.4 半袖蝴蝶结连衣裙

1）款式风格

贴体风格，V形蝴蝶结装饰领口，前衣身有侧缝省、无腰省，后衣身腰部收橄榄省；A形裙身，下摆宽花边装饰；衣袖是只有部分袖山的半袖，整体呈A形风格，是一款较为优雅的连衣裙，如图6-29。

2）规格设计

$L = 0.6h + 8 = 104$

$B = B^* + 4 \sim 8 = 84 + 6 = 90$

$W = W^* + 6 \sim 10 = 68 + 10 = 78$

$H = H^* + 4 \sim 10 = 90 + 6 = 96$

$S = 0.3B + 10 \sim 13 = 0.3 \times 90 + 11 = 38$

$SL = 10$

图6-29　半袖蝴蝶结连衣裙款式图

3）衣身结构平衡

前后衣身平衡都采用箱形平衡方法。前衣身胸省全部转移到侧缝省中；后肩省一部分分散为肩缝缝缩量，另一部分在后袖窿处宽松掉，如图 6-30。

4）结构设计要点

（1）衣身

袖窿深在原型袖窿深基础上抬高 2.5cm，前后侧缝分别缩小所需宽松量，即前后原型重叠 3cm；根据胸腰差分配后腰省及侧缝劈去量；横开领开大 1.5cm，前直开领开深8cm，作出 V 形领口；下摆花边宽 6cm，如图 6-31。

（2）衣袖

袖山按较贴体风格设计，袖山高为前后平均袖窿深的 4/5，根据造型截取袖长 10cm 即可，如图 6-31。

5）坯布成衣效果

如图 6-32 所示。

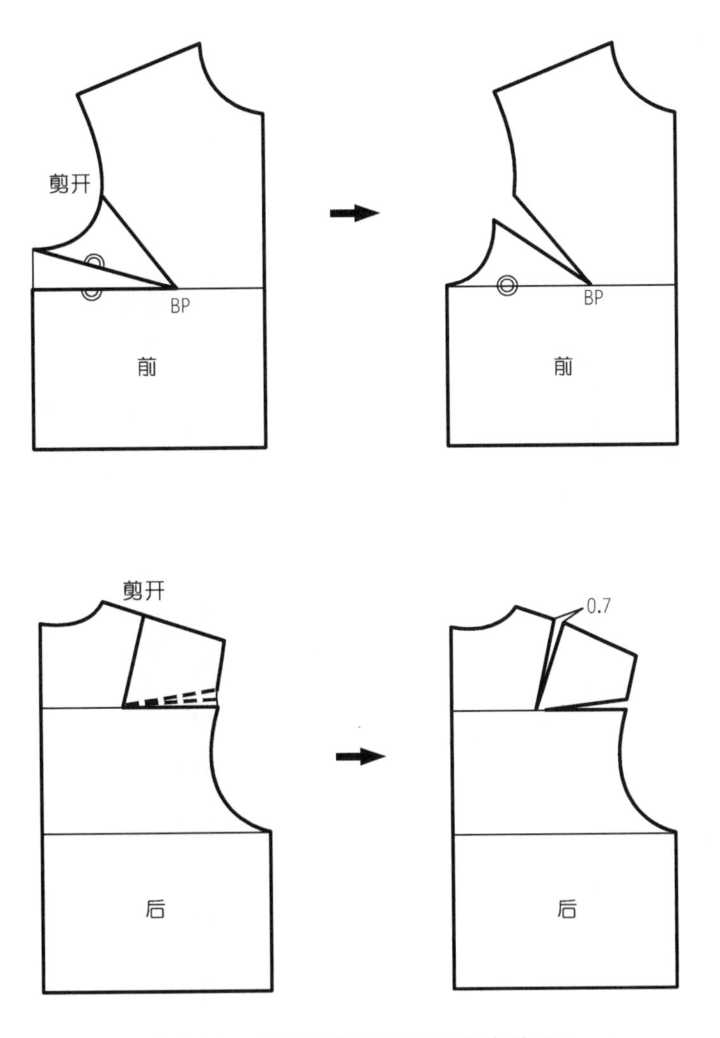

图 6-30　半袖蝴蝶结连衣裙衣身省道处理

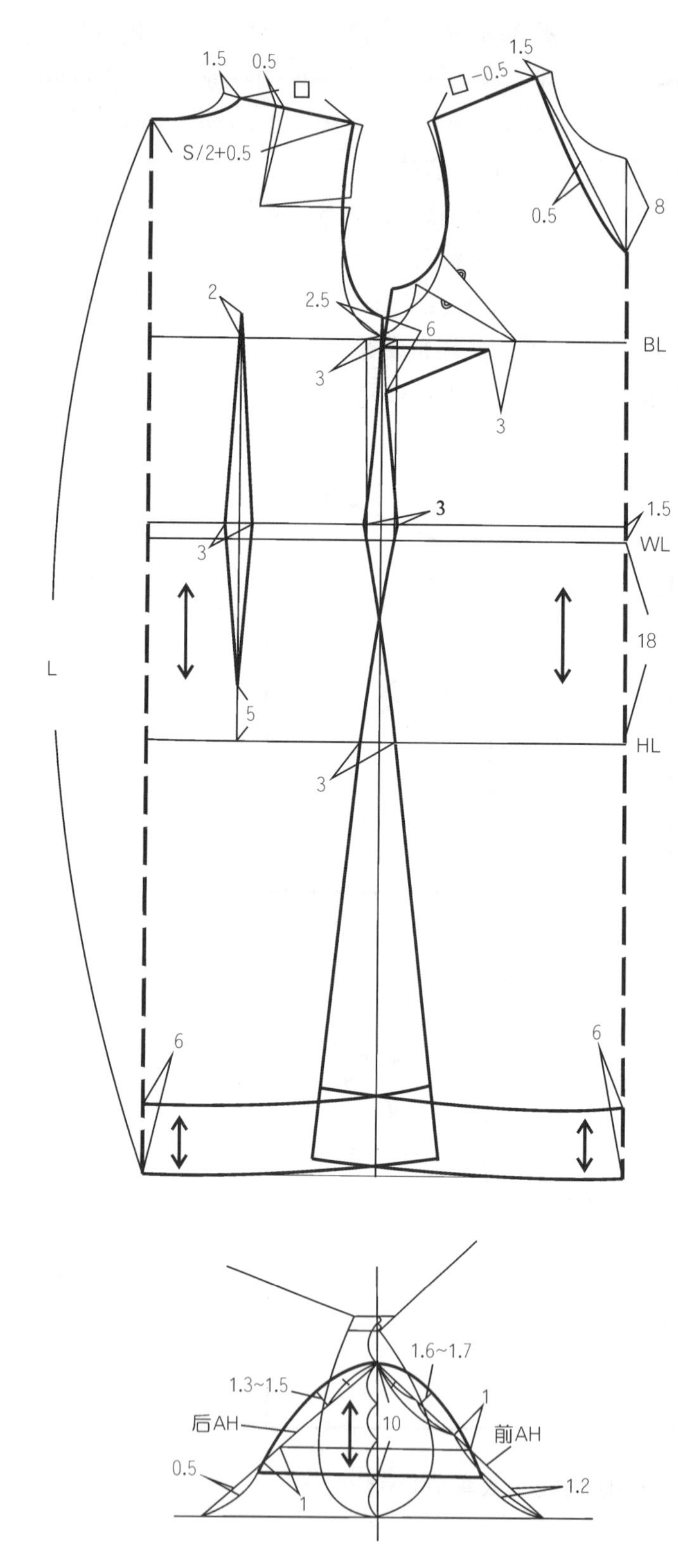

图 6-31　半袖蝴蝶结连衣裙结构图

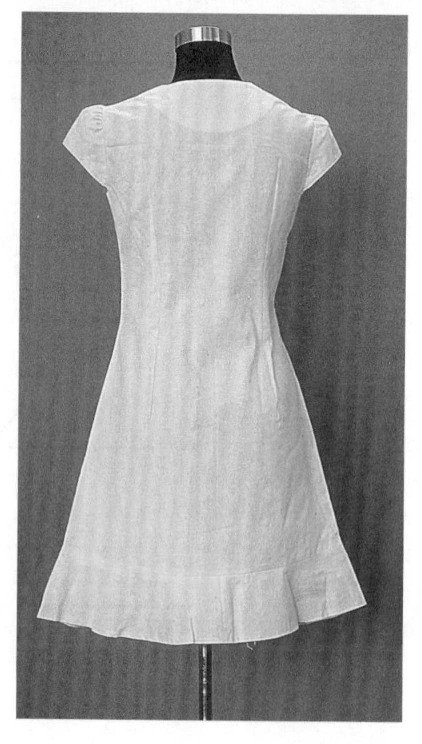

图 6-32　半袖蝴蝶结连衣裙坯布成衣效果

6.2.5 高腰灯笼短袖连衣裙

1）款式风格

较贴体风格，高腰分割，前衣身上半部收腰省，下半部为波浪造型；后衣身领口收省、腰部收省，下半部也是波浪造型；袖山、袖口均有抽褶的短袖。是一款可爱的高腰连衣裙，如图6-33。

2）规格设计

$L = 0.6h - 6 = 90$

$B = B^* + (10 \sim 15) = 84 + 11 = 95$

$SL = 0.15h + a = 24 - 2 = 22$

图6-33　高腰灯笼短袖连衣裙款式图

3）衣身结构平衡

前后衣身平衡都采用箱形平衡方法。前衣身胸省转移到腰省处；后肩省转移到领窝处，如图 6-34 及图 6-35 所示。

4）结构设计要点

（1）衣身

袖窿深在原型袖窿深基础上抬高 1cm，前后原型正好重合；前腰省处于 BP 点正下方，后腰省处于肩省正下方，根据胸腰差分配各腰省；横开领开大 5cm，前直开领开深 3.5cm，作出实际领口造型；根据胸腰差分配各腰省，据造型腰节抬高 2.5cm，设计高腰分割线，裙子按造型进行剪切拉展，如图 6-35。

（2）衣袖

袖山按较宽松风格设计，袖山高取12cm，注意检验袖肥是否合适；据造型添加辅助线分别增加袖山方向及袖口方向的抽褶量，见图 6-35。

5）坯布成衣效果

如图 6-36 所示。

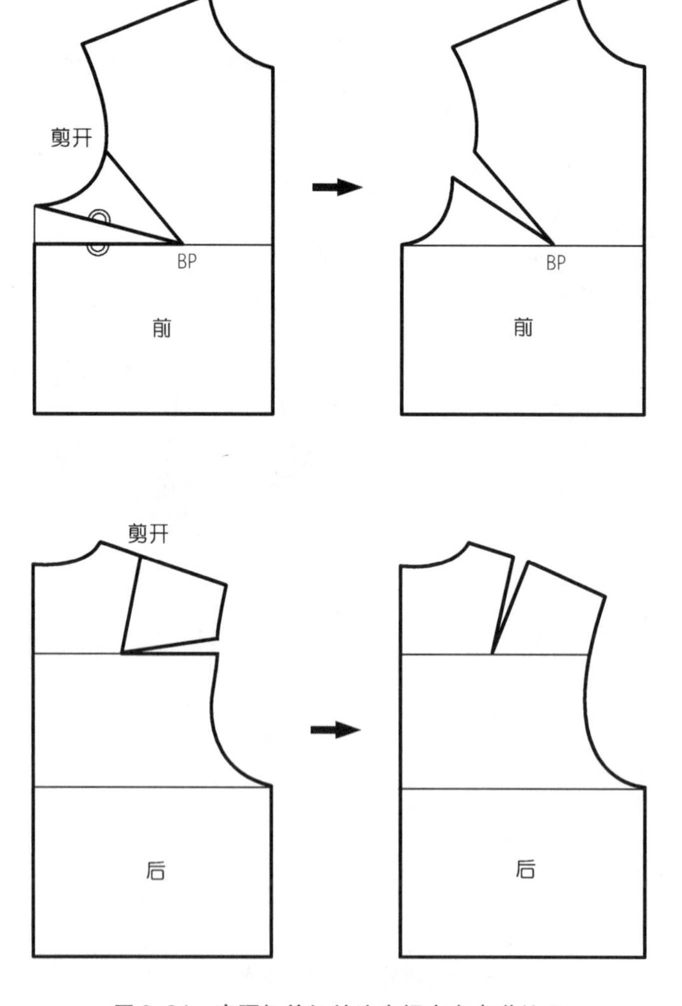

图 6-34　高腰灯笼短袖连衣裙衣身省道处理

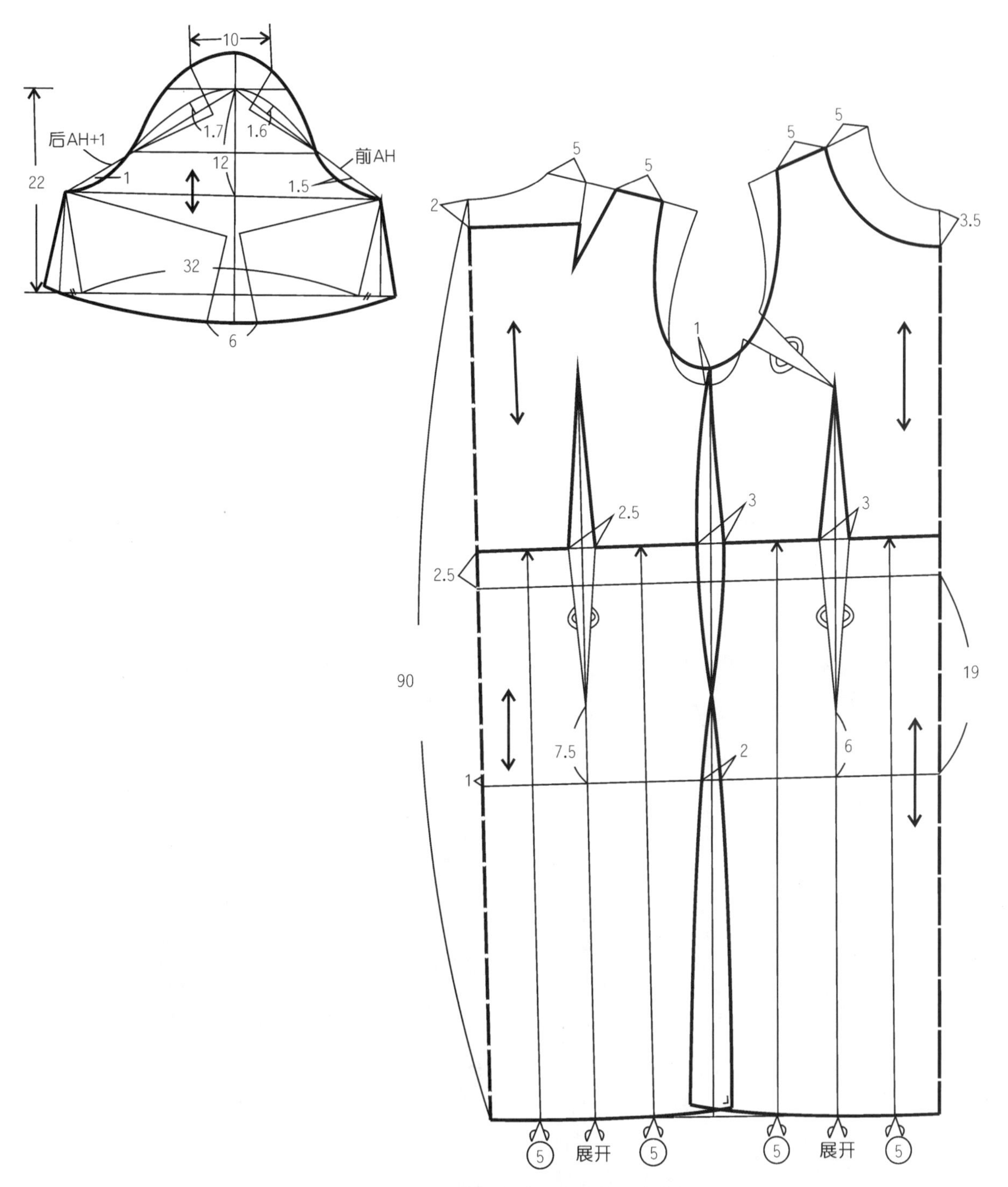

图6-35（a） 高腰灯笼短袖连衣裙结构图

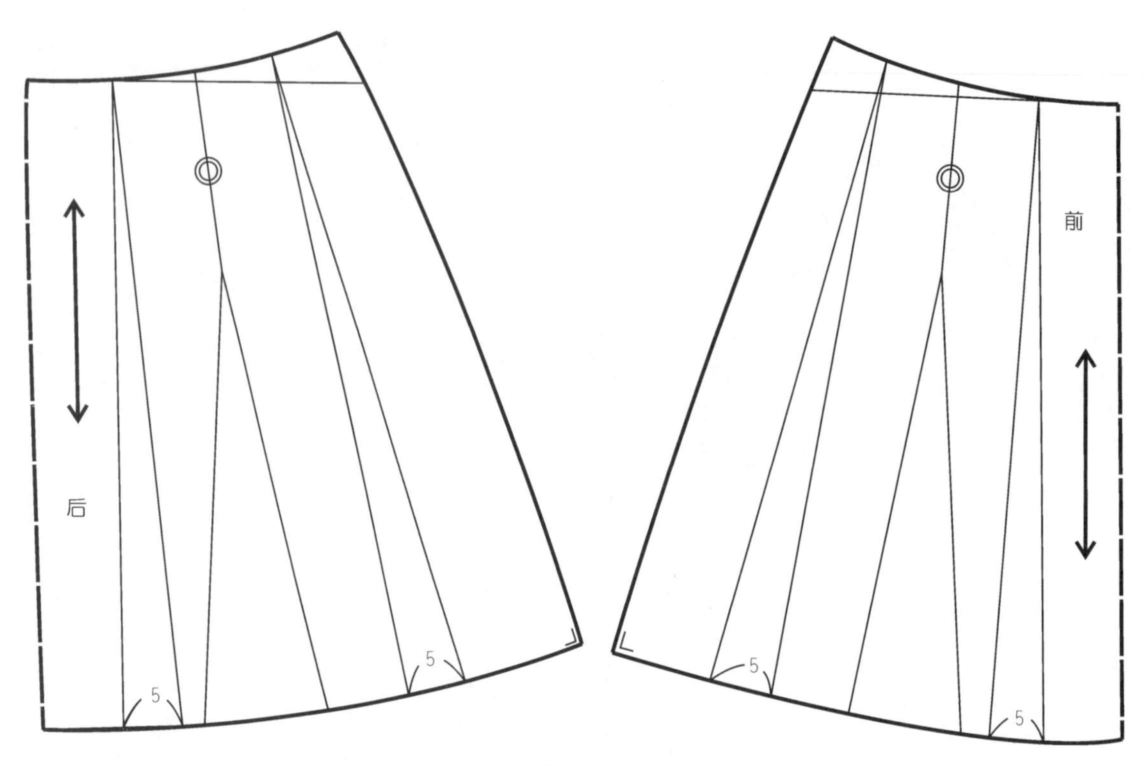

图 6-35（b） 高腰灯笼短袖连衣裙结构图

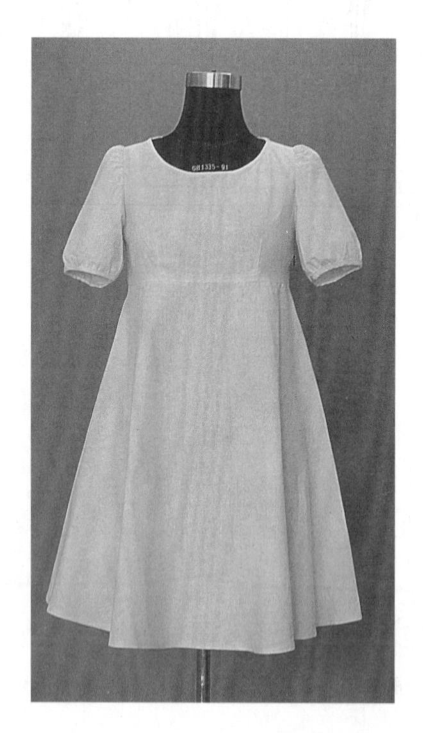
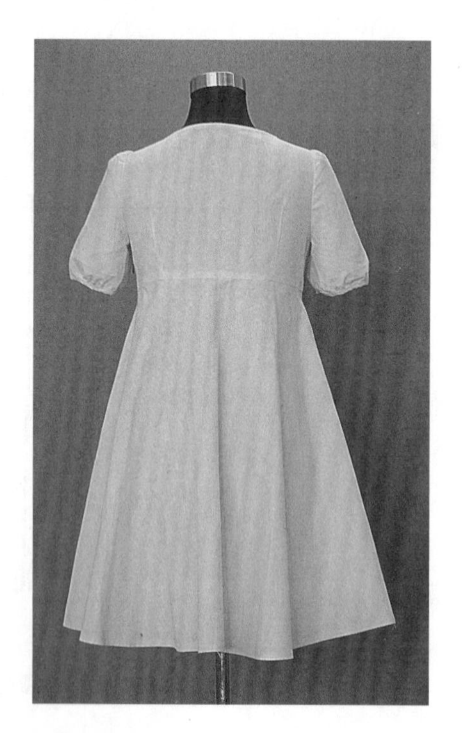

图 6-36 高腰灯笼短袖坯布成衣效果

6.3 套装、背心结构

6.3.1 拿破仑风格三开身套装

1）款式风格

较贴体风格，敞开式翻门襟，斜插袋，背缝开衩；衣身分割线较有特色，小立领，较贴体型圆装袖，整体风格协调统一。是一款较时尚的春秋上装，如图6-37。

2）规格设计

$L = 0.4h - 4 = 60$

$B = B^* + (10 \sim 15) = 84 + 14 = 98$

$W = W^* + (10 \sim 15) = 68 + 12 = 80$

$H = H^* + (6 \sim 14) = 90 + 12 = 102$

$S = 0.3B + (10 \sim 13) = 0.3 \times 98 + 10.6 = 40$

$n = 4$

$SL = 0.3h + (5 \sim 6) +$ 款式因素 $= 48 + 6 + 6 = 60$

$CW = 0.1B + (3 \sim 4) = 0.1 \times 98 + 3.2 = 13$

图6-37　拿破仑风格三开身套装款式图

3）衣身结构平衡

前后衣身平衡都采用箱形平衡方法。前衣身胸省一部分在前袖窿中作宽松处理，另一部分则转移到纵向分割缝中；后肩省一部分分散到肩缝处作缝缩处理，另一部分在后袖窿处宽松掉，如图6-38。

4）结构设计要点

(1) 衣身

袖窿深按原型袖窿深，前后侧缝分别放出所需宽松量，即前后原型侧缝处分开2.5cm放置；根据造型，设计各分割线，并按胸腰差分配各腰省，设计斜插袋、翻门襟，后背缝衩等；横开领开大0.5cm，前直开领开深1cm，作出实际领窝，如图6-39(a)。

(2) 衣领

按内倾型单立领结构设计方法，如图6-39(a)。

(3) 衣袖

袖山按较贴体风格设计，袖山高约为前后平均袖窿深的5/6，注意检验袖肥是否合适；袖身按前偏型的肘部收省的一片袖进行结构设计，并将省道变为分割线，如图6-39(b)。

5）坯布成衣效果

如图6-40所示。

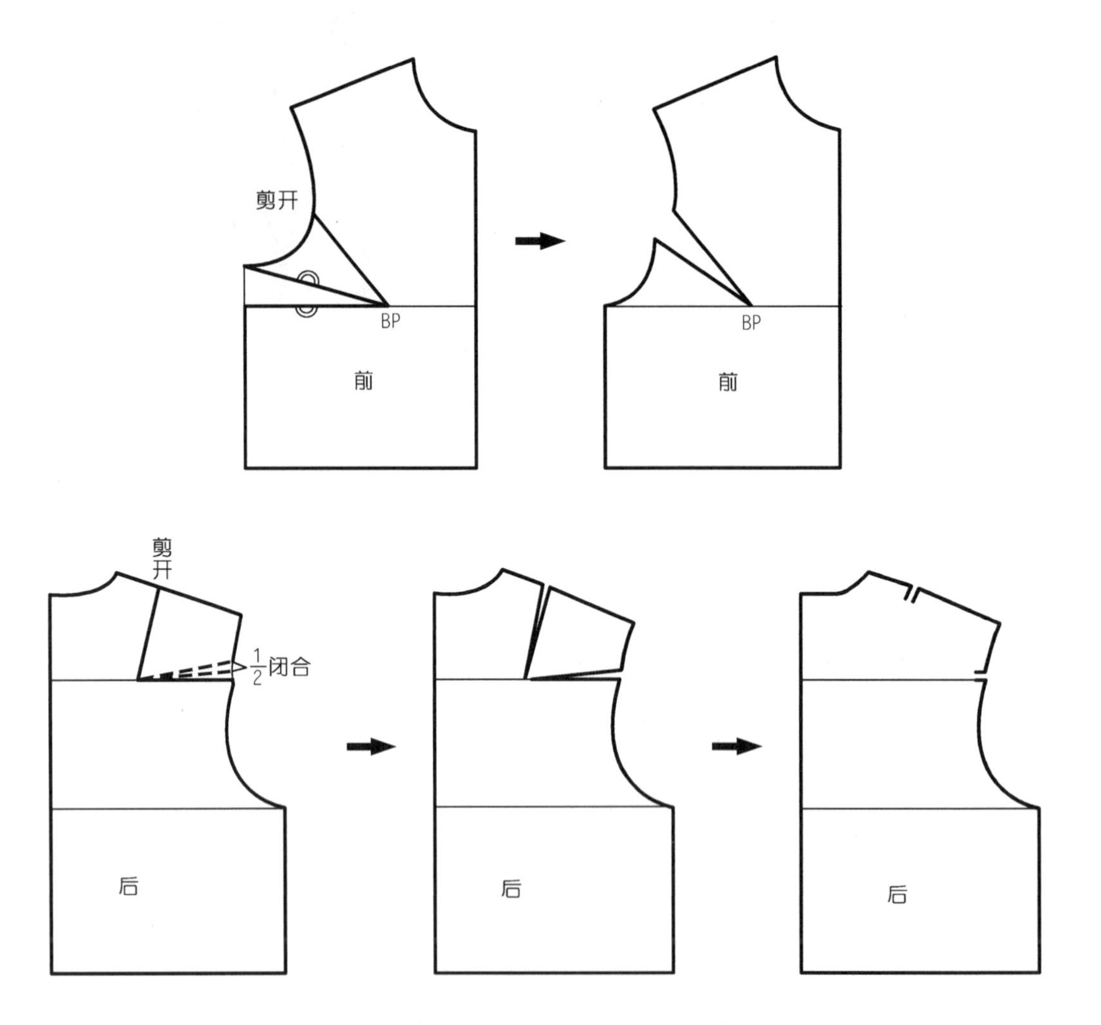

图6-38　拿破仑风格三开身套装衣身省道处理

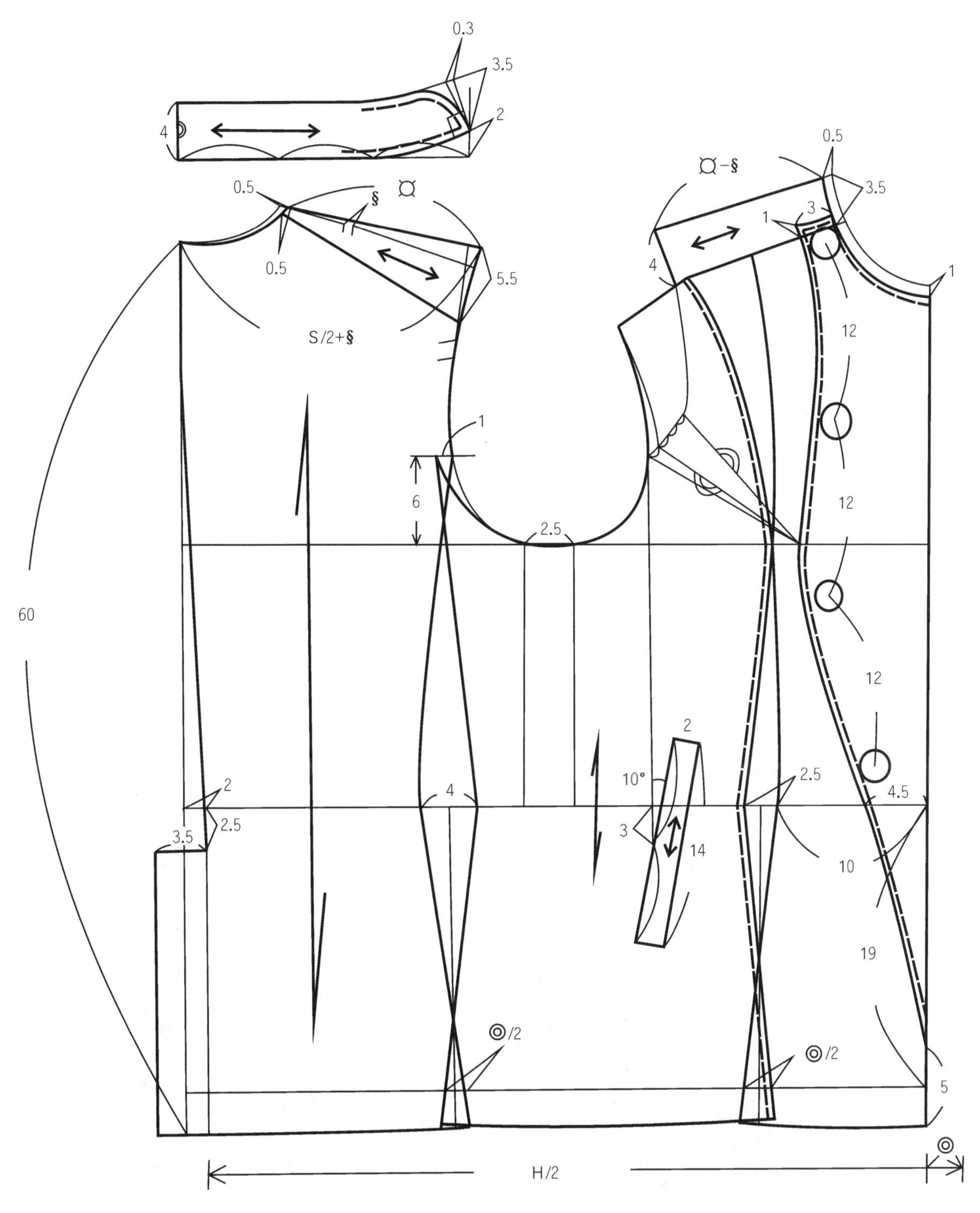

图 6-39（a） 拿破仑风格三开身套装结构图

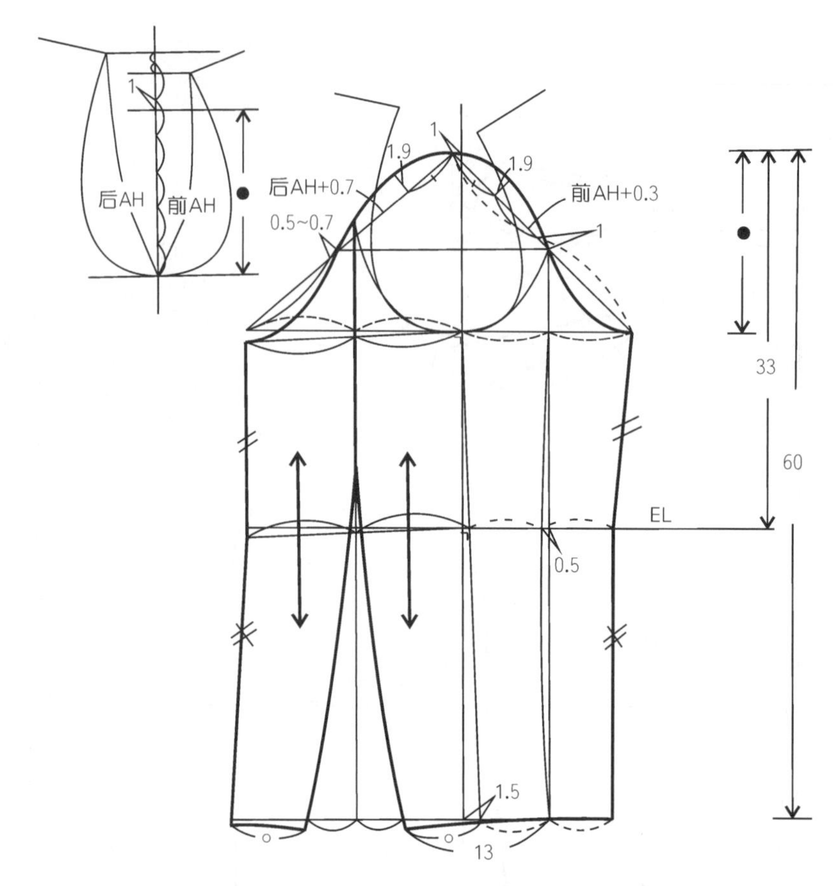

图 6-39（b） 拿破仑风格三开身套装结构图

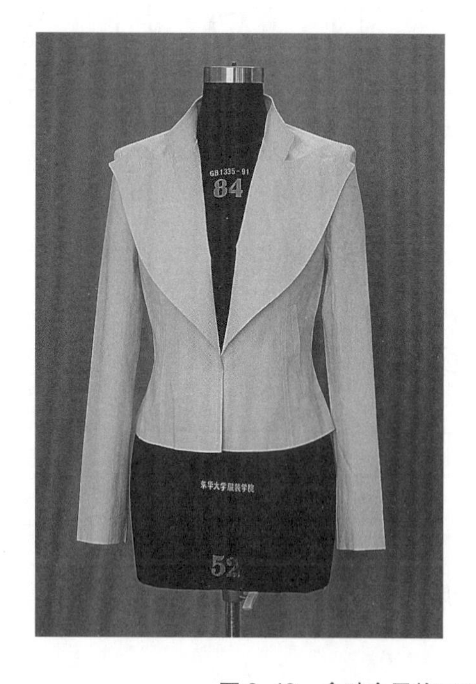

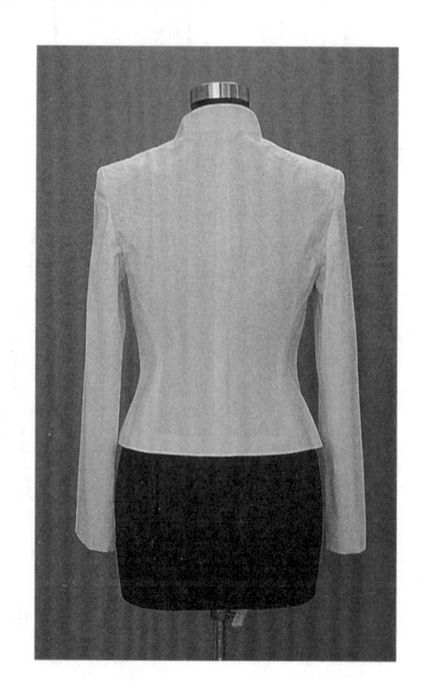

图 6-40 拿破仑风格三开身套装坯布成衣效果

6.3.2 小西装领泡泡袖套装

1）款式风格

较贴体风格，前衣身育克形分割线较有特色，后背缝下部挖空；窄驳头西装领，两粒扣；较贴体型圆装袖，袖山部分抽褶；前衣身、后衣身及袖身的适当分割缝处镶花边，整体风格协调、比例恰当。是一款较可爱的三开身春秋上装，如图6-41。

2）规格设计

$L = 0.25h + 8 = 48$

$B = B^* + (10 \sim 15) = 84 + 10 = 94$

$W = W^* + (10 \sim 15) = 68 + 12 = 80$

$S = 0.3B + (10 \sim 13) = 0.3 \times 94 + 10.8 = 39$

$n = 2$

$m = 3.5$

$SL = 0.3h + (5 \sim 6) +$ 款式因素 $= 48 + 6 + 3 = 57$

$CW = 0.1B + (3 \sim 4) = 0.1 \times 94 + 3.6 = 13$

图6-41 小西装领泡泡袖套装款式图

3）衣身结构平衡

前后衣身平衡都采用箱形平衡方法。前衣身胸省一部分在前袖窿中作宽松处理，另一部分则转移到育克形分割缝中；后肩省一部分分散到肩缝处作缝缩处理，另一部分在后衣身横向分割缝中去掉，如图6-42。

4）结构设计要点

（1）衣身

袖窿深按原型袖窿深，前后侧缝分别放出所需宽松量，即前后原型侧缝处分开2cm放置；根据造型，设计各分割线，并按胸腰差分配各腰省，设计后背缝下部挖空造型，如图6-43（a）。

（2）衣领

横开领开大1cm。按驳折领结构设计方法设计，如图6-43（a）。

（3）衣袖

袖山按较贴体风格设计，袖山高约为前后平均袖窿深的5/6，注意检验袖肥是否合适；袖身按袖中线前偏型的两片袖进行结构设计，袖口分割线据造型，如图6-43（b）。

5）坯布成衣效果

如图6-44所示。

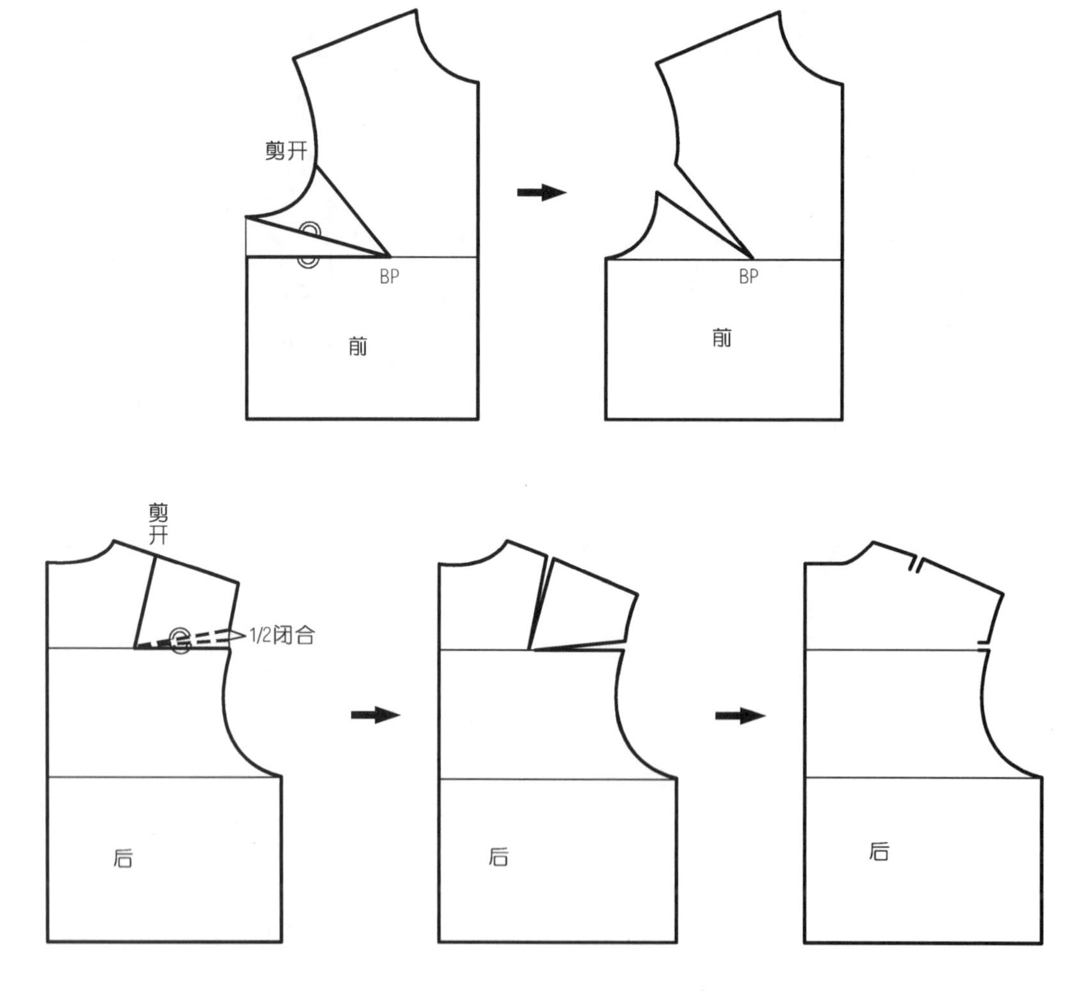

图6-42　小西装领泡泡袖套装衣身省道处理

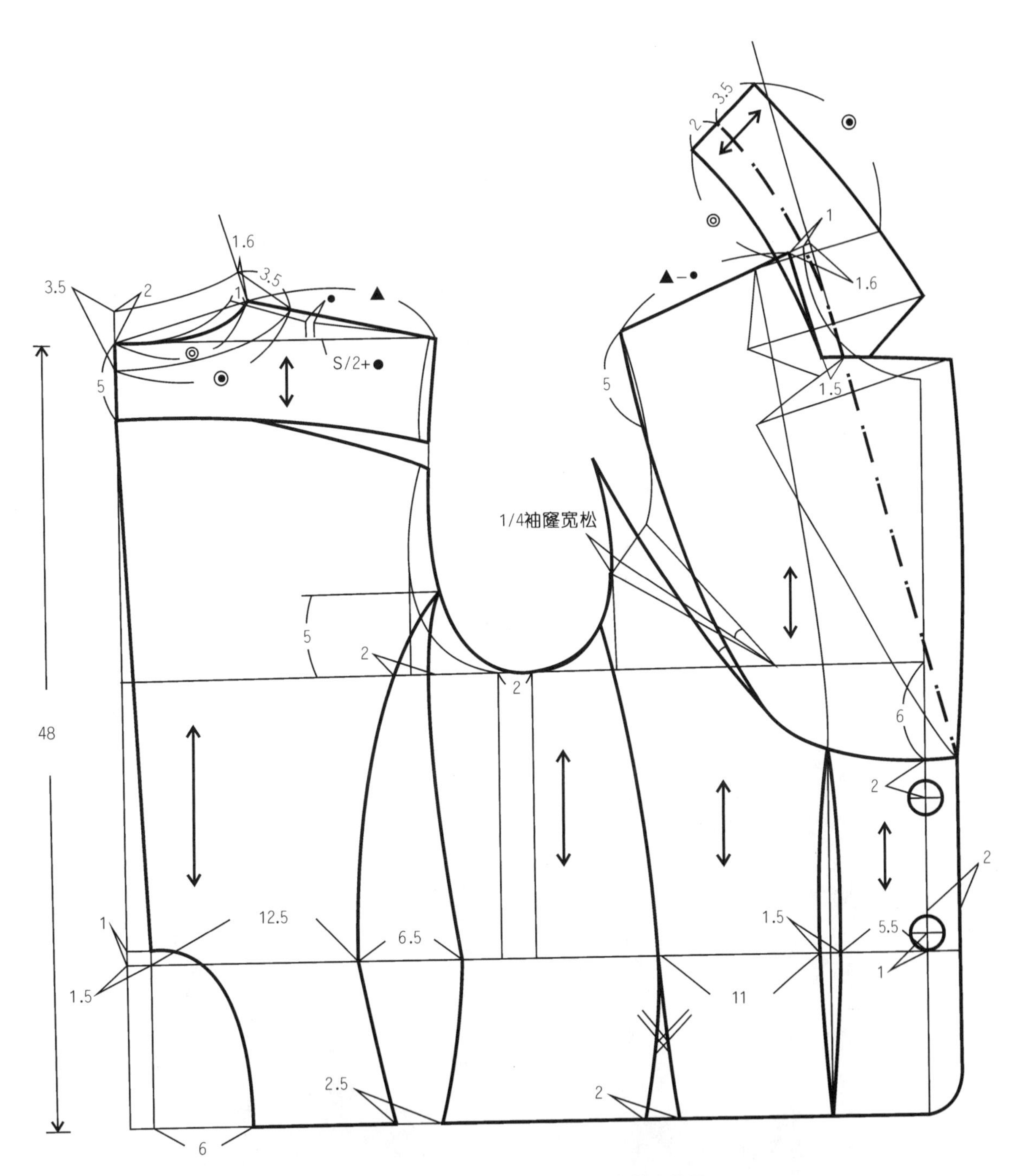

图6-43（a） 小西装领泡泡袖套装结构图

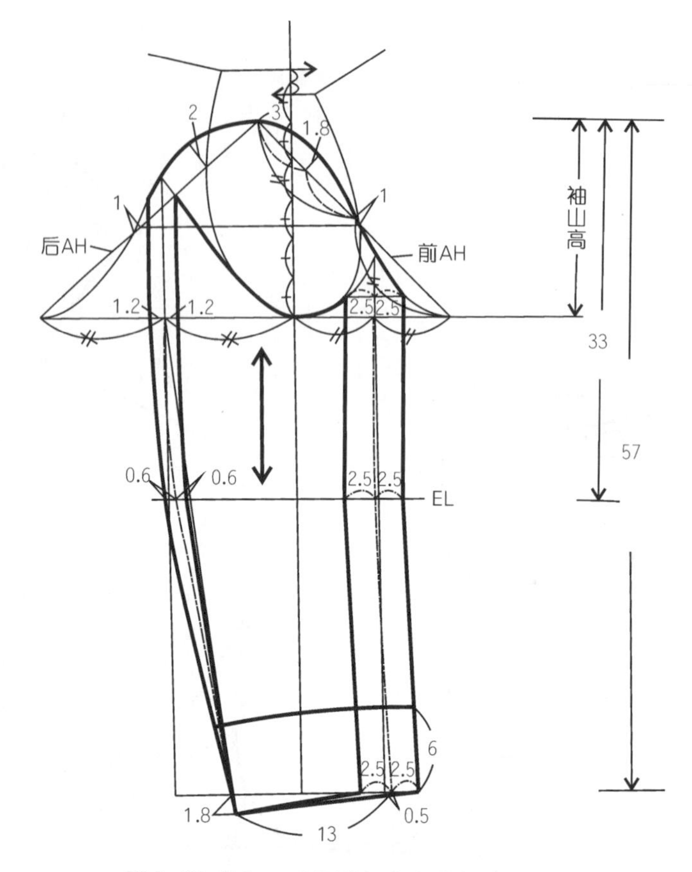

图 6-43（b） 小西装领泡泡袖套装结构图

图 6-44 小西装领泡泡袖套装坯布成衣效果

6.3.3 超下摆带袋盖贴袋宽驳折领套装

1）款式风格

较贴体风格，披肩式驳折领，超过下摆的带袋盖贴袋，四开身造型，前衣身分割线较别致，后衣身为公主分割缝；较贴体型圆装袖。是一款整体风格大气的四开身套装，如图6-45。

2）规格设计

$L = 0.4h - 10 = 54$

$B = B^* + (10 \sim 15) = 84 + 10 = 94$

$W = W^* + (10 \sim 15) = 68 + 10 = 78$

$S = 0.3B + (10 \sim 13) = 0.3 \times 94 + 10.8 = 39$

$n = 4.5$

$m = 12$

$SL = 0.3h + (5 \sim 6) +$ 款式因素 $= 48 + 6 + 7 = 61$

$CW = 0.1B + (3 \sim 4) = 0.1 \times 94 + 3.6 = 13$

图6-45 超下摆带袋盖贴袋宽驳折领套装款式图

3）衣身结构平衡

前后衣身平衡都采用箱形平衡方法。前衣身胸省一部分在前袖窿中作宽松处理，另一部分则转移到纵向分割缝中；后肩省一部分分散到肩缝处作缝缩处理，另一部分在后袖窿处宽松掉，如图6-46。

4）结构设计要点

(1) 衣身

袖窿深按原型袖窿深，前后侧缝分别放出所需宽松量，即前后原型侧缝处分开0.7cm放置；根据造型，设计各分割线，并按胸腰差分配各腰省，设计带袋盖贴袋，斜门襟等，如图6-47(a)。

(2) 衣领

横开领开大3cm，按驳折领结构设计方法设计，如图6-47(a)。

(3) 衣袖

袖山按较贴体风格设计，袖山高约为前后平均袖窿深的5/6，注意检验袖肥是否合适。袖身按袖中线前偏型的两片袖进行结构设计，如图6-47(b)。

5）坯布成衣效果

如图6-48所示。

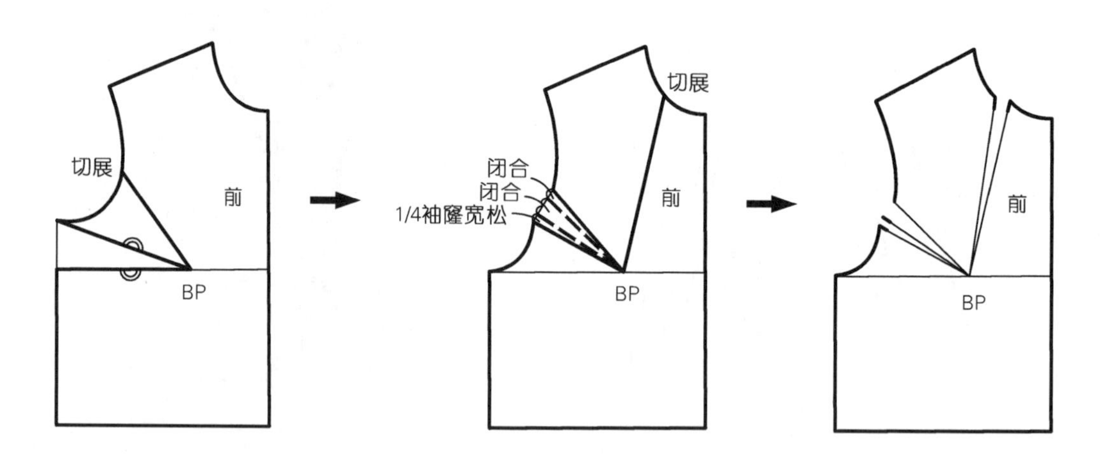

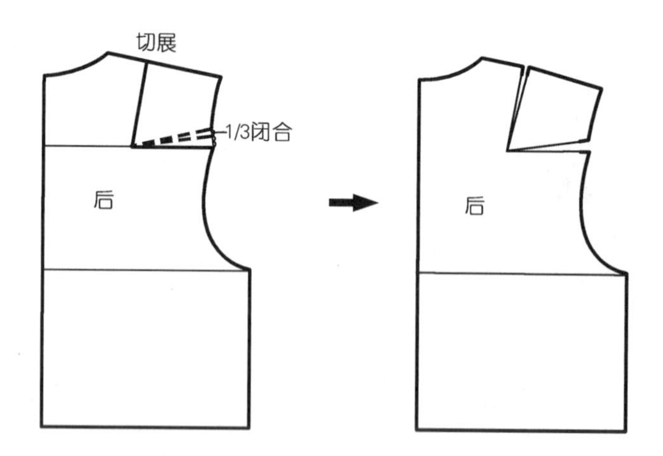

图6-46　超下摆带袋盖贴袋宽驳折领套装衣身省道处理

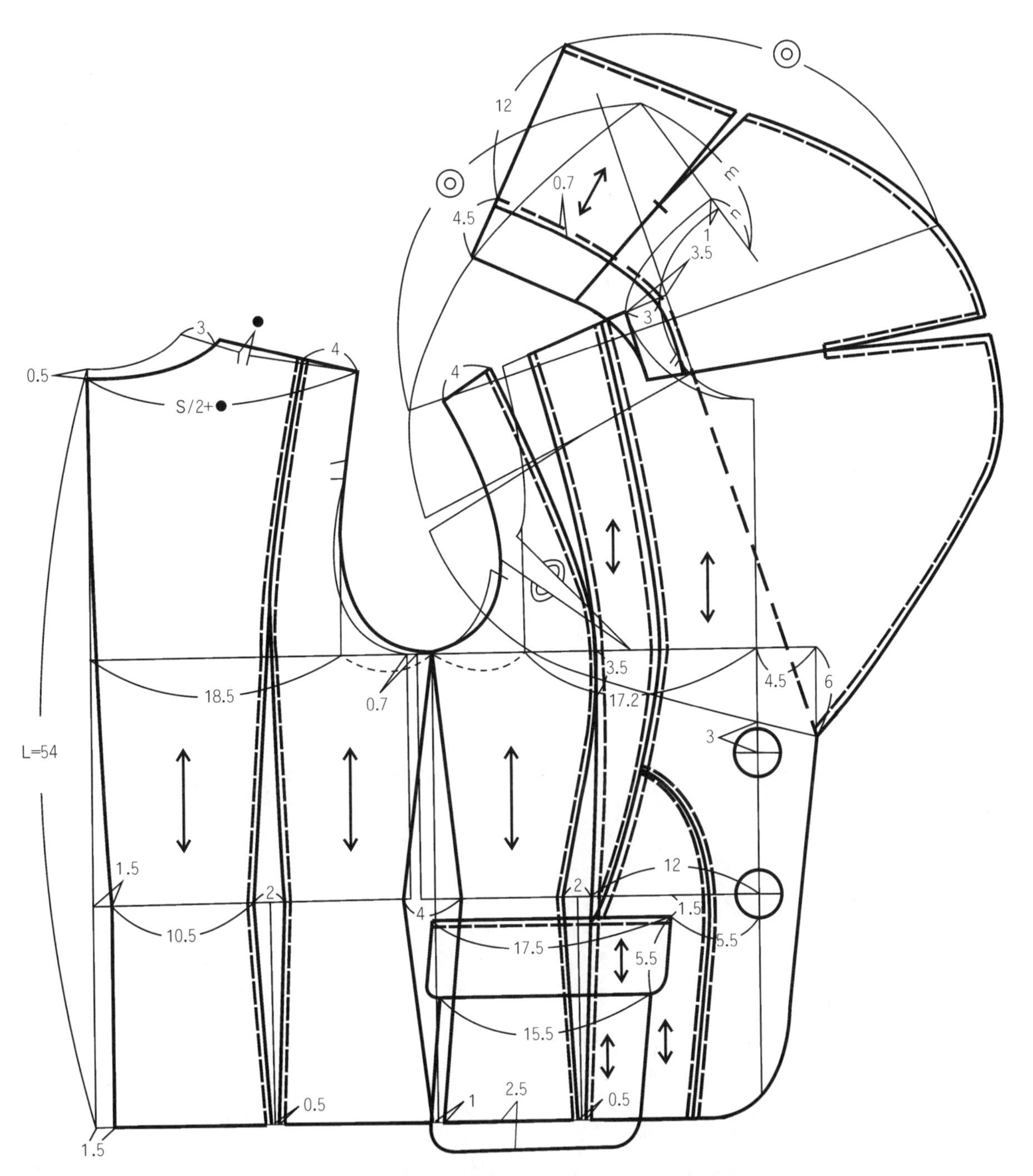

图6-47（a） 超下摆带袋盖贴袋宽驳折领套装结构图

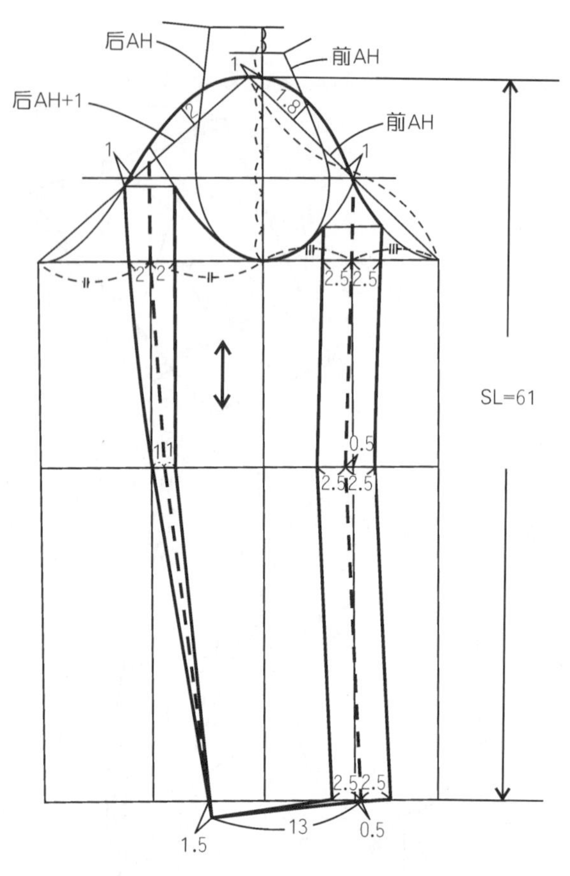

图6-47（b） 超下摆带袋盖贴袋宽驳折领套装结构图

图6-48 超下摆带袋盖贴袋宽驳折领套装坯布成衣效果

6.3.4 半圆形驳头短上装

1）款式风格

较贴体风格。前衣身通天省，半圆形袋盖，后衣身刀背分割线，半圆形大驳头加小翻领；较贴体型圆装袖，袖口分割；驳头外沿及袖口分割线镶花边，增加趣味性，整体风格简洁大方、不呆板、协调统一。是一款较简洁轻松的四开身春秋上装，如图6-49。

2）规格设计

$L = 0.4h - 13 = 51$

$B = B^* + (10 \sim 15) = 84 + 10 = 94$

$W = W^* + (10 \sim 15) = 68 + 10 = 78$

$H = H^* + (6 \sim 12) = 90 + 6 = 96$

$S = 0.3B + (10 \sim 13) = 0.3 \times 94 + 10.8 = 39$

$n = 3$

$m = 4$

$SL = 0.3h + (5 \sim 6) +$ 款式因素 $= 48 + 6 + 4.5 = 58.5$

$CW = 0.1B + (3 \sim 4) = 0.1 \times 94 + 3.6 = 13$

图6-49　半圆形驳头短上装款式图

3）衣身结构平衡

前后衣身平衡都采用箱形平衡方法。前衣身胸省一部分在前袖窿中作宽松处理，另一部分则转移到通天省中；后肩省一部分分散到肩缝处作缝缩处理，另一部分在后袖窿处宽松掉，如图 6-50。

4）结构设计要点

（1）衣身

袖窿深按原型袖窿深，前后侧缝据所需宽松量加放，根据造型，设计各分割线及省道，并按胸腰差分配各腰省，设计半圆形袋盖等，如图 6-51(a)。

（2）衣领

横开领开大 1.5cm，按驳折领结构设计方法设计，如图 6-51(a)。

（3）衣袖

袖山按较贴体风格设计，袖山高约为前后平均袖窿深的 5/6，注意检验袖肥是否合适；袖身按肘部收省的一片袖进行结构设计，并按造型设计袖口分割线，如图 6-51(b)。

5）坯布成衣效果

如图 6-52 所示。

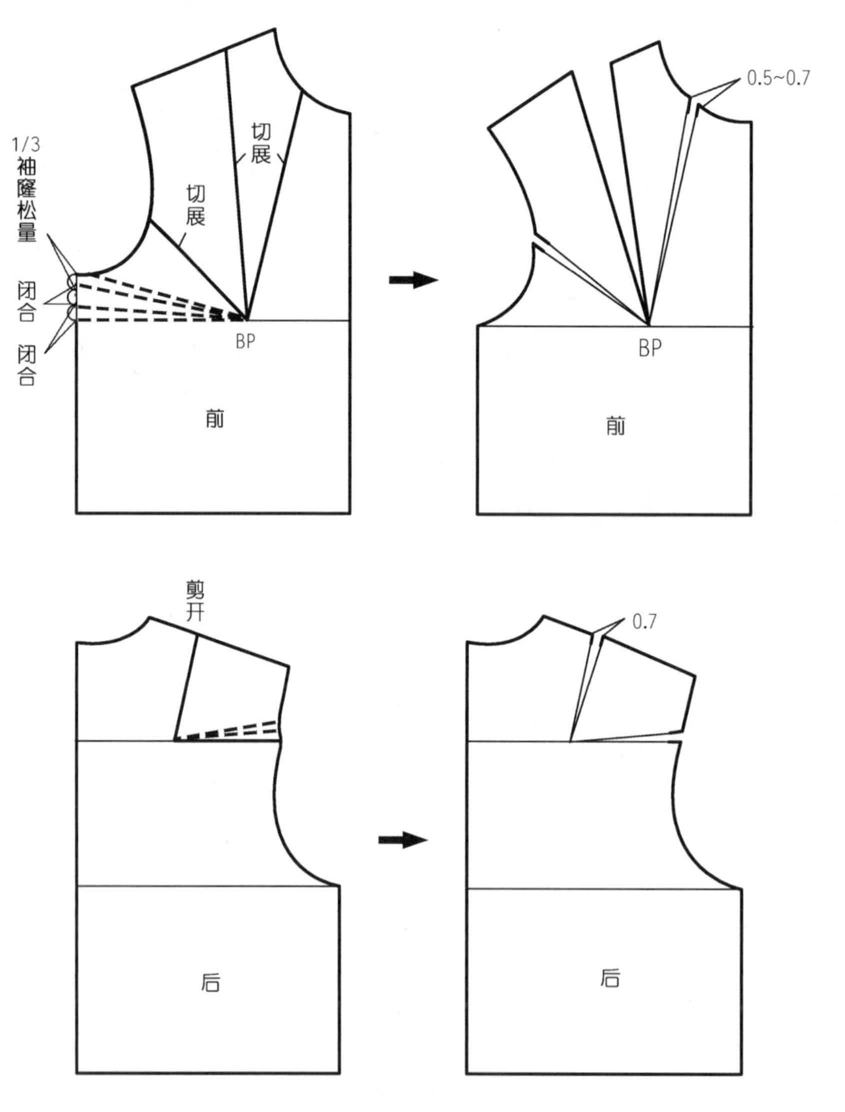

图 6-50　半圆形驳头短上装衣身省道处理

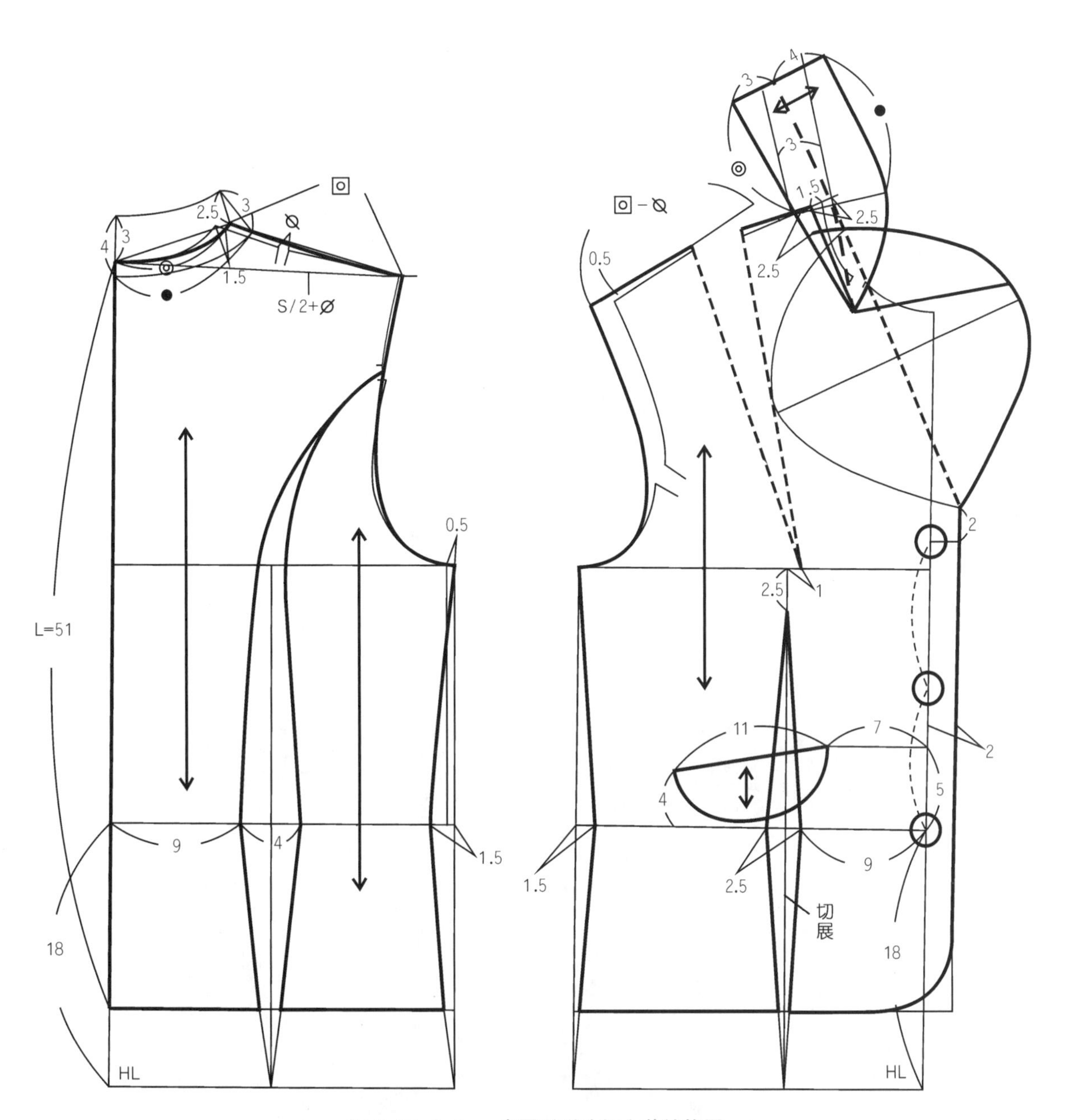

图 6-51（a） 半圆形驳头短上装结构图

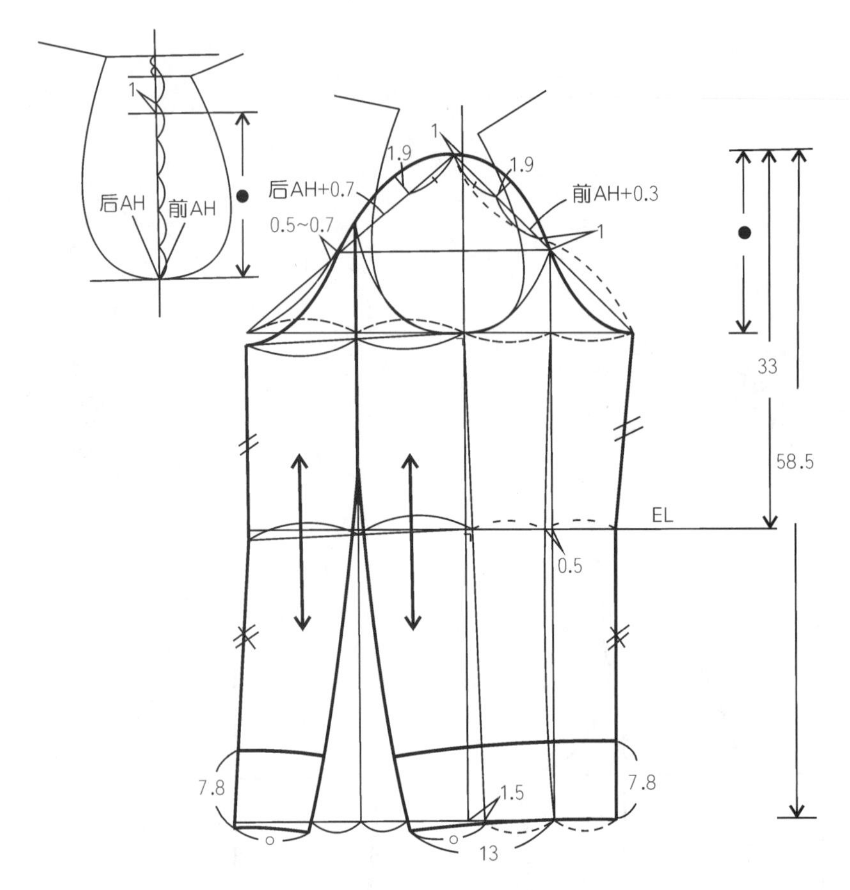

图 6-51（b）　半圆形驳头短上装结构图

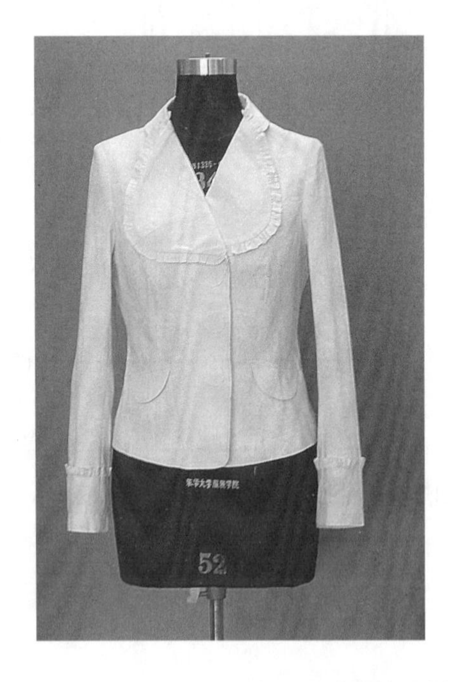

图 6-52　半圆形驳头短上装坯布成衣效果

6.3.5 三件套式四开身套装

1）款式风格

贴体风格，前衣身中心侧造型如背心，前衣身侧片如普通西装造型，类似三件套西装造型；后衣身为公主分割缝，较贴体型圆装袖，整体风格典雅大方，是一款较经典的春秋上装，如图6-53。

2）规格设计

$L = 0.4h - 12 = 52$

$B = B^* + (6 \sim 10) = 84 + 8 = 92$

$W = W^* + (6 \sim 10) = 68 + 8 = 76$

$H = H^* + (6 \sim 12) = 90 + 6 = 96$

$S = 0.3B + (10 \sim 13) = 0.3 \times 92 + 11.4 = 39$

$n = 3$

$m = 4$

$SL = 0.3h + (5 \sim 6) +$ 款式因素 $= 48 + 6 + 4 = 58$

$CW = 0.1B + (3 \sim 4) = 0.1 \times 92 + 3 = 12.2$（取12.5）

图6-53　三件套式四开身套装款式图

3）衣身结构平衡

前后衣身平衡都采用箱形平衡方法。前衣身胸省一部分在前领窝处作宽松处理，一部分在前袖窿中作宽松处理，另一部分则转移到纵向分割缝中；后肩省一部分在后袖窿处宽松掉，一部分在公主缝处去掉，如图6-54。

4）结构设计要点

（1）衣身

袖窿深按原型袖窿深，前后侧缝据所需宽松量加放，根据造型设计各分割线，并按胸腰差分配各腰省，根据造型设计前衣身中心片领窝、门襟、圆下摆等造型，如图6-55。

（2）衣领

横开领开大3.5cm，驳折止点在前衣身分割缝近腰节处，按驳折领结构设计方法，如图6-55。

（3）衣袖

袖山按较贴体风格设计，袖山高约为前后平均袖窿深的5/6，注意检验袖肥是否合适；袖身按袖中线前偏型的两片袖进行结构设计，如图6-55（b）。

5）坯布成衣效果

如图6-56所示。

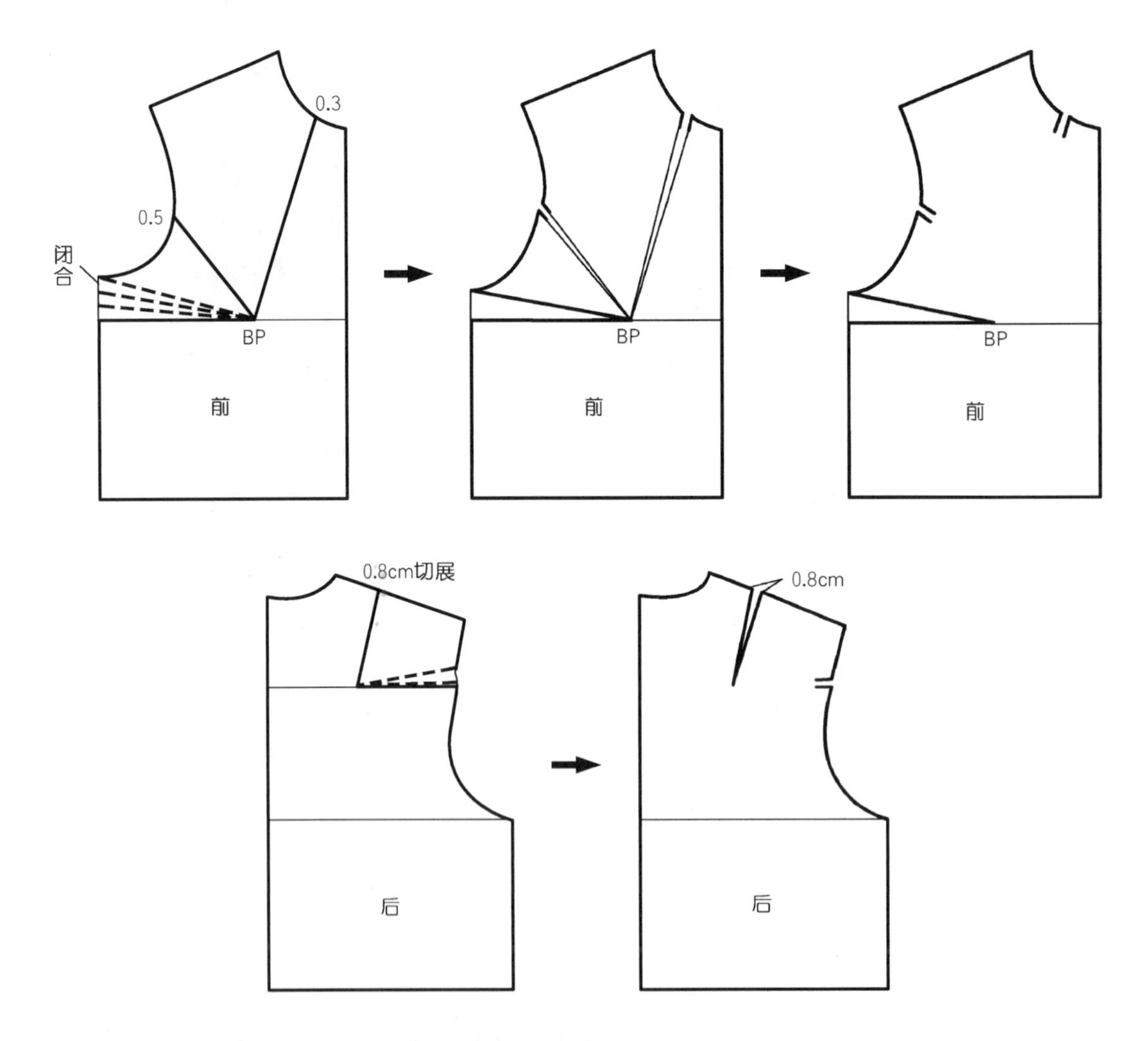

图6-54　三件套式四开身套装衣身省道处理

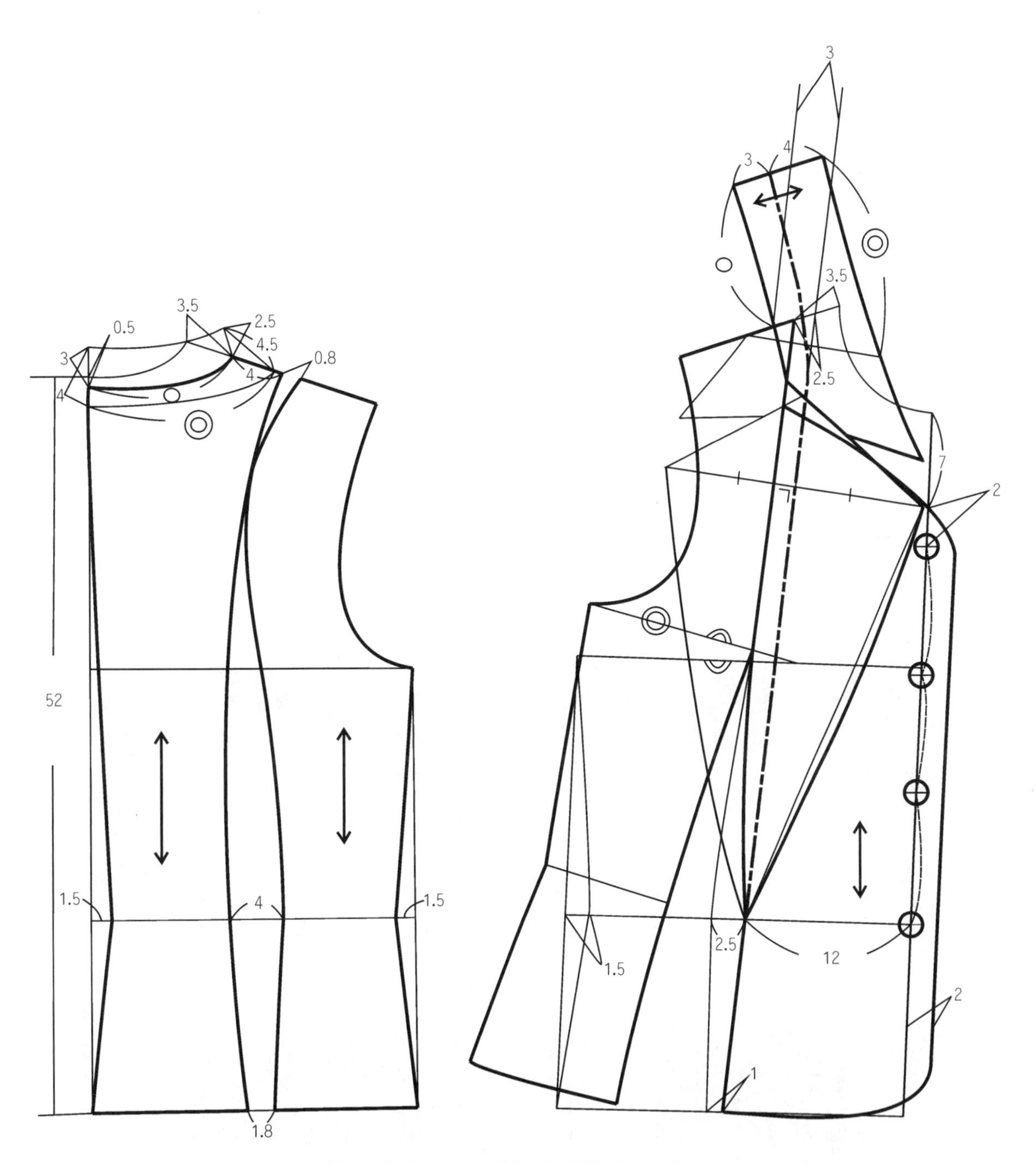

图 6-55（a） 三件套式四开身套装结构图

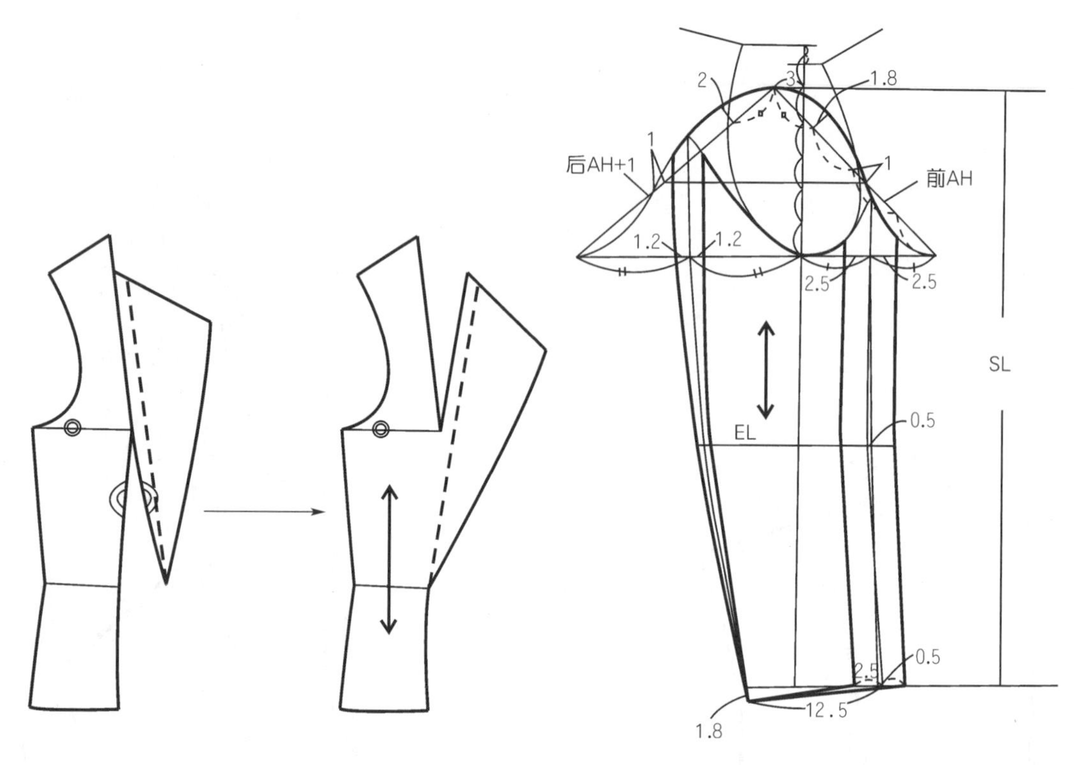

图 6-55（b） 三件套式四开身套装结构图

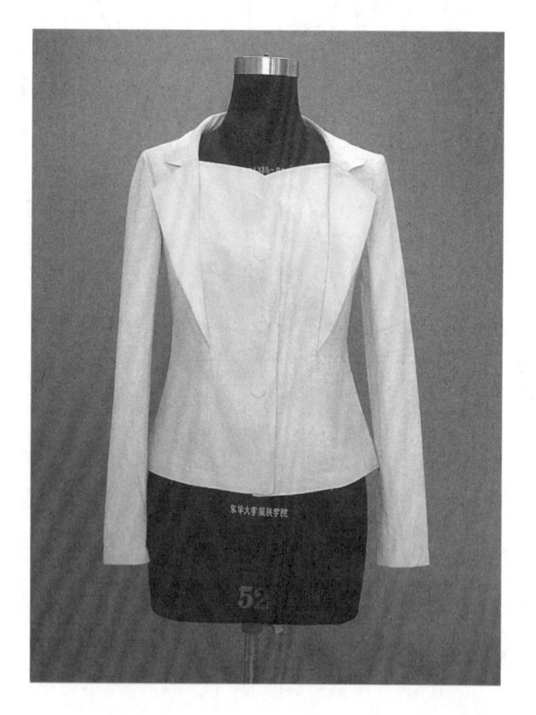

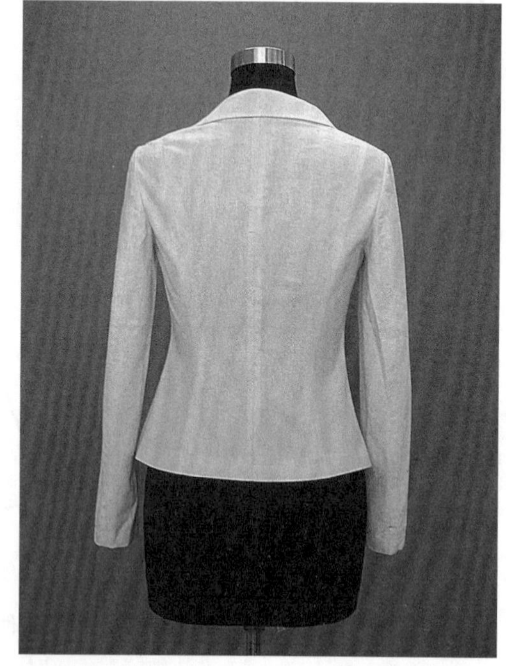

图 6-56 三件套式四开身套装坯布成衣效果

6.3.6 三开身西装

1）款式风格

较贴体风格，平驳头、圆下摆、大贴袋、三粒扣，是一款传统略带休闲风格的三开身女西装，如图6-57。

2）规格设计

$L = 0.4h + (6 \sim 8) = 70$

$B = B^* + (10 \sim 15) = 84 + 12 = 96$

$W = W^* + (10 \sim 15) = 68 + 12 = 80$

$H = H^* + (6 \sim 12) = 90 + 8 = 98$

$S = 0.3B + (10 \sim 13) = 0.3 \times 96 + 11.2 = 40$

$n = 3$

$m = 4.5$

SL = 0.3h + (5 ~ 6) + 款式因素 = 48 + 6 + 4 = 58

$CW = 0.1B + (3 \sim 4) = 0.1 \times 96 + (3 \sim 4) = 13$

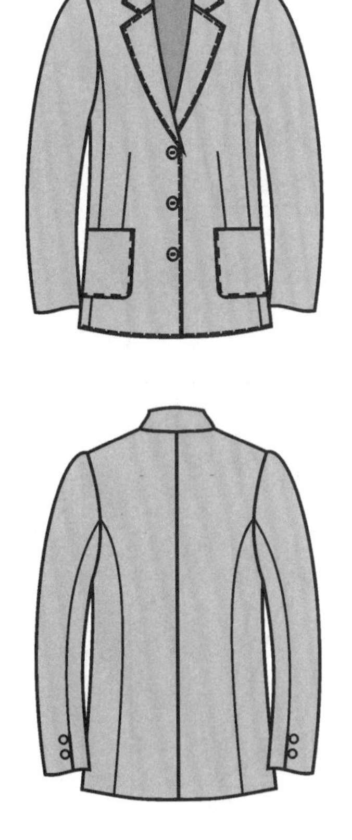

图6-57　三开身西装款式图

3）衣身结构平衡

前后衣身平衡都采用箱形平衡方法。前衣身胸省一部分在前领窝处作宽松处理，一部分在前袖窿中作宽松处理，另一部分则转移成领省；后肩省一部分在后袖窿处宽松掉，一部分在后肩缝处缝缩，如图6-58。

4）结构设计要点

（1）衣身

袖窿深按原型袖窿深或在原型袖窿深基础上适当加深，前后侧缝据所需宽松量加放，根据造型，设计三开身分割线，前分割线处于前胸宽附近，后分割线处于后背宽附近，并按胸腰差分配各腰省，根据造型，设计前衣身门襟、圆下摆等造型，如图6-59（a）。

（2）衣领

据效果图开大横开领，定驳折止点，按驳折领结构设计方法进行设计，如图6-59（a）。

（3）衣袖

袖山按较贴体风格设计，袖山高约为前后平均袖窿深的5/6，注意检验袖肥是否合适；袖身按袖中线前偏型的两片袖进行结构设计，如图6-59（b）。

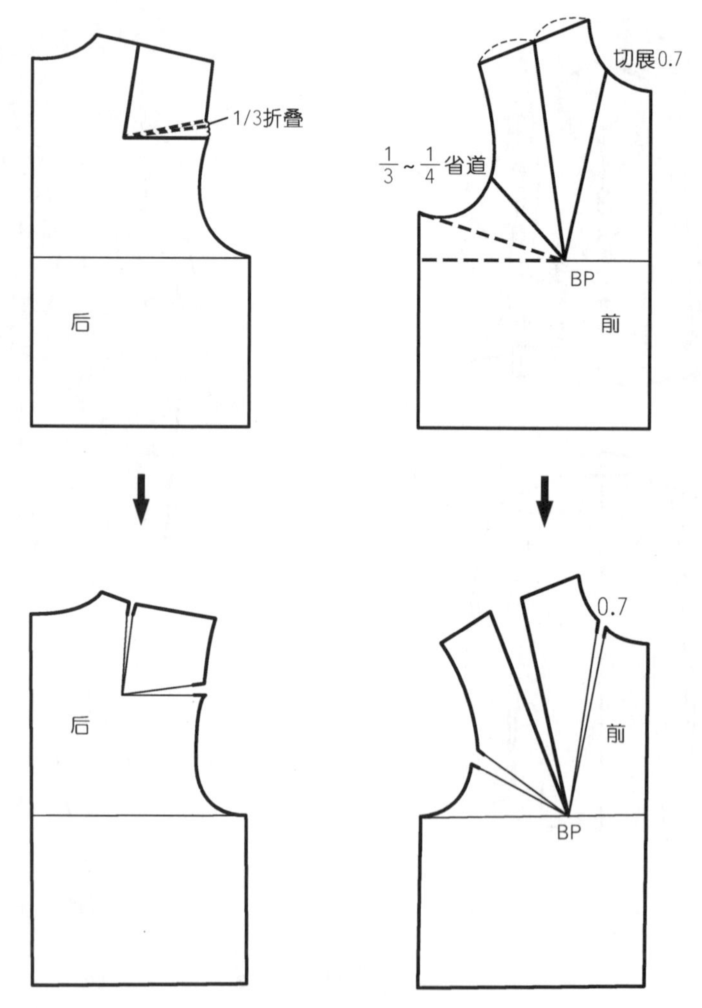

图6-58　三开身西装衣身省道处理

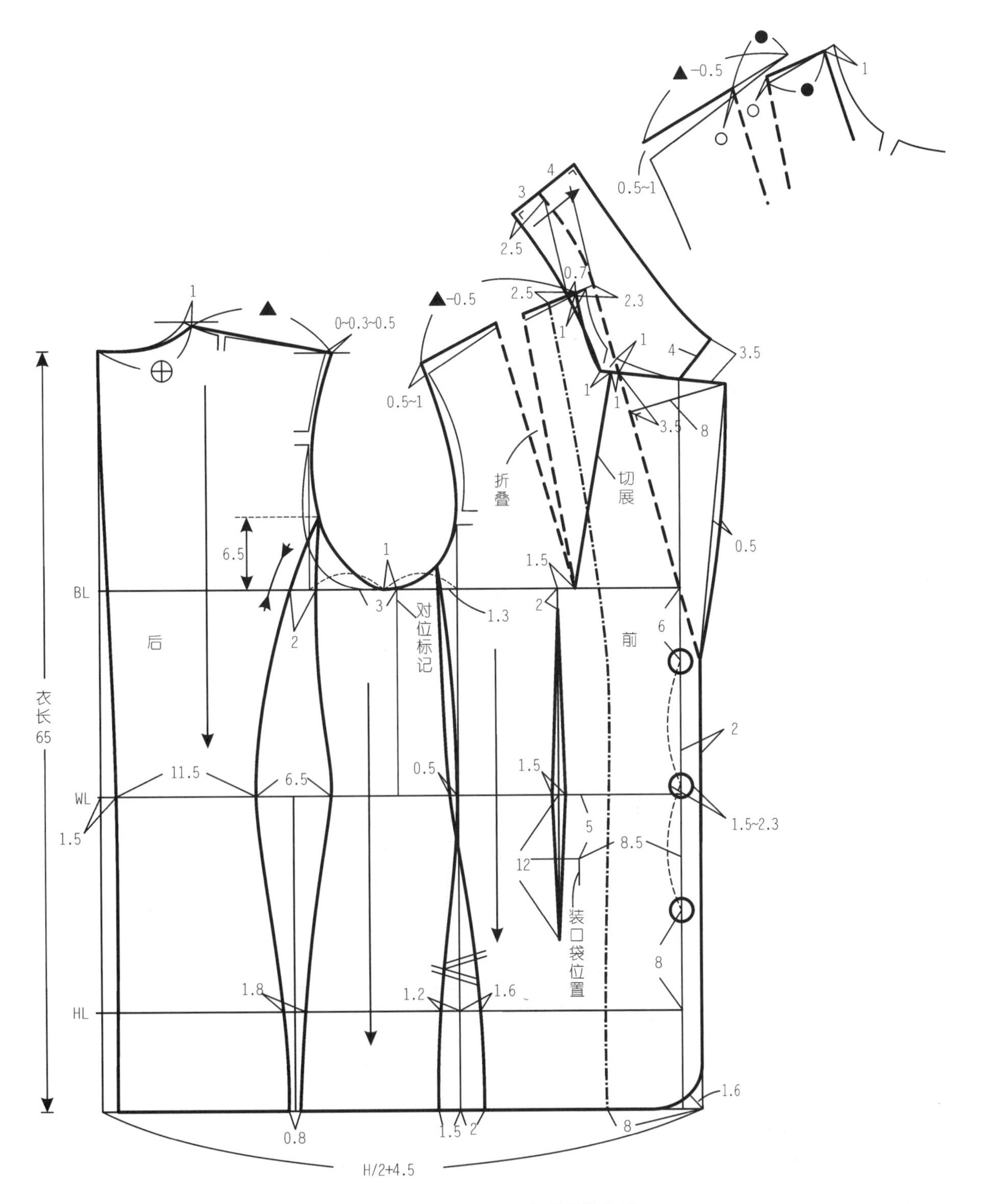

图 6-59（a） 三开身西装结构图

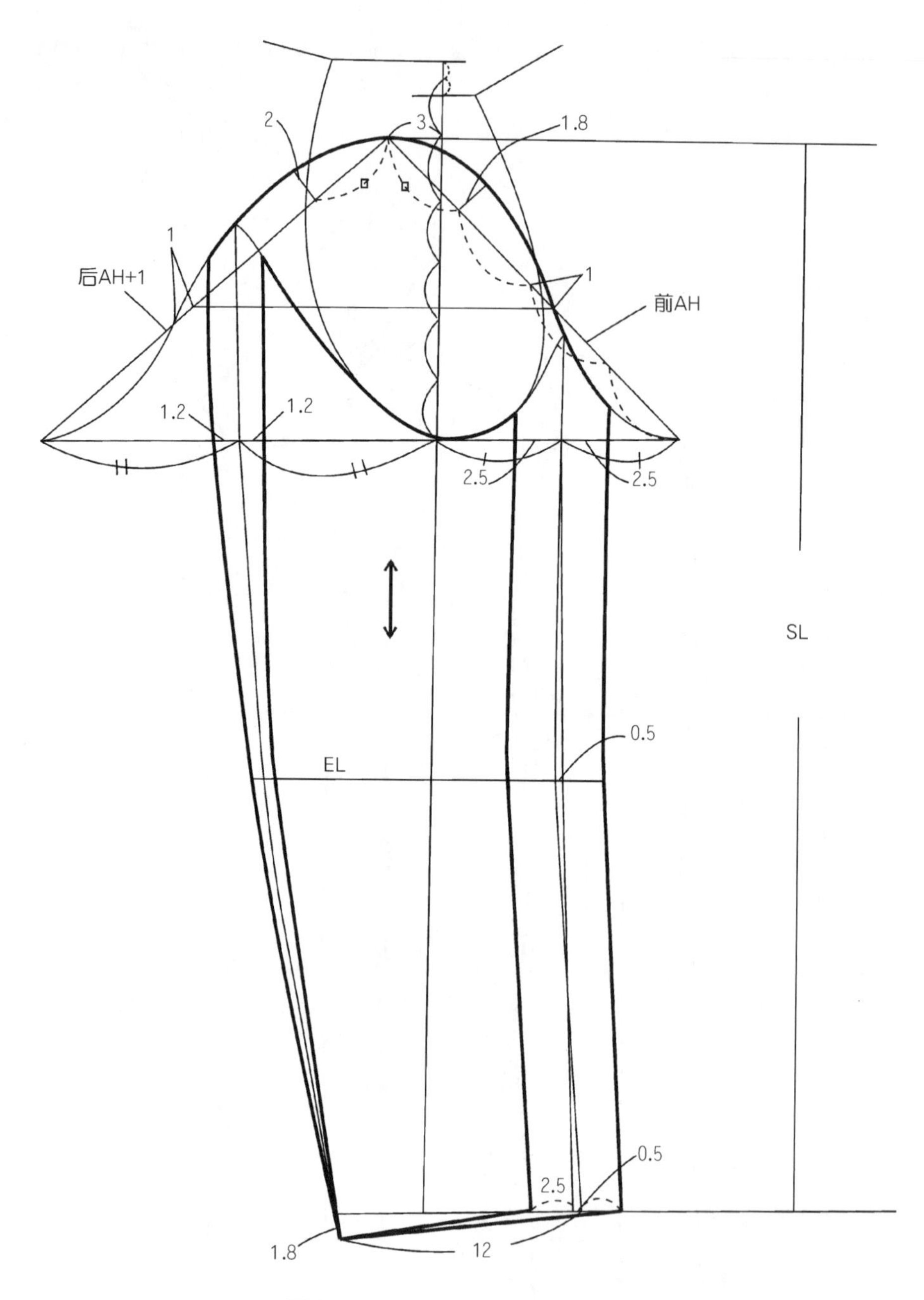

图6-59（b）　三开身西装结构图

5）三开身西装对条对格

对格对条方法如图6-60所示，三开身西装对条对格成衣效果如图6-61。

条格面料是服装面料中的常见品种，因其条格的规整性及美观性深受设计师及消费者的喜爱，为保证条格面料的完整性以及服装成品的美观性，在常规服装中通常要求做到各零部件间实现对格对条。同时，对格对条技术也是服装结构设计及服装工艺中的技术难点之一。格子种类很多，服装品种也很

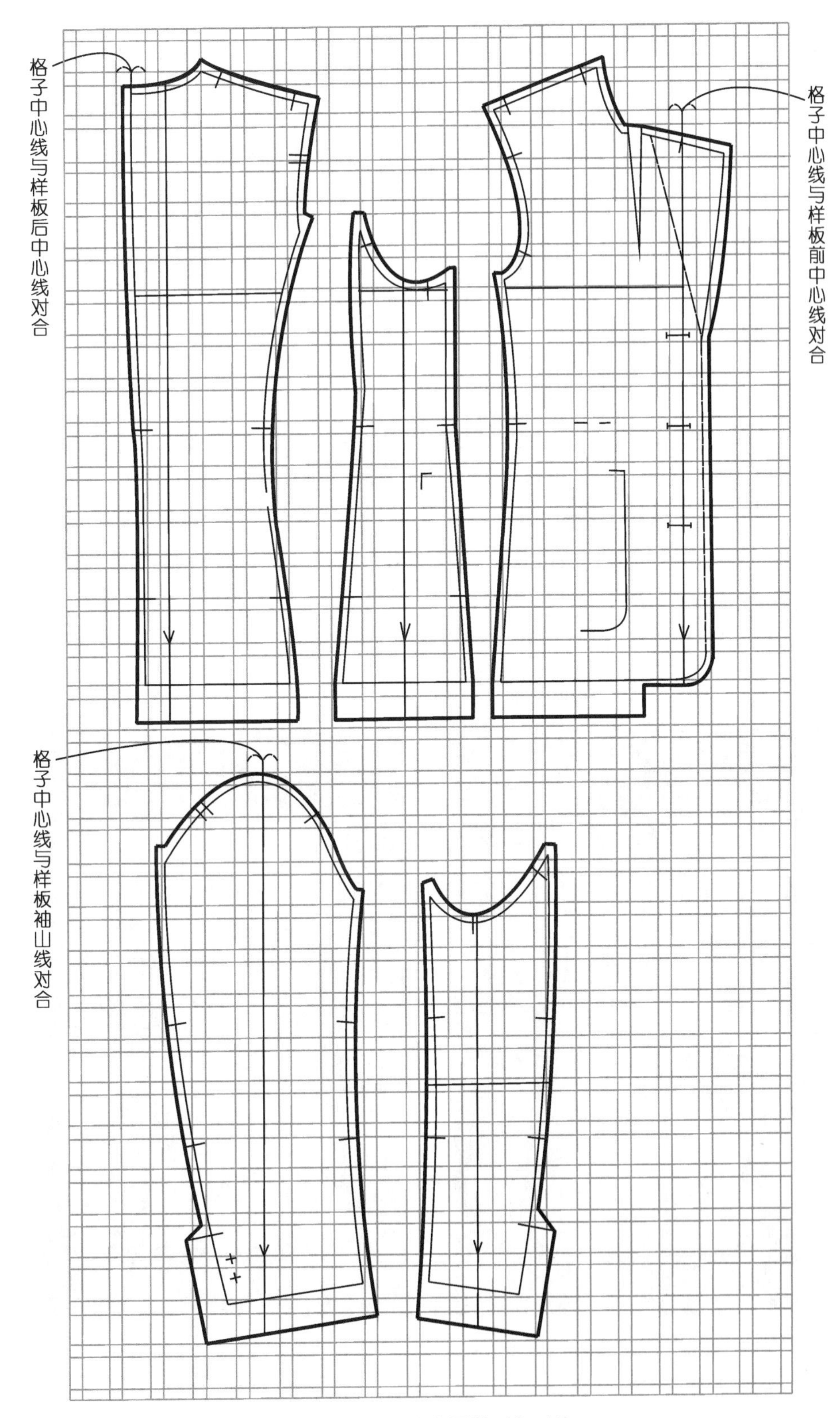

图 6-60　三开身西装对条对格

多，下面就以女西装为例，对常用的对格对条技术进行说明。

① 对格子图案为左右对称的面料，通常将面料正正相迭对折好，并尽可能使上下两层的纵横条格均对齐。当布的正面因粗糙或因有绒毛而上下两层较难对齐时，可先裁剪上层，再移动已裁好的上层裁片，使上下两层完全对格对条后再开裁下层衣片。

② 先确定格子的哪条纵向条纹作为中心，并分别使前衣身、后衣身以及袖子的中心与其吻合。衣身侧片上的条纹尽量选择使前后分割线分别与前后衣身上的侧缝线上的条纹重合为好，当然，侧片上的横向条纹也是必须与前后衣身对齐的。

③ 衣身横向条纹通过胸围线。大袖的横向条纹与前衣身袖窿上的对位记号相吻合。小袖片分割位置上的纵向条纹尽可能不要与大袖片上的纵向条纹重合。

④ 翻领的纵向条纹与后衣身的中心吻合，领外围的横条则根据衣领翻折成型后与衣身上的横条相一致。

⑤ 挂面条格的选择应该将挂面与领面的串口线合并后来选择。不同的选择，挂面驳头外端的纹样就不同，如图6-60。

⑥ 口袋的对条对格则完全与口袋在前衣身上的位置的条格一致。

⑦ 以上对条对格的方法只是对条对格的一般方法，实际上应根据格子的大小、条子的宽度以及格子的色彩浓淡变化等具体情况具体分析。此外，对格对条还含有设计的要素在内。

图6-61　三开身西装对条对格成衣效果

6.3.7 V字领传统女背心

1）款式风格

贴体风格，V字领造型，前衣身通天省，5粒扣；后衣身通天省，可调式腰带。是一款传统的春秋背心，如图6-62。

2）规格设计

$L = 0.25h + 7 = 47$

$B = B^* + (6 \sim 10) = 84 + 8 = 92$

$W = W^* + (6 \sim 10) = 68 + 8 = 76$

$H = H^* + (6 \sim 12) = 90 + 6 = 96$

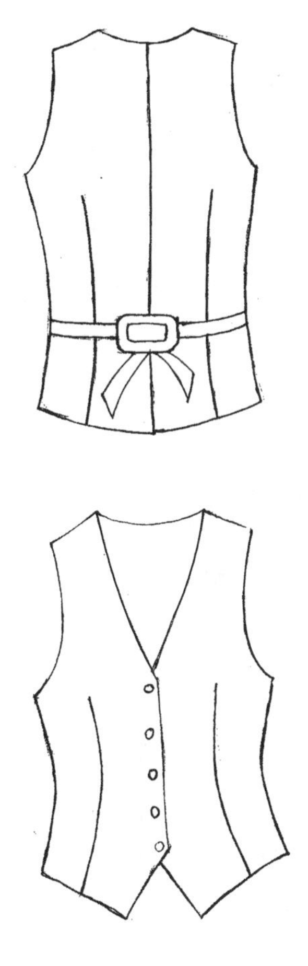

图6-62　V字领传统女背心款式图

3）衣身结构平衡

前后衣身平衡都采用箱形平衡方法。前衣身胸省全部转移到通天省中；后肩省一部分分散到肩缝处作缝缩处理，另一部分在后袖窿处宽松掉，如图 6-63 和图6-64。

4）结构设计要点

衣身袖窿深在原型袖窿深基础上开深 2cm，前后侧缝分别缩小所需宽松量，即前后原型重迭 2cm；前腰省处于 BP 点正下方，后腰省处于肩省正下方，根据胸腰差分配各腰省，再将前腰省按造型要求斜向设计；横开领开大 1.5cm，前直开领据造型在胸围线附近，作出 V 形领口；小肩宽约 7cm，作出袖窿造型，下摆造型据效果图，前中心处斜向处理，顺势画出后衣身下摆，后衣身较短，如图 6-64。

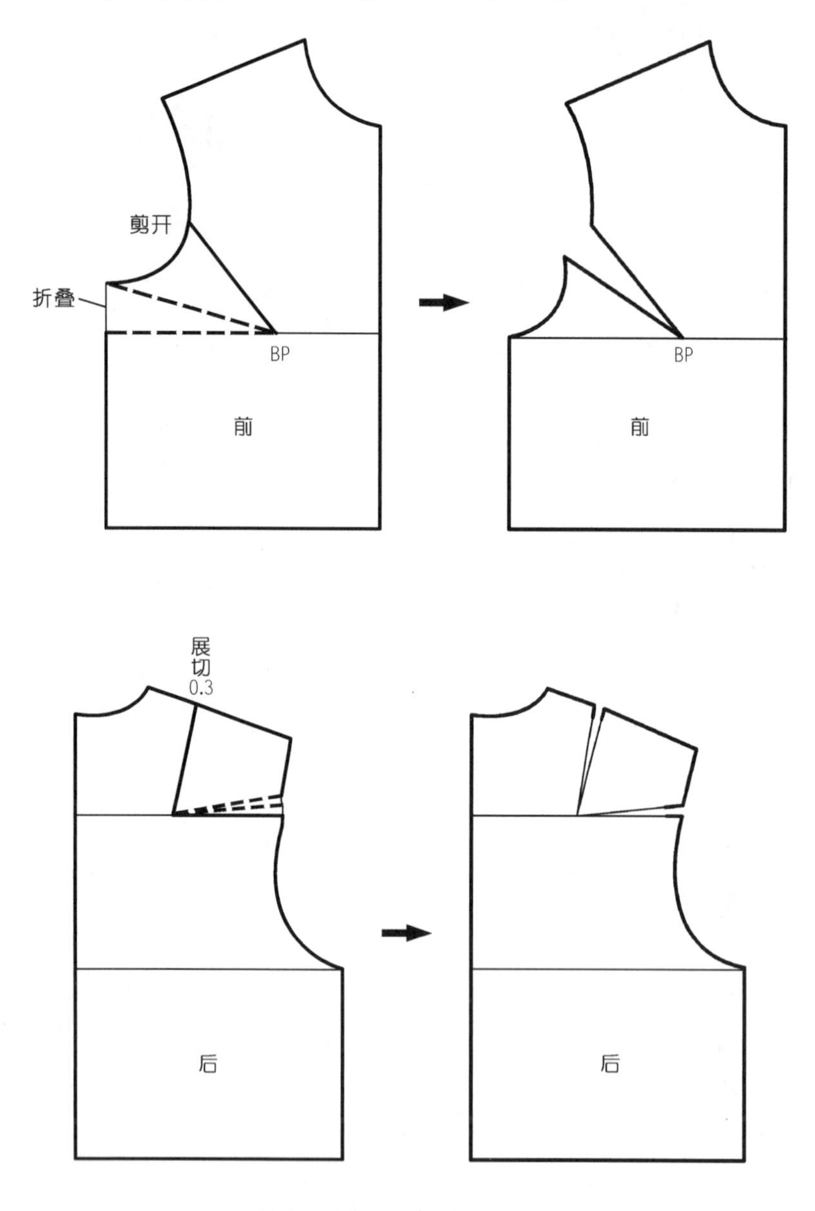

图 6-63　V 字领传统女背心衣身省道处理

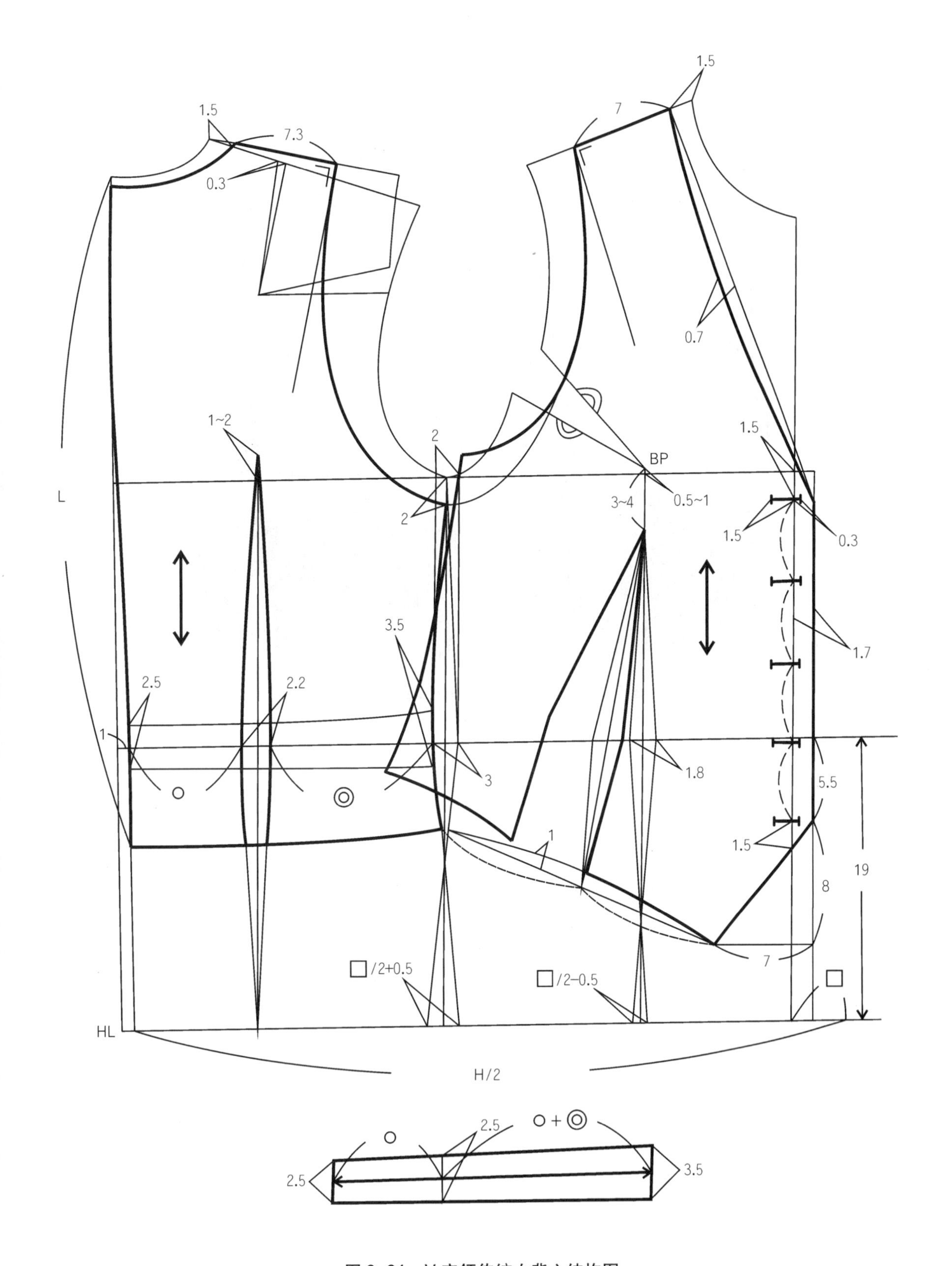

图 6-64　V 字领传统女背心结构图

5）坯布成衣效果

如图 6-65 所示。

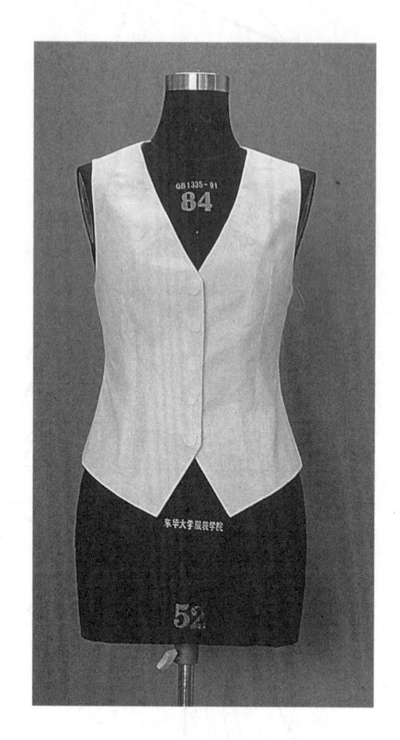

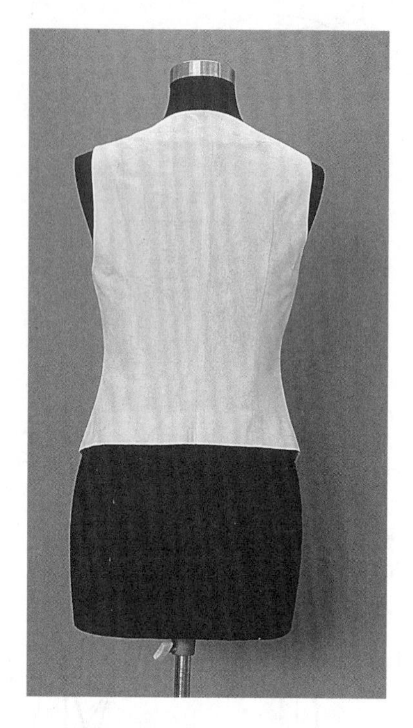

图 6-65　V 字领传统女背心坯布成衣效果

6.3.8 立领露肩小背心

1）款式风格

贴体风格，小立领造型，门襟装拉链，前衣身刀背分割缝加小省道，后衣身刀背分割缝，是一款较时尚的背心，如图6-66。

2）规格设计

$L = 0.25h + 12 = 52$

$B = B^* + (6 \sim 10) = 84 + 6 = 92$

$W = W^* + (6 \sim 10) = 68 + 8 = 76$

$H = H^* + (6 \sim 12) = 90 + 6 = 96$

$n = 3.5$

3）衣身结构平衡

前后衣身平衡都采用箱形平衡方法。前衣身胸省全部转移到刀背分割缝上的小省中，后肩省全部在后袖窿处去掉了，如图6-67。

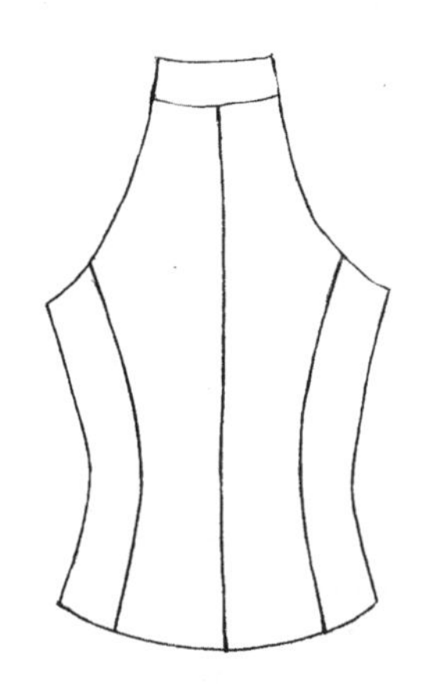

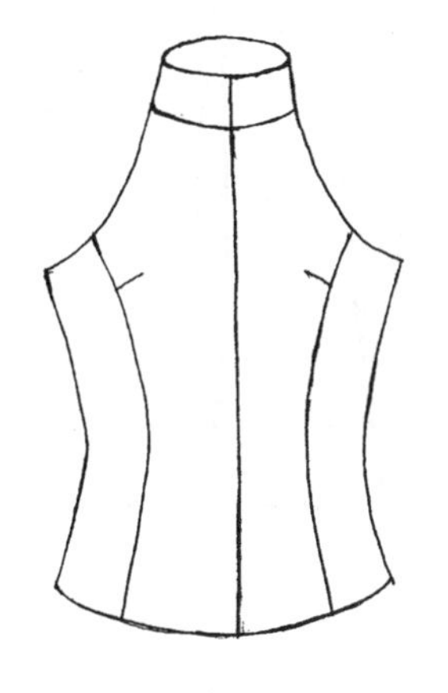

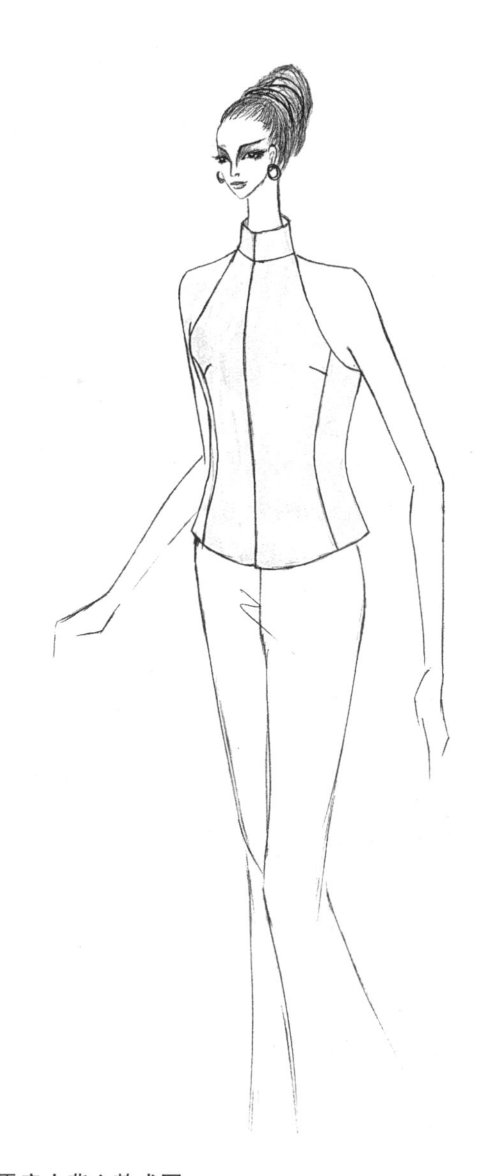

图6-66　立领露肩小背心款式图

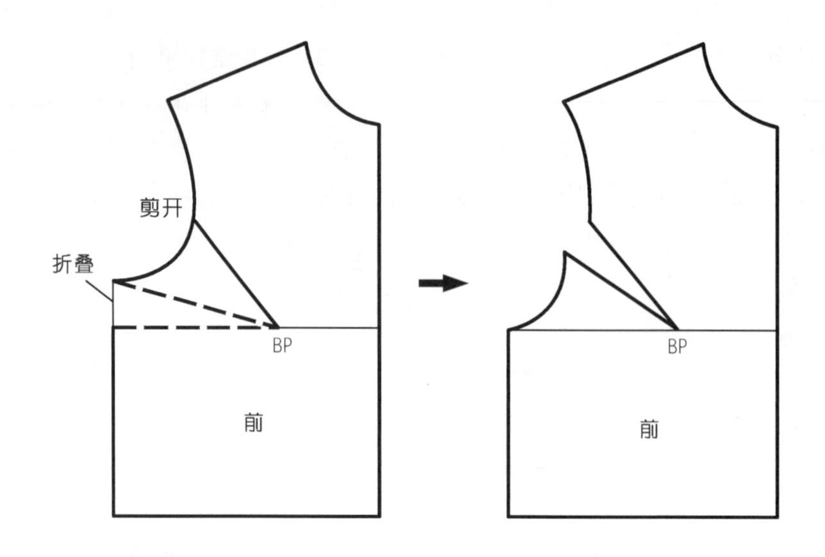

图6-67　立领露肩小背心衣身省道处理

4）结构设计要点

(1）衣身

袖窿深在原型袖窿深基础上开深2cm，前后侧缝分别缩小所需宽松量，即前后原型重叠2cm；按效果图设计前后分割缝及小省道，根据胸腰差分配各腰省，横开领开大2cm，前直开领开深1cm，作出实际领窝；作出前后袖窿造型。将胸省转移到小省道中，如图6-68。

(2）衣领

按内倾型单立领方法进行结构设计，如图6-68。

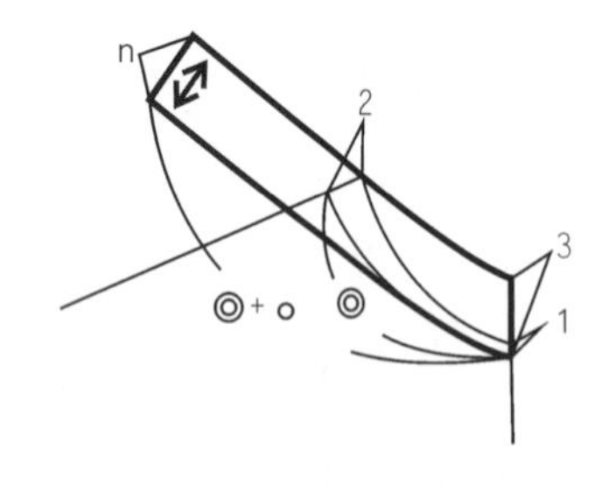

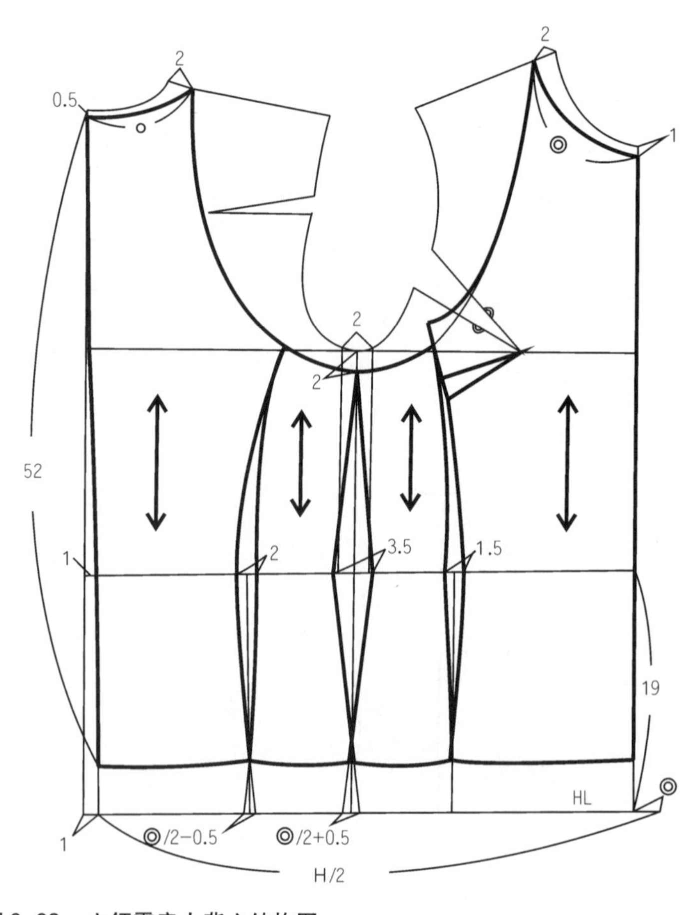

图6-68　立领露肩小背心结构图

5）坯布成衣效果

如图 6-69 所示。

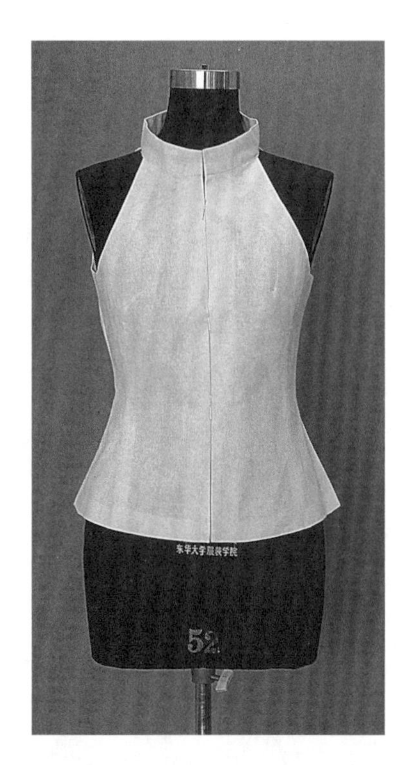

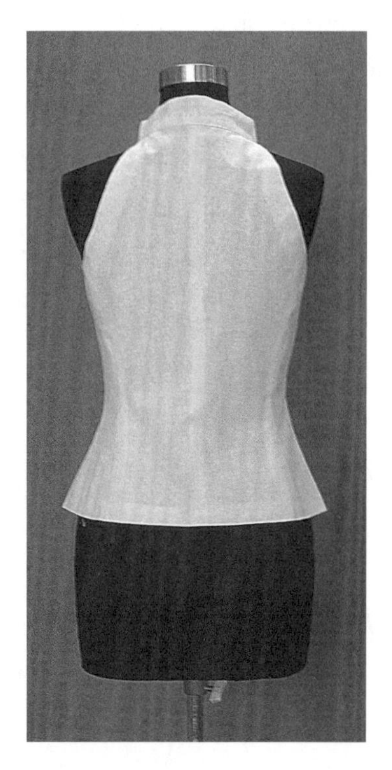

图 6-69　立领露肩小背心坯布成衣效果

6.4　大衣、风衣结构

6.4.1　双排扣关驳两用领插肩袖大衣

1）款式风格

较贴体风格，双排扣关驳两用领；前衣身公主分割加插肩袖分割，后衣身腰节横向分割加宽腰带，腰节线以上部分公主分割加插肩袖分割，腰节线以下部分为 A 形造型；斜插袋，整体造型为略收腰的 A 形风格，是一款较传统的秋冬外套，如图 6-70。

2）规格设计

$L = 0.5h + 5 = 85$

$B = B^* + (10 \sim 15) = 84 + 14 = 98$

$W = W^* + (10 \sim 15) = 68 + 12 = 80$

$H = H^* + (6 \sim 14) = 90 + 12 = 102$

$n = 3.5$

$m = 6$

$SL = 0.3h + (5 \sim 6) +$ 款式因素 $= 48 + 6 + 4 = 58$

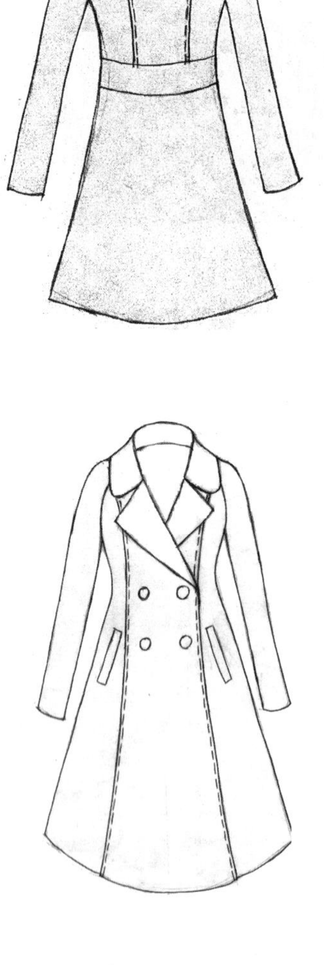

图 6-70　双排扣关驳两用领插肩袖大衣款式图

3）衣身结构平衡

前后衣身平衡都采用箱形平衡方法。前衣身胸省一部分在前领窝中作宽松处理，一部分在前袖窿中作宽松处理，其余部分则转移到公主分割缝中；后肩省一部分分散到后袖窿处宽松掉，其余部分则转移到公主分割缝中，如图6–71。

4）结构设计要点

（1）衣身

袖窿深在原型的基础上开深4cm，胸围增加的松量放在后衣身中，即在后侧缝处加出；根据造型，设计各分割线，并按胸腰差分配各腰省，设计斜插袋、双排扣等；关闭后衣身腰节线以下省道成下摆增量。横开领开大1cm，前直开领开深2.5cm，作出实际领窝，如图6–72。

（2）衣领

前领座2.5cm，按翻折领方法进行结构设计方法。

（3）衣袖

为较宽松型插肩袖，插肩袖前后袖中线平均倾斜度约45°。

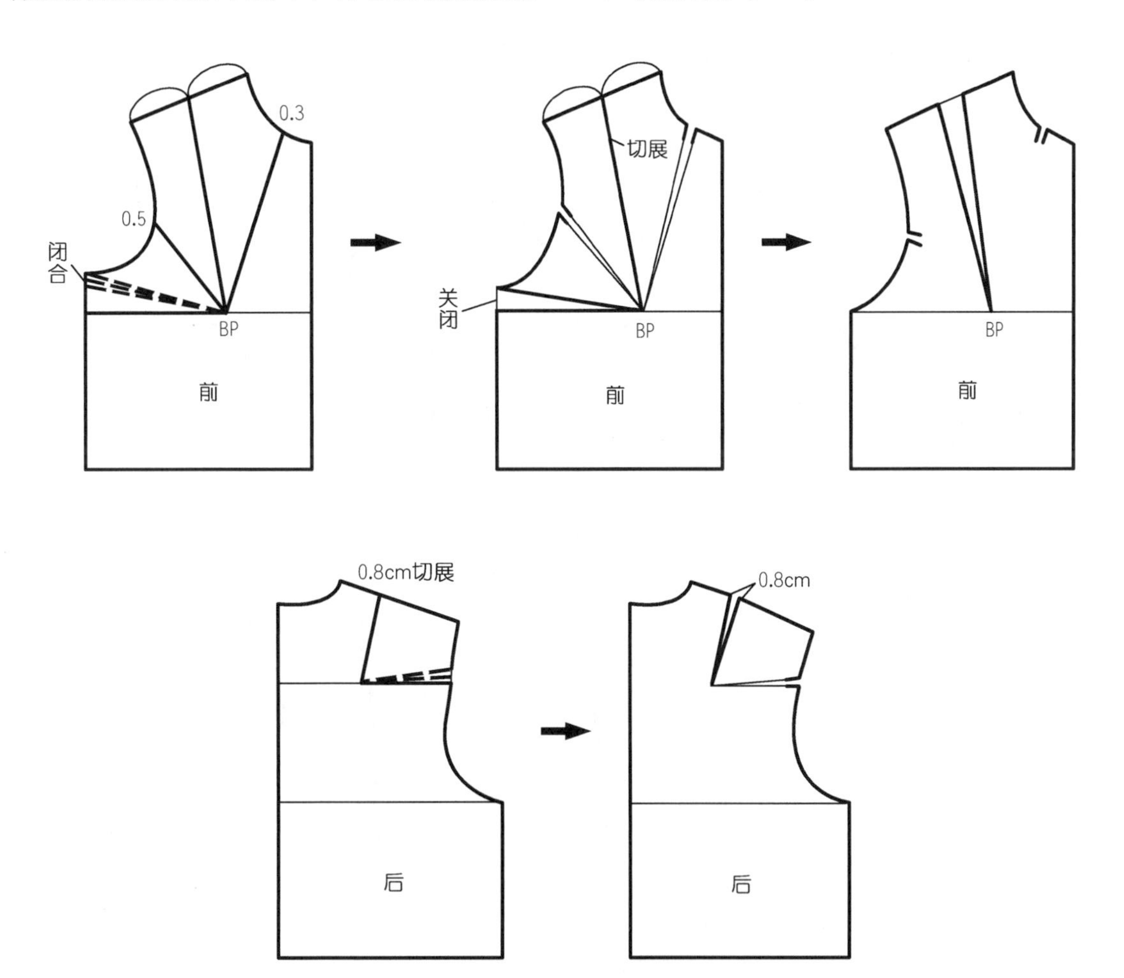

图6–71　双排扣关驳两用领插肩袖大衣衣身省道处理

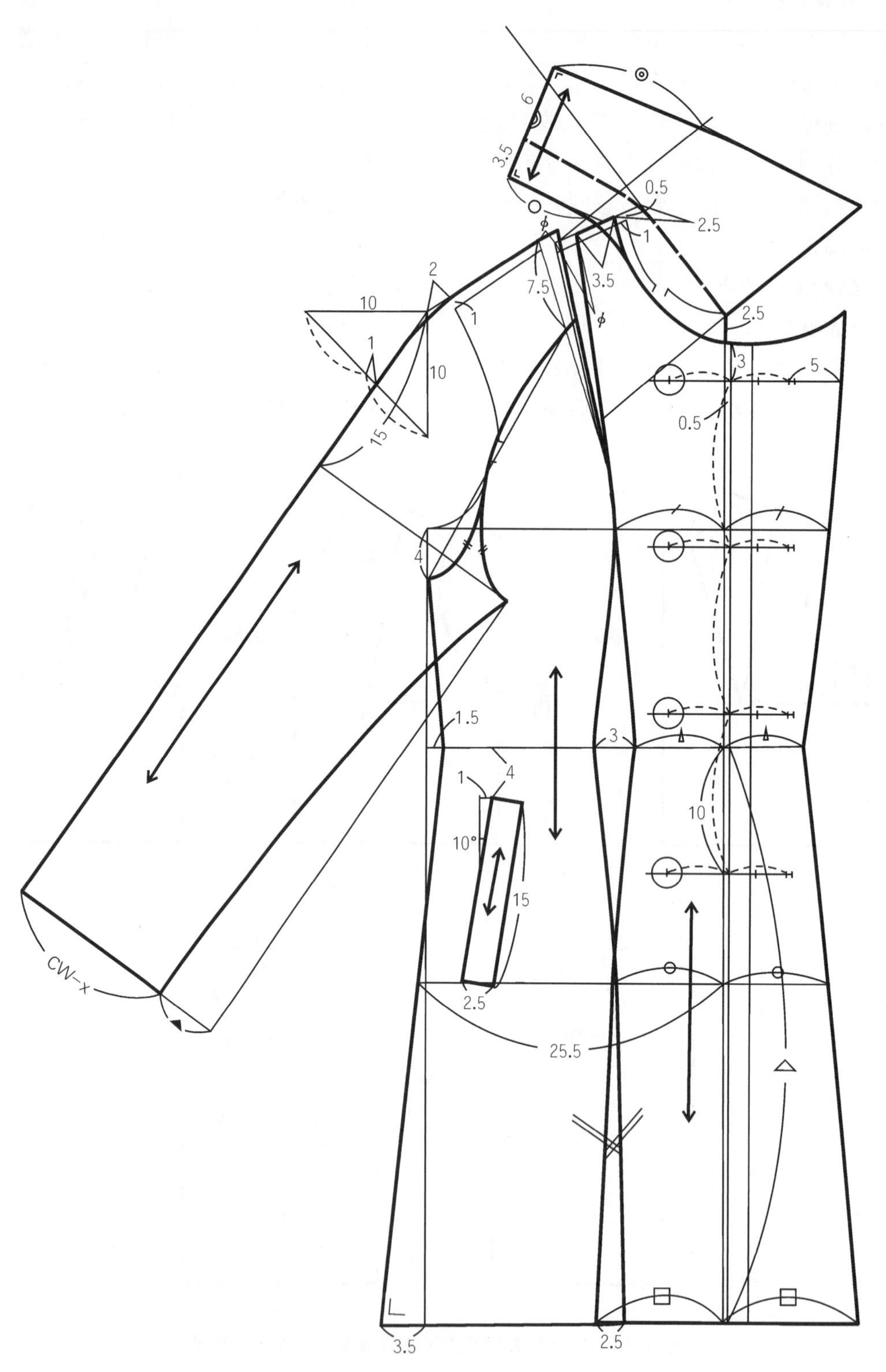

图 6-72（a） 双排扣关驳两用领插肩袖大衣结构图

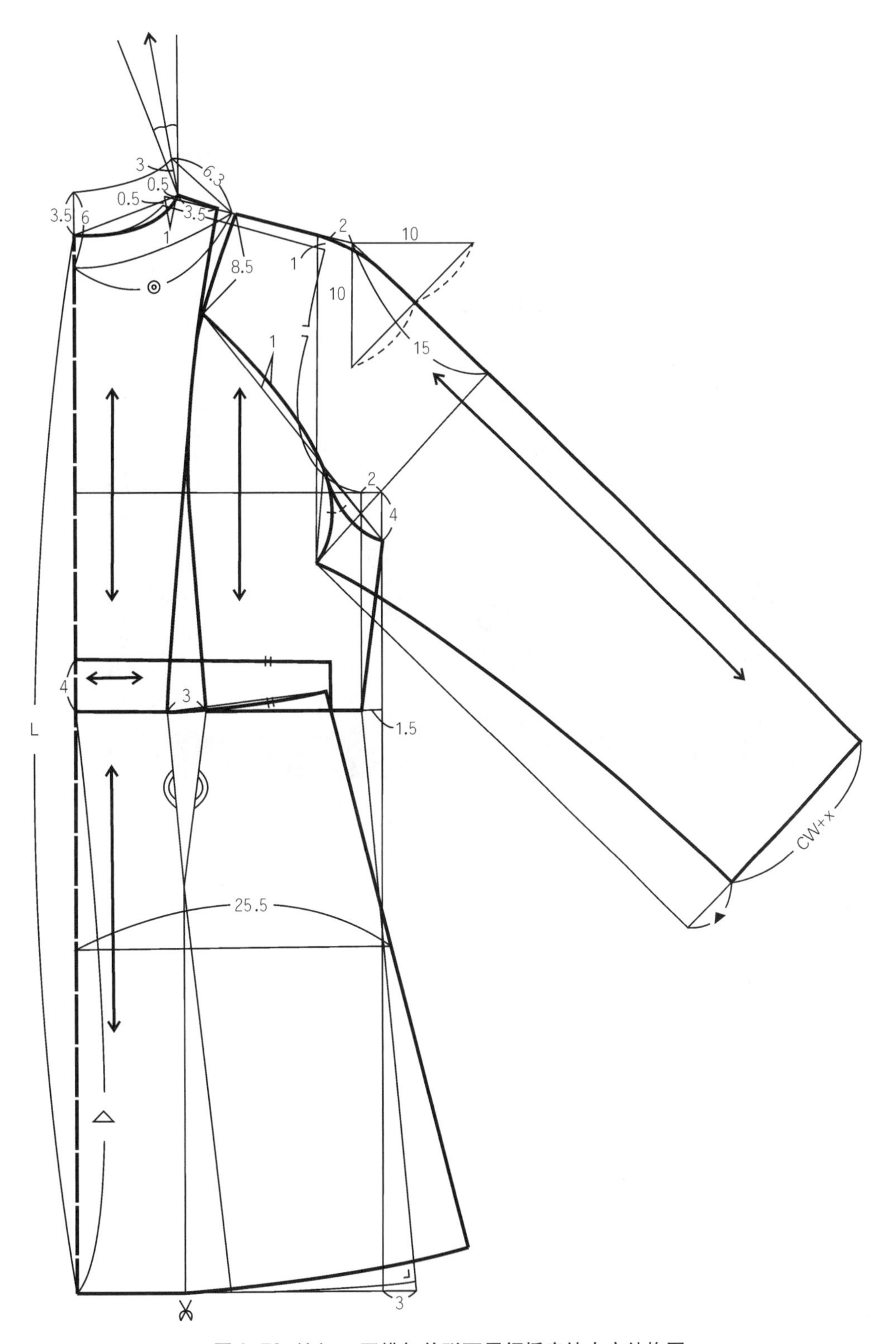

图 6-72（b）　双排扣关驳两用领插肩袖大衣结构图

5）坯布成衣效果

如图 6-73 所示。

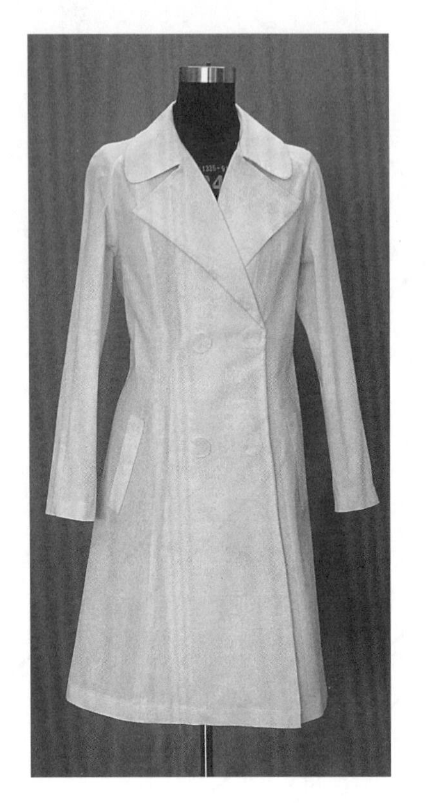

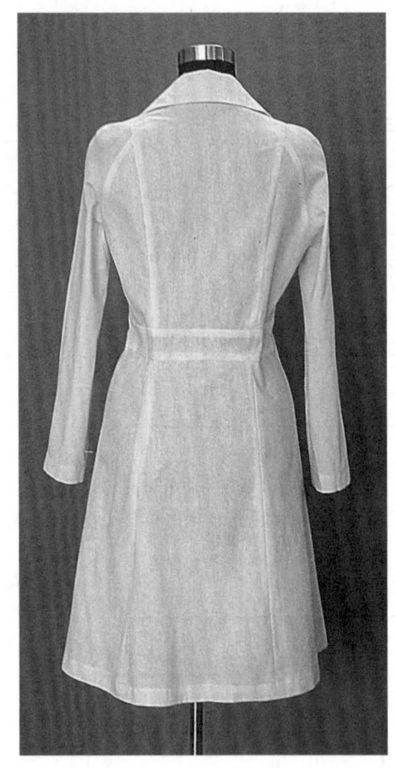

图 6-73　双排扣关驳两用领插肩袖大衣坯布成衣效果

6.4.2 高立领暗门襟插肩袖长风衣

1）款式风格

宽松风格，高立领、插肩袖、大贴袋、暗门襟，是一款宽松型实用长大衣，如图6-74。

2）规格设计

$L = 0.7h + 6 = 118$

$B = B^{*} + (20 \sim 25) = 84 + 21 = 105$

$n = 7$

$SL = 0.3h + (5 \sim 6) + \text{款式因素} = 48 + 6 + 6 = 60$

$CW = 0.1B + (4 \sim 5) = 0.1 \times 105 + 5 = 15.5$

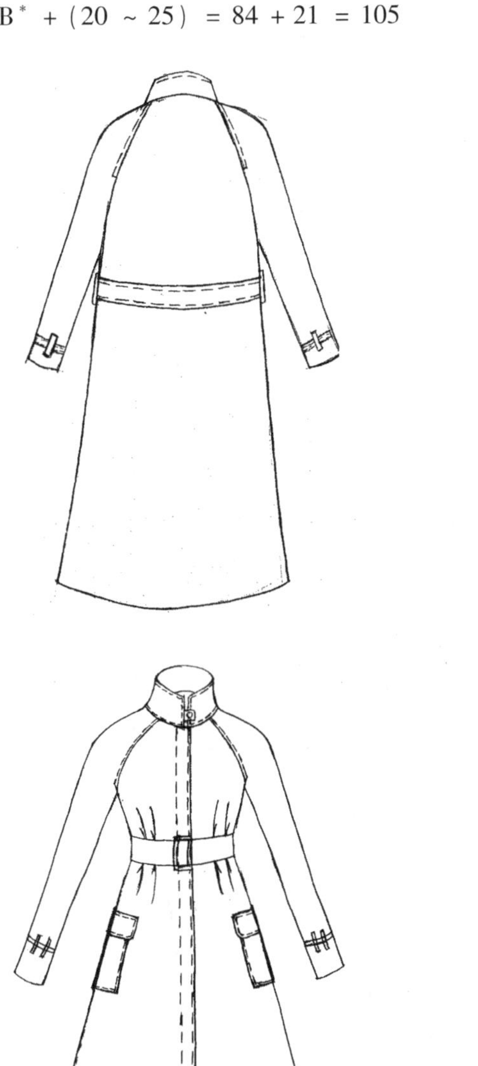

图6-74 高立领暗门襟插肩袖长风衣款式图

3）衣身结构平衡

前衣身平衡采用箱形 + 梯形平衡，后衣身采用箱形平衡方法。前衣身胸省一部分在前领窝中作宽松处理，一部分在前袖窿中作宽松处理，其余部分则转移到下摆中；后肩省一部分分散到后袖窿处宽松掉，其余部分则转移到插肩袖分割缝中，如图 6-75。

4）结构设计要点

（1）衣身

袖窿深在原型的基础上开深 4.7cm，胸围增加的松量分别分配到前后衣身中，并在前后侧缝处加出；根据造型设计侧缝线，设计带袋盖的贴袋、暗门襟等；关闭前衣身袖窿省成下摆增量，后衣身下摆增量则通过添加辅助线剪切拉展而成；横开领开大 1cm，前直开领开深 1.5cm，作出实际领窝，如图 6-76。

（2）衣领

衣领按单立领方法进行结构设计，如图 6-76(c)。

（3）衣袖

衣袖为较宽松型插肩袖，插肩袖前后袖中线平均倾斜度略小于 45°，如图 6-76。

5）坯布成衣效果

如图 6-77 所示。

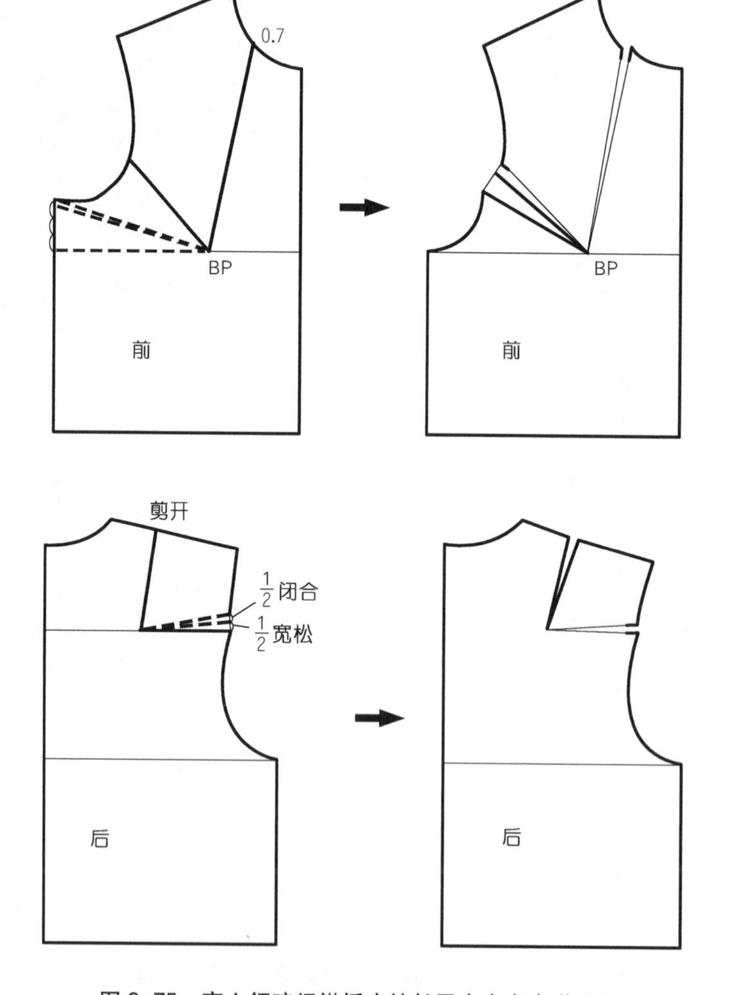

图 6-75　高立领暗门襟插肩袖长风衣衣身省道处理

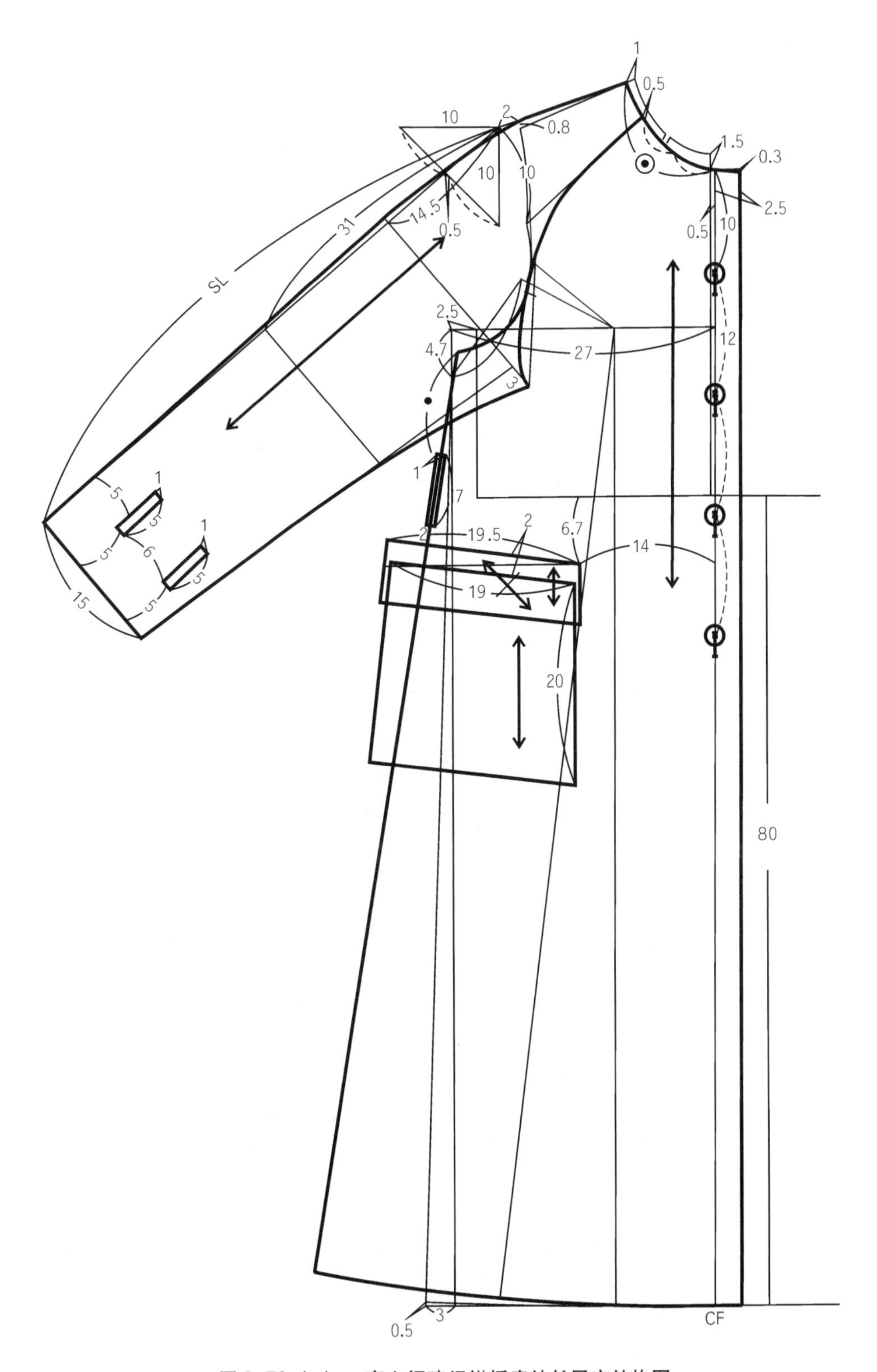

图 6-76（a） 高立领暗门襟插肩袖长风衣结构图

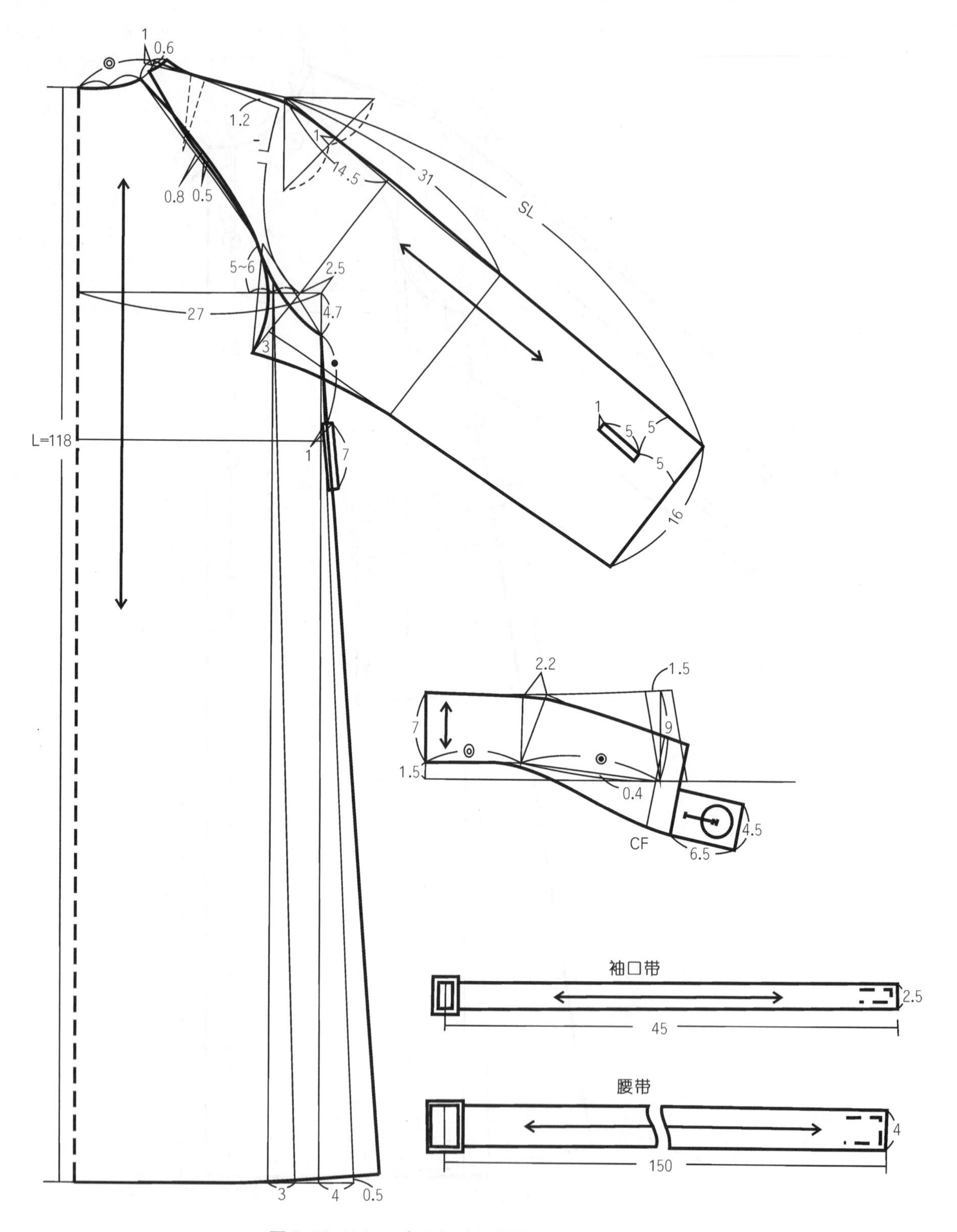

图 6-76（b） 高立领暗门襟插肩袖长风衣结构图

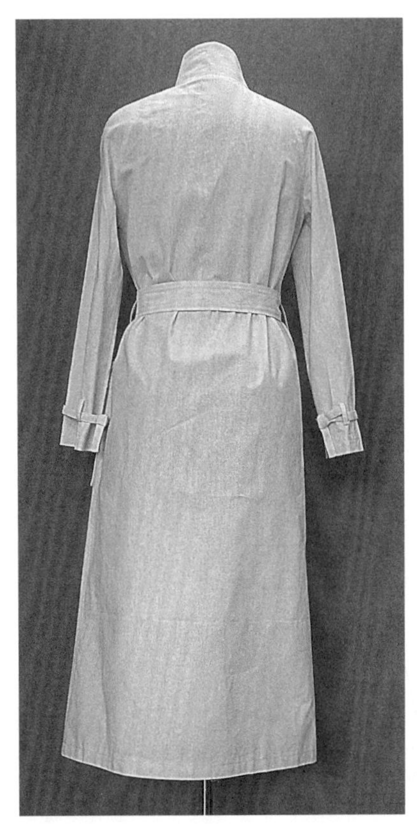

图 6-77　高立领暗门襟插肩袖长风衣坯布成衣效果

6.4.3 军旅风格不对称短风衣

1）款式风格

较宽松风格，前后衣身都在腰节进行横向分割加宽腰带，腰节线以上不对称造型，腰节线以下对称造型，分别设计了带袋盖的贴袋；带袖克夫的圆装袖，分领座的翻折领；整体造型为略收腰的 A 形风格，是一款具军旅风格特征的秋冬外套，如图 6-78。

2）规格设计

$L = 0.6h + 4 = 100$

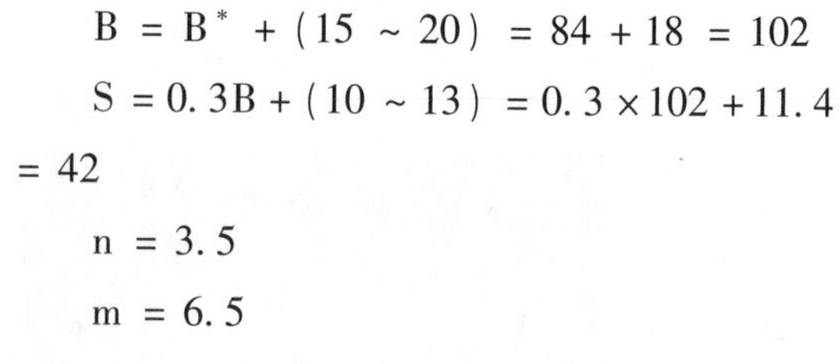

$B = B^{*} + (15 \sim 20) = 84 + 18 = 102$

$S = 0.3B + (10 \sim 13) = 0.3 \times 102 + 11.4 = 42$

$n = 3.5$

$m = 6.5$

$SL = 0.3h + (5 \sim 6) +$ 款式因素 $= 48 + 6 + 8 = 62$

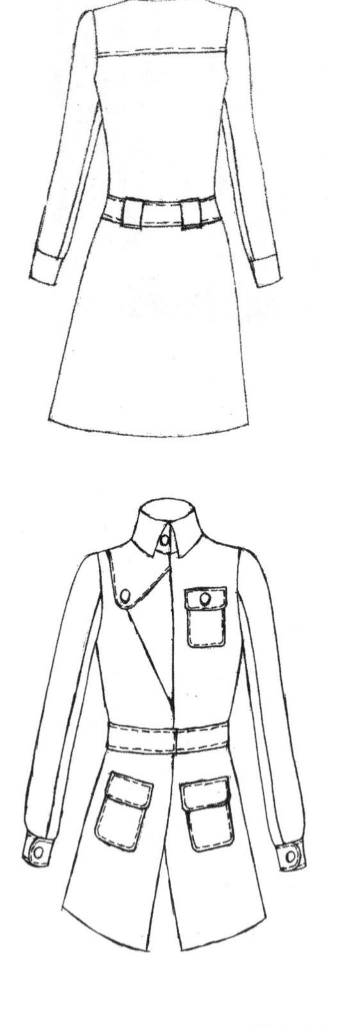

图 6-78　军旅风格不对称短风衣款式图

3）衣身结构平衡

前后衣身平衡都采用箱形平衡方法。前衣身胸省一部分在前领窝中作宽松处理，一部分在前袖窿中作宽松处理，其余部分则转移到省道中（左右有区别）；后肩省一部分分散到后袖窿处宽松掉，一部分分散到后肩缝处缝缩，如图6-79。

4）结构设计要点

(1) 衣身

袖窿深在原型的基础上开深3cm，胸围增加的松量分别分配到前后衣身中，并在前后侧缝处加出；根据造型设计侧缝线、带袋盖的贴袋、肩覆势等，腰节线下降5cm。将右侧的胸省隐藏到肩覆势下，左侧的胸省转移到腋下，隐藏于左侧胸袋下；横开领开大1cm，前直开领开深3cm，作出实际领窝，如图6-80(a)和图6-80(b)。

(2) 衣领

衣领为翻折领，前后领座均为3.5cm，按翻折领方法进行结构设计，如图6-80(a)和图6-80(b)。

(3) 衣袖

衣袖为有外袖缝无袖底缝的较贴体型一片袖，袖山高取前后袖窿平均深度的4/5，袖身为袖中线稍前偏型，如图6-80(c)和图6-80(d)。

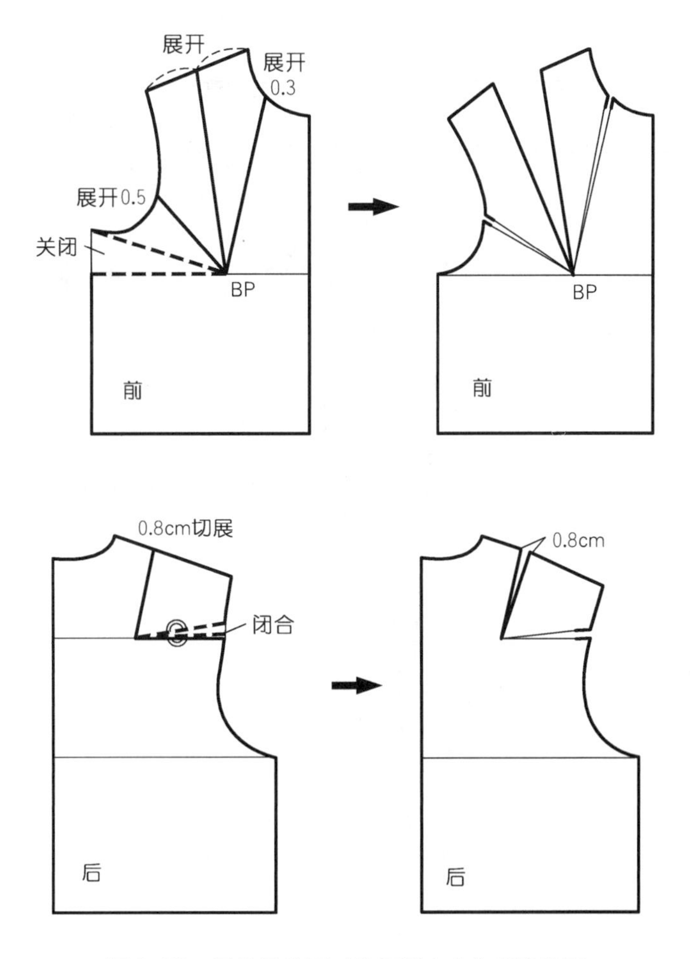

图6-79 军旅风格不对称短风衣衣身省道处理

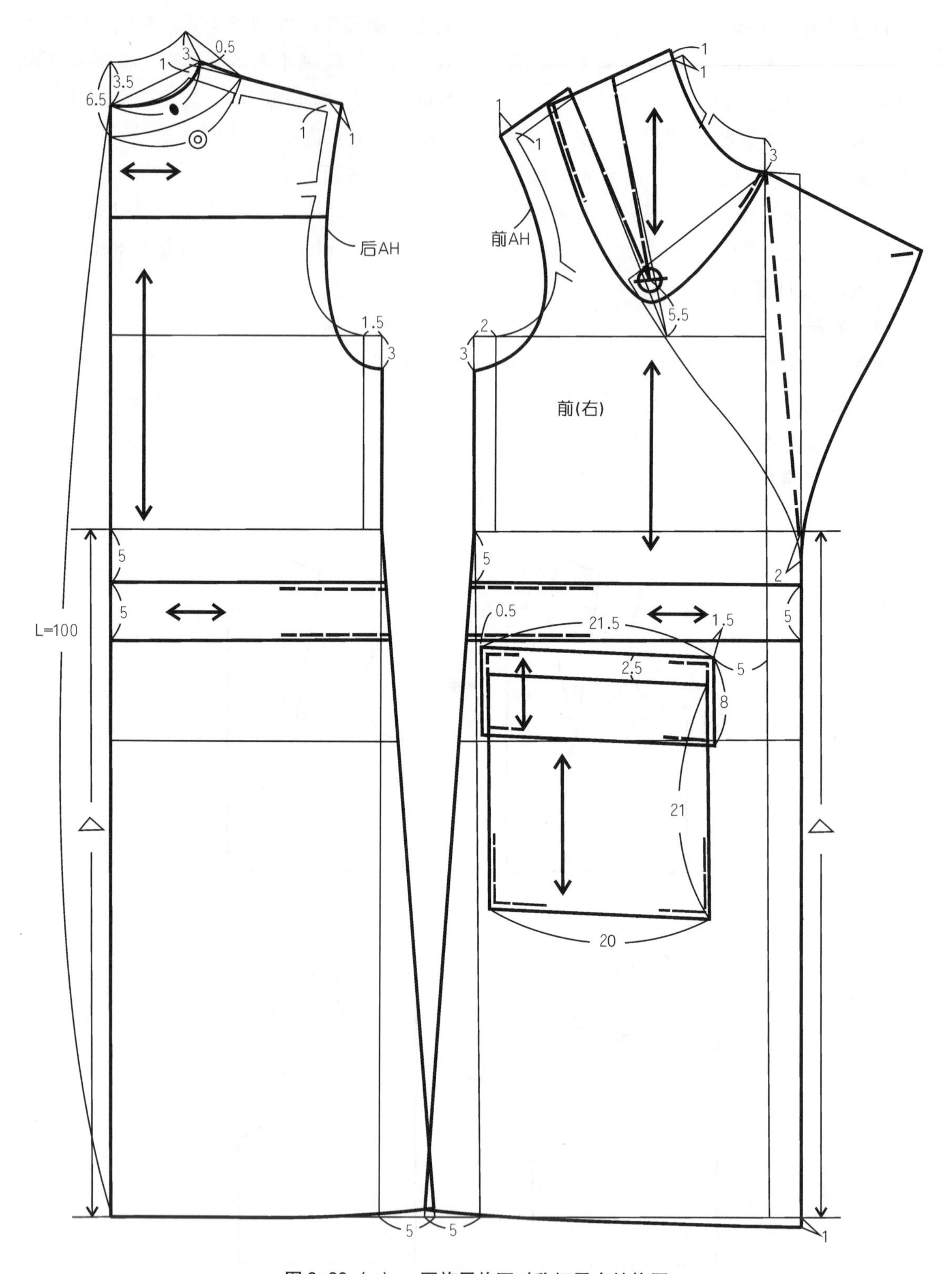

图 6-80（a） 军旅风格不对称短风衣结构图

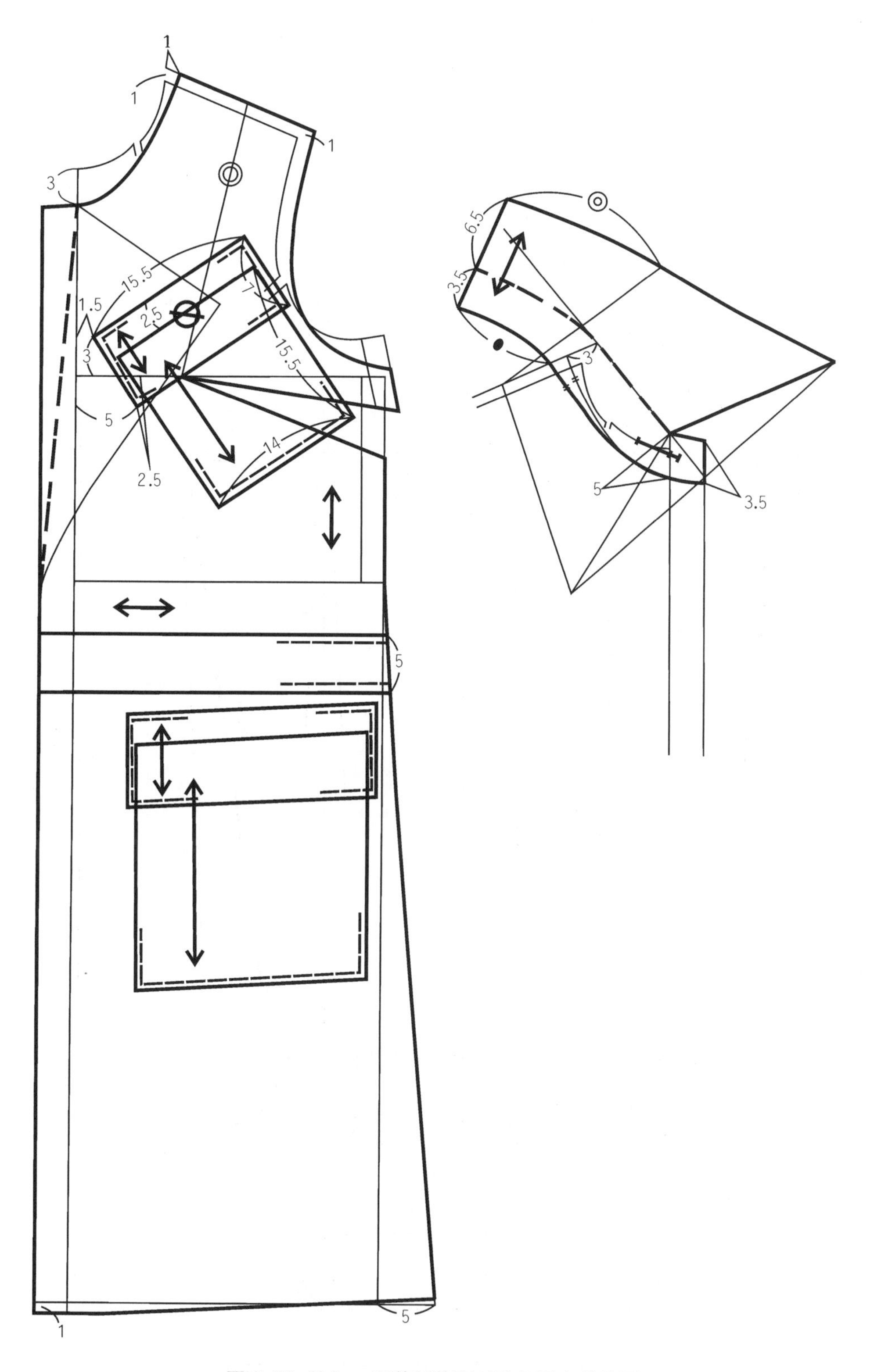

图 6-80（b） 军旅风格不对称短风衣结构图

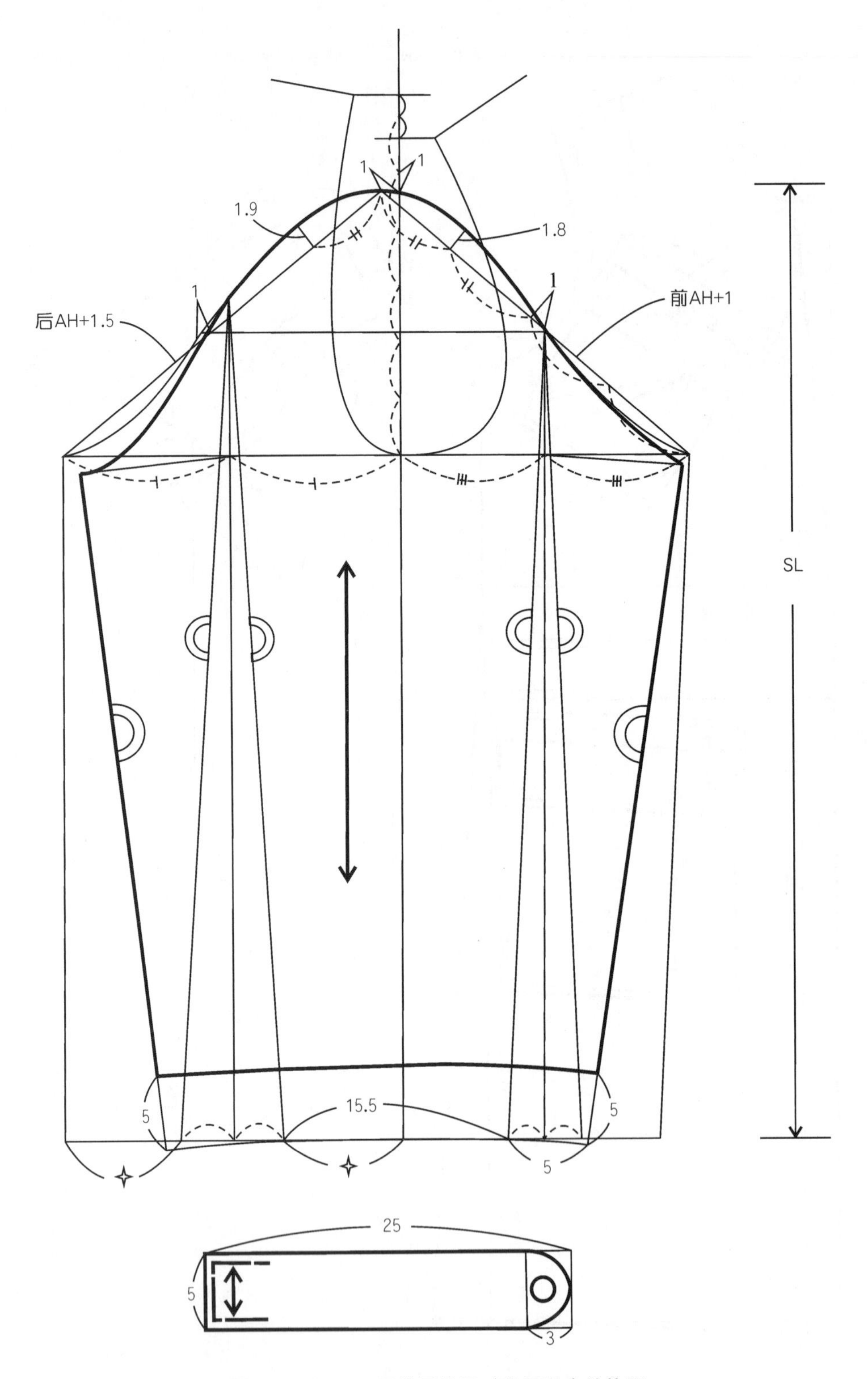

图 6-80（c） 军旅风格不对称短风衣结构图

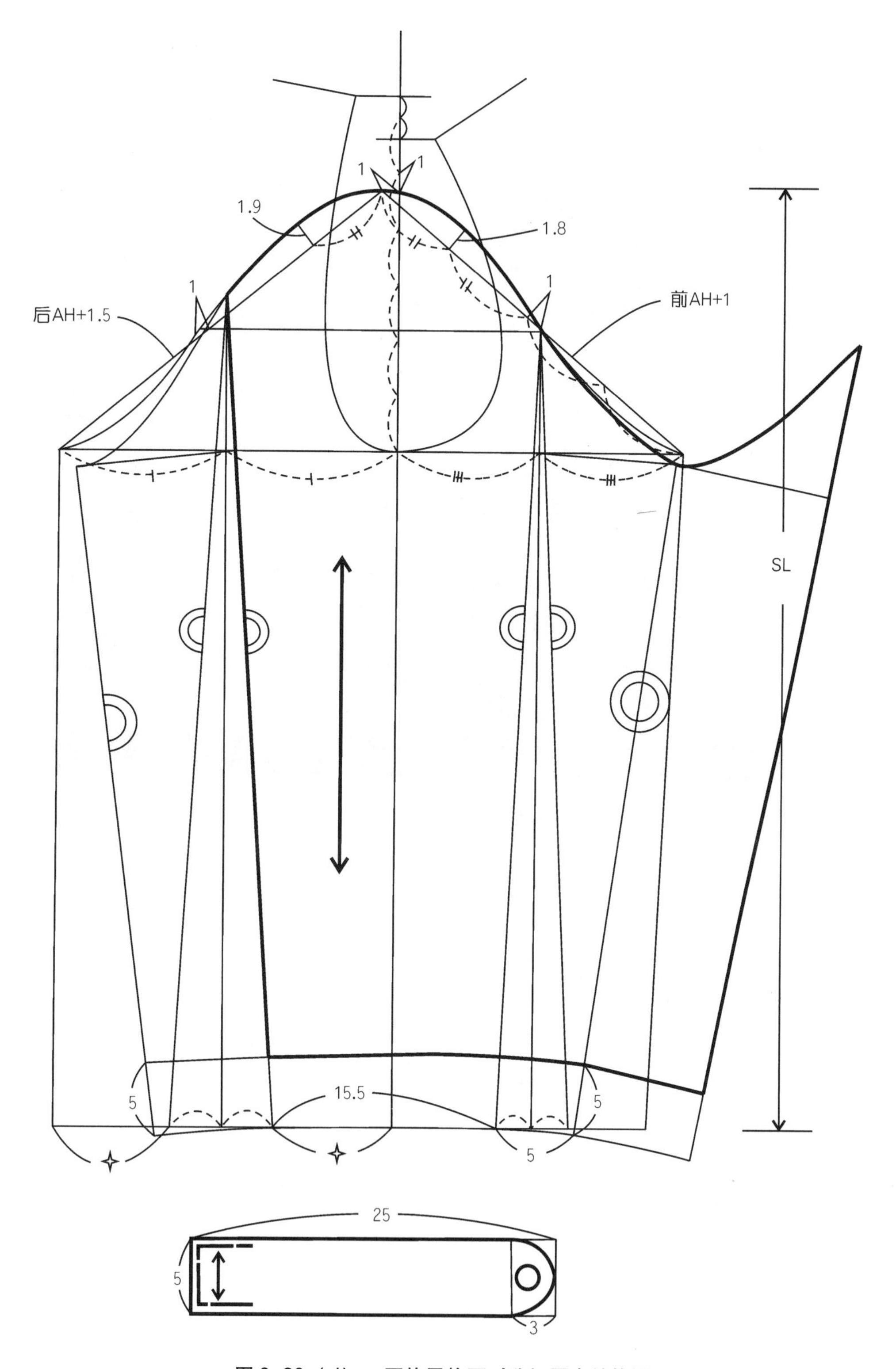

图 6-80（d） 军旅风格不对称短风衣结构图

5）坯布成衣效果

如图 6-81 所示。

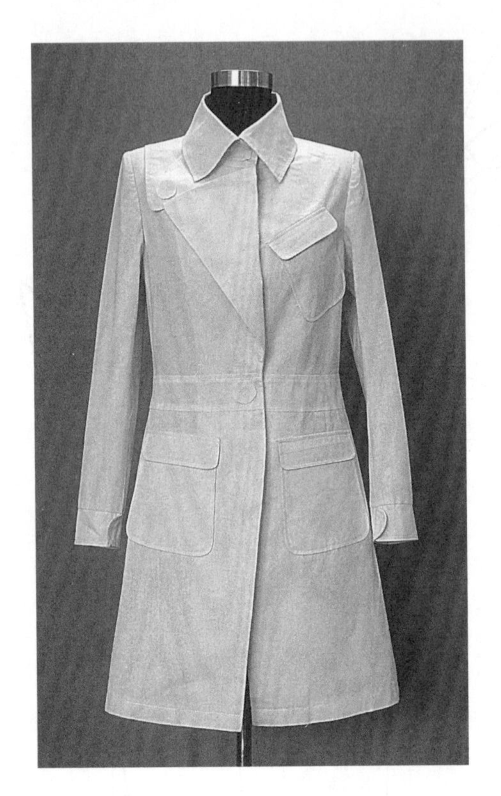
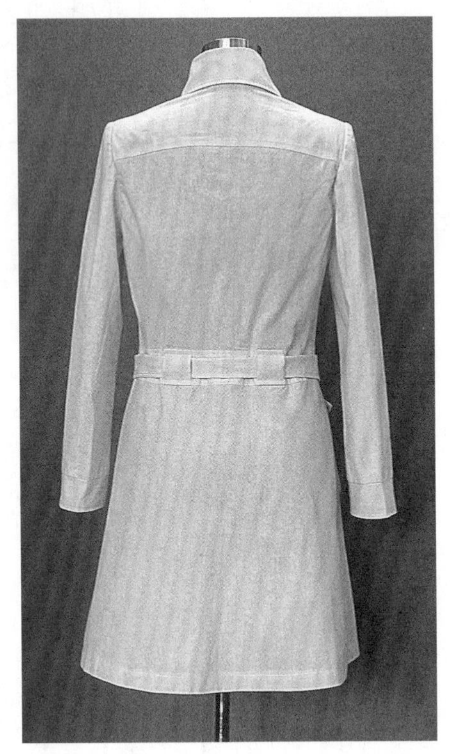

图 6-81　军旅风格不对称短风衣坯布成衣效果

6.4.4 不对称衣领分割连袖大衣

1）款式风格

较贴体风格，宽门襟、不对称衣领。前衣身刀背分割加连袖，分割缝中加斜插袋；后衣身同样是刀背分割加连袖，整体呈略收腰的A形风格，是一款较女性化的秋冬外套，如图6-82。

2）规格设计

$L = 0.5h + 8 = 88$

$B = B^{*} + (10 \sim 15) = 84 + 12 = 96$

$W = W^{*} + (10 \sim 15) = 68 + 15 = 83$

$H = H^{*} + (6 \sim 14) = 90 + 13 = 103$

$n = 3$

$m = 7$

$SL = 0.3h + (5 \sim 6) +$ 款式因素 $= 48 + 6 + 4 = 58$

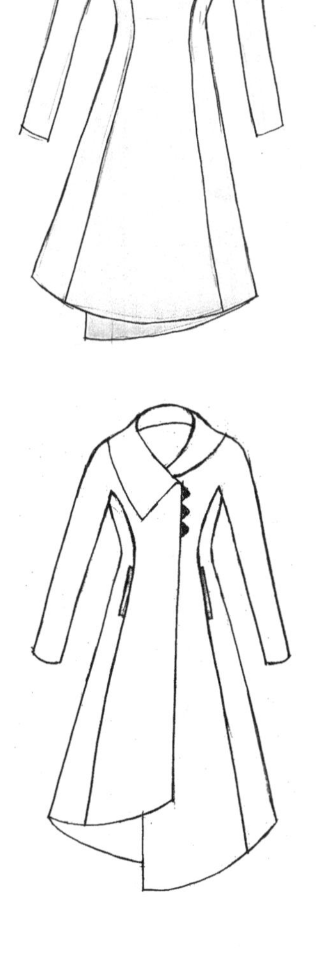

图6-82　不对称衣领分割连袖大衣款式图

3）衣身结构平衡

前后衣身平衡都采用箱形平衡方法。前衣身胸省主要分散在前领窝及前袖窿中作宽松处理；后肩省一部分分散到后袖窿处宽松掉，一部分分散在肩缝中缝缩，如图 6-83。

4）结构设计要点

（1）衣身

袖窿深在原型的基础上开深 3cm，胸围增加的松量分别分配到前后衣身中，并在前后侧缝处加出；根据造型设计各分割线，并按胸腰差分配各腰省，设计斜插袋、宽门襟等；前后刀背分割缝中加出下摆增量，将前后侧缝合并成无侧缝状，如图6-84(a)和图6-84（b）。

（2）衣领

衣领为左右不对称型翻折领，横开领开大 1cm，翻折止点位于胸围线上方 3cm 处，按翻折领方法分别对左右衣领进行结构设计，如图 6-84(c)。

（3）衣袖

为较宽松型连袖，连袖前后袖中线平均倾斜度略小于45°，如图 6-84(a)和图 6-84(b)。

5）坯布成衣效果

如图 6-85 所示。

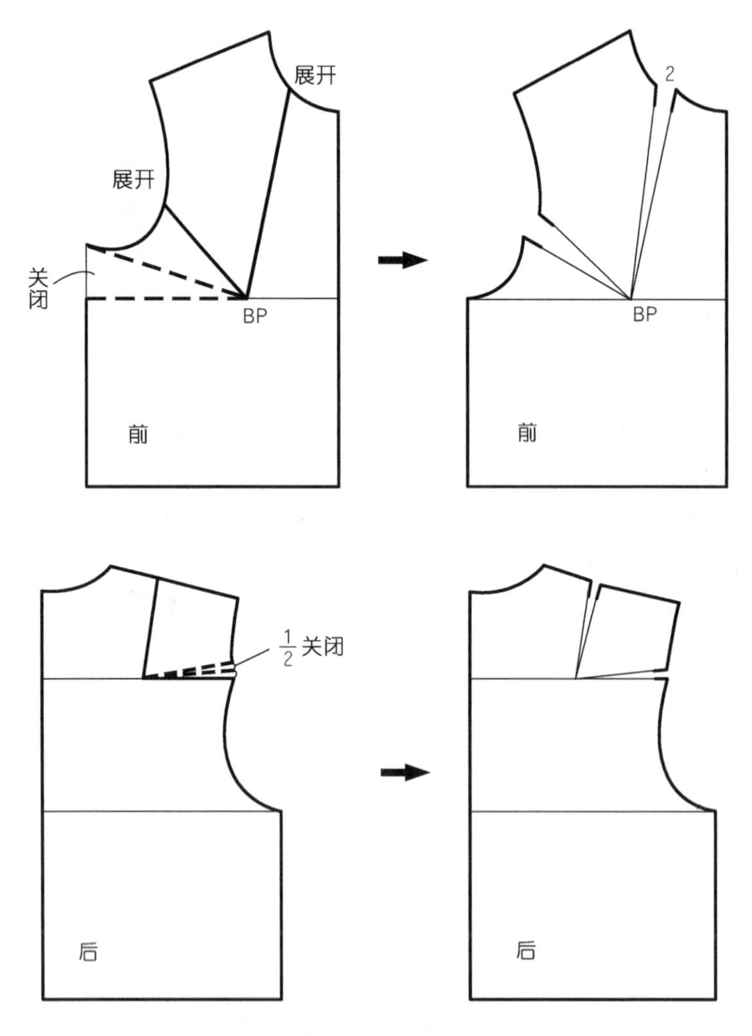

图 6-83　不对称衣领分割连袖大衣衣身省道处理

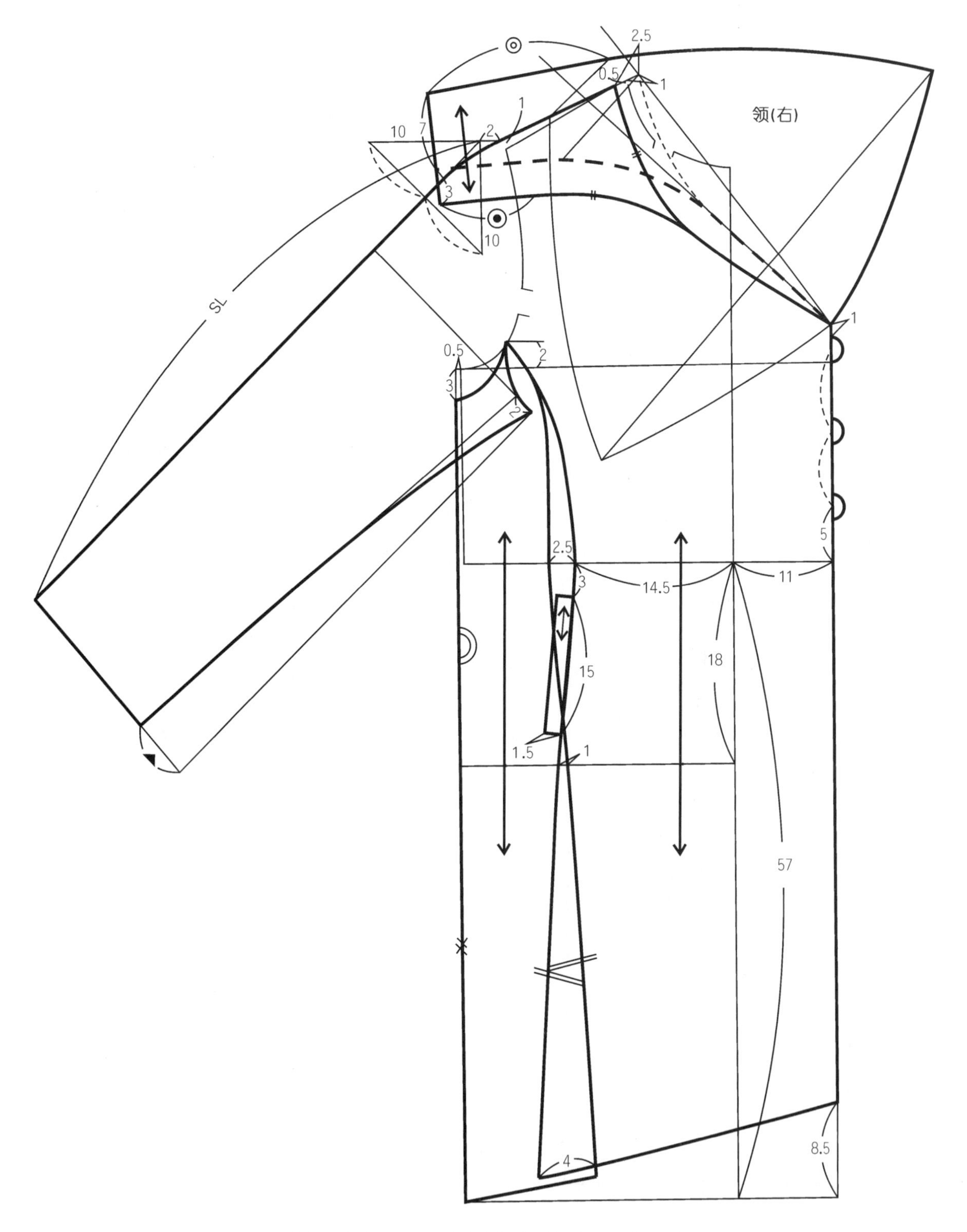

图 6-84（a） 不对称衣领分割连袖大衣结构图

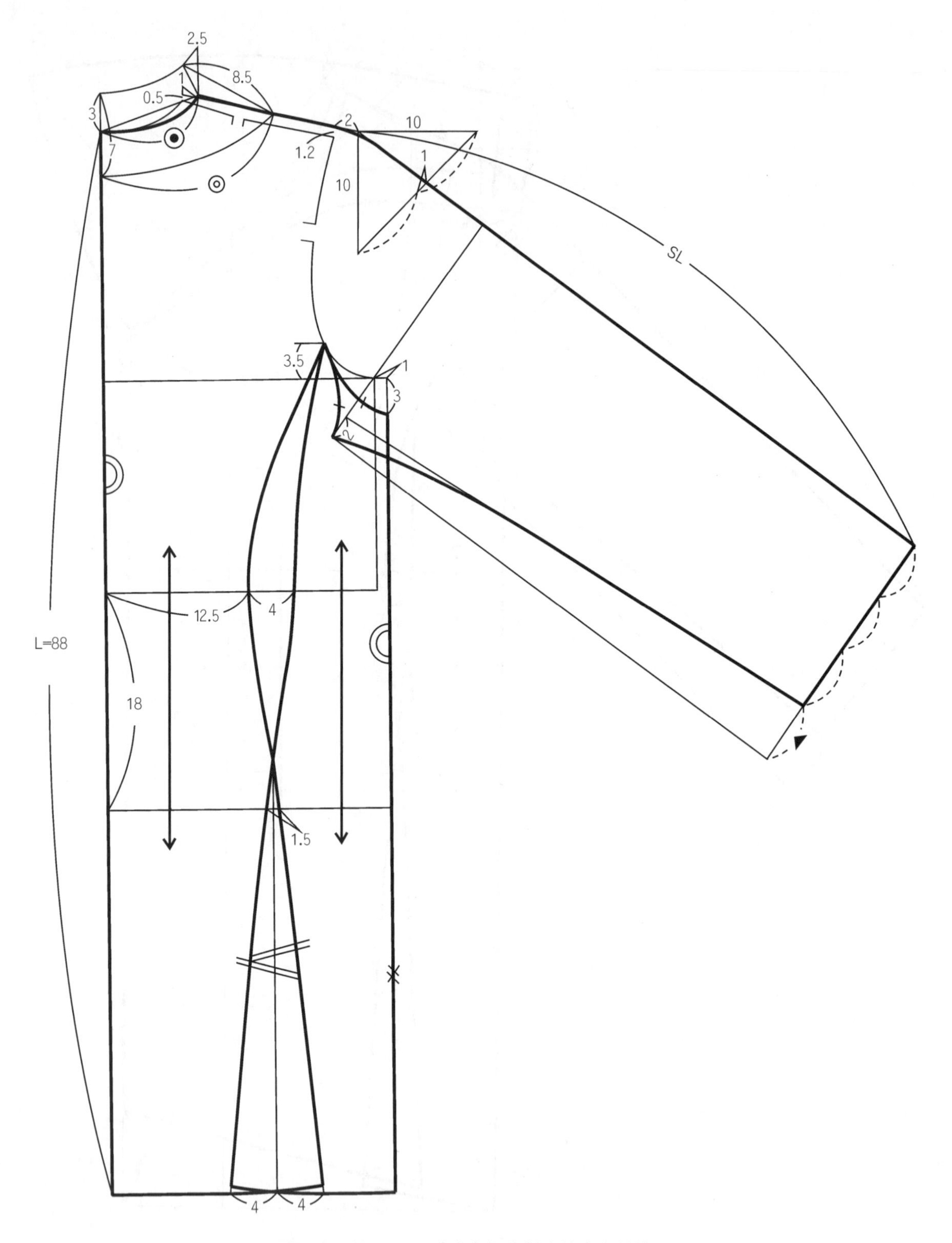

图 6-84（b）　不对称衣领分割连袖大衣结构图

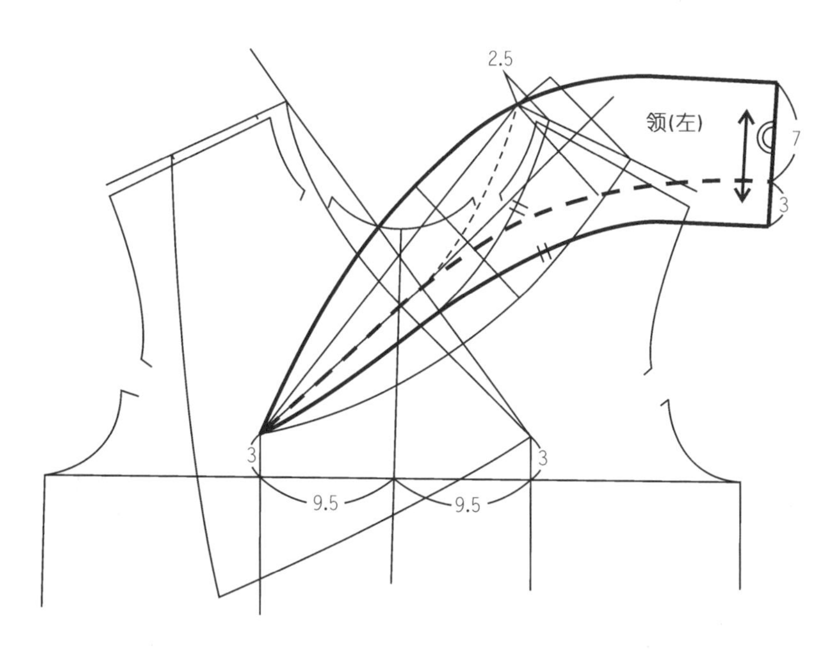

图 6-84（c） 不对称衣领分割连袖大衣结构图

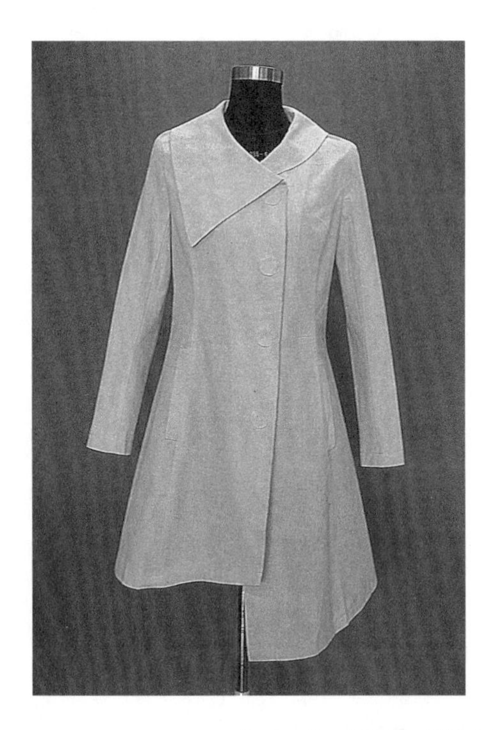
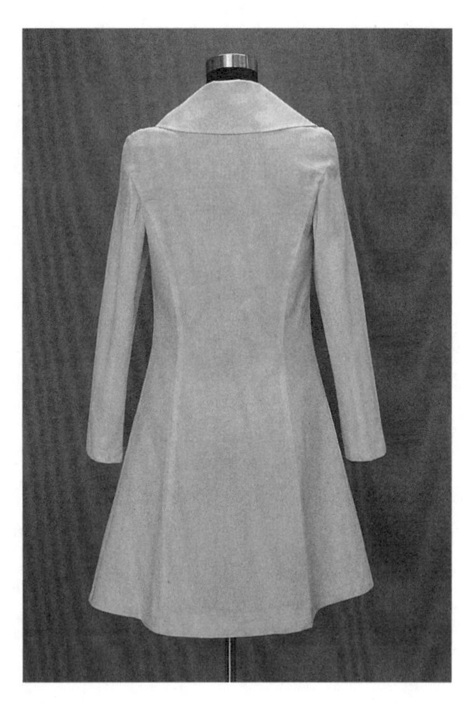

图 6-85 不对称衣领分割连袖大衣坯布成衣效果

6.4.5 双排扣插肩袖连帽大衣

1）款式风格

宽松风格，双排扣连帽。后衣身装饰性刀背分割缝，侧缝缝中插袋；插肩袖，袖口翻贴边；整体造型为 A 型风格，是一款较传统的秋冬外套，如图 6-86。

2）规格设计

$L = 0.6h - 6 = 90$

$B = B^{*} + (20 \sim 25) = 84 + 23 = 107$

$SL = 0.3h + (5 \sim 6) +$ 款式因素 $= 48 + 6 + 6 = 60$

图 6-86　双排扣插肩袖连帽大衣款式图

3）衣身结构平衡

前后衣身平衡都采用箱形平衡方法。前衣身胸省一部分在前领窝中作宽松处理，一部分在前袖窿中作宽松处理，其余部分则转移到腋下省中；后肩省一部分分散到后袖窿处宽松掉，一部分分散到后肩缝处缝缩，如图6-87。

4）结构设计要点

（1）衣身

袖窿深在原型的基础上开深3.5cm，胸围增加的松量分别分配到前后衣身中，并在前后侧缝处加出；根据造型设计前后侧缝，后衣身装饰性刀背分割线。关闭前衣身袖窿省，将其转移到腋下省中；确定侧缝缝中插袋位置、双排扣等。横开领开大1cm，前直开领开深2.5cm，作出实际领窝，如图6-88（a）和图6-88（b）。

（2）帽子

帽子按风帽方法进行结构设计，如图6-88(c)。

（3）衣袖

为较宽松型插肩袖，插肩袖前后袖中线平均倾斜度为45°，如图6-88(a)和图6-88(b)。

5）坯布成衣效果

如图6-89所示。

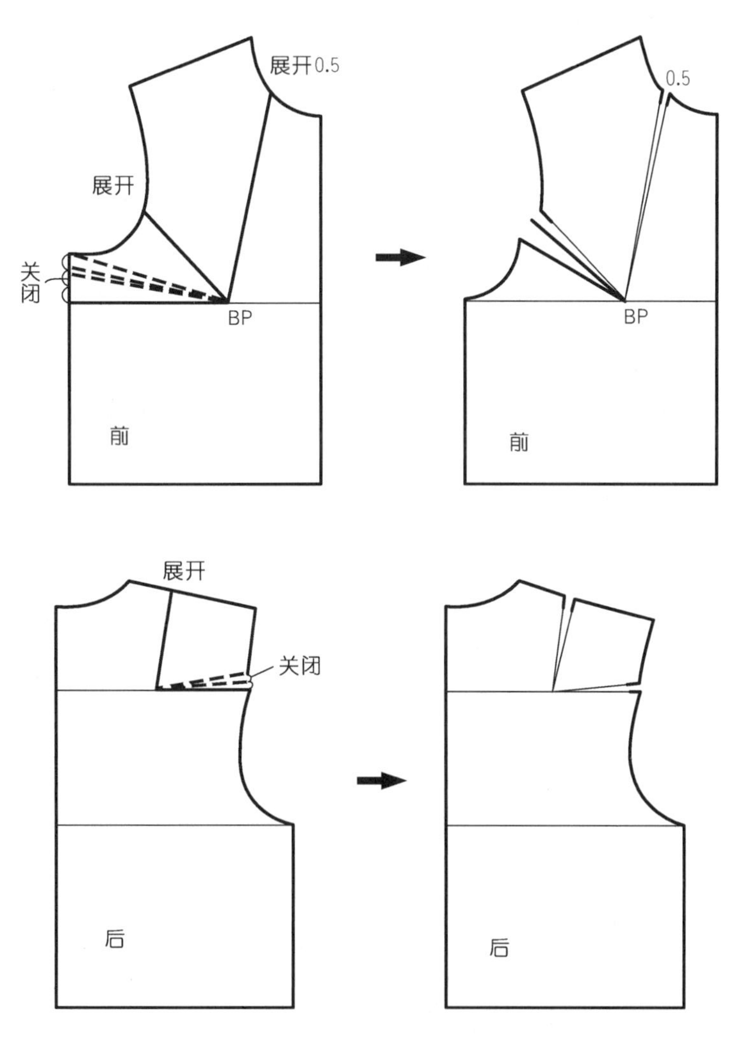

图6-87 双排扣插肩袖连帽大衣衣身省道处理

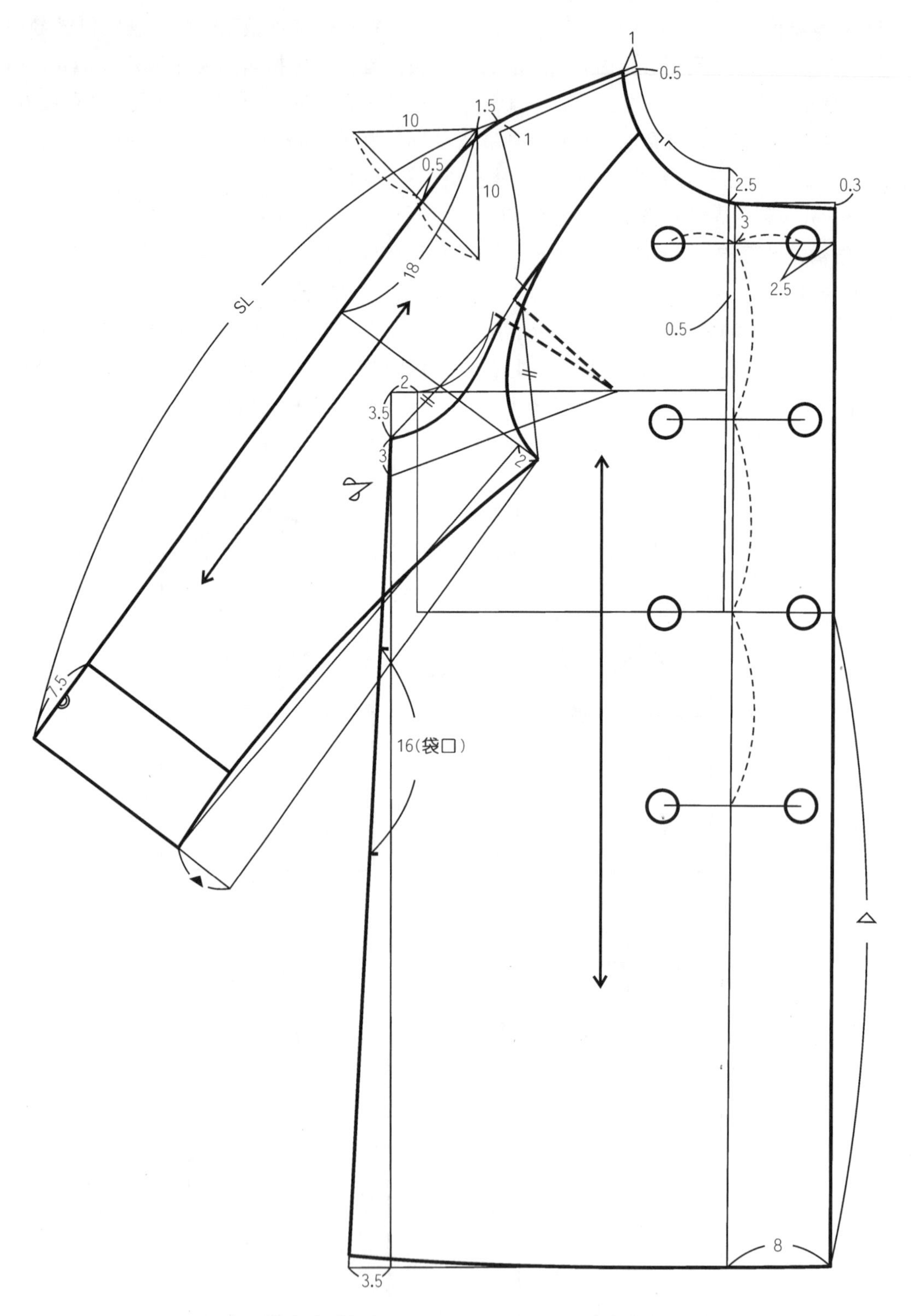

图 6-88（a） 双排扣插肩袖连帽大衣结构图

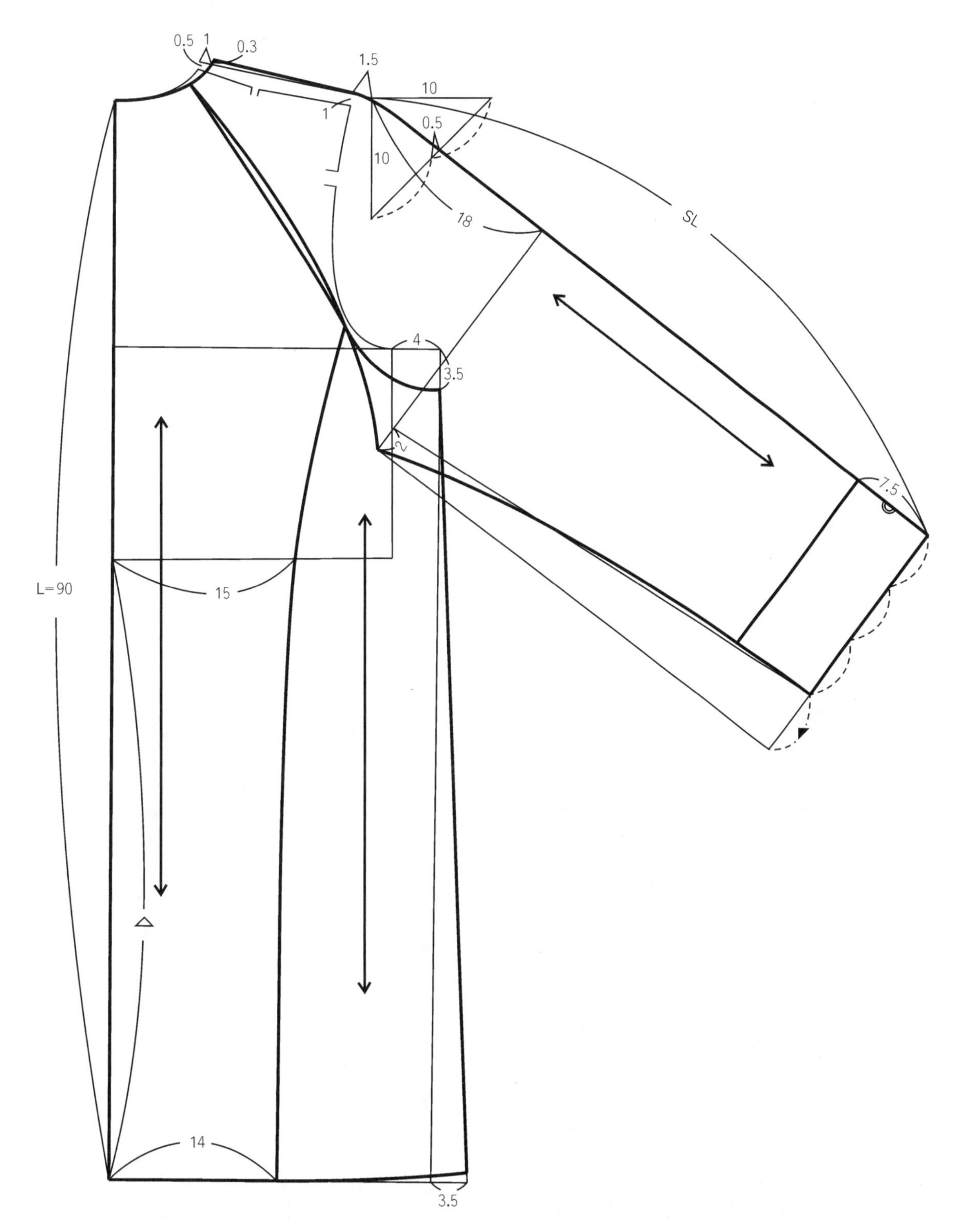

图 6-88（b） 双排扣插肩袖连帽大衣结构图

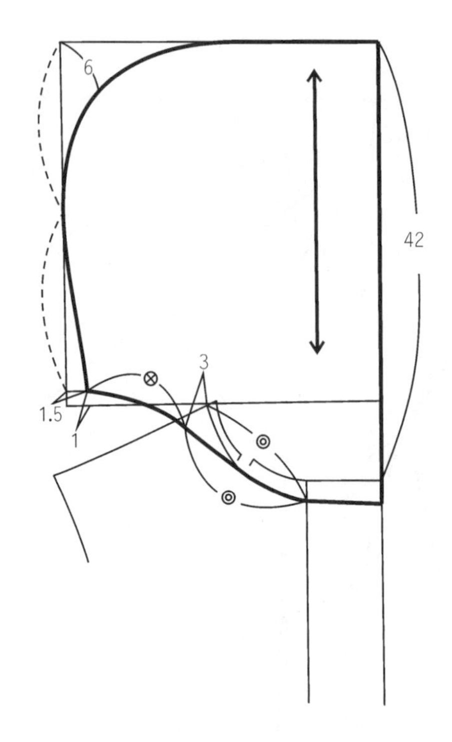

图 6-88（c）　双排扣插肩袖连帽大衣结构图

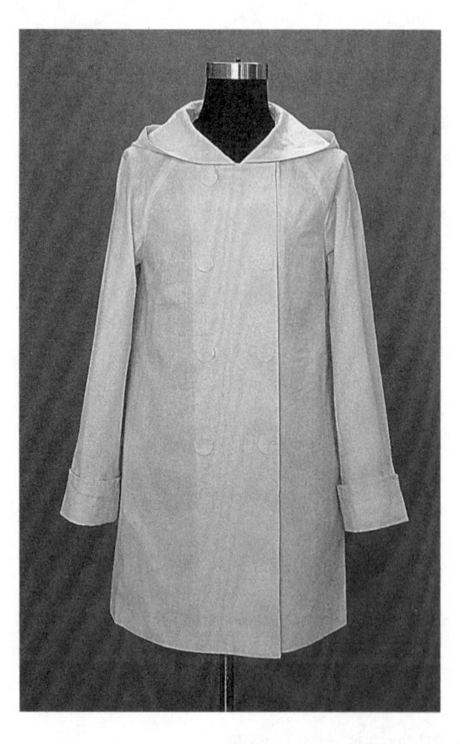
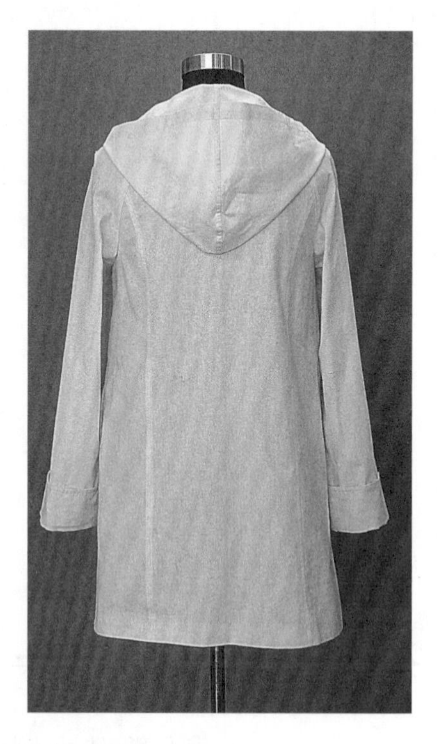

图 6-89　双排扣插肩袖连帽大衣坯布成衣效果

参考文献

[1] 王建萍．女上装电脑打板原理［M］．上海：东华大学出版社，2003.
[2] 张文斌．服装结构设计［M］．北京：中国纺织出版社，2002.
[3] 张道英．女装结构设计——日本新文化原型应用［M］．上海：上海科学技术出版社，2005.
[4] 日本文化服装学院．服饰造型讲座(改订版)②～⑤［M］．东京：文化出版局，2009.
[5] 中泽愈．人体与服装［M］．北京：中国纺织出版社，2002.
[6] 中屋典子，三吉满智子．日本文化女子大学服装讲座——服装造型学技术篇Ⅰ［M］．北京：中国纺织出版社，2004.
[7] 中屋典子，三吉满智子．日本文化女子大学服装讲座——服装造型学理论篇Ⅰ［M］．北京：中国纺织出版社，2004.

后　记

本书针对当前服装工程专业高等教育的要求和任务，认真总结近年来女装结构设计课程教学的经验，以及国内外服装技术的发展，在着重强调结构设计基本原理、基本概念、基本方法的同时，注重实际应用，将课程的理论科学性和技术实践性进行和谐的统一。本教材与《女装结构设计（上)》相互衔接，形成全面系统的女装结构设计知识体系，可作为高等院校服装工程专业的教材，也可作为服装企业技术人员的参考书。

本书主要作者为东华大学服装学院王建萍和张道英，全书共分六章，其中第一至第五章由王建萍编写，第六章由张道英编写，全书统稿由王建萍完成，本书款式图由杨婷、陈力和崔娟娟绘制。

在此对本书引用文献的著作者以及在编写过程中所有作出贡献的人员致以诚挚的谢意！

编　者